网络与信息安全前沿技术丛书

郭玉东 著

基于名字空间的
安全程序设计

Namespaces Based Security Programming

本书主要内容：①概要分析Linux的传统安全机制；②深入分析七类名字空间的工作机理；③探讨基于名字空间的安全程序设计方法；④给出若干程序片段和一个完整的程序示例。

国防工业出版社

National Defense Industry Press

·北京·

图书在版编目(CIP)数据

基于名字空间的安全程序设计 / 郭玉东著. —北京：
国防工业出版社，2018.12
（网络与信息安全前沿技术丛书）
ISBN 978 – 7 – 118 – 11771 – 4

Ⅰ. ①基… Ⅱ. ①郭… Ⅲ. ①计算机网络 – 网络安全
– 程序设计 – 高等学校 – 教材 Ⅳ. ①TP311.1

中国版本图书馆 CIP 数据核字(2019)第 030063 号

※

国防工业出版社出版发行
（北京市海淀区紫竹院南路 23 号　邮政编码 100048）
天津嘉恒印务有限公司印刷
新华书店经售
*
开本 710×1000　1/16　印张 21½　字数 412 千字
2018 年 12 月第 1 版第 1 次印刷　印数 1—1500 册　　定价 128.00 元

（本书如有印装错误，我社负责调换）

国防书店：(010)88540777　　发行邮购：(010)88540776
发行传真：(010)88540755　　发行业务：(010)88540717

谨以此书献给我的妻子刘君和女儿郭刻羽

丛书序

网络的触角正伸向全球各个角落,高速发展的信息技术已渗透到各行各业,不仅推动了产业革命、军事革命,还深刻改变着人们的工作、学习和生活方式。然而,在人们享受信息技术带来巨大利益的同时,一次又一次网络信息安全领域发生的重大事件告诫人们,网络与信息安全已直接关系到国家安全和社会稳定,成为我们面临的新的综合性挑战,没有过硬的技术,没有一支高水平的人才队伍,就不可能在未来国际博弈中赢得主动权。

网络与信息安全是一门跨多个领域的综合性学科,涉及计算机科学、网络技术、通信技术、密码技术、信息安全技术、应用数学、数论、信息论等。"道高一尺,魔高一丈",网络与信息安全技术在博弈中快速发展,出版一套覆盖面较全、反映网络与信息安全方面新知识、新技术、新发展的丛书有着十分迫切的现实需求。

适逢此时,欣闻由我国网络与信息安全领域著名专家何德全院士任编委会主任,以国家保密通信重点实验室为核心,集聚国内信息安全界知名专家学者,潜心数年编写的"网络与信息安全前沿技术丛书"即将分期出版。丛书有如下3个特点。一是全面系统。丛书涵盖了密码理论与技术、网络与信息安全基础技术、信息安全防御体系,以及近年来快速发展的大数据、云计算、移动互联网、物联网等方面的安全问题。二是适应面宽。丛书既很好地阐述了相关概念、技术原理等基础性知识,又较全面介绍了相关领域前沿技术的最新发展,特别是凝聚了作者们多年来在该领域从事科技攻关的实践经验，可适应不同层次读者的需求。三是权威性好。编委会由我国网络和信息安全领域权威专家学者组成，各分册作者又均为我国相关领域的知名学者、学术带头人，理论水平高，并有长期科研攻关的丰富积累。

我认为该丛书是一套难得的系统研究网络信息安全技术及应用的综合性书籍，相信丛书的出版既能为公众了解信息安全知识、提升安全防护意识提供很好的选择，又能为从事网络信息安全人才培养的教师和从事相关领域技术攻关的科技工作者提供重要的参考。

作为特别关注网络信息安全技术发展的一名科技人员，我特别感谢何德全院士等专家学者为撰写本丛书付出的艰辛劳动和做出的重要贡献，愿意向读者推荐该套丛书，并作序。

前言

作为一种通用的操作系统，Linux 内核提供了很多基础性的支持机制，以这些机制为基础，可以开发出各种类型的服务程序，满足用户各种类型的需求。为了应对日益严峻的安全形势，Linux 也提供了一些安全支持机制，如身份认证框架、访问控制框架、报文过滤框架、数据变换算法管理框架、地址空间随机化等，利用这些安全机制，可开发出不同种类的安全程序，为用户提供不同类型的安全服务，如身份认证、强制访问、防火墙、加密通信、加密存储等，以提升系统的安全性。除专用的安全机制之外，Linux 中的另一些支持机制，如虚拟化、名字空间、容器等，虽不是专门为安全设计的，但也可用于服务系统或服务程序的安全开发，也能提升系统的安全，其中最具代表性的是名字空间机制。

名字空间（Namespace）是名字的集合。在操作系统中，名字用于标识对象。在早期的版本中，Linux 所管理的对象大都用全局的名字或 ID 号标识，如用于标识用户的 UID、GID，用于标识进程的 PID，用于标识 IPC 对象的 KEY 和 ID 号，用于标识文件的路径名，用于标识网络协议栈的网络设备名、IP 地址、路由表等。全局的对象名可以被系统中的所有进程看到，且各进程看到的名字都是一样的，因而由全局名字所标识的对象也可以被所有的进程访问到。这种全局的、单一的名字空间机制简化了设计，但也带来了安全风险，恶意进程能比较方便地探测、访问系统中的对象，并可通过对对象状态的篡改影响其他进程的运行。为了解决单一名字空间的问题，从 Linux 2.4.19 版开始，陆续引入了多种名字空间机制，试图限制各对象名字的可见范围，将全局的名字转化成局部的名字，进而将全局的对象转化成局部的对象，将全局的资源转化成局部的资源。

目前的 Linux 已提供了 7 种名字空间机制。USER 名字空间用于封装进程可见的用户标识，如 UID、GID 等，实现用户的局部化。UTS 名字空间用于封装进程可见的系统名，如主机名、机器名、域名、操作系统名、版本号等，实现系统平台的局部化。MNT 名字空间用于封装进程可见的文件系统实体名,如文件路径名,实现文件系统结构的局部化。PID 名字空间用于封装进程可见的进程名,如 PID,实现进程的局部化。IPC 名字空间用于封装进程可见的 IPC 对象名(Key)与 ID 号,实现 IPC 对象的局部化。NET 名字空间用于封装进程可见的网络实体名,如网络设备名、协议地址、路由表、防火墙规则等,实现网络协议栈的局部化。CGROUP 名字空间用于封装进程可见的控制群名,实现控制群的局部化。加上已经局部化的处理器和虚拟内存,Linux 已实现了绝大部分对象或资源的局部化。

在引入名字空间之后,Linux 系统中的所有进程全都运行在名字空间之中。利用目前提供的 7 类名字空间机制,Linux 已可为进程营造出一个虚拟的、相对封闭的运行环境,称为容器(Container)。名字空间是构造容器的基础。事实上,Linux 中的容器仅是一个虚的概念,并不存在称为容器的实体,7 类不同的名字空间实例合在一起就是一个容器,或者说一个容器就是位于 7 类特定名字空间中的一组进程。以名字空间为基础,可以构造出各种形状、各种尺寸、各种寿命的容器。

基于名字空间的容器技术可用于弥合软件开发与部署之间的鸿沟,改变软件开发、交付和运行的方式,降低开发与运维人员之间沟通的复杂性,协助开发出更为强健的软件,提高软件的可靠性、移植性和可扩展性等,是最热门的技术之一。目前已涌现出了一大批相关产品,如 Docker、Kubernets、CoreOS、Mesos、RancherOS 等。

然而,基于名字空间的容器技术还可用于提升软件的安全性。事实上,名字空间和基于名字空间的容器是进程的一种封装方式,或者说是封装在一起的一组进程。与进程组相比,容器具有更好的安全特性,如具有更好的独立性、封装性、隔离性等,而且容器的构建方式灵活,资源消耗量少,启动速度快,也适合于构建更加安全的软件运行环境或开发更加安全的软件。

本书深入分析 Linux 中各名字空间机制的组成结构与工作机理,探讨利用名字空间机制开发安全应用程序、构建安全运行环境的方法。全书由 11 章组成。

第 1 章综述 Linux 操作系统的组成结构,包括内核各个主要子系统的结构及工作机理,并介绍后面各章节将要用到的主要接口函数。

第 2 章分析 Linux 提供的常规安全机制,包括通用的身份认证框架 PAM、基于 UID 和权能的访问控制方法、通用的访问控制框架 LSM 和报文过滤框架 Netfilter、算法管理框架 Crypto API 和基于 Crypto API 的加密通信与加密存储方法、随机化方法、虚拟化方法等。

第 3 章概述 Linux 的名字空间管理结构,讨论 proc 文件系统中的名字空间管理文件,介绍名字空间管理函数和管理命令的使用方法,并给出几个应用实例。

第 4 章从 UID 和 GID 入手,全面分析 USER 名字空间机制的组成结构和工作机理,探讨 USER 名字空间对进程权能、进程证书的影响,并介绍 USER 名字空间接口文件。

第 5 章分析 UTS 名字空间的组成结构和工作机理,给出两个应用实例。

第 6 章从 Linux 文件系统的目录树、安装树、共享子树入手,全面分析 MNT 名字空间的组成结构和工作机理,讨论 MNT 名字空间对文件路径名的影响,介绍 MNT 名字空间接口文件,并给出若干应用实例。

第 7 章从进程 PID 号入手,全面分析 PID 名字空间的组成结构和工作机理,讨论 PID 名字空间对进程 ID 号的影响,介绍 PID 名字空间接口文件,探讨 PID 名字空间中的进程运作方式,并给出若干应用实例。

第 8 章讨论 System V 和 POSIX 的进程间通信(IPC)机制,分析 IPC 名字空间的组成结构和工作机理,介绍 IPC 名字空间接口文件,并给出若干应用实例。

第 9 章概述网络协议栈的结构,较为全面地讨论协议栈管理参数、协议栈和防火墙管理命令,全面分析 NET 名字空间的组成结构和工作机理,介绍 NET 名字空间管理命令和接口文件,并给出若干管理实例。

第 10 章从进程与资源入手,较为全面地分析控制群树、限定树的组成结构与工作机理,讨论进程与控制群之间的关系,介绍 CGROUP 的几个主要子系统的使用方法,探讨 CGROUP 名字空间的组成结构。

第 11 章概述名字空间的安全特性,给出一种基于名字空间的动态服务程序框架,并以一个程序实例以验证其可行性。

本书的主要内容来源于 Linux 内核源代码和 Linux 操作系统自带的文档,如 man 手册,是对作者多年教学与科研工作的总结,可作为容器开发与维护人员、安全程序设计人员的参考书,也可用于研究生课程的教材。本书内容翔实,所有实例都在 Ubuntu Linux 系统中验证通过。

本书的写作过程中得到了信息工程大学网络空间安全学院及教研室领导与同事们的支持,得到了课程组、实验室同行的帮助,在此一并表示感谢。

由于作者水平有限,书中难免有错误和不当之处,敬请读者批评指正。

联系地址:guoyd2@163.com。

郭玉东

2018.5.13

目　　录

第*1*章

Linux组成结构

Linux 是当今最成功的操作系统之一,被广泛应用在手持设备、桌面 PC、服务器乃至巨型计算机中。与其他类型的操作系统一样,Linux 也由内核和应用程序组成[1]。内核运行在内核空间,负责管理计算机系统中的软、硬件资源,并通过资源的分配与回收协调应用程序的运行。应用程序运行在用户空间,完成各种各样的计算和应用处理工作,为用户提供各种类型的服务。内核与应用程序之间有着明确的职能分工和权限划分。内核拥有所有的特权,可以直接操作计算机系统中的所有硬件,使用处理器提供的所有指令和寄存器。应用程序拥有最少的特权,许多资源无权直接访问,许多指令无法执行,在运行过程中必须不断请求内核服务。内核运行在封闭的空间中,仅向应用程序开放一个受到严格管控的小窗口,称为系统调用。应用程序通过系统调用请求内核服务。为便于应用程序使用,Linux 又将内核提供的系统调用包装在函数库中,形成相对稳定的应用程序编程接口(Application Programming Interface,API)。

应用程序的运行离不开内核的支持,内核存在的目的是为应用程序提供服务,两者相辅相成。相比较而言,内核处于更加核心的位置,其组织结构也更加复杂。

1.1 Linux 内核结构

Linux 操作系统大致由三层组成:最底层的是相对封闭的操作系统内核,最上层的是各种类型的应用程序(运行中的应用程序称为用户进程),介于内核和用户进程之间的是应用程序编程接口,如图 1.1 所示[2]。

Linux 内核是相对封闭的,进出内核的途径是中断。用户进程请求内核服务的中断有两种:一种是陷入,即系统调用;另一种是内部中断,又称为异常。外部设备请求内核服务的中断称为外部中断。整个 Linux 内核被中断处理程序包围在封闭的内核空间中。

内核管理的硬件资源可分为处理器、内存、外存、网络设备和其他外部设备等几大类。Linux 内核用一个子系统管理一类硬件资源,因而其内核由进程管理、内

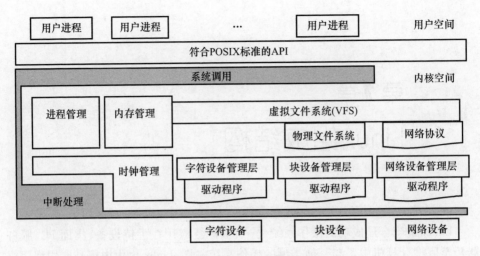

图 1.1　Linux 操作系统组成

存管理、文件系统、网络协议、设备管理等子系统组成。各子系统之间相对独立，又相互关联，并以特定的方式组织起来。内核各子系统的组织结构称为内核结构。

在 Linux 内核结构中可以看到层次结构和微内核的影子，借助于内核模块 KVM 和模拟软件 QEMU 的帮助，Linux 可将自己的内核转化成一个虚拟机监控器（Virtual Machine Monitor, VMM），从而支持虚拟机结构。然而总的来说，Linux 内核仍然是一种单块式的结构，一个子系统中的程序可以直接调用另一个子系统中函数。

1.1.1　中断处理

Linux 的中断处理程序都运行在内核中（特权级为 0），使用当前进程的系统堆栈。当中断发生时，处理器自动将中断返回位置、用户栈顶位置、错误代码等压入系统堆栈。

在 Intel 处理器上，Linux 处理三类中断的流程基本相同，如图 1.2 所示。

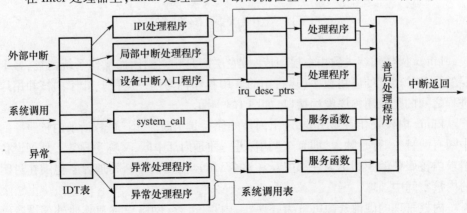

图 1.2　Intel 处理器上的中断处理流程

异常来源于处理器内部,表示处理器在执行指令的过程中检测到了某种错误条件,如被0除、页故障等。处理器预定了各类异常的产生条件、意义、中断向量号及处理方式,Linux内核为每类异常预定义了处理程序。当异常发生时,处理器根据异常的中断向量号跳转到与之对应的异常处理程序,即可完成异常处理。

硬中断来源于系统中的硬件,表示某硬件设备产生了需要引起处理器注意的事件。根据来源的不同,又可将硬中断分为设备中断(来源于外部设备)、局部中断(来源于处理器自身的 Local APIC)和处理器间中断(Interprocessor Interrupt,IPI)(来源于其他处理器)。局部和 IPI 中断的意义与向量号是明确的,Linux 内核已为每类局部和 IPI 中断预定义了处理程序。设备中断来源于外设,中断向量号由设备指定,中断意义由设备驱动程序解释,也应由设备驱动程序处理。为了更安全地处理设备中断,Linux 定义了设备中断描述表 irq_desc_ptrs 和一组接口函数,允许设备驱动程序动态地注册、注销自己的设备中断处理程序。

陷入用于实现系统调用,是进入内核空间的门户,通常由 INT n 指令产生。Linux 的系统调用是预先定义好的,每个系统调用都有一个编号,称为系统调用号,在内核中有一个对应的服务函数。系统调用号与服务函数的对应关系称为系统调用表。Linux 内核按统一的方式处理系统调用,即根据系统调用号查系统调用表,获得与之对应的服务函数地址,而后执行服务函数完成系统调用处理。

三类中断的善后处理方式是一致的,主要处理工作包括三项:

(1)检查当前进程的重调度标志,如当前进程需要重调度,则执行进程调度程序。

(2)检查当前进程的信号标志,如当前进程有待处理的信号,则执行信号处理程序。

(3)弹出系统堆栈中的内容,恢复处理器现场,中断返回。

在所有的硬中断中,时钟中断是最特殊的一类。时钟中断是操作系统中与时间相关的所有操作的基础。时钟中断来源于计算机系统中的时钟设备,如可编程间隔定时器(Programmable Interval Timer,PIT)、高精度定时器(High Precision Event Timer,HPET)、Local APIC Timer 等。时钟设备可工作在周期中断模式和单发中断模式。计时器是能够提供当前时间值的硬件设备或软件程序,如实时时钟(Real Time Clock,RTC)、时间戳计数器(Time Stamp Counter,TSC)等。以时钟设备和计时器为基础,Linux 可提供多种类型的服务,包括时间服务、定时服务、进程账务管理、负载管理等。

初始情况下,时钟设备被设定在周期中断模式,中断频率可以设定,如每秒1000 次。Linux 在周期性时钟中断处理中完成与时间相关的大部分管理工作。

(1)时间管理。Linux 的初始化程序从 RTC 中读出当前时间,将其转化成距离时刻 1970-01-01 00:00:00 的秒数,记录在变量 xtime 中,称为墙上时间。在此后的每次时钟中断处理中,Linux 都会根据当前计时器更新变量 xtime。以 xtime 和计时器为基础,Linux 提供了多种时间服务,如函数 gettimeofday() 用于获取当前时间、函数 settimeofday() 用于设置当前时间等。

(2) 定时管理。Linux 提供了多类定时器,如给内核使用的核心定时器和高精度定时器,给应用程序使用的时间间隔定时器等。其中时间间隔定时器由用户进程启动,运行在内核空间中,到期时会向进程发送信号。Linux 提供三类时间间隔定时器,分别称为实时(Real)定时器、虚拟(Virtual)定时器和概略(Profile)定时器。实时定时器定的是实际流逝的时间量,到期时发送的信号是 SIGALRM。虚拟定时器定的是进程在用户态消耗的时间量,到期时发送的信号是 SIGVTALRM。概略定时器定的是进程消耗的时间量(包括用户态时间和系统态时间),到期时发送的信号是 SIGPROF。函数 alarm() 启动的是实时定时器,函数 setitimer() 可启动任意一种时间间隔定时器,函数 sleep() 可让进程睡眠若干秒。

(3) 进程账务管理。在账务管理中,Linux 累计当前进程消耗的时间、检查时间间隔定时器、更新进程的时间片等,并在必要时设置当前进程的重调度标志从而触发进程调度。

(4) 负载管理。在负载管理中,Linux 统计系统的负载,并在必要时触发负载平衡程序,以期维持各 CPU 之间的负载均衡。

周期性时钟中断简单但盲目,因而只要有可能,Linux 都试图抛弃传统的周期性时钟中断,改用更加智能、准确的单发式(One Shot)时钟中断。目前的时钟设备大都支持单发中断模式,可在准确的时间点上产生时钟中断。单发式时钟中断通常是不连续的,时间间隔不等甚至可以暂停,产生时钟中断的每一个时间点都必须明确地、显式地设定。

1.1.2　进程管理

操作系统的核心工作是运行程序。在 Linux 操作系统中,所有的程序(包括 Linux 内核)都只能在进程中运行,在进程之外不能运行任何程序。Linux 的进程(Process)是运行中的程序,是用户在操作系统中的代理,是内核的主要服务对象。

Linux 用结构 task_struct 描述进程和线程,其内容大致包括如下几类:

(1) 进程标识。Linux 用进程标识符(Process Identifier,PID)标识进程,系统中的每个进程都有一个 PID。初始进程的 PID 是 0,其他进程的 PID 是在创建时临时分配的。Linux 在目录/proc 中为每个进程建立一个子目录,其中包含进程的所有管理信息,目录名就是进程的 PID 号。

一到多个轻量级进程(又称线程)构成一个线程组,它们共享领头进程的资源,如虚拟地址空间、文件描述符表等。一个线程组中的所有轻量级进程拥有相同的线程组标识符(Thread Group ID,TGID),领头进程的 PID 就是线程组的 TGID。Linux 系统中的每个进程都属于一个进程组(Process group),每个进程组又属于一个会话(Session)。

4

（2）认证信息。认证信息就是进程的证书,用于标识进程的身份,包括进程的属主(用户)、权能、密钥等。Linux 用用户标识符(User Identifier,UID)和用户组标识符(User Group Identifier,GID)标识进程的属主,包括四组,分别是进程属主的 uid 和 gid、当前有效用户的 euid 和 egid、文件系统用户的 fsuid 和 fsgid、备份用的 suid 和 sgid。进程的权限主要由这些 UID、GID 决定,简单但粗糙。权能(Capability)是对进程能力的精细化控制机制。不同的进程拥有不同的权能,拥有权能的进程可继续工作,失去权能的进程将被拒绝;同一用户的进程可以拥有不同的权能,不同用户的进程也可以拥有相同的权能;在进程的生命周期中,权能可以改变。

认证信息中还包含有进程的密钥和用户的统计信息(如拥有的进程数、打开的文件数、挂起的信号数、锁定的内存量等)。

（3）调度策略。进程的调度策略用于标识进程的类型和调度方式。Linux 的进程分为普通进程和实时进程两大类,普通进程由完全公平调度器(Completely Fair Scheduler,CFS)调度,实时进程采用先入先出(First In First out,FIFO)或轮转(Round Robin,RR)调度算法。Linux 中的每个进程都有一个调度策略,称为 policy。在进程的生命周期中,其调度策略可以改变。函数 sched_setscheduler()用于设置进程的调度策略。

（4）优先级和权重。优先级用于标识进程的重要程度。调度器在选择下一个投入运行的进程时要参考它的优先级。进程一次可运行的时间长度(时间片)通常也取决于它的优先级。Linux 为进程定义了 140 个优先级,其中 0～99 用于实时进程,100～139 用于普通进程,值越小表示优先级越高。普通进程的默认优先级是 120。由于历史的原因,用户通常把进程的静态优先级称为 nice,其值在 −20～19 之间,对应内核优先级的 100～139,其中 nice 值 −20 对应 100,nice 值 19 对应 139。函数 getpriority()可获得进程的优先级,函数 setpriority()可设置进程的优先级,函数 nice()可增加进程的 nice 值从而降低进程的优先级。

进程的权重是根据优先级计算出来的,优先级越高,权重越大。权重的计算原则是:进程的优先级每提升一级,它的权重(得到的处理能力)应提高 10%。

（5）进程状态。在整个生命周期中,进程可以处于不同的状态,如就绪或运行状态、可中断等待状态、不可中断等待状态、停止状态、追踪状态、死亡状态等,进程的状态是在不断变化的。

（6）进程上下文。进程的运行是时断时续的。当进程因为某种原因必须让出处理器时,它的上下文(处理器现场)必须被暂存起来,以便再次被调度时能够恢复运行。Linux 记录的进程上下文包括进程系统堆栈的栈底、ESP、EIP、CR2、error_code、浮点处理状态等。通用寄存器的值通常记录在进程的系统堆栈中。

（7）虚拟地址空间。每个用户态进程都有自己的虚拟地址空间。进程在用户态运行需要的所有信息,包括程序、数据、堆栈等,都保存在自己的虚拟地址空间中。进程的虚拟地址空间被自然地划分成多个区域,每个区域都有着不同的属性,如程序区域可以执行但不能修改、数据区域可以读写但不能执行、堆栈区域可以动态增长等。在进程的生命周期中,它的虚拟地址空间也在不断变化。函数 execve( )等用于重建进程虚拟地址空间。

(8) 主目录和当前工作目录。进程在运行过程中可能需要访问文件,在访问文件时需要解析文件的路径名,解析绝对路径名需要知道进程的主目录,解析相对路径名需要知道进程的当前工作目录。不同进程可能有不同的主目录和当前工作目录。函数 chroot( )用于改变进程的主目录,函数 chdir( )用于改变进程的当前工作目录。

(9) 文件描述符。进程在运行过程中可能需要读写文件。按照 Linux 的约定,在读写之前需要先将其打开。进程每打开一个文件,Linux 都会为其创建一个打开文件对象,即 file 结构。为进程创建的所有 file 结构被组织在进程的文件描述符表中,file 结构在文件描述符表中的索引就是打开操作所获得的文件描述符。进程可打开的文件包括普通文件、设备特殊文件、命名管道、Socket 连接等。函数 open( )用于打开文件和命名管道,函数 socket( )用于打开网络连接,函数 pipe( )用于打开匿名管道,函数 close( )用于关闭打开的文件、管道、网络连接等。

(10) 信号处理方式。信号有明确约定的意义。Linux 用位图 signal 记录进程收到的信号,用位图 blocked 记录进程当前阻塞的信号,位图中的每一位对应一个信号。信号可以带附加信息,进程收到的附加信息在进程的 task_struct 中排队。进程可以指定各信号的处理程序及处理信号时的特殊要求,每个信号一个。

(11) 亲缘关系。Linux 的进程之间有亲缘关系。一般情况下,若进程 A 创建了进程 B 和 C,那么 A 是 B 和 C 的父进程,B 和 C 是 A 的子进程,B 与 C 是兄弟进程。按照亲缘关系可将系统中所有的进程组织成一棵家族树。第 0 号进程是静态创建的,是所有进程的祖先;1 号进程是 0 号进程的子进程,是第一个用户态进程,是 pstree 命令列出的家族树的根。

(12) 系统堆栈。进程运行离不开堆栈。在用户态运行的进程使用用户堆栈,在系统态运行的进程使用系统堆栈。由于每个进程都会在系统态运行,因而每个进程都必须有系统堆栈。内核线程不在用户态运行,没有用户栈。一般情况下,进程的系统堆栈由 2 个连续的物理页组成,大小 8KB,尾部用作系统堆栈,首部保存一个管理结构 thread_info。当进程由用户态切换到系统态时,堆栈也要随之切换,如图 1.3 所示。

进程是被动态创建出来的,创建的目的是为了执行程序。进程的创建过程大致可分为两步:一是创建进程的管理结构,即以 task_struct 为核心的进程控制块;二是为进程加载应用程序,即创建进程的虚拟地址空间并在用户堆栈中压入初始参数和环境变量,为进程运行做好准备。两步工作可在一个系统调用中完成,也可在两个系统调用中分别完成。两系统调用的实现方案继承了传统 Unix 一贯的优雅作风,将复杂的进程创建工作分解成了两个相互关联又相互独立的部分,轻松解

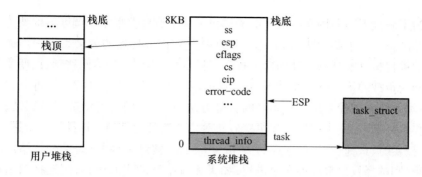

图1.3　进程堆栈之间的关系

除了进程与程序的绑定关系。

　　Linux采用两阶段进程创建方法,用fork类系统调用实现进程创建,用exec类系统调用实现程序加载。在运行过程中,进程可以根据需要随时调用exec类的函数更换自己的程序,更加灵活、方便。

　　Linux进程的管理结构比较容易创建。事实上,新进程的很多管理信息都是从创建者进程中继承来的,如优先级等,虽然也有一些信息是自己特有的,如PID、消耗时间等。

　　比较困难的是为新进程准备运行环境。为了使新进程能在加载程序之前运行,Linux将创建者进程的虚拟地址空间完整地复制到新进程中,使新老进程拥有完全相同的程序、数据、堆栈,具有完全相同的行为,不同的仅是fork类系统调用的返回值。进程根据返回值判断自己是在老进程中还是在新进程中,从而决定自己下一步的工作。

　　复制进程虚拟地址空间的工作量过大。如果新进程运行后会立刻加载自己的应用程序,复制工作就纯粹是一种浪费。为此Linux提供了两种改进:

　　(1)完全共享,让新老进程共用同一个虚拟地址空间,不复制。

　　(2)写时复制(Copy on Write),复制管理信息,包括mm_struct结构、vm_area_struct结构、页表等,并将所有虚拟页都改为只读的,从而将虚拟页的复制工作推迟到写操作真正发生时,不再预先复制任何虚拟页。

　　与之相应,Linux提供了三种进程创建方式:

　　(1)fork( )用于普通进程的创建,采用写时复制方式复制虚拟地址空间。

　　(2)vfork( )用于特殊进程的创建,创建者进程将自己的虚拟地址空间借给新进程,并等待新进程在终止或加载新程序时归还。在归还之前,创建者进程一直处于等待状态。

　　(3)clone( )用于线程的创建,由创建者指定新老双方共享的信息。

　　系统中可能存在多个就绪态进程,它们会竞争处理器资源。为了使竞争更加公平、有序、合理,需要一个仲裁者来管理处理器的分配,Linux称这一仲裁者为调度器(Scheduler)。

为了满足不同的调度需求,Linux 提供了一个调度器框架。调度器框架为每个处理器准备了一个调度队列 rq,用于管理分配到该处理器的就绪态进程。进入就绪态的进程被分配到特定处理器上排队,且可以在不同处理器间移动,以便实现处理器间的负载均衡。rq 中的就绪态进程分成三类,分别是实时类、普通类和空闲类,三类就绪态进程采用三种不同的管理方法,包括不同的就绪进程组织结构、不同的权重计算方法、不同的时间更新方法等。当需要为处理器选择下一个进程时,Linux 按实时、普通、空闲的顺序检查 rq 中的三类就绪态进程:如果有就绪态的实时进程,则选择权重最高的实时进程;如果无就绪态的实时进程,则选择权重最高的普通进程;如果无就绪态的普通进程,则让空闲进程投入运行,如图 1.4 所示。

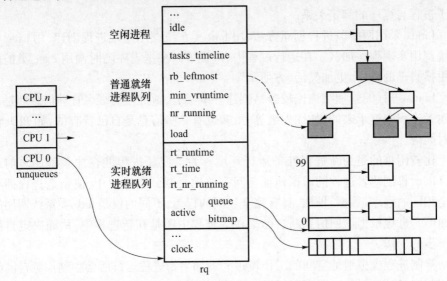

图 1.4　Linux 的就绪进程队列

实时类就绪进程采用多就绪队列管理方法。目前的 Linux 为实时类就绪进程准备了 100 个队列,每个优先级一个,构成一个队列组 queue。队列组中各队列的状态由位图 bitmap 描述,0 表示队列为空,1 表示队列中有就绪态的进程。检查位图 bitmap 可得到优先级最高的不空队列,其中的队头进程权重最大,应该是下一个在处理器上运行的实时进程。

普通类就绪进程采用 CFS 调度算法。CFS 为每个普通类进程定义一个虚拟计时器,用于记录该进程已消耗的处理器时间。不同进程的虚拟计时器按不同的速率计时,优先级越高的进程权重越大,其虚拟计时器走得越慢。就绪态的普通进程被组织在一棵红黑树中,虚拟计时器越小的进程在红黑树中的位置越靠前。在每次时钟中断发生时,CFS 都调整当前进程的虚拟计时器并调整进程在红黑树中的位置。红黑树中最左边的进程是虚拟计时器最小的进程,应该是下一个在处理器上运行的普通进程。

在系统初始化时,Linux 为每个处理器都创建了一个空闲进程 Idle,PID 号都是 0。当没有其他类别的就绪进程时,处理器运行自己的空闲进程。由于一个处理器上仅有一个空闲进程,而且该进程总是处于就绪状态,因而空闲类进程的管理极为简单,仅需要一个指针即可。

为了不至于"饿死"普通进程,Linux 预定了实时进程的带宽,限定实时进程在一个处理器上、1 个检查周期(如 1s)内可运行的最长时间 rt_runtime(如 950ms)。当实时进程的运行时间 rt_time 达到预定带宽时,实时进程抑制标志被置位,在此后的一小段时间内(如 50ms),处理器不再选择实时进程,以便给普通进程留一点运行机会。

除一些特殊的守护进程之外,一般进程都会在有限时间内终止。终止的原因可能是进程完成了预定的工作或检测到了终止条件(如进程的主函数结束、进程在运行过程中主动执行了 exit( )函数等),也可能是被内核或其他进程杀死(如进程收到了信号且在信号处理程序中执行了 exit( )等)。进程因主函数结束而返回之后,也会执行 exit( )。因而 Linux 进程的终止操作由两步完成:

(1)进程自己执行退出函数 exit( ),释放占用的系统资源,而后向父进程发送 SIGCHLD 信号,报告自己已经退出。

(2)父进程执行回收函数 wait( ),找到已经终止的子进程,累计其统计信息,释放其 task_struct 结构和系统堆栈,从而将进程彻底注销。

如果父进程正在函数 wait( )上等待子进程终止,则 SIGCHLD 信号会将其唤醒,唤醒后的父进程会回收已退出的子进程。如果父进程未在函数 wait( )上等待,则它会在 SIGCHLD 信号的处理程序中执行函数 wait( )。如果父进程在处理 SIGCHLD 信号时未回收已退出的子进程,则当父进程也退出时,它的子进程会被过继给系统的回收进程,并最终被继父进程回收。

退出函数 exit( )会改变进程的家族树。通常情况下,exit( )会将终止进程的子进程过继给回收进程。Linux 系统的默认回收进程是第 1 号进程 init。通过设置 subreaper 标志可以指派新的回收进程。exit( )会将终止进程的子进程过继给离自己最近的、带 subreaper 标志的祖先进程。函数 prctl( )可以改变进程的许多属性,包括 subreaper 标志。

由于系统中会同时存在多个进程,因而在运行过程中不可避免地会发生进程间的相互作用,如竞争资源、协调工作等。可以将进程之间的相互作用归结为互斥(Mutual Exclusion)与同步(Synchronization)两类。

互斥就是排他、独占或竞争。互斥的进程由于竞争同一独占性资源(又称为临界资源)而互相制约,获得者运行,未获得者必须等待。同步就是协调一致。具有同步关系的进程在执行顺序上有明确的要求,如在一个进程完成某项工作之后另一个进程才能开始下一步工作。条件不满足的进程只能等待。Linux 操作系统提供了多种互斥与同步机制,以保证临界资源的互斥使用和进程执行步骤的协调一致。

（1）自旋锁。锁是一种最简单的互斥机制，用于保护使用时间很短的临界资源。Linux 内核为使用时间较短的每一种临界资源都准备了一把锁。当进程在内核中运行时，需要按下列格式使用这一类的临界资源。

<加锁（spin_lock）>

<临界区（critical section）>

<解锁（spin_unlock）>

如果加锁成功，则进程可立刻进入临界区（使用临界资源的程序片段）使用资源；否则，申请者进程将在加锁操作中忙等测试（自旋等待），直到锁被释放。因而这类锁又称为自旋锁（Spinlock）。显然自旋锁只能用在多处理器环境中。在单处理器系统中，自旋锁通常退化成为空语句或简单的开、关中断操作。

自旋锁不能嵌套使用，在临界区中的进程不能被抢占，也不应该被中断；否则，将会延长申请者的等待时间，严重时会导致进程死锁。以 spin_lock、spin_unlock 为基础，Linux 还实现了带中断屏蔽的自旋锁、带状态保存与恢复的自旋锁、读写自旋锁等。

（2）复更新（Read-Copy Update，RCU）。RCU 机制所保护的资源允许写者和读者同时使用，并能保证写者和读者的工作同样有效。

RCU 不是严格意义上的锁，仅是一种使用资源的方法或机制。RCU 的读者不需要理会写者，可直接进入临界区执行读操作。RCU 约定读者只能在临界区中使用资源，且在使用之前必须先获得对资源的引用（指针），而后通过引用使用（读）资源；读者不能在临界区外使用资源；在临界区中的读者进程不允许抢占。

写者不能直接修改资源，修改资源实际是更新资源或发布资源的新版本，其过程如下：

① 创建老资源的一个拷贝，并对拷贝进行必要的修改，形成资源的新版本。

② 用资源的新版本替换老版本，使更新生效。

③ 维护老版本的资源直到所有的读者都不再引用它，而后释放（销毁）老版本资源。

资源替换操作必须是原子的（不可分割），因而替换完成之前的读者获得的是对老资源的引用，替换完成之后的读者获得的是对新资源的引用，新老版本并存，直到没有读者再使用老资源。

（3）信号量。信号量是一种十分灵活的机制，可以用做互斥，也可以用做同步。当信号量的值大于 0 时，P 操作将其减 1；当信号量的值等于 0 时，P 操作将进程挂起等待。当等待队列为空时，V 操作将信号量的值加 1；当等待队列不空时，V 操作唤醒在队头等待的进程，该进程将获得信号量。在信号量上等待的进程可能处于不可中断等待状态、可中断等待状态等，申请者进程还可以预定一个最长等待时间。在信号量上睡眠的进程可能被 V 操作或信号唤醒，也可能因为睡眠超时而自醒。

Linux 还实现了互斥信号量 mutex、读写信号量 rw_semaphore 等。

（4）信号量集。信号量集是提供给用户空间进程使用的互斥与同步机制,其中可能包含多个信号量,用户进程可以在一个 P、V 操作中同时操作其中的多个信号量。进程对信号量集的一次操作要么全部成功(获得所有信号量),要么全部失败(等待),从而可预防占有且等待现象的发生,是解决死锁问题的一种手段。

信号量集中还提供了 undo 机制,可在进程终止时回退该进程对信号量集的所有操作,消除自己对信号量集的影响,是解决死锁问题的另一种手段。

Linux 实现了 System V 的信号量集机制。信号量集由键值(Key)命名,由 id 号标识。进程可通过函数 semget( ) 打开信号量集,获得其 ID 号;通过函数 semop( ) 实施 P、V 操作;通过函数 msgctl( ) 设置信号量的初值、查询信号量集及其中各信号量的状态,甚至销毁整个信号量集等。

除同步与互斥机制之外,Linux 还提供了多种进程之间的通信机制,如用于通知的信号机制,用于交换信息的管道、消息队列和 Socket 机制,用于共享信息的共享内存机制等。

（1）信号。信号主要用于通知事件,其格式和意义是预先约定好的,一个信号表示一种类型的事件。内核通过信号将系统内发生的事件(如用户输入了 Ctrl-C、定时器到期等)通知给进程,一个进程也可以向另一个或一组进程发送信号,如通过 SIGKILL 信号杀死进程,通过 SIGCHLD 信号报告自己终止等。

进程有自己的信号处理表 sighand_struct,其中的主要内容是一个 action 数组,记录着进程对各信号的处理程序及处理时的特殊要求。进程可以通过系统调用(如 signal( )、sigaction( )、rt_sigaction( ) 等)更改自己对各信号的处理方式,包括注册自定义的信号处理程序、设置处理信号时的特殊要求等。进程注册的信号处理程序可以是默认(SIG_DFL)、忽略(SIG_IGN)或自定义的函数。

信号是由发送者直接送给接收者的(将附加信息挂在接收者进程的队列中,并在其 signal 位图中设置标志)。进程可以在任意状态下接收信号,但只能在从系统态返回用户态之前(中断善后处理中)处理信号。

如果信号的处理程序是 SIG_IGN,则简单地将其丢弃即可。如果信号的处理程序是 SIG_DFL,则由内核处理即可(如终止进程)。如果信号的处理程序是用户自定义的,则其处理过程如下:

① 将进程系统堆栈中的内容暂存在用户堆栈中。

② 将信号编号、附加信息等压入进程的用户堆栈。

③ 将进程系统堆栈中的返回地址改为信号处理程序的入口地址。

④ 返回用户态,执行信号处理程序。

⑤ 再次通过系统调用进入内核,恢复系统堆栈后正常返回用户态。

（2）管道。Linux 用伪文件系统 pipefs 实现管道。系统调用 pipe( ) 用于创建匿名管道,并得到两个文件描述符,一个用于从管道中读,另一个用于向管道中写。父进程获得的管道描述符可通过 fork( )传递给子进程,从而可以在父子、兄弟进程之间实现管道通信。

Linux 还允许定义命名管道(FIFO)。FIFO 是存在于文件系统中的一类特殊文件,有自己的名称。只要知道 FIFO 的名称,任意两个进程之间都可以通过命名管道通信,方法是一个进程用写方式打开 FIFO,另一个进程用读方式打开 FIFO,而后写方向管道中写入数据,读方从管道中读出数据。

(3)消息队列。管道中传递的是没有包装、没有边界的裸数据,缺少通信所需要的许多信息,如发送者、接收者、时间、类型、长度、边界等。消息队列是一种面向消息的、无连接的异步通信机制。

Linux 实现了 System V 的消息队列。消息队列由键值(Key)命名,由 id 号标识。进程可通过函数 msgget( )打开消息队列,通过函数 msgsnd( )和 msgrcv( )发送、接收消息,通过函数 msgctl( )销毁消息队列。

(4)Socket。通过 Socket 可以实现两台机器之间的通信,也可以实现同一主机中不同进程间的通信。

Linux 的 Socket 支持多种协议簇,其中的 UNIX 协议簇专门用于进程之间的通信。为了实现通信,服务器进程用函数 socket( )打开一个 socket 并将其绑定(用函数 bind( ))到一个 Socket 类文件上,而后等待客户进程的连接请求。客户进程打开一个 socket,用函数 connect( )将其连接到服务器端,地址是服务器进程绑定的 Socket 类文件。连接之后,客户与服务器进程即可进行相互通信。Socket 类文件是在绑定时临时创建的,可以用 unlink( )操作将其删除。

(5)共享内存。共享内存是两个进程之间的公共空间,一个进程对共享内存空间的修改可以立刻被另一个进程看到,因而共享内存是最快的一种进程间通信机制,也是一种信息共享机制。

利用函数 mmap( )可以建立共享内存。如果将一个文件区间以共享方式同时映射到多个进程的虚拟地址空间中,该文件区间就会变成多进程之间的公共内存映射区间,或共享内存区间。虚拟内存管理器仅在物理内存中保留一份文件内容,其物理页可被共享它的所有进程访问,可读可写。

为了简化共享内存操作,Linux 扩充了 mmap( ),允许进程建立匿名的共享映射,不对应实际的文件区间。匿名共享区域没有映射文件,区域中的共享页是在使用过程中动态创建的,初值都是 0,使用期间不发生文件 I/O 操作。

Linux 还实现了 System V 的共享内存机制。System V 的共享内存对象由键值命名,由 id 号标识。进程可通过函数 shmget( )打开共享内存对象,通过函数 shmat( )将共享内存对象绑定到自己的虚拟地址空间中并获得开始的虚地址 vaddr,通过函数 shmdt( )断开与共享内存对象的绑定,通过函数 shmctl( )销毁共享内存对象。

System V 的信号量集、消息队列、共享内存等可以独立存在,只要没有明确销毁,即使创建者进程已经终止,它们仍将继续存在,并可被随后的进程再次打开、使用。System V 的信号量集、消息队列、共享内存等被组织在三棵独立的 IDR(ID Radix)树中。

1.1.3 内存管理

内存又称主存,是计算机系统中的重要资源,又是紧缺资源,操作系统及其管理的所有进程共享同一物理内存空间,物理内存的容量似乎永远都无法满足进程的需求。

为了对紧缺的内存资源实施高效、精细的管理,Linux 将其内存管理工作分割成两大部分:一是物理内存管理部分,负责管理系统中的物理内存空间,包括物理内存的分配、释放、回收等,由伙伴内存管理器、对象内存管理器和逻辑内存管理器组成;二是虚拟内存管理部分,负责管理进程的虚拟内存空间,包括虚拟内存的创建、撤销、换入、换出以及虚拟地址到物理地址的转换等,由虚拟内存管理器和用户内存管理器组成,如图 1.5 所示。

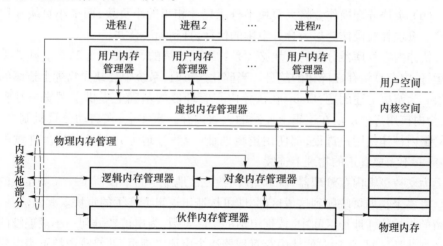

图 1.5 Linux 内存管理系统的结构

Linux 中的伙伴内存管理器是物理内存的真正管理者,以页块为单位分配、释放、回收物理内存,快速、高效,且不会产生外部碎片。伙伴内存管理器采用的是优化后的伙伴算法,优化的内容包括:

(1)为支持非一致内存访问(Non-Uniform Memory Access,NUMA),将系统的物理地址空间分割成节点,为每个节点建立一个 page 结构数组,用一个 page 结构描述节点中一个物理页。

(2)将节点内的物理内存空间按特性分成管理区,如 DMA 区管理 16MB 以下的物理内存,供老式 DMA 使用;DMA32 区管理 4GB 以下的物理内存,用于 64 位系

13

统的 DMA;NORMAL 区管理除 DMA 之外的低端物理内存,有预分配的内核线性地址;HIGHMEM 区管理没有内核线性地址的高端物理内存等。

(3) 区分物理内存页块的迁移类型,如 UNMOVABLE 页块只能驻留在固定位置,不能移动;RECLAIMABLE 页块可先释放,后在新位置上重新生成;MOVABLE 页块可复制到新位置而不改变虚拟地址;RESERVE 页块留给内存不足时应急使用;ISOLATE 页块用于在不同节点间迁移,不可分配等。同一迁移类型的页块应集中在一起,不同迁移类型的页块不应相互交叉。

(4) 在管理区中,为每一种尺寸、每一种迁移类型的空闲页块建立一个管理队列,称为 free_area[ ] 数组,空闲页块的尺寸为 2^i 页($i = 0, 1, \cdots$)。

(5) 在管理区中,为每个处理器、每种迁移类型建立一个热页队列,用于暂存各处理器新释放的单个物理页。新释放的散页(大小为 1 页)被加入热页队列而不是 free_area[ ] 数组,推迟合并时机。当热页数量(count)超过预定的上界 high 时,一次性将其中 batch 个页还给 free_area[ ]。伙伴内存管理器总是试图从热页队列中分配单个物理页,当热页队列为空或缺少指定迁移类型的页时,一次性从 free_area[ ] 中转移过来 batch 个指定类型的页。

(6) 页块分配操作会将大页块平分成尺寸相等的小页块,两个小页块互称为伙伴。页块释放操作会尽力合并空闲的伙伴,直到无法合并。

伙伴内存管理器分配的页块必须是物理上连续的,且大小是 2^i 页。随着系统的运行,内存页块存在碎化的趋势。当碎化严重时,系统中会缺少物理上连续的大页块。为解决上述问题,Linux 在伙伴内存管理器的基础上提供了逻辑内存管理器,为内核用户提供仅在逻辑上连续的大块内存。事实上,在启动分页机制之后,不管是内核还是用户进程,都使用逻辑地址(或线性地址),只要逻辑上连续就已足够,并不需要真正的物理上连续。

为支持逻辑内存管理器,Linux 在内核线性地址空间中预留了一大块连续的区间。将多个物理页映射到这段区间,即可构造出逻辑上连续的页块。其做法是:在预留的内核线性地址区间中,依据申请的实际页数,为申请者分配一小段连续的内核线性地址区间,而后向伙伴内存管理器逐个申请物理页,并修改内核页表以建立逻辑页与物理页之间的映射关系。

由多个逻辑上连续的内存页构成的页块称为逻辑页块。逻辑页块的大小不用遵循 2 的指数次方的约定,可以由任意多个页构成。

逻辑内存管理器可方便地为内核提供大内存服务(尺寸为若干页),却难以满足内核对小内存(数十到数百字节)的需求。为了向内核提供小内存服务,减少内存空间的浪费,Linux 又引入了对象内存管理器。

对象内存管理器建立在伙伴内存管理器之上,将来自伙伴内存管理器的大块内存划分成内存对象分配给请求者,将回收到的内存对象组合成大块内存后还给伙伴内存管理器。因而对象内存管理器更像是内存对象的缓存,事实上,它的主要管理结构也称为 Cache。

一个 Cache 管理一种类型的内存对象。属于一个 Cache 的内存对象具有相同的属性(如尺寸),被组织在多个 Slab 中。一个 Slab 是来自伙伴内存管理器的一个页块,其内存空间被划分成一组大小相等的内存对象。当需要小内存时,内核直接向预建的某个 Cache 申请内存对象,用完之后再将其还给 Cache。当 Cache 中缺少内存对象时,对象内存管理器会为其追加新的 Slab;当物理内存紧缺时,伙伴内存管理器会回收完全空闲的 Slab。因而,对象内存管理器的组织结构分为 Cache 和 Slab 两个层次,对象内存管理器管理 Cache,Cache 管理 Slab,包括 Slab 的创建与撤销,Slab 管理内存对象的分配与释放。

Slab 经过了充分的优化,但有些复杂。为简化管理,Linux 又引入了 Slub 和 Slob 管理器,其目的都是为内核提供小内存服务。

以物理内存管理为基础,Linux 为其中的每个进程都构建出了一个虚拟地址空间。进程的虚拟地址空间随进程的创建而创建,随进程的终止而撤销。虚拟内存管理器主要负责进程虚拟地址空间的动态创建、释放与动态调整,并协助内存管理单元(Memory Management Unit,MMU)实现进程虚拟地址到系统物理地址的转换。虚拟内存管理器还负责虚拟页面的动态建立与淘汰、虚拟地址空间的保护与共享等,并提供文件映射、动态链接、负载统计等其他服务。

Linux 用三级结构描述进程的虚拟地址空间,如图 1.6 所示。

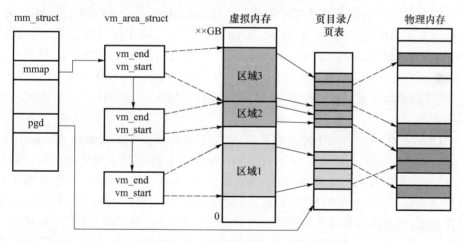

图 1.6　虚拟内存管理结构

结构 mm_struct 描述进程虚拟地址空间的全貌,每个进程一个。进程的虚拟地址空间被分成多个虚拟内存区域,在区域内部的虚拟地址是有效的,在所有区域之外的虚拟地址是无效的。一个虚拟内存区域是进程虚拟地址空间中具有相同属性的一段连续的地址区间,由结构 vm_area_struct 描述。虚拟内存区域的大小可变,最小 1 页,其内容可能来源于文件,也可能是匿名的(如堆栈、堆)。如果虚拟

15

内存区域的内容来源于文件,则 vm_area_struct 记录区域中各虚拟页与文件页的映射关系。页表结构描述进程虚拟页与物理页的映射关系。当虚拟页在内存时,页表项记录着物理页的位置,用于实现地址转换;当虚拟页不在内存时,页表项中含有页面内容来源及读入方法的信息。

进程的虚拟内存区域是自然形成的,分别用于保存进程的程序、数据、堆栈、堆、动态链接器、共享函数库、映射文件等。其中:程序和数据区域在程序加载时建立,位于虚拟地址空间的低端,位置是固定的;堆区域紧接着数据区域,会向上增长或向下收缩;堆栈区域位于虚拟地址空间的高端,会向下增长;动态链接器、共享函数库、数据文件等区域是动态建立的,称为文件映射区,可以向上增长,也可以向下增长。

在创建之初,进程的虚拟地址空间是从创建者进程中复制的,甚至可能是共用的。在运行过程中,进程可以通过 exec 类的系统调用加载新的可执行程序,即释放老的虚拟地址空间,重建新的虚拟地址空间。

新地址空间是依据可执行文件建立的。不同格式的可执行文件有不同的加载和执行方法。在初始化时,Linux 为每一种可执行文件格式准备了一个 linux_binprm结构,并已将其注册在 formats 队列中,其中的操作 load_binary 用于加载特定格式的文件、load_shlib 用于加载特定格式的共享库。目前的 Linux 支持多种格式的可执行文件,默认格式是 ELF。

ELF 文件中包含若干个节(Section),如.text、.data、.bss、.got、.plt、.dynamic 等。节由节头结构描述,主要用于连接。可加载的 ELF 文件中还包含若干个加载段(Segment),如.text、.data、.interp、.dynamic 等。加载段由程序头结构描述,程序头表中包含所有的程序头结构。程序头结构中包含加载段的类型、在文件中的位置和大小、在虚拟地址空间中的位置和大小等信息,恰好可以用于建立一个虚拟内存区域。

Linux 提供了一个用于加载的系统调用,被包装成多个加载函数,如 execl( )、execle( )、execlp( )、execv( )、execve( )、execvp( )等。加载操作释放进程的老虚拟地址空间,根据可执行文件重建 mm_struct 及 vm_area_struct 结构,创建新的用户堆栈并在其中压入初始参数,而后从入口地址开始执行新的程序。如果程序是动态链接的,则在执行程序之前还要加载动态链接器程序、共享函数库等(再建立一些 vm_area_struct)。共享函数的连接工作由动态链接器负责,在程序执行过程中完成,何时调用何时连接,调用哪个函数连接哪个函数。

新进程的虚拟地址空间是从创建者进程中复制的,所有页面都是只读的,写操作会引起页故障(Page fault)异常。刚创建的新虚拟地址空间几乎是空的,所有操作都会引起页故障异常。进程执行过程中的非法内存访问也会引起页故障异常。进程虚拟地址空间中的页面是在页故障异常处理过程中逐步加载和创建的,加载与创建的依据是虚拟页对应的页表项、包含虚拟页的虚拟内存区域、引起页故障的原因(error_code)等。

如果页故障异常是由于非法内存访问(如访问无效的虚拟地址等)引起的,进程会收到 SIGSEGV 信号。信号 SIGSEGV 的默认处理方式是终止进程。

如果页故障是由于访问有效用户页引起的,则可根据页表项内容、错误代码和虚拟内存区域等信息处理该类页故障,处理方法如表 1.1 所列。

表 1.1　有效页故障产生原因及处理方法

条　件			页类型及故障原因	处理方法
页表项	fault 操作	错误代码		
全 0	非空		线性文件映射页/未读入	读入文件页
全 0	空		匿名页/未分配	分配全 0 页
P = 0,D = 1			非线性文件映射页/未读入	读入文件页
P = 0,不全 0			换出页/已换出	换入交换页
P = 1,W = 0		写操作	写时复制页/未复制	复制 Copy on write 页
P = 1,W = 1		写操作	已在别处处理	设置 D、A 标志
P = 1,W = 1		读操作	已在别处处理	设置 A 标志

注:P、W、A、D 等是页表项中的标志位,"不全 0"表示页表项中有其他非 0 位。

如果页故障被成功处理,则页表会被修改,发生故障的指令会被重新执行。

即使采用了延迟复制、延迟加载、延迟分配技术,随着进程的运行,物理内存也会被耗尽。当物理内存紧缺时,应该将进程暂时不用的页面换出,从而腾出物理页面供急需的进程使用,这一工作称为页面淘汰或页面置换。事实上,只要进程当前访问的虚拟页面在物理内存中,进程即可正常运行,页面淘汰仅会影响性能,不会影响程序执行的正确性。

按照使用者的类型、用途及使用方式,可将分配出去的物理页大致分为以下几类:

(1)不可回收页,如内核占用页、进程页表等。

(2)可废弃页,如来自文件且未被修改过的页,可直接收回。

(3)可同步页,如来自文件的"脏"页且文件允许写回,可写回文件后收回。

(4)可交换页,如匿名页或来自文件但不许写回的页,可换出后收回。

页面被废弃或同步后,可将其页表项清 0。当进程再次访问到废弃页或同步页时,页故障处理程序会将其从文件中读入。页面被换出后,可将其在交换设备中的位置记录在页表项中。当进程再次访问到换出页时,页故障处理程序会将其换入。

Linux 采用近似的最近最少使用(Least Recently Used,LRU)淘汰算法选择进程虚拟地址空间中的淘汰页面。为了 LRU 算法的高效运行,Linux 在物理内存的管理区(Zone)中定义了五个页面队列,分别用于组织五种不同类型的物理页面

(Page 结构),包括非活动匿名页、活动匿名页、非活动文件页、活动文件页和不可淘汰页。淘汰程序首先调整活动队列尾部若干页面的状态,将最近访问过的页面移到活动队列的队头,将未访问过的页面移到非活动队列的队头;而后调整非活动队列队尾若干页面的状态,将最近访问过的页面移到活动队列的队头,将最近未访问过的页面选作待淘汰页面。如果待淘汰页面是"干净"的,则可直接将其回收;如果待淘汰页面是"脏"的,则可先将其写出而后回收。每次调整的页面数取决于当前内存的紧缺程度(压力)、区中内存的平衡程度、前期搜索的成功比例等,一般不超过 32 页。

虚拟内存管理器在内核中自动调整进程的虚拟地址空间。进程看到的虚拟地址空间基本上是固定的,除了其中的堆空间。堆空间是进程虚拟地址空间中的一部分,由专门的用户态虚拟内存管理器维护。用户虚拟内存管理器运行在用户空间,建立在虚拟内存管理器基础之上,用于管理进程堆中的内存,如函数 malloc( ) 从堆中为进程分配虚拟内存,函数 free( ) 将进程申请的虚拟内存释放到堆中。

Linux 内核提供一个系统调用 brk 用于调整堆空间的大小。值得注意的是,malloc( ) 分配的空间是虚拟的,不一定有对应的物理内存。事实上,虚拟内存管理器会将物理内存的分配工作尽力后延,直到进程真正访问时才为其分配。

1.1.4 文件系统

除了处理器和内存之外,计算机系统中配置最多的一部分硬件资源称为外部设备。设备管理是操作系统的重要工作之一。Linux 用虚拟文件系统统管所有的外部设备,包括字符设备、块设备和网络设备等。

在所有的设备中,外部存储设备是最重要的一类,Linux 对其进行了一系列的抽象。外存设备上的存储空间被抽象成了逻辑块的数组,允许以块为单位对其进行随机访问,因此又把外存设备称为块设备。块设备上存储的信息被抽象成了文件,一个块设备上的所有文件被组织在一个目录结构中,因此又把单个块设备上的管理系统称为物理文件系统。不同块设备上的物理文件系统被统一组织起来,形成单一的虚拟文件系统(Virtual File System, VFS)。VFS 管理物理文件系统,物理文件系统管理单个块设备上的存储空间与文件,块设备管理层负责逻辑块数组的抽象,块设备驱动程序负责物理块设备操作的实施。

进一步地,Linux 将系统中所有的外部设备全都抽象成了文件(称为设备特殊文件),用常规的文件操作统一了千差万别的设备操作,从而统一了外部设备的管理。因此,虚拟文件系统是 I/O 系统的总接口,是 Linux 操作系统的核心之一,如图 1.7 所示。

用户通过 VFS 的上层接口使用 I/O 系统,如安装、卸载物理文件系统,组织与读写文件,操作外部设备等。VFS 将用户请求的文件或设备操作转交给下层的物理文件系统或设备管理程序,真正的 I/O 操作由底层的物理文件系统与设备驱动

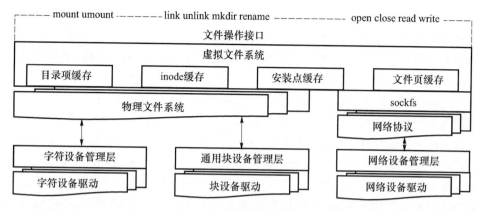

图 1.7 虚拟文件系统框架

程序负责实施。因此 VFS 又称虚拟文件交换机（Virtual File Switch）。为了完成上下层之间的转换，VFS 需要建立一整套数据结构，包括超级块结构 super_block、索引节点结构 inode、目录项结构 dentry、安装点结构 vfsmount 等。

Linux 的物理文件系统各具特色，为了统一管理，VFS 将物理文件系统抽象成超级块结构 super_block，又称为文件系统类。Linux 为它的每个活动的物理文件系统（ext4、vfat、sockfs、pipefs、proc、sysfs 等）都建立一个超级块实例（对象）。超级块结构中记录着物理文件系统的所有管理信息，包括块设备描述信息、块尺寸、文件的最大尺寸、物理文件系统类型、物理文件系统的当前状态、物理文件系统的根目录、超级块操作集、私有信息等。

文件系统管理的主要实体称为文件。VFS 将各种类型的文件实体（设备、目录、管道、符号连接、socket 等）抽象成 inode 结构，称为索引节点（Index Node），或文件类。VFS 将它使用的每一个文件都看成 inode 类的一个实例（对象）。结构 inode 中记录着文件实体的基本属性信息，包括文件标识符、文件主的 UID 和 GID、文件模式（类型和访问权限）、大小、时间、状态、所属的物理文件系统、设备信息、inode_operations 操作集、file_operations 操作集、地址空间（文件的页缓存）、私有信息等。

实体名称和实体间的组织关系由目录描述，目录是目录项的集合。目录项是文件名到文件 inode 的映射，由结构 dentry 描述，其中还包含一些指针用于将dentry 组织成目录树。

在使用之前，物理文件系统必须安装。安装所做的工作大致包括两件：一是建立描述该文件系统的超级块结构；二是将文件系统的根目录"嫁接"到已有目录树的某个安装点上。最顶层的文件系统称为根文件系统（Rootfs）。根文件系统是一个内存文件系统，不需要块设备，已在系统初始化时静态安装。安装点是目录树中的一个目录。初始情况下，根文件系统中只有一个空的根目录，用于为新文件系统提供安装点。

如文件系统 B 安装在文件系统 A 的某个目录上,则称 B 是 A 的子文件系统,A 是 B 的父文件系统。文件系统的超级块只能由物理文件系统自己提供,因而每种类型的物理文件系统都需要向 VFS 注册一个 file_system_type 结构,其中的操作 mount 用于填写超级块结构、操作 kill_sb 用于释放超级块结构。

文件系统之间的安装关系由安装点结构 vfsmount 描述,每个已安装的文件系统都有一个安装点结构,系统中所有的 vfsmount 结构被组织在一棵树和一个 Hash 表 mount_hashtable 中,如图 1.8 所示。查 mount_hashtable 可以找到在一个安装点目录上安装的第一层子文件系统。若一个物理文件系统被安装多次,则 Linux 会为其建立多个 vfsmount 结构。一个安装点目录上可安装多层文件系统,一个文件系统可以安装在多个位置,且可以仅安装文件系统的一棵子目录树,并可实现共享、主从等特殊类型的安装。

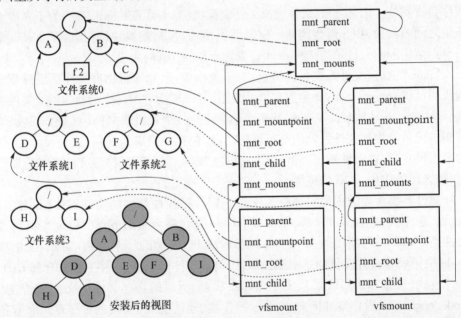

图 1.8　文件系统间的安装关系

在图 1.8 中,文件系统 1 安装在文件系统 0 的 A 目录上,文件系统 2 安装在文件系统 0 的 B 目录上,文件系统 3 安装在文件系统 1 的 D 目录上,文件系统 3 的子目录 I 安装在文件系统 2 的 G 目录上。右方的 vfsmount 树描述各文件系统之间的安装关系,左下方的目录树是安装后的目录树视图。

函数 mount( )用于安装文件系统,umount( )用于卸载文件系统。

在安装后的 VFS 目录树中,单个节点可能代表的是文件,也可能是子目录,由路径名标识。当要访问一个文件或子目录时,进程可以提供绝对路径名,也可以提供相对路径名。对一个进程来说,绝对路径名是相对于主目录(home 目录)的路径名,相对路径名是相对于当前工作目录的路径名。进程的 task_struct 中记录着它的主目录和当前工作目录。

在访问一个文件或目录之前,首要的任务是找到路径名所标识的实体,并为其建立 inode 和 dentry 结构,这一过程称为路径名解析。路径名解析的意义是:从参考点(主目录或当前工作目录)出发,依照各子路径名的指示,在全局目录树中找到最后一个子路径名所指示的节点。其间可能需要请求物理文件系统新建节点。

如果解析到的某个子路径名所指是一个安装点,则需要利用 Hash 表 mount_hashtable 向上跨越安装点,找到安装在其上的子文件系统的根目录。由于新找到的根目录仍然可能是安装点,因而安装点跨越可能需要进行多次。

如果解析到的某个子路径名所指是一个符号连接,则需要跨越符号连接。符号连接是一种特殊文件,其内容是另一个文件或目录的路径名。跨越符号连接的过程是:读出符号连接文件的内容,从头开始解析其中的路径名。

以全局目录树和路径名解析为基础,VFS 提供了多种文件管理服务,如子目录的创建与删除、硬连接的创建与删除、文件与符号连接的创建、实体的移动、实体属性的设置等,这些服务的处理方式大致相同:

(1)解析路径名,获得实体所在的父目录及实体本身的 dentry 和 inode 结构。

(2)执行父目录 inode 操作集中的相应操作,请求物理文件系统完成实际的管理工作。

(3)调整相关实体的 dentry 结构,在目录项缓存和目录树中反映实体的变化。

在获得路径名所标识的文件实体之后,可以对其实施 I/O 操作,即使用文件。从 VFS 的角度看,对文件的使用方式只有两种,即向文件中写数据和从文件中读数据。要读写文件中的数据至少需要知道文件的路径名、数据在文件中的开始位置、数据在内存中的开始位置、数据长度等。读写操作需要解析路径名以获得文件的 inode 结构,并需要检查权限。重复的路径名解析和权限检查会严重影响文件 I/O 操作的性能。为了减少路径名解析的次数,VFS 提供了文件打开和关闭操作,由打开操作专门负责文件路径名的解析和权限检查。

打开操作(open)创建 file 结构。一个 file 结构描述一个进程对一个文件的一种 I/O 操作方式,称为打开文件对象,其中包含文件路径、读写头位置、文件操作模式、文件操作集、文件地址空间(文件页缓存)等信息。Linux 为每个进程都维护一张文件描述符表,记录在 files_struct 结构中,其中的主要内容是一个 file 结构的指针数组。打开操作创建的 file 结构在指针数组中的索引称为文件描述符。进程每打开一个文件(不管是否为同一文件),VFS 都会为其创建一个 file 结构。不同进程打开同一文件也会创建不同的 file 结构。

如果 file 结构的文件操作集中定义了 open 操作,打开操作就会执行它。如果所打开的是设备特殊文件(标识的是设备),则其 file 结构的初始文件操作中通常仅有一个 open 操作,该 open 操作会将 file 结构的文件操作集替换成设备驱动程序实现的文件操作集。

在已打开文件上的 I/O 操作大致分成两步：

（1）根据文件描述符查进程的文件描述符表，找到 file 结构，进行必要的检查。

（2）执行文件操作集中的对应操作，请求物理文件系统或设备驱动程序完成真正的文件或设备 I/O 操作。

文件关闭操作（close）先执行操作集中的 release 操作，再释放 file 结构。

为了提高文件操作的性能，VFS 将重要的和常用的文件内容暂存在内存中，以备后用。用于暂存文件内容的内存称为文件缓存。

当需要从文件中读取数据时，VFS 先查它的文件缓存，如果需要的数据块已在其中，可直接使用而不需要再访问外存设备。当需要向文件中写入数据时，VFS 将数据块加入缓存，并在其中进行块的合并、重组、排序等操作，直到时机成熟时才一次性地将它们写到设备上。缓存的使用可以极大地减少外存设备的访问次数，提高文件操作的性能。

Linux 为每个文件都建立了一个独立的、基于基数树的、以页为单位的缓存。基数树的组织结构很像多级页表，查找方式也与多级页表相似。给出一个文件页号，按自顶向下的顺序查基数树，可找到与之对应的 page 结构。文件的基数树记录在它的地址空间中，地址空间由结构 address_space 定义，如图 1.9 所示。

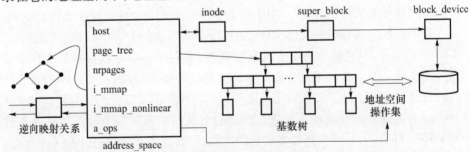

图 1.9　文件地址空间及其相关结构间的关系

文件地址空间结构 address_space 中包含一个操作集，其中的操作函数用于在块设备和文件缓存之间传递数据：

（1）readpage 和 readpages：将文件中的页读到缓存中。

（2）writepage 和 writepages：将缓存中的页写到文件中。

（3）write_begin 和 write_end：将缓存中的页分两阶段写回到文件中。

（4）set_page_dirty：设置缓存中某个页的"脏"标志。

（5）sync_page：将缓存中的某个"脏"页刷新到后备文件中。

（6）bmap：将一个文件块号转化成设备中的逻辑块号。

（7）direct_IO：直接读写块设备，不经过文件缓存。

随着 Linux 的发展,人们逐渐认识到文件是一种通用的抽象手段,文件系统是一种定义良好的操作接口。除了可以表示存储在块设备中的真实实体之外,还可以用文件描述动态生成的信息,如内核中各子系统的状态等。这类动态生成的文件称为虚文件,用于管理虚文件的系统称为虚文件系统。将虚文件系统插入到 VFS 框架之后,用户可以用常规的文件操作接口查看、修改虚文件,进而查看内核的状态、修改内核的参数等。Linux 开发了多种虚文件系统,如 proc、sysfs 等,极大地提高了内核的透明度和管理质量。

进一步地,可以借助 VFS 机制来组织、管理内核中的其他子系统,如管道、消息队列、共享内存等。这种纯粹在内核中使用、用户无法看到的虚文件系统称为伪文件系统,如 pipefs、mqueue、shm 等。

1.1.5　网络协议

网络协议也是一类伪文件系统,称为 sockfs。sockfs 位于所有网络协议簇之上,屏蔽掉了各类网络协议的实现细节,为用户提供了一个无差别的网络操作接口,即 Socket 接口。sockfs 是对各类网络协议簇的 VFS 包装,包装之后的一个 socket 连接等价于一个文件描述符,用户可以用普通的文件操作函数,如 read、write,收发报文。然而 sockfs 又不同于其他类型的虚文件系统,除 VFS 操作接口之外,sockfs 还提供了 socket 接口,如图 1.10 所示。

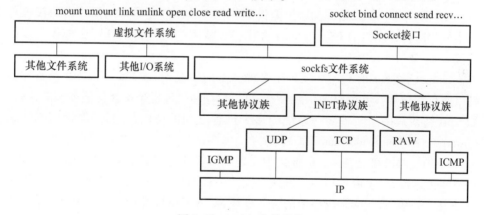

图 1.10　sockfs 文件系统

在 Linux 初始化期间,网络协议的初始化程序会完成与协议相关的各类初始化工作,如让 Linux 支持的各协议簇都在数组 net_families[ ] 中注册一个 net_proto_family 结构(内含一个 create 操作)、注册并安装一个 sockfs 文件系统(类型为 sock_fs_type)等。

用户在进行网络通信之前,需要先建立一个 socket 描述符、句柄或套接字,就像在读写文件之前需要先打开文件一样。出于兼容性考虑,Linux 要求用专用的 Socket 接口函数 socket( ) 而不是 open( ) 或 create( ) 来创建 socket 描述符。函数

23

socket( )所做的工作大致包括两个：

（1）请求 sockfs 创建一个临时的 inode 结构并完成其初始化。sockfs 的 inode 结构上绑定着一个 socket 结构，因此其初始化工作包含着 socket 结构的初始化，如执行协议簇注册的 net_proto_family 结构中的 create 操作等。

（2）为新建的 inode 结构创建一个新的 file 结构，为其指定文件操作集 socket_file_ops，将新建的 file 结构插入进程的文件描述符表中，返回该结构在文件描述符表中索引（socket 句柄或套接字），即一个文件描述符。

由于每个 socket 结构上都绑定着一个 inode 结构，因此 Linux 中的每个 socket 连接同时又是 sockfs 中的一个文件，或者说 sockfs 中的每个文件都是一个 socket 连接。sockfs 文件系统中的文件都是临时创建的虚文件，随 socket 的创建而创建，随 socket 的关闭而消失。

结构 socket 中带有一个协议操作集 proto_ops，其中包含各类 socket 操作的实现，如 bind、connect、accept、listen、shutdown、setsockopt、getsockopt、sendmsg、recvmsg 等。函数 socket( )根据用户请求的协议簇、接口类型等为新 socket 结构选择协议操作集，所选的协议操作集由底层的协议簇实现。

在获得 socket 描述符之后，可在其上执行需要的网络 I/O 操作，如 bind、connect、listen、accept、read、write、send、recv 等。VFS 根据这些操作中提供的文件描述符，查进程的文件描述符表，找到与之对应的 file 结构和 inode 结构，并进而得到与 inode 绑定的 socket 结构和协议操作集。在 socket 描述符上的操作由协议操作集中的相应操作实现，VFS 与 sockfs 合作完成从网络操作请求到网络操作实现的转接。

Linux 已在 sockfs 框架中实现了多种类型的协议簇，如 INET/INET6 是常用的网络通信协议簇。除网络通信之外，还可以借用 sockfs 框架实现其他类型的通信，如 Unix 协议簇用于实现同一系统内多个进程之间的通信，是另一类进程间通信（Interprocess Communication，IPC）机制。

Netlink 协议簇是在 sockfs 框架中实现的一类特殊的协议簇，用于在内核和用户空间传送数据，是内核与用户进程之间的一种双向数据通道。Netlink 通信的一端是用户进程，另一端是内核中的服务模块，双方采用标准的 socket 接口通信。内核可将打包后的数据发送给用户空间的进程，也可请求用户进程提供的服务（如内核中的 IPSec 模块通过 Netlink 套接字请求用户空间的 IKE 进程协商 SA 等）；用户空间的进程可将打包后的数据发送到内核，也可请求内核提供的服务（如查询协议参数、加解密数据等）。Netlink 是一种面向数据报的协议簇，所支持的套接字类型只有 SOCK_RAW 和 SOCK_DGRAM 两种。

Netlink 协议簇所建立的 socket 由端口号 nl_pid 标识。用户进程所建 socket 的端口号通常就是其 PID 号。如果一个用户进程建立了多个 Netlink 协议簇的 socket，则只有一个 socket 的端口号可设成其 PID 号。用户进程可在 bind 操作中指定 socket 的端口号(nl_pid 非 0),也可让内核为其分配端口号(nl_pid 为 0)。

在系统初始化时,内核会初始化 AF_NETLINK 协议簇,大致工作如下:

(1)注册 PF_NETLINK 协议簇,即将 netlink_family_ops 记录到数组 net_families[ ]中,其中的 create 操作由函数 netlink_create( )实现。

(2)创建一个类型为 netlink_table 的结构数组 nl_table[ ],Netlink 协议簇支持的每种协议对应其中的一个 netlink_table 结构。结构 netlink_table 的主要内容是一个 Hash 表 hash 和三个操作,Hash 表用于组织该协议的 socket,三个操作是 bind、unbind 和 compare。目前的 Netlink 协议簇支持 20 多种协议,如 NETLINK_ROUTE、NETLINK_GENERIC、NETLINK_XFRM、NETLINK_SOCK_DIAG、NETLINK_FIB_LOOKUP、NETLINK_NETFILTER 等。

(3)为每个协议簇准备一个类型为 rtnl_link 的结构数组,用于注册该协议簇可能接收的 Netlink 消息类型(操作请求)及其处理方法,每种消息类型对应一个 rtnl_link 结构,其中包含 doit、dumpit、calcit 等处理函数。Linux 为 PF_UNSPEC、PF_BRIDGE、PF_INET、PF_INET6 等协议簇注册了消息类型及其处理函数,包括网络设备管理类消息、网上邻居管理类消息、网络地址管理类消息、路由管理类消息、路由规则管理类消息、网络名字空间管理类消息等。

(4)Linux 内核为 Netlink 支持的每种协议都创建一个内部 socket 连接,将其 sock 结构插入到与之对应的 Hash 表 hash 中并记录在 init_net 名字空间中。Netlink 创建的 sock 结构被嵌入在结构 netlink_sock 中,其中包含 netlink_rcv、netlink_bind 和 netlink_unbind 等操作,关键的 netlink_rcv 操作用于处理用户空间的请求。Netlink 为每个内部 socket 连接都指定了这三种操作,如 NETLINK_ROUTE 的 netlink_rcv 为 rtnetlink_rcv、NETLINK_GENERIC 的 netlink_rcv 为 genl_rcv、NETLINK_FIB_LOOKUP 的 netlink_rcv 为 nl_fib_input、NETLINK_NETFILTER 的 netlink_rcv 为 nfnetlink_rcv、NETLINK_XFRM 的 netlink_rcv 为 xfrm_netlink_rcv 等。

(5)注册网络名字空间子系统。

Netlink 的主要管理结构如图 1.11 所示。

用户空间的操作请求被包装成消息后经函数 send( )、sendto( )或 sendmsg( )等发送到内核,内核将消息统一交给 secket 操作集(proto_ops)中的 sendmsg 处理。Netlink 为用户 socket 指定的 sendmsg 操作为函数 netlink_sendmsg( ),该函数从 nl_table 的 Hash 表 hash 中找到端口号为 0 的 sock(为协议创建的内部 socket),将来自用户空间的消息转化成 sk_buff 后交给内部 sock 上的 netlink_rcv 操作。操作 netlink_rcv 查协议簇的 rtnl_link 结构数组,找到与消息类型匹配的 rtnl_link 结构,利用其中的 doit、dumpit 和 calcit 操作完成用户请求的操作,如协议栈的设置、查询等,而后生成应答数据包(sk_buff)并将其挂在用户 sock 结构的接收队列(sk_receive_queue)上等待用户读取。用户进程执行函数 recv( )、recvfrom( )、recvmsg( )等,从其 socket 上读出应答数据包。

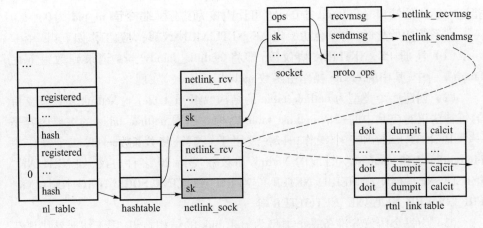

图 1.11　Netlink 的主要管理结构

1.2　Linux 应用程序接口

为了向应用程序提供服务,Linux 内核提供了 300 多个系统调用,每个系统调用都有一个唯一的系统调用号。在 Intel 系列计算机中,系统调用由陷入指令 int 实现,Linux 为系统调用选择的中断向量号是 0x80,初始化程序已在 IDT 表的 0x80 处设置了一个陷阱门,其特权级为 3,入口程序为 system_call。用户请求内核服务的过程如下:

(1) 将系统调用号放在 EAX 寄存器中。

(2) 将参数分别放在 EBX、ECX、EDX、ESI、EDI 寄存器中。

(3) 执行陷入指令 int　$0x80,由用户空间进入内核,执行用户请求的处理程序。

(4) 当内核服务完毕后,指令 int　$0x80 返回,服务结果保存在 EAX 寄存器中。

当执行指令 int　$0x80 时,处理器进入系统态,使用当前进程的系统堆栈,自动在栈顶压入寄存器 SS、ESP、EFLAFGS、CS、EIP 的值,而后跳转到 system_call。

(1) 将寄存器 EBX、ECX、EDX、ESI、EDI、EBP 等压入系统堆栈。

(2) 检查 EAX 是否越界,如果未越界,则用 EAX 的值查系统调用表 sys_call_table,获得与之对应的服务函数,执行该函数,完成用户请求的服务工作。

(3) 当服务函数返回时,用 EAX 中的返回值替换系统堆栈栈顶的 ax。

(4) 善后处理。如果当前进程需要调度,则调度它;如果当前进程有待处理的信号,则处理它;如果无待处理工作,则弹出系统栈顶,恢复各段寄存器、通用寄存器及 EIP、CS、EFLAGS、ESP、SS 等寄存器,int　$0x80 返回。

直接用陷入指令 int　$0x80 请求内核服务的方式比较繁琐,且容易出错,不太

适合应用程序使用。事实上,也很少有程序直接通过陷入指令请求内核服务,因为
Linux 已将常用的系统调用封装在标准的函数库中,如 Glibc,应用程序直接调用库
函数即可请求内核服务。

Linux 提供的库函数很多,下面仅列出本书涉及的几个[3]。

1.2.1 进程管理函数

进程管理包括进程创建、终止、等待、加载等函数,每类函数都可能有多个。

1.2.1.1 进程创建

```
pid_t fork(void);
pid_t vfork(void);
int clone(int (*fn)(void *),void *child_stack,int flags,void *arg,...
          /* pid_t *ptid,struct user_desc *tls,pid_t *ctid */);
```

函数 fork()、vfork()、clone() 都可用于创建进程,在内核中的实现函数是
一个。

函数 fork() 用于创建子进程,调用者进程为新建进程的父进程。父子进程的
虚拟地址空间是独立的,但子进程虚拟地址空间的内容是从父进程复制的(采用
Copy on Write 方法)。父子进程的文件描述符表是独立的,但子进程文件描述符
表的内容是从父进程复制的(表中的 file 结构是共用的),父子进程可用同一描述
符访问同一文件,但会互相影响。新打开的文件拥有独立的 file 结构。父子进程
的信号处理表是独立的且内容一致。子进程的终止信号是 SIGCHLD。fork() 创建
的子进程属于独立的线程组,其中只有一个线程,子进程就是该线程组的领头进
程。如果成功,则在父进程中 fork() 的返回值是子进程的 PID 号,在子进程中
fork() 的返回值是 0。子进程从 fork() 函数的返回处开始执行。

函数 vfork() 用于创建子进程。与 fork() 不同的是,父进程在完成创建工作后
进入等待状态,并将自己的虚拟地址空间(包括程序、数据、堆栈等)全部借给子进
程,直到子进程终止或加载新的应用程序。由于子进程使用的是父进程的虚拟地
址空间,因而子进程对内存的修改,尤其是对堆栈的修改,会影响父进程的运行。
由 vfork() 创建的子进程总是先于父进程运行。

函数 clone() 可用于创建进程或线程,新进程可以是创建者的儿子或兄弟,新
老进程之间共享的内容由参数指定。

1.2.1.2 进程终止

```
void exit(int status);
void _exit(int status);
```

函数 exit() 和_exit() 都可用于终止进程,其中的参数 status 用于标识进程的

27

退出状态。父进程在用函数 wait( )销毁进程时可以收到 exit( )或_exit( )传递的状态参数 status。两个函数的区别在于是否执行由 atexit( )或 on_exit( )注册的函数，exit( )执行，_exit( )不执行。

函数 exit( )和_exit( )都不返回，事实上也无法再返回。

1.2.1.3　进程等待

pid_t waitpid(pid_t pid,int ∗ status,int options);

pid_t wait(int ∗ status);

函数 wait( )、waitpid( )用于等待子进程改变状态，并获得已改变状态的子进程的信息。状态改变指的是子进程终止、子进程停止运行、子进程恢复运行等。

参数 pid 用于声明想要等待的子进程，有以下几种：

(1) < −1,等待 PGID 号为-pid 的任意一个子进程；

(2) −1,等待任意一个子进程；

(3) 0,等待与调用者属于同一个进程组的任意一个子进程；

(4) >0,等待 PID 号为 pid 的特定子进程。

参数 status 用于接收子进程通过 exit( )传递的退出状态。

参数 option 用于声明特殊的等待要求，如 WNOHANG 表示不等待(如果没有满足条件的子进程，则立刻返回)。

如果有终止的子进程，则 wait( )、waitpid( )会释放它的 task_struct 结构和系统堆栈，从而将其彻底销毁。如果在执行之时已经有改变了状态的子进程，则 wait( )、waitpid( )会立刻返回；否则，执行该操作的进程会等待，直到有子进程改变状态，除非 waitpid( )中带有参数 WNOHANG。

如果成功，则 wait( )、waitpid( )会返回子进程的 PID。

函数 wait(&status)等价于 waitpid(−1,&status,0)。

1.2.1.4　进程执行映像加载

int execl(const char ∗ path,const char ∗ arg,... / ∗ (char ∗) NULL ∗/);

int execlp(const char ∗ file,const char ∗ arg,... / ∗ (char ∗) NULL ∗/);

int execle(const char ∗ path,const char ∗ arg,... / ∗ ,(char ∗) NULL,char ∗ const envp[ ] ∗/);

int execv(const char ∗ path,char ∗ const argv[ ]);

int execvp(const char ∗ file,char ∗ const argv[ ]);

int execvpe(const char ∗ file,char ∗ const argv[ ],char ∗ const envp[ ]);

int execve(const char ∗ filename,char ∗ const argv[ ],char ∗ const envp[ ]);

前六个函数都是对系统调用函数 execve( )的包装，其作用都是为当前进程加载新程序，或者说用新的应用程序重建当前进程的虚拟地址空间。

参数 path 是新程序的路径名,file 是新程序的文件名(文件所在位置由环境变量 PATH 决定,搜索方式与 SHELL 相同)。

参数 arg(arg0,arg1,…)或 argv[ ]是一组字符串,是传递给新程序主函数的参数。按照约定,第 0 个参数(arg0 或 argv[0])必须是新程序的程序名,最后一个参数必须是 NULL。

参数 envp[ ]是一组字符串,是传递给新程序主函数的环境变量。最后一个环境变量必须是 NULL。不带参数 envp[ ]的 exec 类函数使用默认的环境变量 environ[ ]。

新程序的主函数应该是下列格式(可以不带参数 argc、argv、envp):

int main(int argc,char ＊argv[ ],char ＊envp[ ])

如果加载成功,则当前进程从主函数开始执行新程序,加载函数不再返回;如果加载函数返回,则表示程序加载失败。

1.2.2　进程间通信函数

Linux 提供了多种进程间通信机制,其中 System V 的 IPC 机制是最常用的,包括信号量集、信息队列和共享内存。三类函数有着相同的实现机制和使用方法,如都用键值 KEY 标识、都要用 get( )类函数获取 ID 号、都可用 ctl( )类函数实现管理、都是动态创建的并都需要显式销毁等。在销毁之前,System V 的 IPC 对象将一直存在,即使已无用户。IPC 对象的详细信息记录在目录/proc/sysvipc/中的文件 sem、msg 和 shm 中。

sighandler_t signal(int signum,sighandler_t handler);

int sigaction(int signum,const struct sigaction ＊act,struct sigaction ＊oldact);

int kill(pid_t pid,int sig);

int tgkill(int tgid,int tid,int sig);

函数 signal( )将信号 signum 的处理程序设为 handler。新的信号处理程序 handler 可以是 SIG_IGN(忽略)、SIG_DFL(默认)或用户自定义的处理函数。

函数 sigaction( )将信号 signum 的处理方式更新为 act,并返回老的处理方式。信号处理方式由结构 struct sigaction 定义:

```
struct sigaction {
    void ( ＊sa_handler)(int);        //处理函数,仅仅有一个参数
    void ( ＊sa_sigaction)(int,siginfo_t ＊,void ＊);
                                     //处理函数,带三个参数
    sigset_t sa_mask;                //阻塞位图,在处理信号期间应阻塞的信号
    int sa_flags;                    //标志位图,信号处理的特殊要求,如 SA_RESTART
    void ( ＊sa_restorer)(void);      //未用
};
```

函数 kill( )将信号 sig 发送到进程 pid。

函数 tgkill( )将信号 sig 发送到线程组 tgid 中的特定线程 tid。

1.2.3　网络操作函数

　　Linux 的网络操作基本都建立在 socket 连接之上。服务器端通过函数 socket( )创建 socket 套接字,而后通过函数 bind( )在其上绑定网络地址、通过函数 listen( )进入监听状态、通过函数 accept( )获得客户端到来的连接(另一个 socket 描述符)。客户端通过函数 socket( )创建 socket 套接字,通过函数 connect( )与服务器端建立连接。连接建立之后,双方都可以通过函数 write( )、send( )等发送数据,通过函数 read( )、recv( )等接收数据。

1.2.3.1　socket 建立

　　int socket(int domain,int type,int protocol);

　　函数 socket( )创建一个用于通信的网络套接字并返回一个描述符。通信将要采用的协议簇或地址簇由参数 domain 声明,如 AF_UNIX、AF_NETLINK、AF_INET、AF_ALG 等,将要采用的通信类型由参数 type 声明,如 SOCK_SEQPACKET、SOCK_STREAM、SOCK_DGRAM 等。

1.2.3.2　地址绑定

　　int bind(int sockfd,const struct sockaddr * addr,socklen_t addrlen);

　　函数 bind( )将地址 addr 赋给描述符 sockfd,此后该描述符上即绑定了地址 addr。当然,addr 所指的内容也可能是文件路径名或数据变换算法等。绑定之后,描述符 sockfd 就拥有了由 addr 所描述的地址、名字、算法等标识。

1.2.3.3　连接监听

　　int listen(int sockfd,int backlog);

　　函数 listen( )将描述符 sockfd 设为连接监听端点或让 sockfd 进入连接监听状态,以便接收来自客户端的网络连接请求。进入监听状态之后,可以在 sockfd 上通过 accept( )接收并建立网络连接。未处理的连接请求被挂起,允许在 sockfd 上挂起的最大请求数为 backlog。

1.2.3.4　请求接收

　　int accept(int sockfd,struct sockaddr * addr,socklen_t * addrlen);

　　函数 accept( )等待接收发往描述符 sockfd 的连接请求。当有请求到来时,accept( )根据到来的请求新建一个 socket 连接并返回新 socket 的描述符,addr 中保存的是请求方的网络地址。新 socket 描述符可用于实际的网络通信,老的 sockfd 仍然处于监听状态,不受影响。

1.2.3.5 连接请求

int connect(int sockfd,const struct sockaddr * addr,socklen_t addrlen);

函数 connect( )通过本地 socket 描述符 sockfd 向绑定到地址 addr 且处于监听状态的服务器方 socket 发出连接请求。

1.2.3.6 数据发送与接收

如将 socket 描述符看成文件描述符,可以在其上通过函数 write( )发送数据,通过函数 read( )接收数据。此外,还可以通过专门的函数发送与接收数据。

ssize_t send(int sockfd,const void * buf,size_t len,int flags);

ssize_t recv(int sockfd,void * buf,size_t len,int flags);

函数 send( )和 recv( )用于在 sockfd 上发送和接收数据,数据在缓冲区 buf 中。

ssize_t sendto(int sockfd,const void * buf,size_t len,int flags,const struct sockaddr * dest_addr,socklen_t addrlen);

ssize_t recvfrom(int sockfd,void * buf,size_t len,int flags,struct sockaddr * src_addr,socklen_t * addrlen);

函数 sendto( )通过本地 sockfd 向地址 dest_addr 发送数据,函数 recvfrom( )通过本地 sockfd 接收来自地址 src_addr 的数据。

ssize_t sendmsg(int sockfd,const struct msghdr * msg,int flags);

ssize_t recvmsg(int sockfd,struct msghdr * msg,int flags);

函数 sendmsg( )和 recvmsg( )用于在 sockfd 上发送和接收数据,数据缓冲区及其参数由结构 msghdr 设定。

1.2.4 设备管理函数

Linux 将设备看成文件。目录/dev 中包含各类设备的描述文件,称为设备特殊文件。在 Linux 中,允许按普通文件方式使用设备文件,如打开设备文件、在设备文件描述符上执行读写操作、关闭设备文件等。在设备文件上的写操作实际是请求设备输出,在设备文件上的读操作实际是等待来自设备的输入。与普通文件不同的是,在设备特殊文件上可以执行管操作,以便对设备本身实施某些特定的管理。

int ioctl(int fd,unsigned long request,.../ * argp * /);

参数 fd 是打开设备特殊文件时获得的描述符,request 是请求的设备管理操作或设备控制命令。显然,不同的设备有不同的设备控制命令,不同的设备控制命令又需要不同的控制参数,因而 request 及其参数随设备的不同而变化。参数 request 可以是一个简单的编号,也可以是多种信息的组合,如 md 设备的 request 中包含命令编号、类型、方向及参数大小等信息。不同的设备会定义不同的管理操作,不同的管理操作需要不同的附加参数 argp。

1.2.5 未封装的系统调用函数

Linux 的大部分系统调用都已被封装在函数库中,应用程序可以直接使用,只要在程序中包含相应的头文件即可。然而确实有些不太常用的系统调用未被函数库封装,如 gettid、pivot_root 等,因而不能直接使用。幸运的是,Linux 提供了一个库函数 syscall(),通过该函数可以使用任意一个系统调用。

long syscall(long number,...);

函数 syscal() 调用 Linux 内核提供的系统调用,参数 number 是系统调用号。不同的系统调用由不同数量和类型的参数,返回值也各不相同。

文件 sys/syscall.h 中有各系统调用的编号。

如获得线程标识符(Thread Identifier,TID)的方法如下:

tid = syscall(SYS_gettid);

1.2.6 执行 **Shell** 命令的函数

Linux 提供了许多 Shell 命令,如 ls、ps、cd 等,利用这些命令可以完成形形色色的管理工作。Linux 的 Shell 命令大都是应用程序,有自己的可执行文件。命令解释器,如 Bash、zsh 等,接收命令、解释命令,而后创建子进程并让其加载应用程序来执行命令。为了在程序中使用 Shell 命令,Linux 提供了 system() 函数。

int system(const char * command);

函数 system() 利用函数 fork() 创建一个子进程,而后让子进程通过函数 execl() 加载 Shell 解释器,让解释器解释并执行命令 command。加载操作如下:

execl("/bin/sh","sh","-c",command,(char *)0);

在执行命令期间,调用者进程的 SIGCHLD 被阻塞,SIGINT 和 SIGQUIT 信号被忽略。命令执行完后,函数 system() 返回。如果子进程创建失败,返回值为 -1;如果子进程不能执行指定的 Shell,返回值为 127;其他情况下,返回值是执行命令 command 后子进程的终止状态。

1.3 Linux 应用程序

以 Linux 应用程序接口为基础,可以开发出各式各样的应用程序。由于最直接的应用程序接口是由 C 函数库提供的,因而最直接的应用程序是 C 语言程序。下面的 C 语言程序创建一个子进程,让子进程加载一个新程序,并等待子进程终止。

```
#include <unistd.h>
#include <stdio.h>
#include <stdlib.h>
#include <sys/wait.h>
```

```
void main( ) {
    if ( fork( ) = = 0 ) {              //子进程
        sleep( 1 );                     //睡眠 1 秒钟
        printf( "child process executing... \n" );
        execlp( "/bin/cat" , "cat" , "proc0.c" , NULL );
                                        //加载 cat 程序,显示文件 proc0.c 的内容
    } else {                            //父进程
        printf( "parent wating... \n" );
        wait( NULL );                   //等待子进程终止
        printf( "child complete. \n" );
        exit( 0 );
    }
}
```

如果程序文件的名称为 proc0.c,则下面的命令用于将其编译成可执行文件 proc0。

```
gcc proc0.c - o proc0
```

当然,在编译时可以指定各种选项。该程序的执行结果如下:

```
parent wating...                 //父进程先运行,执行 wait( ),等待
child process executing...       //子进程运行,加载 cat 程序
#include < unistd.h >            //cat 程序执行的结果,即 proc0.c 的内容
#include < stdio.h >
#include < stdlib.h >
#include < sys/wait.h >
void main( ) {
    ...
}
child complete.                  //子进程终止,父进程将其回收,而后终止
```

为了简化复杂应用程序的编译、连接工作,可以使用 Linux 的 make 工具。make 工具依据 Makefile 文件工作,Makefile 定义一组目标,并可为每个目标定义依赖关系和处理动作。一个目标的依赖关系构成一棵树,动作由各依赖关系下面的命令定义。目标、依赖关系和处理动作由 Makefile 规则定义,其格式如下:

TARGETS : NORMAL | ORDER-ONLY

COMMAND

...

利用精心设计的 Makefile,可以完成复杂程序的编译、连接工作。

如果需要,则还可以为连接程序创建连接脚本。

本书的实例都是较小的程序,基本不需要 Makefile 和连接脚本。

下面的示例是一对客户/服务器程序,其中的服务器程序建立一个 socket 并等待客户端的连接请求。当接收到客户端的连接请求后,服务器程序进入一个循环,在循环中接收来自客户端的数据,并将其转换成大写后发回。当客户端发来"exit"后,双方终止运行。

运行中的服务器进程可以接收用户的 Ctrl-C 信号(SIGINT)。当接收到该信号后,服务器关闭与客户端的连接,并向客户端发送一个带外数据以报告连接中断的消息。当客户端收到信号 SIGURG 时,说明有带外数据到来,需重新建立与服务器的连接,而后再继续工作。

服务器程序如下(略去错误处理):

```c
#define _GNU_SOURCE              //服务器程序
#include < stdio. h >
#include < stdlib. h >
#include < unistd. h >
#include < sys/types. h >
#include < signal. h >
#include < errno. h >
#include < string. h >
#include < sys/stat. h >
#include < sys/socket. h >
#include < netinet/in. h >
#include < netinet/ip. h >
#include < ctype. h >

#define BUF_SIZE 1024
#define BACKLOG 5

int needend = 0 ;

void handler( int sig) {          //ctrl-C 信号处理程序
     needend = 1 ;
}

void main( ) {
     struct sockaddr_in addr;
     int sfd, cfd, numRead, i, on = 1, port = 5000;
     char bufi[ BUF_SIZE ], bufo[ BUF_SIZE ], oob = '5';

     signal( SIGINT, handler) ;
```

```
        sfd = socket( AF_INET,SOCK_STREAM,0);
        setsockopt( sfd,SOL_SOCKET,SO_REUSEADDR,&on,sizeof( on));
        memset( &addr,0,sizeof( struct sockaddr_in));
        addr.sin_family = AF_INET;
        addr.sin_addr.s_addr = INADDR_ANY;
        addr.sin_port = htons( port);
        bind( sfd,( struct sockaddr * )&addr,sizeof( addr));      //绑定地址
        listen( sfd,BACKLOG);                                     //进入监听模式
        while( 1){
            cfd = accept( sfd,NULL,NULL);                         //接收客户端请求
            if ( cfd  >0){
                while ( 1){
                    numRead = read( cfd,bufi,BUF_SIZE);  //接收客户端数据
                    if( numRead  > 0){
                        for( i =0; i < numRead; i + +)
                            bufo[ i] = toupper( ( unsigned char) bufi[ i]);
                        write( cfd,bufo,numRead);              //应答
                        if( strncmp( bufi," exit" ,4) = =0)
                            exit( 0);
                    }
                    if( needend = =1){
                        send( cfd,&oob,1,MSG_OOB);        //发送带外数据
                        close( cfd);                          //关闭连接
                        needend =0;
                        break;
                    }
                }
            }
        }
        close( sfd);
}
```

客户端程序如下(略去头文件和错误处理) ：

```
#define BUF_SIZE 1024
#define BACKLOG 5
struct sockaddr_in addr;
int port =5000;
int cfd;
void recon( ){                      //重建连接
        connect( cfd,( struct sockaddr * ) &addr,sizeof( addr));
```

```
        fcntl( cfd, F_SETOWN, getpid( ) ) ;
}

void handler( int sig) {          //SIGURG 信号处理程序
        close( cfd) ;
        cfd = socket( AF_INET, SOCK_STREAM, 0) ;
}

int main( ) {
        int ret, end = 0 ;
        int numRead, numWrite ;
        char buf[ BUF_SIZE] ;
        struct sigaction sa ;

        signal( SIGURG, handler) ;
        signal( SIGPIPE, SIG_IGN) ;
        cfd = socket( AF_INET, SOCK_STREAM, 0) ;
        memset( &addr, 0, sizeof( struct sockaddr_in) ) ;
        addr. sin_family = AF_INET ;
        addr. sin_addr. s_addr = INADDR_ANY ;
        addr. sin_port = htons( port) ;
        connect( cfd, ( struct sockaddr * ) &addr, sizeof( addr) ) ;
        fcntl( cfd, F_SETOWN, getpid( ) ) ;
        while ( end = = 0) {
            numRead = read( STDIN_FILENO, buf, BUF_SIZE) ;
            if( strncmp( buf, "exit", 4) = = 0)
                end = 9 ;
            numWrite = write( cfd, buf, numRead) ;
            if ( numWrite ! = numRead) {
                recon( ) ;
                write( cfd, buf, numRead) ;
            }
            numRead = read( cfd, buf, BUF_SIZE) ;
            if( numRead > 0) {
                buf[ numRead] = 0 ;
                printf( "\t\t%s", buf) ;
            }
        }
        close( cfd) ;
}
```

第*2*章

Linux常规安全机制

为了应对日益严峻的安全形势,目前的操作系统中大都提供了安全机制,如身份认证、访问控制、加密存储、加密通信、防火墙、随机化等,合理利用这些常规的安全机制,可构造出相对安全的运行环境,设计出比较安全的应用程序。作为一种广泛应用的操作系统,Linux 提供了所有的常规安全机制,大致可将其分为身份认证、访问控制、防火墙、数据变换、随机化、虚拟化等几部分。

Linux 系统中的每个进程都是用户的代理,进程的能力取决于用户的身份,因而身份认证是安全机制的基石。在确定进程的属主及权能之后,可以在内核中的关键操作路径上设置一些检查点,以便对进程所请求的操作进行核查,即访问控制;也可以在内核中的关键数据路径上设置一些检查点,以便对过往的报文进行过滤,即防火墙。当然也可以在关键数据路径上设置一些变换点,以便对流经变换点的数据实施特定的变换,如将明文换成密文等,从而实现加密存储、加密通信等。更为主动的安全机制是随机化,可通过对进程代码、数据、地址空间等的随机变换来增加攻击者探测、定位与实施的难度,进而提升系统的安全;隔离性更好的安全机制是虚拟化,利用虚拟机之间的强隔离特性,可以将用户的应用分割到多个虚拟机中,以降低应用之间的干扰。

2.1　身　份　认　证

Linux 是一个多用户操作系统,同时使用系统的用户数通常多于一个。每个用户都有可能启动进程,因而系统中的进程可能属于不同的用户。不同的用户拥有不同的权限,由不同用户启动的进程也拥有不同的权能(Capability)。另外,用户是所创建资源(如文件)的属主,系统中的所有资源都有属主,对任一资源来说,属主用户显然拥有比其他用户更多的使用与管理权限。因而操作系统需要完成的一个重要的管理工作是确定用户的身份,并进而确定各类资源的属主及各个进程的权能,这一管理工作称为用户身份认证。

2.1.1　认证过程

身份认证的主要工作是验证用户的身份并获得用户的标识号,即 UID、GID 等。

在 Linux 系统中,级别最高的用户是根用户或超级用户,即 root。系统启动与初始化期间的工作由 root 用户完成,因而系统中最初的进程都属于 root,如第 1 号进程。第 1 号进程是系统中的第一个用户态进程,负责用户态的初始化,如启动系统级的守护进程 NetworkManager、acpid、agetty、dbus-daemon 等,并启动登录进程(如 login 或 lightdm 等)。登录进程等待用户登录,并在登录时认证用户的身份。登录进程完成的认证工作主要包括如下几个:

(1) 获得用户名,请求用户提供认证信息(如口令、指纹、Key 等),验证认证信息以确保登录者是合法的用户,并拒绝非法用户登录系统。

(2) 从系统数据库(如 passwd 文件)中获得用户的身份标识信息(如 UID、GID)和配置信息(如环境变量等)。

(3) 创建子进程,将子进程的 UID、GID 设为登录用户的 UID 和 GID,让子进程加载命令解释程序(如 shell)或会话管理程序(如 systemd、upstart 等),并根据用户的配置信息为其建立交互环境,而后根据用户请求为其创建新的进程、执行新的程序。

成功登录之后,用户创建的所有进程、所有资源都归该用户所有。也就是说,用户所创建进程和资源的 UID 和 GID 都等同于登录用户的 UID 和 GID。

常用的认证手段是用户名 + 口令。认证程序根据用户名查 passwd 文件,获得与之对应的 UID、GID、主目录及加密后的口令等,而后将用户输入的口令加密后与从 passwd 中获得的口令比较,一致则说明用户是合法的,不一致则说明用户是非法的。

2.1.2　认证框架

除登录程序之外,还有很多程序需要认证,如 su、sudo、passwd、ftp、samba 等;除用户名 + 口令之外,还有许多认证方法(如指纹、USBKey 等)。为了向不同的程序提供不同的认证方法,需要一个统一的认证框架,Linux 实现的通用认证框架称为可插拔认证模块(Pluggable Authentication Modules,PAM)。PAM 框架主要由 PAM 接口库、PAM 服务模块和 PAM 配置文件组成,如图 2.1 所示[4]。

PAM 认证接口是动态链接库,其中包含一组标准的接口函数,如 pam_authenticate( )等,应用程序可通过接口函数提出自己的认证请求。PAM 配置文件是由管理员维护的文本文件,通常位于/etc/pam.d/ 目录下,如 login、sudo 等,用于规定各类应用程序所需的认证方法、所采用的认证模块等。PAM 服务模块是可被 PAM 认证接口动态加载的二进制可执行文件(共享库),通常驻留在/lib/security或/lib/x86_64-linux-gnu/security 目录下,如 pam_unix. so(常规的用户名 +

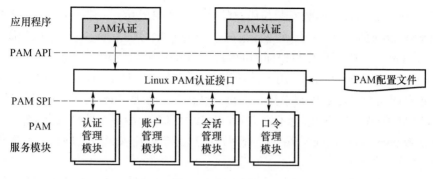

图2.1 PAM框架

口令认证)、pam_permit. so(总是成功)、pam_deny. so(总是失败)等,每个服务模块提供一种特定的认证方法。可根据应用需求和系统软、硬件配置,增删 PAM 服务模块。PAM 服务模块需要与应用程序或用户交互以便获得认证所需要的信息,如口令等,因此应用程序需要提供一个会话函数 conversation。

当需要认证时,进程通过 PAM 认证接口提出认证请求[5]。PAM 认证接口根据 PAM 配置文件的约定,加载并运行适当的服务模块,完成用户身份的认证。PAM 框架轻松地解除了认证对象(程序)与认证方法之间的绑定关系,使身份认证工作变得更加灵活。

除认证管理之外,PAM 框架还提供账户管理、会话管理和口令管理等服务,合称 PAM 的四种服务管理类型。

贯穿整个认证过程的是一个类型为 pam_handle_t 的 PAM 上下文,其中记录着一次 PAM 认证的全局管理信息,包括服务名、用户名、提示符、认证特征(如口令)、会话程序等。指向 PAM 上下文的指针称为 PAM 句柄。PAM 上下文是 PAM 库私有的数据结构,外部程序不能直接使用。认证事务可以并发进行,但每个认证事务都需要独立的 PAM 上下文。应用程序可通过下列函数请求 PAM 认证:

int pam_start(const char * service_name,const char * user,const struct pam_conv * pam_conversation,pam_handle_t * * pamh);

int pam_authenticate(pam_handle_t * pamh,int flags);

int pam_acct_mgmt(pam_handle_t * pamh,int flags);

int pam_end(pam_handle_t * pamh,int pam_status);

int pam_set_item(pam_handle_t * pamh,int item_type,const void * item);

int pam_get_item(const pam_handle_t * pamh,int item_type,const void * * item);

函数 pam_start( )用于发起一次认证事务,主要工作是创建并初始化一个 PAM 上下文。参数 service_name 是发起认证事务的服务名,如 login,每个服务在目录 /etc/pam.d 中都必须有一个配置文件,service_name 必须与配置文件的名称相同。参数 user 是要认证的用户名。参数 pam_conversation 是应用程序提供的会话函数,认证模块会通过该函数发起与用户的交互。如果成功,pam_start( )返回 PAM_SUCCESS,此时的参数 pamh(句柄)指向一个初始化好的 pam_handle_t 结构。函数 pam_start( )是应用程序可以使用的第一个 PAM 函数。

函数 pam_authenticate( )用于认证用户,用户名在句柄 pamh 中。在执行期间,该函数会调用会话函数以请求用户提供认证信息。参数 flags 是 PAM_DISALLOW _NULL_AUTHTOK(认证信息不许空)和 PAM_SILENT(不显示信息)的组合。

函数 pam_acct_mgmt( )用于检查用户账户的有效性,如是否过期、是否拥有权限等。

函数 pam_end( )用于终结一次认证事务,包括释放与之对应的 PAM 句柄 pamh。函数 pam_end( )是应用程序可以使用的最后一个 PAM 函数。

函数 pam_set_item( )用于更新 PAM 上下文中的信息,如服务名、用户名、提示符等。

函数 pam_get_item( )用于查询 PAM 上下文中的信息。

下面是一段认证程序,要认证的用户名在 argv[1]中。在连接 PAM 应用程序时需带上参数"-lpam -lpam_misc"。

```
static struct pam_conv conv = {
    misc_conv,                              //会话函数(默认)
    NULL
};
int main( int argc,char * argv[ ] ) {
    pam_handle_t  * pamh = NULL;
    int retval;
    char  * user = argv[1];
    retval = pam_start( "testpam",user,&conv,&pamh);
    if ( retval = = PAM_SUCCESS)
        retval = pam_authenticate( pamh,0);       //认证用户身份
    if ( retval = = PAM_SUCCESS)
        retval = pam_acct_mgmt( pamh,0);          //检查账户的有效性
    if ( retval = = PAM_SUCCESS)
        printf( "Authenticated\n" );              //认证成功
    else
        printf( "Not Authenticated\n" );          //认证失败
    pam_end( pamh,retval);
    return (0);
}
```

PAM 配置文件是一个 PAM 规则的集合,每个规则一行,其格式如下[6]:

［service］type control module-path module-arguments

（1）service 是需要 PAM 认证的服务或应用程序的名称,如 login、su 等,其中 other 由 PAM 保留。在/etc/pam.d 目录中,需 PAM 认证的每种应用程序都有一个对应的配置文件,文件名就是应用程序名,配置文件的规则中不再需要包含 service 名。未明确声明规则的应用程序使用名为 other 的配置文件。

（2）type 是 service 请求的认证服务的类型,包括四类,如表 2.1 所列。

表 2.1　认证服务类型

类型	含　义
account	账户管理,限制或许可应用程序访问某项服务,依据是当前时间、当前可用的系统资源量、执行应用程序的用户所在的位置等
auth	认证管理,请求用户提供认证信息,认证用户并授予其特定权限
password	口令管理,更新用户的认证信息,如口令等
session	会话管理,在进入服务前或离开服务后执行一些特定的管理操作,如记日志 log 等

（3）control 是控制标识,用于控制 PAM 认证接口的行为。事实上,PAM 允许为一个应用程序指定多条规则,每条规则中可指定一个认证模块,这些认证模块按照规则中 control 所规定的顺序与方式,共同完成用户身份的认证。表 2.2 列出了 PAM 规则中的控制标识。

表 2.2　PAM 规则中的控制标识

控制标识	含　义
required	认证成功的必要条件。只要有一个控制标识为 required 的模块失败,整个认证工作就失败返回,但失败信息要等到所有模块认证完毕之后才返回
requisite	认证成功的必要条件。只要有一个控制标识为 requisite 的模块失败,整个认证工作就立刻失败返回
sufficient	认证成功的充分条件。如果前面没有标识为 required 的模块认证失败,则该模块的成功将导致整个认证工作立刻成功返回,不再顾忌下面的模块
optional	除非仅有一条规则,否则该模块的成功与否不影响其他模块的认证结果
［value1 = action1 value2 = action2 …］	当模块返回值为 valueN 时,采取动作 actionN。动作包括 ignore（忽略返回值）、bad（失败）、die（立刻返回）、ok（覆盖返回值）、done（立刻返回）、N（跳过下面 N 条规则）、reset（重新认证）等

（4）module-path 是认证模块的路径名。

（5）module-arguments 是提供给认证模块的参数。

下面是某 PAM 配置文件中的一个片段:

auth	[success = 1 default = ignore]	pam_unix. so nullok_secure	#传统 Unix 认证,允许 空口令
auth	requisite	pam_deny. so	#认证失败,拒绝访问
auth	required	pam_permit. so	#认证成功,允许访问
account	requisite	pam_deny. so	
account	required	pam_permit. so	
password	[success = 1 default = ignore]	pam_unix. so obscure sha512	#传统 Unix 口令管理
password	requisite	pam_deny. so	
password	required	pam_permit. so	
password	optional	pam_gnome_keyring. so	

配置文件的前三条规则表明对用户使用传统的 Unix 认证方式,即基于用户名和口令的认证。如 Unix 模块认证成功,则跳过第二条规则,直接实施第三条规则,即成功返回;如 Unix 模块认证失败,则实施第二条规则,即失败返回。只有在 Unix 模块(pam_unix. so)成功的情况下,整个认证才会成功,其他情况都会导致认证失败。

2.2 访问控制

以用户身份和权限为基础,可以对进程实施访问控制。事实上,在 Linux 系统中,所有的活动都可以看作是主体对客体的操作,其中客体是被动的信息实体,如各种类型的文件、IPC 对象、进程等,主体是用户或代表用户的进程,主体发起的操作,如读、写、执行等,引起信息在客体之间流动。访问控制的实质是限制系统中主体对客体的访问操作,或者说仅允许具有特定权限的主体访问特定的客体,且访问方式必须在权限允许的范围内。Linux 提供了多种类型的访问控制机制,包括自主访问控制和强制访问控制等。

2.2.1 基于 UID 的访问控制

最简单,也是最常见的访问控制是自主访问控制(Discretionary Access Control, DAC),其基本思想如下:

(1) 将属主的身份标识(UID、GID 等)记录在主体(进程)和客体的管理结构中。

(2) 在客体的管理结构中定义一个权限位图,标识客体的属主、同组用户、其他用户的访问权限(即可执行的操作),包括读(R)、写(W)、执行(X)权限。

(3) 在访问客体时,根据进程的 UID、GID 与客体的 UID、GID 及客体中的访问权限等信息检查访问操作的合法性,拒绝非法访问。

由于进程的 UID、GID 与客体的 UID、GID 及访问权限等都可以修改,因而这种类型的访问控制称为自主访问控制。由于受位数的限制,客体权限位图中仅能区分三类用户(属主、同组用户、其他用户),因而这类自主访问控制过于粗略。如想对某些客体实施更精细的访问控制,则可以在客体上附加一个访问控制列表(Access Control List,ACL)。

ACL 由多行组成,每行称为一个 ACL 表项,每个 ACL 表项含有三列,分别是类型(type)、限定(qualifier)和权限(permission set)[7]。类型列用于区分用户的种类,如属主用户(ACL_USER_OBJ)、特定用户(ACL_USER)、属主用户组(ACL_GROUP_OBJ)、特定用户组(ACL_GROUP)、其他用户(ACL_OTHER)等。类型为特定用户和特定用户组的表项带有限定列(其他类型用户的限定列为空),用于标识特定用户或用户组的 UID、GID、用户名、组名等。权限列记录的是授予给用户或用户组的读、写、执行权限。在一张 ACL 表中,类型为 ACL_USER_OBJ、ACL_GROUP_OBJ 和 ACL_OTHER 的表项必须有一个且只能有一个,其他两种类型的表项可以有多个,但每个特定的用户或用户组只能有一个表项。

在 ACL 表中还有一个类型为 ACL_MASK 的特殊表项,其权限部分是可授给特定用户、属主用户组、特定用户组的最大权限,文件属主和其他用户的权限不受该特殊表项的影响。若类型为 ACL_MASK 的表项中的权限为 mask,用户组或特定用户在 ACL 表项中的权限是 perm,那么授予给该用户组或特定用户的权限是 perm & mask。

对一个文件来说,其 ACL 是传统访问权限的超集,且两者之间是相互关联的,对一个的修改会引起另一个的变化。命令 setfacl 用于设置文件或目录上的 ACL 表项,命令 getfacl 用于查询文件或目录上的 ACL。文件主或根用户可以通过修改文件上的 ACL 表更仔细地设置特定用户或用户组对文件的访问权限,从而实现对文件访问权限的细化管理。

下面是在某文件上通过 getfacl 获得的 ACL 表,从表中可以看出用户 guoyd 仅拥有执行权限,既不同于文件主,也不同于同组用户和其他用户。

user::rwx,**user:guoyd:- - x**,group::r−x,mask::r−x,other::r- -

2.2.2　基于权能的访问控制

与权限位图相比,ACL 增加了用户种类,但每个或每组用户的权限仍然只有三种,即读、写、执行,对客体访问权限的控制仍然比较粗略。事实上,在基于权限位图或 ACL 的访问控制中,权限记录在客体上,进程所拥有的仅有一个身份标识,即用户的 UID 和 GID。这种访问控制方式存在两大问题:

(1)对进程的能力未做区分。拥有同一身份的进程,不管执行的是什么程序,请求的是什么操作,都拥有完全相同的能力,要么全部拥有,要么全都没有。因而进程通常都会拥有超过工作所需的能力或权限。特别的,特权进程或加载带 S_

ISUID 标志程序的进程,会绕过所有的权限检查,拥有所有的权限,存在严重的安全风险。

(2) 依赖于客体上的权限位图或 ACL。除了访问客体之外,进程还会请求其他操作,如安装文件系统、重新启动计算机、改变系统时间、提升进程优先级等,这些操作所访问的客体难以绑定权限位图或 ACL,难以实施权限检查。事实上,上述工作只能由超级用户或特权进程实施,同样存在安全风险。

一种较好的解决办法是细分进程的能力或权限,主要的做法如下:

(1) 将进程可能需要的能力或权限细分成若干类,称为权能(Capability)。

(2) 记录在进程证书中的不但有身份标识(UID、GID),还应有进程的权能,由权能明确界定进程拥有的权限或能力。

(3) 在实施操作之前,除核对进程的身份之外,还要检查它的权能,只有拥有特定权能的进程才能实施相应的操作。

从 2.2 版之后,Linux 在其内核中实现了基于权能的访问控制。

2.2.3 基于 LSM 的访问控制

自主访问控制简单、灵活,但访问权限由客体的属主授予,可能会被篡改或绕过。为了支持其他类型的访问控制模型,Linus Torvalds 发起了 Linux 安全模块(Linux Security Module,LSM)项目,希望为 Linux 内核建立一种通用、简单、高效的访问控制框架,该框架能够以可加载内核模块的形式支持各种类型的访问控制模型(如 Bell & LaPadula、DTE 等),并能兼容遵循 POSIX.1e 标准的权能机制。

为了实现上述目标,LSM 对 Linux 内核进行了如下改造[8]:

(1) 筛选出了 Linux 内核中的关键数据对象(即客体),如进程控制块(task_struct)、证书(cred)、密钥(key)、超级块(super_block)、安装点(vfsmount)、索引节点(inode)、目录项(dentry)、打开文件对象(file)、消息队列(msg_queue)、共享内存(shmid_kernel)、信号量集(sem_array)、网络连接(socket)、二进制文件格式(linux_binprm)等。

(2) 找出了内核中访问这些数据对象的关键路径及关键路径上的关键点(在传统的安全检查之后,真正访问数据对象之前),并在关键点上插入了钩子调用。钩子调用的格式为 security_*hookname*( ),其作用是顺序执行由内核模块注册的钩子函数,判定数据对象访问的合法性,并拒绝非法访问。

下面是文件打开操作路径上的钩子函数调用:

error = security_*file_open*(f,cred);

if (error)

    goto cleanup_all;

下面是进程创建操作路径上的钩子函数调用:

retval = security_*task_create*(clone_flags);

if（retval）

　　goto fork_out

（3）提供了钩子函数注册与注销机制。钩子函数是由内核安全模块（如 AppArmor、SELinux 等）提供的，每个内核安全模块可提供数量不等的钩子函数，多个内核安全模块提供的同名钩子函数可以叠加使用。为了便于管理，LSM 定义了结构 security_hook_heads，其中包含 200 多个队列头节点（list_head），每个队列头节点标识一个钩子函数队列，钩子名 hookname 是队列名，也是结构的域名，如 file_open。初始情况下，各钩子函数队列都是空的。在加载时，内核安全模块用结构 security_hook_list 包装自己实现的钩子函数，并将各 security_hook_list 结构挂在与之对应的钩子函数队列的队尾。在卸载时，内核安全模块将自己注册的各 security_hook_list 结构从钩子函数队列中摘下，如图 2.2 所示，其中默认的内核安全模块在队列 task_prctl 上注册了钩子函数 cap_task_prctl，SELinux 在队列 task_prctl 上注册了钩子函数 selinux_task_prctl。

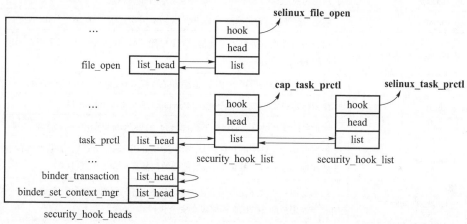

图2.2　钩子函数队列

钩子调用 security_*hookname*（）顺序执行队列 *hookname* 中的各个钩子函数，由钩子函数按照预定的策略对操作进行强制性的访问权限检查。只有当所有的钩子函数都成功时，security_*hookname*（）才成功返回。如某钩子函数失败，security_*hookname*（）将立刻失败返回，不再执行队列中的后续钩子函数。

（4）在某些内核数据结构中嵌入了安全域。安全域通常是一个 void 类型的指针，所指的内容由内核安全模块指定并维护，通常是钩子函数进行特定访问控制检查所需要的安全信息，如 file 结构中嵌入的安全域是 f_security，内核安全模块 SELinux、Smack、AppArmor 为其指定的内容分别是结构 file_security_struct、smack_known 和 aa_file_cxt；cred 结构中嵌入的安全域是 security，内核安全模块 SELinux、Smack、AppArmor 为其指定的内容分别是结构 task_security_struct、task_smack 和 aa_task_cxt。嵌入有安全域的数据结构包括 cred、key、super_block、inode、file、kern_ ipc_perm、msg_msg、sock 等。

在初始化过程中,Linux 内核会调用函数 security_init( ),完成与 LSM 相关的初始化。如果在生成内核时未选用 CONFIG_SECURITY,则 security_init( )是空函数,LSM 将使用默认的钩子调用,此时的 security_*hookname*( )大都直接返回,只有少量几个会利用权能信息进行一些权限检查。如果在生成内核时选用了 CONFIG_SECURITY,则 security_init( )会执行各内核安全模块的初始化函数,让各安全模块注册自己实现的钩子函数。

(1)默认的内核安全模块实现一组基于权能的钩子函数[9],如表 2.3 所列。不管内核生成时是否选用了 CONFIG_SECURITY,基于权能的钩子函数都会被注册。

表 2.3　基于权能的钩子函数

钩子函数	含　义
cap_capable	判定当前进程的 Effective 中是否有某项特指的权能
cap_settime	判定当前进程是否可修改系统时间(Effective 中是否有 CAP_SYS_TIME 权能)
cap_ptrace_access_check	判定当前进程是否可追踪其他进程(权能 CAP_SYS_PTRACE 是否在当前进程的 Effective 中)
cap_ptrace_traceme	判定当前进程是否可被追踪(追踪者是否有 CAP_SYS_PTRACE 权能)
cap_capget	获得指定进程的权能集合,包括 Permitted、Effective、Inheritable
cap_capset	检查合法性并设置当前进程的权能集合,包括 Permitted、Effective、Inheritable
cap_bprm_set_creds	根据可执行文件上的权能信息、UID 及 S_ISUID 标志等判定加载操作的合法性并据此设置进程的证书,包括进程的权能集合及 UID、GID 等
cap_bprm_secureexec	判定新加载的程序是否需要安全执行(是否需要使能 libc 中的安全模式,如属于根用户的 SETUID 程序需要安全执行)
cap_inode_need_killpriv	当 inode 改变时,判定是否需要删除文件上的安全标识,如权能信息
cap_inode_killpriv	删除文件上的安全标识,如在扩展属性 xattr 中的权能信息
cap_mmap_addr	判定在当前进程的虚拟地址空间中是否可建立包含指定地址的虚拟内存区域,如是否拥有 CAP_SYS_RAWIO 权能
cap_mmap_file	总是允许
cap_task_fix_setuid	在改变进程的 UID 之后,根据新老 UID 是否为根用户来调整进程的权能集合
cap_task_prctl	判定是否可通过进程控制操作 prctl( )改变进程的属性,如权能
cap_task_setscheduler	判定是否可改变指定进程的调度策略,如是否有 CAP_SYS_NICE 权能
cap_task_setioprio	判定是否可改变指定进程的 I/O 优先级,如是否有 CAP_SYS_NICE 权能
cap_task_setnice	判定是否可改变指定进程的优先级,如是否有 CAP_SYS_NICE 权能
cap_vm_enough_memory	判定在当前进程的虚拟地址空间中是否允许建立一个新的虚拟内存区域

（2）内核安全模块 Yama 实现一组与 Ptrace 相关的钩子函数[10]。Ptrace 是 Linux 提供的一个系统调用，允许一个进程追踪或 Debug 另一个进程，如观察被追踪进程的状态、查看被追踪进程的内存和寄存器内容、修改被追踪进程的内存和寄存器内容、控制被追踪进程的运行等。Ptrace 功能强大，一旦被滥用，会带来安全风险，如恶意进程有可能通过 Ptrace 控制另一个进程。解决的方法有多种，如完全禁止追踪、仅允许拥有权能 CAP_SYS_PTRACE 的进程追踪其他进程、让进程声明可以追踪自己的进程等。Yama 实现的钩子函数用于判定一个进程是否可以通过 Ptrace 追踪另一个进程，并允许进程通过函数 prctl( )声明可以追踪自己的进程。

（3）内核安全模块 SELinux 实现的钩子函数较多，有 170 多个，涉及 LSM 的各个方面，用于全方位增强 Linux 系统的安全性，故称为安全增强的 Linux（Security-Enhanced Linux）。

（4）内核安全模块 Smack 实现了 114 个钩子函数[11]，涉及 LSM 几乎所有方面（缺少权能管理、安全路径管理、IPSec 管理等钩子函数）。Smack（Simplified Mandatory Access Control Kernel）用绑定在管理结构中的标签（label）来标识系统的主体和客体，用格式为"主体标签、客体标签、访问权限"的规则来标识主体对客体的访问权限。Smack 的标签是无结构的、大小敏感的字符串，其中单字符标签，如"_""^"" *""?""@"等，是系统保留的。系统进程的标签为"_"，用户进程的标签来自于配置文件/etc/smack/userconfiguration。文件系统对象（如文件、目录、符号连接、Socket 等）的标签记录在文件的扩展属性中，只有特权进程才可以修改。Smack 用一个伪文件系统 smackfs 管理内存中的配置信息，这些配置信息来源于 Smack 的配置文件。当主体访问客体时，Smack 按照主体和客体的标签找与之匹配的访问控制规则，并根据规则判定访问的合法性。

（5）内核安全模块 AppArmor 实现了 34 个钩子函数[12]，涉及进程追踪、权能管理、安全路径、文件、证书管理、程序加载等操作。AppArmor 用路径名标识系统中的主体和客体，用 profile 文件限制程序的行为，或者说限制执行该程序的进程的行为。AppArmor 的配置文件位于/etc/apparmor. d/目录下，称为 profile 文件，每个程序最多一个，其名称就是程序文件的路径名，只是将路径名中的"/"换成了"."。AppArmor 的配置文件中包含 Capabilities、File、Link、Network、Mount、Pivot、PTrace、Signal、DBus、Unix socket、rlimit 等类型的规则，不同类型的规则用于限定程序在不同方面的行为。在系统初始化时，脚本程序 apparmor 会加载所有的 profile 文件，并将其转化成内部的管理结构，如 aa_profile。当进程加载应用程序时，AppArmor 会按路径名查找与之对应的管理结构，并据此设置进程的证书。如未为进程定义 profile，AppArmor 将为其选用无约束（unconfined）的 profile。在进程执行过程中，AppArmor 的钩子函数会在关键点上根据 profile 中的规则检查进程操作的合法性。针对某程序文件生成 profile 可限制该程序的行为，删除 profile 可取消对程序行为的限制。AppArmor 提供了一组工具用于帮助用户建立 profile，如 aa-genprof、aastatus 等。AppArmor 是 Ubuntu 采用的默认安全模块。

（6）内核安全模块 Tomoyo 实现了 28 个钩子函数[13]，涉及证书管理、文件、安全路径、程序加载、socket 等操作。Tomoyo 用 domain 标识系统中的主体或进程，用路径名标识系统中的客体，如文件。在 Linux 系统中，每个进程都会执行一个程序，且都位于进程家族树中。将家族树中各祖先进程所执行程序的路径名拼接起来就是进程的 domain，因此 domain 标识的是进程的执行历史。每个 domain 都可以关联一个 profile 文件，用于限制进程的行为，未关联 profile 的进程的行为不受Tomoyo 限制。Tomoyo 支持 learning（记录但不拒绝违规的访问请求）、permissive（不记录也不拒绝违规的访问请求）、enforcing（拒绝违规的访问请求）等模式。

总之，LSM 框架与内核安全模块一起可实现强制访问控制，所采用的访问控制策略由安全模块的配置文件规定，仅能由特权用户修改。由于访问控制策略不在客体中，因而客体的属主也无法改变其访问权限。

2.3 防火墙

除 LSM 之外，Linux 还提供了一种称为 Netfilter 的访问控制框架，用于对进出系统的数据报文进行过滤、加工、地址转换、连接跟踪等，以控制本机与外界的联系，提高网络通信的安全性。Netfilter 是一种报文过滤框架，基本的做法是将流经钩子点的报文导入到预置的钩子函数。以 Netfilter 为基础，可以实现各种类型的防火墙。

与 LSM 相似，Netfilter 框架包含三个方面的内容[14]：

（1）在网络报文的流动路径上，筛选出了若干个必经的点（称为钩子点或过滤点），并在这些点的程序代码中插入钩子调用 NF_HOOK_THRESH( )、NF_HOOK_COND( )或 NF_HOOK( )。

（2）钩子调用将流经钩子点的报文强行导入到钩子函数或回调函数中，由钩子函数判定报文的合法性，并可对其进行预定的加工处理，而后再将报文返还给钩子调用。钩子调用根据钩子函数的判定结果决定返流报文的下一步流向，如丢弃、停止、排队、放行等。

（3）Netfilter 还提供了一整套管理机制，允许在其中注册、注销钩子函数等。

Linux 用一个二维的指针数组 hooks[ ][ ]记录已注册的各类钩子函数：

struct nf_hook_entry __rcu * hooks[NFPROTO_NUMPROTO][NF_MAX_HOOKS];

在数组 hooks[ ][ ]中，第一维是 Netfilter 支持的协议簇类型，如 UNSPEC、INET、IPV4、IPV6、DECNET、ARP、BRIDGE、NETDEV 等，共计 NFPROTO_NUMPROTO 种（13）；第二维是 Netfilter 为各协议簇选择的钩子点。显然，不同的协议簇有不同数量的钩子点，如 NETDEV 有 1 个钩子点（INGRESS），ARP 有 3 个钩子点（IN、OUT、FORWARD），IPV4、IPV6 和 INET 各有 5 个钩子点（PRE_ROUTING、LOCAL_IN、FORWARD、LOCAL _ OUT、POST _ ROUTING），BRIDGE 有 6 个钩子点（PRE _

ROUTING、LOCAL_IN、FORWARD、LOCAL_OUT、POST_ROUTING、BROUTING），DECNET 有 7 个钩子点（PRE_ROUTING、LOCAL_IN、FORWARD、LOCAL_OUT、POST_ROUTING、HELLO、BROUTING），NF_MAX_HOOKS 取值为 8。因此，数组 hooks[][] 的一个元素对应 Netfilter 为一类协议簇选定的一个钩子点，钩子点上的指针指向一个钩子函数队列。钩子函数由结构 nf_hook_entry 描述，同一队列中的钩子函数按优先级从大到小的顺序排队，如图 2.3 所示。

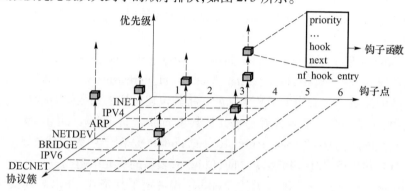

图 2.3　协议簇、钩子点及钩子函数

在图 2.3 中，IPV4 协议簇的第 4 个钩子点上已注册了两个钩子函数，IPV6 协议簇的第 3 个钩子点上已注册了 1 个钩子函数。

钩子点的意义随协议簇的变化而变化，如第 0 号钩子点在 NETDEV 协议簇中指的是 INGRESS，在其他协议簇中指的是 PRE_ROUTING。IPV4、IPV6 和 INET 协议簇中的钩子点都在网络层，BRIDGE 和 NETDEV 协议簇中的钩子点在链路层，特别地，钩子点 INGRESS 出现在 PRE_ROUTING 的前面。

Linux 内核已在钩子点上插入了钩子调用，如已在 IPV4 协议簇的报文接收函数 ip_rcv()、报文输入函数 ip_local_deliver()、报文转发函数 ip_forward()、报文发送函数 ip_output()、报文输出函数 ip_local_out() 等内部插入了对钩子 NF_HOOK() 或 NF_HOOK_COND() 的调用。钩子 NF_HOOK() 或 NF_HOOK_COND() 用于替换正常的函数调用，即将代码中正常的报文处理函数 okfn() 替换成钩子，如 NF_HOOK(...,okfn)。两种钩子有着相似的定义，只是后者多了一个条件。钩子 NF_HOOK() 的定义如下：

NF_HOOK(uint8_t pf,unsigned int hook,struct net ∗ net,struct sock ∗ sk,
struct sk_buff ∗ skb,struct net_device ∗ in,struct net_device ∗ out,
int (∗okfn)(struct net ∗ ,struct sock ∗ ,struct sk_buff ∗))

参数 pf 是协议簇、hook 是钩子点、skb 是报文、in 是输入设备、out 是输出设备、okfn 是被替换的报文处理函数。钩子 NF_HOOK() 根据参数 pf 和 hook 查数组 hooks[][]，找到一个 nf_hook_entry 结构队列，而后顺序执行队列中的各个钩子函数，即将报文 skb 顺序交给各个钩子函数判定、处理。只有当所有钩子函数的返回值都是 NF_ACCEPT 时,NF_HOOK( )才会认可报文的合法性,才会将其转交给函数 okfn( )。也就是说,只有通过所有钩子函数确认的报文,才会进入正常的处理流程。如钩子点上没有注册的钩子函数,NF_HOOK( )会认为报文是合法的,会将其直接转交给函数 okfn( )。

钩子 NF_HOOK_COND( )的定义中多了个布尔类型的参数 cond,用于决定是否应执行钩子函数。当 cond 为真时,NF_HOOK_COND( )会执行所有的钩子函数;当 cond 为假时,NF_HOOK_COND( )不执行任何的钩子函数,会直接将报文转交给函数 okfn( )。

Netfilter 实现了函数 nf_register_hook( )、nf_register_net_hook( )等以支持钩子函数的注册,实现了函数 nf_unregister_hook( )、nf_unregister_net_hook( )等以支持钩子函数的注销。注册钩子函数实际就是将其包装后插入到数组 hooks[ ][ ]的相应队列中,注销一个钩子函数就是将其从数组 hooks[ ][ ]的队列中摘除。用于包装钩子函数的结构是 nf_hook_entry,其中的 priority 是钩子函数的优先级,取值范围在 −2147483648 ~ 2147483647 之间,值越小,表示的优先级越高。

钩子函数的实现方式极为灵活,Netfilter 仅规定了其格式,并未对其实现细节做任何要求。Netfilter 规定的钩子函数的格式如下:

unsigned int nf_hookfn(void ∗ priv, struct sk_buff ∗ skb, const struct nf_hook_state ∗ state);

其中参数 skb 是要过滤的报文,state 是传递给钩子函数的通用参数(来自于钩子,如 pf、hook、in、out 等),priv 是传递给钩子函数的私有参数。钩子函数利用参数 state 和 priv 对报文 skb 进行判定、加工,而后返回判定结果,如 NF_DROP、NF_ACCEPT、NF_STOLEN、NF_QUEUE、NF_REPEAT、NF_STOP 等。

如果 Linux 内核支持 Netfilter,插入到其中的安全模块会自动注册一些钩子函数,如 SELinux 模块会在 IPV4 和 IPV6 协议簇的第 2、3、4 个钩子点上注册钩子函数,ebtable 模块会在 BRIDGE 协议簇的第 1、2、3 个钩子点上注册钩子函数,iptables 模块会在 IPV4、IPV6、ARP、BRIDGE 等协议簇的多个钩子点上注册钩子函数等。表 2.4 是注册到 IPV4 协议簇各钩子点上的钩子函数。注册到同一钩子点上的钩子函数按优先级排序,高(小)的在前,低(大)的在后。iMAX 的值是 2147483647。

表 2.4 注册到 IPV4 协议簇上的钩子函数

优先级	PRE_ROUTING	LOCAL_IN	FORWARD	LOCAL_OUT	POST_ROUTING
−400	ipv4_conntrack_defrag			ipv4_conntrack_defrag	
−300	**iptable_raw_hook**			**iptable_raw_hook**	
−225			selinux_ipv4_forward	selinux_ipv4_output	
−200	ipv4_conntrack_in			ipv4_conntrack_local	
−150	**iptable_mangle_hook**	**iptable_mangle_hook**	**iptable_mangle_hook**	**iptable_mangle_hook**	**iptable_mangle_hook**
−100	**iptable_nat_ipv4_in**			**iptable_nat_ipv4_local_fn**	

（续）

优先级	PRE_ROUTING	LOCAL_IN	FORWARD	LOCAL_OUT	POST_ROUTING
-99				ip_vs_local_reply4	
-98				ip_vs_local_request4	
0		**iptable_filter_hook**	**iptable_filter_hook**	**iptable_filter_hook**	
50		**iptable_security_hook**	**iptable_security_hook**	**iptable_security_hook**	
98		ip_vs_reply4			
99		ip_vs_remote_request4	ip_vs_forward_icmp		
100	**iptable_nat_ipv4_fn**		ip_vs_reply4		**iptable_nat_ipv4_out**
225				selinux_ipv4_postroute	
300		ipv4_helper			ipv4_helper
iMAX -1		ipv4_synproxy_hook			ipv4_synproxy_hook
iMAX		ipv4_confirm ipvlan_nf_input			ipv4_confirm

在 IPv6 协议簇的钩子点上注册了类似的钩子函数，只是其名称被换成了ipv6_xxx 或 ip6xxx，如 ipv6_conntrack_defrag、ip6table_filter_hook 等。

利用 Netfilter 框架提供的报文导向功能，可以设计出各种类型的钩子函数，可以对报文进行任意的检查和修改，如对报文进行过滤（filter）、加工（mangle）、地址转换（NAT）、连接跟踪（connect track）等。当然，每类钩子函数的设计都需要与之对应的管理结构和管理工具。目前最常用的一类钩子函数由 iptable 模块实现（表 2.4 中黑体的钩子函数是由 iptable 模块注册的），这类钩子函数利用一套由用户维护的规则（rule）实现报文的过滤、加工、地址转换和连接跟踪等功能。Iptable 模块还提供了一套用户空间的管理工具，允许用户配置、维护自己的报文管理规则。通过仔细地配置 iptable 的管理规则，可以将 Netfilter/iptable 模块转换成常规意义上的网络防火墙。

以 iptables 为代表的 ip6tables、arptables 和 ebtables 等是目前 Linux 的标配防火墙，但存在一些问题，如规则条数膨胀、规则修改不便、内核难以感知规则的变化等。为解决 iptables 的上述问题，Linux 中又引入了 nftables。Nftables 是 Netfilter 的另一种实现，也由内核模块和用户态管理工具组成。

2.4　数据变换

除访问控制之外，Linux 还支持各种类型的数据变换。数据变换用于改变原始数据的表现形式或格式，如把明文数据转换成密文数据或把密文数据还原成明文数据等，是许多安全应用和安全协议的基石。加密/解密、压缩/解压缩、摘要/签名等是常见类型的数据变换。在长期使用过程中，人们开发出了多种数据变换算法，如 RSA、DES、AES、MD5、SHA、Zlib 算法等,每种算法都有多种实现方法,如纯软件实现、处理器辅助实现、系统卡辅助实现等,且新的变换算法和实现方法还在不断涌现,因而操作系统需要提供一种框架来统一管理各类数据变换算法。

2.4.1 算法管理框架

Linux 实现的算法管理框架称为 Scatterlist Crypto API[15],包括上、下两层接口。上层接口称为 Transform API,是给用户使用的接口;下层接口称为 Algorithm API,是给算法提供者使用的接口。数据变换算法的提供者,如纯软件实现的加密算法模块、硬件实现的加密卡驱动程序等,通过下层接口注册、注销自己的数据变换算法;数据变换算法的用户,如 IPSec、Dm_crypt、用户进程等,通过上层接口请求数据变换服务;Transform OPS 层负责上下层接口之间的转接,如图 2.4 所示。

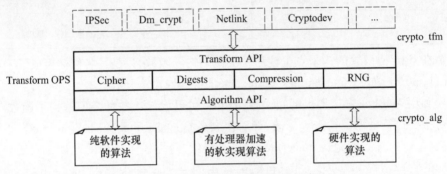

图 2.4 数据变换算法管理框架

算法管理框架的基础是各类数据变换算法。Linux 实现的数据变换算法大致分为基本算法和模式算法两类。基本算法又称为单一算法,如 AES、DES、RC4、MD5、SHA512、CRC32、Deflate、Zlib、LZ4、LZO 等。基本算法实现最基本的数据变换功能,如单数据块的加密、摘要、压缩等,功能单一,虽可直接使用,但不太方便(如 AES 仅能完成单个数据块的加解密),因而通常需要与模式算法一起使用。模式算法更像一种流程控制算法,它利用一种或多种基本的(也可能是复合的)数据变换算法,生成更加实用的复合数据变换算法。模式算法很多,包含多种算法组合模式,如用于分组加密的 ECB、CBC、CFB、OFB、CTR、CTS、XTS、LRW 等算法,用于消息认证的 HMAC、CMAC、VMAC 等算法,用于加密和消息认证(AEAD)的 Authenc、CCM、GCM 等算法。基本算法可以独立使用,也可以被不同的模式算法使用,但模式算法不能独立使用。

复合算法是模式算法与基本算法或复合算法的组合,是实际应用中通常使用的算法,如 GCM(AES)、HMAC(SHA1)、Authenc(HMAC(MD5),CBC(AES))等,其中 AES、SHA1、MD5 等是基本算法,GCM、HMAC、Authenc 等是模式算法。复合算法大都是动态生成的(动态分配与释放、动态注册与注销)。

为了统管各种不同类型的算法,Linux 定义了一系列管理结构,例如,结构 crypto_template 用于描述模式算法,结构 crypto_instance 用于描述由模式算法和基本算法生成的实例算法,结构 crypto_alg 用于描述数据变换算法(包括基本的和复合的数据变换算法)。结构 crypto_alg 中包含算法的基本描述信息,如名称、类型、状态、优先级、块大小、数据变换操作等,是最基本的算法描述结构。为适应不同算法的描述需求,crypto_alg 又被包装成了不同类型的描述结构,如描述单块加密算法的 cipher_alg、描述同步分组加密算法的 blkcipher_alg、描述异步分组加密算法的 ablkcipher_alg、描述非对称加密算法的 akcipher_alg、描述同步 Hash 算法的 shash_alg、描述异步 Hash 算法的 ahash_alg、描述 AEAD 算法的 aead_alg、描述压缩算法的 compress_alg、描述随机数生成算法的 rng_alg 等。

在系统初始化时,实现模式算法的内核模块会将自己的 crypto_template 结构注册到队列 crypto_template_list 中,实现数据变换算法的内核模块会将自己的 crypto_alg 结构注册到队列 crypto_alg_list 中。搜索队列 crypto_template_list 可以找到任意一个已注册的模式算法,搜索队列 crypto_alg_list 可以找到任意一个已注册的数据变换算法。

实例算法是动态生成的复合算法,生成的依据是复合算法的名称。实例算法或复合算法的标准名称是一个字符串,格式为"模式算法名(算法名,算法名,……)",括号内的算法名可能是一个基本算法的名称,也可能是一个实例算法的名称,如"authenc(hmac(md5),cbc(aes))""hmac(md5)"等。分析实例算法名称可以得到模式算法名称、基本算法名称、算法类型等信息,据此可以找到描述模式算法的 crypto_template 结构和描述基本算法的 crypto_alg 结构,并可通过模式算法中的 create 或 alloc 操作创建出实例算法。实例算法由结构 crypto_instance 描述,其中内嵌有一个 crypto_alg 结构,用于描述新生成的复合算法。在实例算法的 crypto_alg 结构中,属性参数通常来源于基本算法,变换操作通常来源于模式算法(实际是对基本算法中相应操作的包装)。生成之后,实例算法中的 crypto_alg 结构也要注册到队列 crypto_alg_list 中,并可通过名称找到。

文件/proc/crypto 中记录着当前已经注册的所有数据变换算法的描述信息。

按实现方式的不同,Linux 又将它的数据变换算法分成三类:

(1)纯软件实现的算法,如 AES、DES、Twofish 等,这类算法通常由 C 语言程序实现,位于源码树的 crypto 目录下,具有较强的可移植性。

(2)有处理器加速支持的软实现算法,如 AES、Blowfish、Twofish、CRC32、Serpent 等,这类算法通常由汇编语言程序实现,位于源码树的 arch/cpu/crypto 目录下,能充分利用处理器的加速指令,具有较快的处理速度。

(3)硬件实现的算法,如加密算法、摘要算法、认证算法、压缩算法、随机数生成算法等,这类算法通常位于源码树的 drivers/crypto 目录下,由专用的芯片或系统卡实现,需要专门的驱动程序驱动,具有较大的性能优势。

　　Linux 实现的数据变换算法可以是同步的,也可以是异步的。进程在向同步数据变换算法提出变换请求后会自动进入等待状态,直到得到数据变换结果。进程在向异步数据变换算法提出变换请求后会立刻返回,但并未得到变换结果;在完成数据变换操作之后,异步数据变换算法会通过回调等手段通知请求者进程。在图 2.4 所示的数据变换算法管理框架中,上层接口 Transform API 是同步的,下层接口 Algorithm API 既可以是同步的也可以是异步的。在内核中,软实现的算法通常是同步的,硬实现的算法通常是异步的。当然,异步数据变换算法需提供请求队列及其管理机制,异步算法的用户还需要提供回调函数。

　　通过 Algorithm API 注册的数据变换算法可以被任一用户使用,但使用者需要提供算法的名称、类型等信息。算法管理框架根据算法的名称、类型等信息查队列 crypto_alg_list,找到与之对应的 crypto_alg 结构。如在队列 crypto_alg_list 中找不到使用者提供的复合算法,算法管理框架会根据模式算法名、基本算法名等信息动态生成所需算法的实例并将其注册。

　　在获得算法的 crypto_alg 结构之后,用户可以直接调用其中的操作函数对数据实施变换。由于一个算法可能被多个用户同时使用,而且用户的每次使用都有可能采用不同的变换参数(如不同的密钥),因而让用户直接调用结构 crypto_alg 中的操作函数是不合适的。为了协调来自不同用户的数据变换操作,算法管理框架模仿 VFS 的文件操作流程,为每类数据变换需求预先创建一个数据变换对象或句柄,并用结构 crypto_tfm 表示。一个 crypto_tfm 结构描述一种特定的数据变换(采用特定的数据变换算法和变换参数)方法,其中包含一个用于实现数据变换的算法(指向结构 crypto_alg 的指针)、一组指向数据变换函数的指针(可选)及若干特定的数据变换参数。

　　用户在进行某种数据变换之前需要先确定并找到用于数据变换的算法结构 crypto_alg,而后根据算法结构创建一个数据变换对象(结构 crypto_tfm)。使用同一算法的不同用户需要创建不同的数据变换对象,按不同方式使用同一算法的用户(即使是同一用户)也要创建不同的数据变换对象。数据变换对象类似于文件操作中的 file 结构,其中的数据变换函数通常来自算法结构 crypto_alg,但可以不同,正如 file 结构中的操作通常来自 inode 结构但可以不同一样。结构 crypto_tfm 中的数据变换参数是特定变换所私有的,用户可以设置,如密钥、初始向量等。如某个 crypto_tfm 结构针对的是复合算法,其变换参数中还会包含与基本算法对应的子 crypto_tfm 结构。

　　在获得 crypto_tfm 之后,用户可通过 Transform API 接口提出数据变换请求,如设置密钥、加密、解密、压缩、解压缩等。用户的数据变换请求中都必须带参数 crypto_tfm。算法管理框架的 Transform OPS 层调用 crypto_tfm 结构中的相应操作完成用户请求的数据变换,如调用 setkey 设置密钥、调用 encrypt 加密数据、调用 decrypt 解密数据等。由于结构 crypto_tfm 中的操作大都来源于底层的 crypto_alg

结构,因而 Transform OPS 层实际上仅完成了上、下层接口之间的转接,即将用户的数据变换请求交给底层的数据变换算法,实际的数据变换操作由底层的 crypto_alg 结构实现。在一个 crypto_tfm 结构上可以多次提出数据变换请求。数据变换完成之后,应将 crypto_tfm 结构释放。

与结构 crypto_alg 对应,为描述针对不同算法的数据变换,结构 crypto_tfm 又被包装成了不同类型的对象结构,如单块加密对象 crypto_cipher、同步分组加密对象 crypto_blkcipher、异步分组加密对象 crypto_ablkcipher、对称密钥加密对象 crypto_skcipher、非对称密钥加密对象 crypto_akcipher、同步 Hash 对象 crypto_shash、异步 Hash 对象 crypto_ahash、AEAD 对象 crypto_aead、压缩对象 crypto_comp、随机数生成对象 crypto_rng 等。

算法管理框架提供了多种在内核中使用的接口函数,分别用于算法的注册与注销、数据变换对象的创建与释放、参数的查询与设置、数据变换的实施等操作。

2.4.2 算法操作接口

算法管理框架 Crypto API 的接口函数只能在内核中使用,为了让进程在用户空间也能使用到算法管理框架中的数据变换算法,Linux 专门为其定义了网络协议簇 AF_ALG[16]。AF_ALG 协议簇注册的 net_proto_family 结构是 alg_family,其中的 create 操作由函数 alg_create()实现。

Linux 在初始化时,分别针对对称加密类算法、Hash 类算法、AEAD 类算法和随机数生成类算法注册了四个算法类型,目前不含压缩算法。算法类型由结构 af_alg_type 描述,其中包含 bind、release、setkey、accept、setauthsize 等操作和两个新的协议操作集 ops 和 ops_nokey。注册的算法类型记录在队列 alg_types 中。

当进程通过函数 socket()创建协议簇为 AF_ALG、类型为 SOCK_SEQPACKET 的 socket 句柄时,系统会执行 AF_ALG 协议簇中的 alg_create()函数,该函数为新建的 socket 结构指定协议操作集并为其创建一个子结构 alg_sock。子结构 alg_sock 中包含一个 sock 结构、一个算法类型 type 和一个 private 指针。AF_ALG 协议簇为 socket 指定的协议操作集是 alg_proto_ops,其中包含四个操作,分别是 bind、release、setsockopt 和 accept。

在获得 socket 句柄之后,进程可通过函数 bind()将其与某类数据变换算法绑定。欲绑定的算法由协议地址声明。AF_ALG 协议簇的地址格式如下:

```
struct sockaddr_alg {
    __u16   salg_family;    //AF_ALG
    __u8    salg_type[14];  //算法类型,如"hash"、"aead"、"rng"、"skcipher"
    __u32   salg_feat;
    __u32   salg_mask;
```

　　　　　　　　　__u8　salg_name[64];//算法名称,如"ccm(aes)"、"hmac(sha256)"
　　　};

　　函数 bind()根据协议地址中的 salg_type 找到与之对应的算法类型结构 af_alg_type,而后执行其中的 bind 操作以完成实际的算法绑定。不同算法类型的 bind 操作略有差别,但所做工作都包含如下三项:

　　(1)找到名称为 salg_name 的数据变换算法,即 crypto_alg 结构。

　　(2)根据找到的数据变换算法创建一个数据变换对象,即 crypto_tfm 结构。

　　(3)将新建的变换对象记录在 socket 子结构 alg_sock 的 private 域中。

　　在完成绑定工作之后,进程可通过系统调用 setsockopt()设置数据变换的参数,如密钥、AEAD 算法的认证数据长度等。

　　设置完参数之后,进程还需通过 accept()获取可用于实际数据变换的 socket 句柄。函数 accept()会创建一个全新的 socket 结构、一个 alg_sock 结构和一个变换所需要的上下文结构(如结构 skcipher_ctx、hash_ctx、aead_ctx、rng_ctx 等),并让结构 alg_sock 中的 private 指向新建的上下文结构、parent 指向老的 sock 结构。新 socket 结构中的议操作集被换成了算法类型中的操作集,如 algif_skcipher_ops、algif_hash_ops、algif_aead_ops 或 algif_rng_ops,新协议操作集中包括 sendmsg、sendpage、recvmsg、release 等操作,如图 2.5 所示。

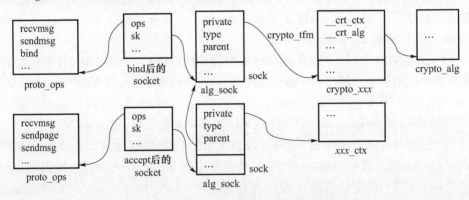

图 2.5　AF_ALG 协议簇生成的 socket 结构

　　在获得新的 socket 句柄之后,进程可向其发送消息以准备需要变换的数据,从中接收消息以获得数据变换的结果。在收到来自新 socket 的消息操作请求后,系统查新 socket 结构可以找到数据变换所需的上下文结构及老的 sock 结构,进而可找到 bind 操作所创建的数据变换对象,即 crypto_tfm 结构。用户在新 socket 句柄上请求的所有数据变换操作都将在该 crypto_tfm 结构上实施。

2.4.3　加密通信

　　以算法管理框架 Crypto API 为基础可实现多种数据变换,最常见的一类是数据加解密,常见的数据加解密应用是加密通信和加密存储。Linux 提供了多种加密通信方式,如 SSL/SSH 等,但最基础、最核心的加密通信标准仍然是 IPSec[17]。

IPSec 是对 IP 协议的安全加强,它为 IP 协议增加了认证和加密功能。IPSec 主要由 AH、ESP 和 IKE 等协议组成,处理框架如图 2.6 所示[18]。

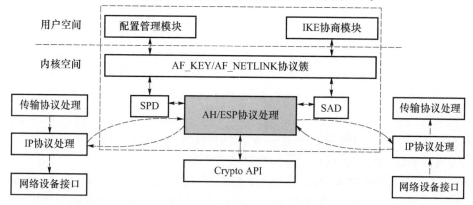

图 2.6　IPSec 处理框架

认证头(Authentication Header,AH)协议在 IP 中增加了认证功能,包括数据源认证、完整性校验和防报文重放等。封装安全载荷(Encapsulating Security Payload,ESP)协议在 IP 中增加了加解密功能和某种程度的认证功能。密钥交换(Internet Key Exchange,IKE)协议用于自动协商 AH 和 ESP 协议所使用的安全参数,协商的结果称为安全关联(Security Association,SA)。SA 是 IPSec 的基础,是通信双方对某些安全要素的约定,如使用的协议(AH、ESP)及其操作模式(传输模式和隧道模式)、使用的认证算法及认证密钥、使用的加密算法及加密密钥、密钥的生存周期等,SA 的集合称为 SAD(Security Association Database)。

启动 IPSec 之后,IP 层会根据预定的安全规则检查来往的每一条 IP 报文。安全规则规定了需进行 IPSec 处理的各 IP 报文的特征(源地址和目的地址),并规定了对其进行处理的方式,如对从地址 A 发往地址 B 的 IP 报文采用 AH + ESP 协议、按传输模式处理等。如果 IP 报文与某安全规则匹配,IP 层将按安全规则规定的方式对其进行处理,所需安全参数在 SA 中。安全规则又称为安全策略,安全规则的集合称为 SPD(Security Policy Database)。

为了便于用户空间的管理模块维护内核空间中的 SPD 和 SAD,Linux 专门定义了网络协议簇 AF_KEY,当然也可以使用较为通用的 AF_NETLINK 协议簇。

事实上,IPSec 就是在 IP 协议的处理流程中增加了一个额外的数据变换。在 IPSec 未启用时,来自上层的报文(由结构 sk_buff 描述)被 IP 层路由、封装后直接交给下层发出,来自下层的报文(由结构 sk_buff 描述)被 IP 层路由后直接交给下层转发或拆封后交给上层处理。在 IPSec 被启用后,IP 层构造的报文必须经过 IPSec 变换后才能交给下层发出,IP 层收到的报文也必须经过 IPSec 变换后才能拆封并交给上层处理。

IPSec 对 IP 报文的变换包括两个方面：一是调整报文的格式，如增加或删除 IP 报文中的 AH 头或 ESP 头；二是变换报文中的数据，如对 IP 报文中的数据进行加密、解密、压缩、解压缩、签名、验签等。调整格式的方法称为操作模式，变换数据的方法称为变换协议。

IPSec 提供两种操作模式：一是传输模式，保留原 IP 头，但要在它的后面插入一个 AH 或 ESP 头。IP 报文中的传输头及其数据部分被后移并有可能被加密。二是隧道模式，将原 IP 报文全部看成数据，对其进行认证或加密处理后封装在一个全新的 IP 报文中，新 IP 报文中包括 AH 或 ESP 头。因而传输模式需要修改原 IP 报文的格式，尤其是 IP 头。隧道模式需要构造全新的 IP 报文，包括 IP 头、AH 或 ESP 头等。Linux 用结构 xfrm_mode 描述操作模式，其主要内容是输入（input）和输出（output）操作，主要作用是调整 IP 报文的格式。

IPSec 提供多种变换协议，包括 AH、ESP、IP 载荷压缩（IP Payload Compression，IPCOMP）协议等。Linux 用结构 xfrm_type 描述变换协议，其主要内容包括初始化（init_state）、输入（input）、输出（output）等操作，主要作用是变换数据内容。

为便于操作模式、变换协议等的注册与注销，Linux 准备了结构 xfrm_state_afinfo，其中的数组 mode_map[ ] 中包含已注册的各种操作模式，数组 type_map[ ] 中包含已注册的各种变换协议。

数据变换所采用的算法由 Crypto API 管理，分为认证算法、加密算法、AEAD 算法和压缩算法四类。Linux 实现的 IPSec 用结构 xfrm_algo_desc 统一描述四类算法，其中包括算法的名称、状态、ID 号、IV 长度、最小位数、最大位数等描述信息。与 Crypto API 不同的是，Linux 并未为 IPSec 定义算法注册与注销操作，所有可能使用的算法都已预定义在四个数组中。数组 aalg_list[ ] 中是认证算法，包括 digest _null、hmac（md5）、hmac（sha1）、hmac（sha256）、hmac（sha384）、hmac（sha512）、hmac（rmd160）、xcbc（aes）、cmac（aes）等；数组 ealg_list[ ] 中是加密算法，包括 ecb（cipher_null）、cbc（des）、cbc（des3_ede）、cbc（cast5）、cbc（blowfish）、cbc（aes）、cbc（serpent）、cbc（camellia）、cbc（twofish）、rfc3686（ctr（aes））等；数组 aead_list[ ] 中是 AEAD 算法，包括 rfc7539esp（chacha20, poly1305）、rfc4106（gcm（aes））、rfc4309（ccm（aes））、rfc4543（gcm（aes））等；数组 calg_list[ ] 中是压缩算法，包括 deflate、lzs、lzjh 等。用算法 ID 号、算法名称、算法在数组中的索引号等查上述四个数组，可以获得算法的描述信息，即结构 xfrm_algo_desc。不在上述数组中的算法，即使已注册在算法管理框架中，也无法被 IPSec 使用。

数据变换的依据是 SPD 中的安全规则，数据变换的方法来自 SAD 中的安全关联。Linux 用结构 xfrm_policy 描述安全规则（策略），每个 xfrm_policy 结构描述一条规则；用结构 xfrm_state 描述安全关联（变换状态），每个 xfrm_state 结构描述一条关联；用结构 netns_xfrm 中的 Hash 表组织 xfrm_policy 和 xfrm_state 结构，从而构造出 SPD 和 SAD。SPD 中的每一个 xfrm_policy 结构都有一个索引号(index),一个 index 可以唯一地标识一条安全规则;SAD 中的每一个 xfrm_state 结构有一个安全参数索引号(Security Parameter Index,SPI),一个 SPI 可以唯一地标识一条安全关联。事实上,一对 SA 才可以描述一条单向的安全通道,本端的输入 SA 与远端的输出 SA 描述输入通道,本端的输出 SA 与远端的输入 SA 描述输出通道,每对 SA 都必须一致,且必须拥有相同的 SPI。在安全通道上传送的每个 AH 或 ESP 报文中都带有 SPI,以标识与安全通道关联的 SA。

为了查找方便,Linux 在结构 netns_xfrm 中定义了多个 Hash 表,分别用于按源地址(state_bysrc)、目的地址(state_bydst)、SPI(state_byspi)等组织安全关联,按索引号(policy_byidx,后三位为方向)、方向(policy_inexact,包括 IN、OUT、FWD 三种方向,每个方向一个队列,用于模糊查询)、目的地址与方向(policy_bydst,每方向一个 Hash 表,用于精确查询)等组织安全规则。一个 xfrm_policy 或 xfrm_state 结构会同时出现在 netns_xfrm 的多个 Hash 表中,相当于在 SPD 和 SAD 库中建立了多个索引。另外,为便于遍历安全规则与安全关联,netns_xfrm 中还定义了队列 policy_all(用于组织全体 xfrm_policy 结构)和队列 state_all(用于组织全体 xfrm_state 结构)。

当需要向库 SPD 或 SAD 中插入规则或关联时,结构 xfrm_policy 或 xfrm_state 被同时插入 netns_xfrm 的全体结构队列和多个 Hash 表中。当需要从库 SPD 或 SAD 中删除规则或关联时,结构 xfrm_policy 或 xfrm_state 被同时从 netns_xfrm 的全体结构队列和所有的 Hash 表中删除。当需要从库 SPD 或 SAD 中查找规则或关联时,可根据已知条件查 netns_xfrm 的任意一个 Hash 表或全体结构队列。

用户空间进程,如 IKE 的守护进程或手工管理进程,可以通过专用的 AF_KEY 协议簇或通用的 AF_NETLINK 协议簇访问 SPD 和 SAD,如查询、增加、删除、修改其中的安全规则或安全关联。在系统初始化时,两种协议簇都注册了相应的数据结构,包括 socket 操作集。用户空间进程只需创建相应协议簇的 socket 句柄,即可通过 sendmsg、recvmsg 等操作访问内核中的 SPD 和 SAD 库。

SPD 库是在系统初始化时建立的。用户空间中的管理进程读出 IPSec 配置文件中的安全规则,通过 sendmsg 等操作将其逐条交给内核中的 SPD 管理程序。SPD 管理程序解析规则内容,创建 xfrm_policy 结构并将其插入 netns_xfrm 的 Hash 表和全体结构队列中。

SAD 库可以在系统初始化时手工建立,但通常是在运行过程中动态建立的。当 IP 层发现某报文需要 IPSec 处理时,它会向 SAD 查询与之对应的安全关联。如所需的安全关联不存在,SAD 管理程序会生成一个 XFRM_STATE_ACQ 类型的 xfrm_state 结构并通过 AF_KEY 或 AF_NETLINK 协议簇的 socket 连接向用户空间的 IKE 守护进程发送 ACQUIRE 请求。IKE 守护进程收到请求后启动与对方的协商,获得双方认可的安全参数并将其传入内核,请求 SAD 管理程序生成新的 SA 以替换类型为 XFRM_STATE_ACQ 的老 SA。

与新 SA 对应的 xfrm_state 结构是动态生成的,其中的内容大都来源于用户空间传递过来的安全参数,包括协议簇、源地址、目的地址、操作模式、变换协议、SPI、数据变换算法、密钥等。有两点需要特殊处理:一是根据操作模式查结构 xfrm_state_afinfo 中的数组 mode_map[ ] 以获得与之对应的操作模式(xfrm_mode 结构);二是根据变换协议查结构 xfrm_state_afinfo 中的数组 type_map[ ] 以获得与之对应的变换协议(xfrm_type 结构),并将它们记录在新建的 xfrm_state 结构中。在获得 xfrm_type 结构之后,还要执行其上的 init_state 操作,请求特定的变换协议对新建的 xfrm_state 结构进行特殊的设置。AH 和 ESP 协议对结构 xfrm_state 的设置有些区别,但大致都包括如下工作:

(1) 根据数据变换算法的名字查 Crypto API,找到与之对应的 crypto_alg 结构。

(2) 根据 crypto_alg 结构创建一个数据变换对象,即结构 crypto_tfm,并将其记录在新 xfrm_state 结构的 data 域中。

(3) 设置数据变换所需的密钥及 crypto_tfm 中的其他参数。

在 Linux 中,IP 层发送报文的一般过程:找到目的地址对应的路由入口结构 dst_entry(也就是路由缓存结构 rtable),填写 IP 头,构造出 IP 报文,执行 dst_entry 结构上的 output 操作,由该操作将构造好的 IP 报文发送出去。

如果未启动 IPSec,则 dst_entry 结构上的 output 操作通常是 ip_output 或 ip_mc_output,它们将 IP 报文直接交给网络接口层发出(单播、广播或多播)。

如果已启动 IPSec,则 IP 层在获得 dst_entry 结构之后,还要按协议簇、目的地址、源地址、方向等查 SPD 库,获得与之匹配的安全规则,即 xfrm_policy 结构,并根据安全规则修正将要使用的 dst_entry 结构。

(1) 如果在 SPD 中找不到匹配的安全规则,则使用原路由(原 dst_entry 结构)。

(2) 如果在 SPD 中找到了匹配的安全规则,但规则禁止双方间的通信,则创建并使用"哑"路由(输入操作为 dst_discard,输出操作为 xdst_queue_output)。

(3) 如果在 SPD 中找到了匹配的安全规则,且规则允许双方间的通信,则按如下方法构造新路由队列:

① 根据源地址、目的地址、操作模式、变换协议、SPI 等查 SAD 库,找到与之匹配的 SA(xfrm_state 结构)。如 SAD 中无匹配的 SA,还要请求 IKE 建立新的。

② 根据 SA 创建新路由,让新 dst_entry 结构的 xfrm 指向 xfrm_state 结构,并将其中的输入操作设为 dst_discard,输出操作设为 xfrm4_output,如图 2.7 所示。

如果 IP 报文需要经过多种变换协议处理,如先 ESP 再 AH,则与之匹配的 SA 会有多个,因而创建的新路由也会有多个。即使只有一条 SA,因为原路由的存在,与该次输出对应的 dst_entry 结构也有两个。这些新建的路由按规则预定的顺序组成一个队列,前一个 dst_entry 结构的 child 指针指向下一个 dst_entry 结构,最后

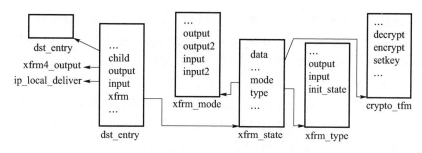

图 2.7 路由、SA 和数据变换对象间的关系

一个 dst_entry 结构是原路由。在 IPSec 专用的 dst_entry 结构上,output 操作可能由函数 xdst_queue_output( )或 xfrm4_output( )实现。

函数 xdst_queue_output( )先把 IP 报文挂在 xfrm_policy 中的队列上并启动一个定时器,到期后再次查找安全规则、安全关联等,找到则发出,找不到则丢弃。

函数 xfrm4_output( )按路由队列中各 dst_entry 结构的约定处理 IP 报文。如果结构 dst_entry 中的 xfrm 不空,说明 dst_entry 是一个 IPSec 路由,则找到 xfrm 所指的 xfrm_state 结构及其中的操作模式和变换协议(在创建时设定),先执行 xfrm_mode 结构(操作模式)中的 output 操作调整 IP 报文的格式,再执行 xfrm_type 结构(变换协议)中的 output 操作变换报文的内容。最后一个 dst_entry 结构中的 xfrm 为空,是正常的 IP 路由(原路由),其 output 操作应该是 ip_output 或 ip_mc_output,用于将变换后的 IP 报文交给网络接口层发出。

当网卡上有报文到来时,网卡产生中断,经过网卡中断的硬处理和软处理,来自网络的报文被转换成 sk_buff 结构。网络设备接口打开报文的物理层包装,取出其中的协议标识号 protocol,将报文交给上层(网络层)协议的接收处理程序。如 protocol 所标识的上层协议是 IP,报文被递交给 IP 层注册的接收处理函数,如 ip_rcv( ),称为 IP 报文。

IP 层的接收处理函数检查 IP 报文的合法性,根据报文中的源地址、目的地址、服务类型等查路由表,确定报文的去向。如果报文的目的地不是本机,则将其交给网络设备接口层发出。如果报文的目的地是本机,则为其新建一个路由缓存结构 dst_entry,将其中的 input 操作设为函数 ip_local_deliver( ),并执行该函数。

函数 ip_local_deliver( )取出 IP 头中的上层协议号,如 TCP、UDP、AH、ESP、IP COMP 等,剥去报文中的 IP 头,将报文交给上层协议注册的处理函数。不同的上层协议会向 IP 层注册不同的接收处理函数,如 TCPv4 注册的处理函数是 tcp_v4_rcv( ),三类不同的 IPSec 变换协议注册的处理函数都是 xfrm4_rcv( )。

函数 xfrm4_rcv( )所面对的协议为 AH、ESP 或 IP COMP,不同的变换协议有不同格式的协议头,但其中都有 spi(安全参数索引号)和 seq(序列号)。从协议头中取出 spi 和 seq,根据 spi、目的地址、变换协议号等查 SAD,找到与之对应的 xfrm_state(已在发送之前建立)。执行 xfrm_state 结构的 xfrm_type 中的 input 操作,对报文进行数据变换,如验签、解密或解压(在结构 xfrm_state 的 data 域中可找到变换所需的 crypto_tfm 结构);执行 xfrm_state 结构的 xfrm_mode 中的 input 操作,去掉 IP 报文中的 AH、ESP、IP COMP 头。IP 报文可能经过了多重变换协议处理,其中的 IPSec 头可能有多个,因此上述处理工作可能要进行多次,直到将报文还原成原始状态,即发送方将 IP 报文交给 IPSec 之前的状态。此后,IP 报文进入正常的接收流程,可能会再次经历路由查询、IP 拆封等操作,最终会被交给真正的上层协议注册的接收处理函数,如 tcp_v4_rcv( )。

2.4.4　加密存储

数据变换的另一个常见的应用是加密存储,即将外存设备中的数据转换成密文。外存设备又称为块设备或存储设备,包括磁盘、光盘、U 盘、盘阵等,是用于存储系统和用户数据的设备。在操作系统中,用于管理外存设备及其中数据的子系统称为存储系统,包括块设备驱动程序、块设备管理程序、逻辑卷管理程序、物理文件系统、虚拟文件系统等。

由于外存设备可以在计算机之间移动,因而通过外存设备可以在不同存储系统之间转移数据。为了提高安全性,最好能对外存设备中的数据进行某种变换,如在写入之前将数据转化成密文,在读出之后再将数据恢复成明文,保证数据以密文形式出现在外存设备中。如此一来,一个加密存储系统写入到外存设备中的数据很难在另一个存储系统中还原,从而可减少外存设备移动带来的数据泄露风险,提升存储系统的安全性。

在 Linux 的加密存储系统中,可以在多个层面实施数据的加解密变换。可用某种加密工具,如 OpenPGP,在用户层对某个或某些文件进行手工加解密,从而将外存设备中的特定文件转化成密文。可安装某种加密文件系统,如 eCryptfs,在文件系统层自动完成文件的加解密,将外存设备中的某些文件(如某目录中的所有文件)转化成密文。也可启用 dm-crypt 系统,在块设备管理层自动完成数据块的加解密,将一个块设备中的所有数据块全部转化成密文,不管它们属于哪个文件,也不管它们属于哪种文件系统。

加密文件系统的实现方法大致有两种:一是在现有的物理文件系统中直接加入加解密功能,如 Reiser4;二是增加一种独立的、堆叠式加密文件系统(Stackable Cryptographic File System),如 eCryptfs,专门负责数据的加解密。堆叠式加密文件系统更加灵活。

eCryptfs 不是一个真正的物理文件系统,不管理具体的外存设备,因而并没有真正属于 eCryptfs 的文件。事实上,eCryptfs 必须叠加在某种物理文件系统(如 EXT3/4)之上,并借助底层的物理文件系统来管理外存上的文件,如图 2.8 所示[19]。当接收到读文件的请求时,eCryptfs 通过底层的物理文件系统将文件中的密文读入内存,对其进行解密,而后将明文提交给请求者;当接收到写文件请求时,

eCryptfs 对内存中的明文进行加密,而后通过底层的物理文件系统将密文写入外存中的文件。

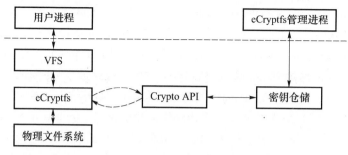

图2.8 eCryptfs 文件系统的组成结构

eCryptfs 分为内核部分和用户部分。内核部分负责数据的加解密变换,位于虚拟文件系统与物理文件系统之间。用户部分负责密钥管理。eCryptfs 使用对称密钥加密算法,如 DES、AES 等,对文件数据进行加解密变换,变换所需密钥称为文件加密密钥(File Encryption Key,FEK)或会话密钥,是随机生成的,每个文件都有一个 FEK。FEK 又被密钥加密密钥(Key Encryption Key,KEK)加密,加密后的 FEK 称为密文会话密钥 EFEK,保存在加密文件的头部。KEK 是一种与认证特征(如口令字、公钥等)相关的密钥。

eCryptfs 文件系统的基本安装命令如下:

mount -t ecryptfs [lower_dir] [ecryptfs_dir]

命令中的参数 lower_dir 是 VFS 目录树中的一个目录,通常属于某个已安装的底层物理文件系统,是 eCryptfs 用于保存加密文件的地方;ecryptfs_dir 也是 VFS 目录树中的一个目录,是 eCryptfs 文件系统的安装点。Lower_dir 与 ecryptfs_dir 可以是同一个目录。

安装命令 mount 会请求 eCryptfs 的辅助安装程序/sbin/mount. ecryptfs 认证用户并询问安装口令(passphrase)、加密算法名、密钥长度等信息,据此获取 Hash 算法和 Salt(也可通过命令选项或配置文件等提供),生成口令 ID(ID = Hash(passphrase,Salt))和 KEK(口令 ID 的另一表示)等,将它们包装成 ecryptfs_auth_tok 结构,保存在内核的密钥环(keyring)中。结构 ecryptfs_auth_tok 是密钥环中某密钥(key)的负载,由口令 ID 标识。命令 mount 为新安装的 eCryptfs 文件系统创建 super_block 结构,并将 lower_dir 转化成 eCryptfs 文件系统的根目录。此后,在目录 ecryptfs_dir 中访问的文件都来源于目录 lower_dir。写入 ecryptfs_dir 的明文文件经 eCryptfs 加密变换后以密文形式保存在目录 lower_dir 中;从目录 lower_dir 中读出的是密文文件,但从目录 ecryptfs_dir 中读出的是经过 eCryptfs 解密的明文文件。

eCryptfs 文件系统的安装命令会在/etc/pam. d/目录的 PAM 配置文件中增加

如下配置：

> auth optional pam_ecryptfs. so unwrap
>
> session optional pam_ecryptfs. so unwrap

其中的 pam_ecryptfs. so 是 eCryptfs 文件系统自带的认证模块。此后，当用户注册时，模块 pam_ecryptfs. so 中的函数 pam_sm_authenticate( )会被执行。该函数根据用户的名称、注册口令等信息从文件 ~/. ecryptfs/wrapped-passphrase 中取出加密后的安装口令，用注册口令将其解密，用解密后的安装口令生成一个 ecryptfs_auth_tok 结构并将其写入到内核的密钥环中。根据文件 wrapped-passphrase 可预先生成 ecryptfs_auth_tok 结构，从而简化 eCryptfs 文件系统的安装过程，如该文件不存在，ecryptfs_auth_tok 结构会在安装时建立。

在解析文件路径名时，eCryptfs 首先请求底层文件系统获得文件在 VFS 中的 inode 和 dentry 结构，而后再为其创建一个 eCryptfs 的 inode 和 dentry 结构，并建立两者之间的关联。特别地，eCryptfs 为普通文件指定的 inode 操作集为 ecryptfs_main_iops、地址空间操作集为 ecryptfs_aops、文件操作集为 ecryptfs_main_fops。

在创建新文件时，eCryptfs 先请求底层文件系统将文件创建出来，获得文件在 VFS 中的 inode 和 dentry 结构，而后再为其创建一个 eCryptfs 的 inode 和 dentry 结构，并建立两者之间的关联。文件被创建之后，eCryptfs 会立刻向其中写入一个大小为 2 页的文件头，其格式如图 2.9 所示。

8B	8B	4B	4B	2B	遵循RFC 2440约定
文件实际长度	eCryptfs魔数	版本+标识	头块长	头块数	RFC 2440 认证包序列

图 2.9 eCryptfs 文件头的格式

文件头中的 RFC 2440 认证包有很多种，eCryptfs 常用的是 tag-3 包和 tag-11 包。Tag-3 包中包括加密算法标识、会话密钥长度、密文会话密钥（EFEK）、Hash 算法标识、Hash 次数、Salt 等。Tag-11 包的主要内容是安装口令的 ID。对安装口令、Salt 进行指定次数的 Hash 运算后可以得到 KEK，由加密算法用 KEK 解密 EFEK 可以得到会话密钥 FEK。

新文件头中的信息大都来源于 eCryptfs 文件系统，如加密算法、口令 ID 等来源于安装参数，KEK、Salt 等来源于安装时写入密钥环的 ecryptfs_auth_tok 结构，Hash 算法与 Hash 次数是 eCryptfs 默认的（如 MD5），FEK 是动态生成的随机数，根初始向量（Lnitialization Vector, IV）是 FEK 的一个摘要（用默认的 Hash 算法生成），EFEK 是 FEK 的密文，其加密密钥是 KEK。

在打开文件时，eCryptfs 请求底层文件系统将文件打开，获得它的 file 结构；读出文件头，从中解析出加密算法标识、Hash 算法标识、Salt、Hash 次数、安装口令 ID、EFEK 等信息；根据口令 ID 从密钥环中获得 ecryptfs_auth_tok 结构，从中获得 KEK；用解析出的加密算法（采用 CBC 模式）和默认的 Hash 算法分别创建一个数据变换对象(crypto_tfm 结构),前者用于文件数据的加解密变换,后者用于计算加解密所需要的 IV;解密出会话密钥 FEK,计算出根 IV,并将数据变换对象、FEK 和根 IV 等记录在 eCryptfs 的 inode 中以备后用。

eCryptfs 以块(称为 extent,默认大小为 1 页)为单位实施文件数据的加解密变换。块被写入前加密,块被读出后解密,在文件缓存(address_space)中的块都是明文的。块在 eCryptfs 文件和底层文件中的存储顺序是一致的,但由于底层文件中包含一个文件头,因而 eCryptfs 文件的第 i 块对应底层文件的第 $i+2$ 块。文件块的加解密变换由打开时创建的数据变换对象实现,密钥为 FEK。加解密所用的 IV 是临时算出的,第 i 块的 IV 是根 IV + 块序号的 Hash 值,Hash 变换由文件打开时创建的数据变换对象实现。

与普通文件块的读写操作类似,eCryptfs 文件块的读写操作也要经过文件缓存。如果块在缓存中,则读操作直接取用缓存页的内容;如果块不在缓存中,则读操作先在缓存中增加一个空页,再请求 address_space 中的 readpage 操作从底层文件中将块读入空页并对其进行解密变换,而后再取用其中的内容。写操作先将数据页加入缓存,再请求 address_space 中的 writepage 操作对其进行加密变换,最后将密文块写入底层文件。因而,在 eCryptfs 中,真正实现加解密变换的是文件缓存中的读写操作。

文件关闭操作仅释放 file 结构,文件的 inode 结构一直存在,因而与之关联的数据变换对象也会一直存在。此后,不管该文件被打开、关闭多少次,都不用再解析文件头,也不用再创建数据变换对象。当文件的 inode 结构被释放时,与之关联的数据变换对象才会被释放。

直到卸载时,eCryptfs 文件系统写到密钥环中的 ecryptfs_auth_tok 结构才会被回收。卸载之后,lower_dir 目录中的文件仍然可以读出,但读出的是密文。

除安装与卸载之外,eCryptfs 还提供了一组管理工具,如命令 ecryptfs-add-passphrase可手工将一个安装口令增加到内核的密钥环中,命令 ecryptfs-manager 可管理 eCryptfs 的密钥,命令 ecryptfs-stat 可显示一个 eCryptfs 文件的加密属性等。

与 eCryptfs 不同,dm-crypt 在块设备管理层实现数据块的自动加解密[20]。dm-crypt 工作在设备映射(Device Mapper)框架下,是该框架中的一种特殊的设备映射类型。Linux 系统中的每种设备映射类型都要向 Device Mapper 框架注册一个 target_type 结构,dm-crypt 模块注册的 target_type 结构称为 crypt_target,其名称为"crypt"、构造函数为 crypt_ctr( )、映射函数为 crypt_map( )。

Device Mapper 框架也是一个内核模块,其初始化函数会向设备管理子系统注册一个名为"device-mapper"的 misc 类的字符设备,其主设备号为 10,次设备号为 236,文件操作集为_ctl_fops。文件操作集_ctl_fops 的主要内容是一个 unlocked_ioctl 操作,Device Mapper 的实现函数是 dm_ctl_ioctl( )。

Device Mapper 框架向用户空间进程提供的接口函数是 ioctl( )。用户进程可以通过函数 ioctl( )请求内核中的 Device Mapper 模块完成特定的管理工作,如创建新的映射设备(Mapped device,MD)设备、为某 MD 设备加载映射表、挂起一个 MD 设备、恢复一个 MD 设备的运行、查询 MD 设备信息等。

在使用函数 ioctl( )之前,需要完成三件准备工作:

(1) 创建名为"/dev/control"的字符设备特殊文件,其主设备号为10,次设备号为236。显然,文件"/dev/control"对应的就是 Device Mapper 模块注册的字符设备"device-mapper"。

(2) 按读写方式打开文件"/dev/control",获得文件描述符。

(3) 按 Device Mapper 框架的约定,收集参数并将其包装成特定的格式。不同的请求需要不同的参数,它们被统一组织在结构 dm_ioctl 中。

在完成上述三件准备工作之后,即可以文件描述符、请求的命令号和 dm_ioctl 结构为参数执行函数 ioctl( )。经过一系列的转换之后,VFS 会将函数 ioctl( )的参数转交给内核中的函数 dm_ctl_ioctl( ),由该函数完成实际的 MD 设备管理工作。

MD 设备都是动态创建的。创建 MD 设备所需要的参数包括设备名称、次设备号等。所有 MD 设备的主设备号都相同,是在 Device Mapper 框架初始化时确定的。创建操作的主要工作是在 Device Mapper 框架中新增一个由结构 mapped_device描述的、逻辑的、虚拟的 MD 类块设备。结构 mapped_device 中包含 MD 类块设备的所有描述信息,如用于描述设备物理特征的 gendisk 结构、用于描述设备逻辑特征的 block_device 结构、用于描述设备请求队列的 request_queue 结构等。为新 MD 设备指定的块设备操作集是 dm_blk_dops,队列处理函数是 dm_make_request。

新建的 MD 设备仅有一个 mapped_device 结构,其中不含任何存储块,因而是一个空设备。只有将 MD 设备映射(map)到实际的块设备(称为目标设备 target)之后,空 MD 设备才会变成实际的块设备。将空 MD 设备映射到目标设备的操作称为映射表加载,其目的是在 MD 设备和目标设备的逻辑块之间建立一个映射表,将 MD 设备的一个逻辑块映射到一个或多个目标设备的逻辑块上。映射表加载操作需要的参数称为映射表,映射表项的格式如下:

　　< begin >　< len >　< type >　< target_args >

一个映射表中可能包含多个映射表项。映射表项的意思是以映射方式 < type >、将 MD 设备中从 < begin > 开始的 < len > 个逻辑扇区映射到目标设备上。Device Mapper 框架支持多种映射方式,如线性(linear)映射、条带(striped)映射、镜像(mirror)映射、Raid 映射、空(zero)映射、加密(crypt)映射等,其中加密映射的 < target_args >格式如下:

　　< cipher >　< key >　< iv_offset >　< dev_path >　< start >

加密类 MD 设备的映射表项的意思是在 MD 设备的逻辑扇区区间[< begin >,

＜begin＞＋＜len＞－1]与目标设备＜dev_path＞的逻辑扇区区间[＜start＞,
＜start＞＋＜len＞－1]之间建立一个一一对应的映射关系。此后,Device Mapper
框架将把对 MD 设备中第＜begin＞＋i(i 在 0 与＜len＞之间)个扇区的读写操作
转化成对目标设备＜dev_path＞中第＜start＞＋i个扇区的读写操作。加密类 MD
设备与目标设备之间的区别在于扇区的内容,MD 设备中各扇区的内容都是明文,目
标设备中各扇区的内容都是密文,明密变换的算法是＜cipher＞、密钥是＜key＞、初
始向量在＜iv_offset＞处。

　　为了描述映射表和目标设备,Device Mapper 框架定义了 dm_table 结构和 dm_
target 结构。在加密存储设备(dm-crypt)的定义中,各结构之间的关系如图 2.10
所示。

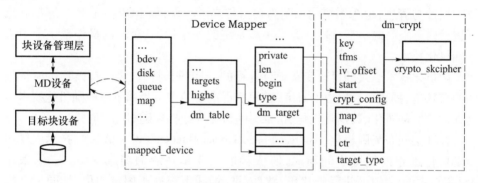

图 2.10　Device Mapper 框架及主要数据结构

　　一个 MD 设备有一张映射表,映射表由 dm_table 结构描述。一个映射表中可
以包含多个目标设备,每个目标设备由一个 dm_target 结构描述。属于一个映射表
的所有 dm_target 结构被组织在 targets 数组中。映射表将 MD 设备的逻辑扇区映
射到各目标设备中,第一个目标设备的开始扇区号 begin 必须是 0,各目标设备的
逻辑扇区号必须是连续的,最大逻辑扇区号记录在数组 highs 中。在加密存储设
备的定义中,结构 crypt_config 是用于加解密变换的上下文,其中记录着用于数据
变换的变换对象(tfms)、密钥、IV 等。

　　加载完映射表之后,MD 设备就变成了真正的块设备。当需要读写 MD 设备
中某些扇区的内容时,用户将请求包装成 bio 结构,而后通过函数 generic_make_
request()将 bio 结构递交给块设备管理层。块设备管理层执行请求队列 queue 上
的 make_request_fn 操作,试图处理 bio 结构所表示的请求。MD 设备的 make_
request_fn 操作由函数 dm_make_request()实现。

　　函数 dm_make_request()找到 MD 设备的映射表和扇区所在的目标设备,执行
target_type 上的 map 操作,完成扇区内容的变换。如果 bio 请求的是扇区读,则 MD
设备的 map 操作先请求目标块设备将扇区内容读入,而后对其进行解密变换。如
果 bio 请求的扇区写,则 MD 设备的 map 操作先对扇区内容进行加密变换,而后再

将其递交给目标块设备。因此,加密类存储设备实际是在目标块设备之上增加的一个自动的数据变换层,用于将写入目标块设备的数据加密,将从目标块设备中读出的数据解密。

2.5 随机化

在初始化之后,操作系统的地址空间布局、内核代码内容等都不再变化,操作系统的主要数据结构(如 IDT、GDT、系统调用表等)基本不再变化,指令与数据的意义也不再变化。在加载之后,进程的地址空间布局、程序代码内容、指令与数据的意义等也基本不再变化。操作系统和进程的这些静态的、不变的特性简化了系统的设计与管理,也为系统的探测与攻击带来了方便,如 ROP、JOP 攻击等都利用了进程内存空间的不变特性。为了提高系统的安全性,新版本的操作系统中引入了随机化技术。

随机化技术通过随机改变系统与进程的一些静态特性,试图打破攻击所依赖的稳态环境,提高目标定位的难度,进而实现主动防御。目前主流的随机化技术包括地址空间随机化、数据随机化、指令集随机化和结构体随机化等技术。

地址空间布局随机化(Address Space Layout Randomization,ASLR)技术主要用于随机化进程的地址空间布局,所依赖的主要是系统的加载程序。在未采用 ASLR 技术的系统中,进程的代码、数据、堆、堆栈等都处于固定的位置,同一个程序,不管被加载到哪个进程的虚拟地址空间中,也不管被加载多少次,其代码、数据、堆栈等的开始地址都是相同的。固定的地址空间布局容易被探测,也容易被利用,如容易确定 gadget 的地址等。地址空间随机化技术试图改变进程地址空间的布局。在为进程加载新程序或重建地址空间时,随机选择代码和数据的加载地址,并在随机的位置为进程创建堆和堆栈,如图 2.11 所示。

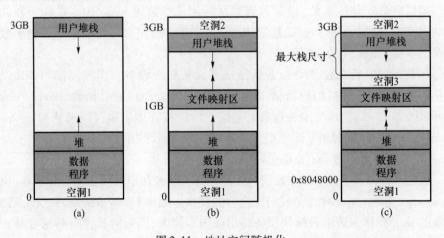

图 2.11　地址空间随机化

图2.11(a)是未启用ALSR时的进程虚拟地址空间布局,其中程序、堆栈等的位置是固定的;图2.11(b)和(c)是启用ASLR后的进程虚拟地址空间布局,其中空洞的大小是动态生成的,因而堆栈、文件映射区等的位置是随机的。

一般情况下,程序、数据的加载位置是固定的,除非在编译时增加了选项-fpie和-pie,此时编译器生成的是位置无关的可执行(Position Independent Executables, PIE)程序,可以加载到任意位置,但在执行之前需要对其进行重定位。

Linux在2.6.12以后的版本中已添加了对ASLR的支持,且默认为打开状态。用户可以通过设置/proc/sys/kernel/randomization_va_space来开启或者关闭ASLR。当randomize_va_space为0时,进程的内存空间布局完全是静态的。当randomize_va_space为2时,进程的堆栈、堆、内存映射区等都不是从固定地址开始的,且每次加载的位置都不一样。

数据随机化技术主要用于随机化内存中数据的存储方式,所依赖的主要是系统的加载程序和用户的可执行程序。在未采用数据随机化技术的系统中,内存中的数据是以明文形式存储的。特别地,指针类型的数据的内容是一个地址,函数指针类型的数据的内容是一个函数的入口地址。明文存储容易泄露数据内容,也容易被篡改,如让函数指针指向一段恶意代码等。数据随机化技术实质上是一种数据变换技术,即对写入内存的数据进行加密变换,对读出内存的数据进行解密变换,使内存中的数据始终以密文形式存在。如此一来,由于难以获得数据变换的参数(算法、密钥等),攻击者难以获取准确的数据内容,也难以对数据进行准确的篡改。即使能够篡改,读出时的解密变换也会使数据丢失其原始意义,如将函数指针转化成非法地址等。

指令集随机化技术主要用于随机化程序的指令操作码,所依赖的主要是加载程序、虚拟机或特殊的CPU。在未采用指令集随机化技术的系统中,程序的指令操作码是在编译时生成的,采用的是与目标平台一致的指令集,在内存中是以明文形式存储的。攻击者可以采用目标平台的指令集预先编写一段恶意代码,并通过某些手段将其注入进程的地址空间中。实际上,指令集随机化技术也是一种数据变换技术,即在程序加载时对其指令操作码进行加密变换,在执行(取指)时对其指令操作码进行解密变换,使内存中的指令操作码始终以密文形式存在。如此一来,由于难以获得变换的参数(算法、密钥等),攻击者难以将恶意代码以密文形式准确地注入内存中。即使能够注入,执行时的解密变换也会将注入程序中的指令操作码转化成非法指令,难以执行。

结构体随机化技术主要用于随机化程序中的结构体布局,所依赖的主要是编译器。未采用结构体随机化技术的编译器会按固定的格式(一般是结构定义的格式)生成结构体,其中各个域的相对位置都是固定的。采用结构体随机化技术的编译器会随机调整结构体中各个域的出现顺序,并可能在其中随机地插入一些垃圾域,从而使域的相对位置变得难以预估,可增加攻击者探测、篡改结构体的难度。

2.6 虚拟化

操作系统所管理的资源多种多样,且常常无法直接满足用户的需求,或者说物理资源的原始属性与用户所需资源的逻辑属性间常常存在不一致性,如数量不一致、容量不一致、速度不一致、距离不一致、质量不一致等。为了能向用户提供理想的逻辑资源,操作系统中采用了大量的虚拟化技术。

虚拟的意思是在硬件帮助下,利用软件技术,隐藏并改变实体的原始形态,将它以另外一种形式呈现给用户,使用户感觉它是另一种形式的实体。就资源管理来说,虚拟化技术的本质是改变资源的原始属性,大致包括如下 6 种:

(1) 数量:处理器管理把一个物理 CPU 虚拟成多个逻辑 CPU,使每个进程都认为自己独占一个 CPU(少变多);虚拟文件系统把多种物理文件系统统一起来,使用户感觉不到它们的区别(多变少)。

(2) 容量:虚拟内存管理器利用有限的物理内存为每个进程虚拟出几乎无限的内存空间(小变大);硬盘分区将一块大硬盘分割成多个小硬盘(大变小)。

(3) 类型:处理器仿真技术可将一种类型的处理器转变成另外一种类型的处理器,如 JVM 把 X86 变成 Java 机,Qemu 在 PowerPC 等平台上仿真出 x86 等;虚拟内存、文件系统等将离散的存储空间转化成连续的内存空间或文件。

(4) 距离:NFS、CIFS 等将服务器上的文件系统转变成本地的文件系统,拉近两者之间的距离;iSCSI、虚拟磁盘等技术可以将远程的磁盘转化成本地的磁盘(远变近)。

(5) 速度:通过缓存技术可以减少读写磁盘的次数,将慢速磁盘转化成快速磁盘(慢变快);处理器管理可将一个快速的处理器变成多个慢速的处理器(快变慢)。

(6) 质量:网络协议可提高网络传输质量,文件系统可提高磁盘服务质量,虚拟内存可提高内存服务质量,操作系统可提高计算机系统的整体服务质量(坏变好)。

随着硬件和软件技术的进步,虚拟化技术也在逐渐完善,由部件级虚拟化(虚拟 CPU、虚拟内存、虚拟设备、虚拟文件系统等)逐步演变成了平台级虚拟化,可将一台物理的计算机转化成多台虚拟的计算机,称为虚拟机(Virtual Machine,VM)。对用户来说,一个虚拟机就是一台独立的、真实的计算机,有完整的、独立的硬件平台,可以独立安装操作系统,并可独立配置、并行运行。

虚拟的计算机是由虚拟机监控器 VMM 或虚拟机监控程序 Hypervisor 模拟出来的。VMM 直接运行在硬件平台之上,管理硬件平台中的物理资源,并通过对物理资源的分配、回收等将物理的硬件平台转化成虚拟的硬件平台,即虚拟机。为了降低虚拟机模拟的复杂度,提高虚拟机运行的性能,软件设计者开发了多种 VMM 实现技术,如特权解除、陷入-模拟、影子页表等,硬件厂商也在硬件层面提供了多种支持,如 Intel 公司在其产品中集成了 VT-x/VT-i、EPT、VT-d 等机制,AMD 公司在其产品中集成了 SVM、NPT、IOMMU 等机制。利用硬件层面的支持,已经开发出来了多种 VMM 产品,图 2.12 是两个有代表性的 VMM 结构,分别为 KVM[21] 和 Xen[22]。

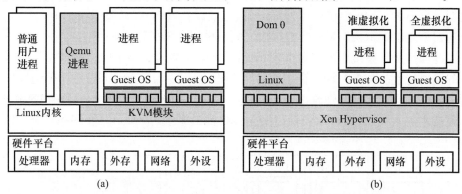

图 2.12 KVM 和 Xen 虚拟机的组织结构

KVM 并不是独立的 VMM,实际上仅是 Linux 的一个内核模块。当把 KVM 模块插入 Linux 内核之时,其初始化函数会启动 Intel 处理器和芯片组提供的 VT-x、EPT、VT-d 等功能,将整个 Linux 内核转化成一个 VMM。在实现上,KVM 直接利用了 Linux 内核中的处理器管理、内存管理、文件系统、中断处理、设备驱动等功能,因而设计简单且能支持各种各样的外部设备。KVM 模块主要负责处理器和内存部分的虚拟化,设备虚拟化和虚拟机管理工作由特殊的 Qemu 进程负责。Qemu 进程通过设备/dev/kvm 与 KVM 模块通信。从 Qemu 的角度看,KVM 仅是处理器和内存虚拟化的一种特殊实现,可用于替换 Qemu 中的处理器和内存虚拟化部分,以提升虚拟机的性能,虚拟机运行所需要的其余部分,如人机交互环境、外部设备模拟、虚拟机管理(创建、配置、启动、销毁虚拟机)等,仍然由 Qemu 提供。从 Linux 的角度看,KVM 创建的虚拟机是用户进程,vCPU 是 Qemu 进程的线程,Linux 用自己的进程和线程管理程序协调各虚拟机及各 vCPU 的运行。与普通进程不同的是,虚拟机进程不能使用标准的 Linux 系统调用,只能使用 VM/Hypervisor 接口请求 KVM 服务。

Xen 的 Hypervisor 是一个专门为虚拟机开发的、微内核的 VMM,直接运行在硬件平台之上,不依赖于宿主机的操作系统。Xen 的 Hypervisor 将系统硬件转化成逻辑的资源池,并通过动态地分配和回收其中的逻辑资源来协调各虚拟机的运行。Xen 支持全虚拟化,也支持准虚拟化。在 Xen 虚拟出的 VM 中,第 0 号虚拟机,即 Dom 0,是一个高特权的、用于运行系统管理工具的虚拟机,其中的操作系统是一个经过修改的、支持准虚拟化的 Linux。除 Dom 0 之外,Xen 还允许创建多个低特权级的、采用准虚拟化技术的系统虚拟机,分别用于管理不同的外部设备,称为设备虚拟机。通常情况下,Xen 的用户虚拟机所看到的外部设备都是由 Xen 的 Hypervisor 和 Dom 0 或设备虚拟机共同虚拟出来的,因而 Dom 0 或设备虚拟机实际上也是 Xen 的有效组成部分。当需要使用外部设备时,虚拟机中的操作系统将设备操作请求经 Xen 的 Hypervisor 转交给 Dom 0 或设备虚拟机。Dom 0 或设备虚拟机通过自己的 Linux 内核操作外部设备,完成设备操作,并通过 Hypervisor 将结果返还给请求者虚拟机。Xen 的虚拟机之间有更好的隔离特性。

与同一操作系统中的普通进程相比,同一计算机中的不同虚拟机之间具有更好的隔离特性。与多台计算机构成的网络相比,同一计算机中的不同虚拟机之间具有更好的资源共享特性且更便于通信。通过合理地规划与精心地配置,利用虚拟化技术的上述特性,可以设计出安全性更高的系统。图 2.13 是 Qubes OS 组成结构[23]。

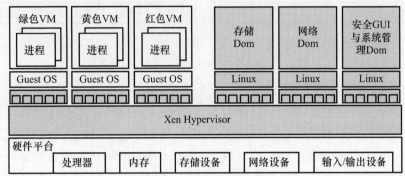

图 2.13　Qubes OS 组成结构

整个 Qubes OS 建立在 Xen Hypervisor 之上。Xen Hypervisor 所管理的虚拟机之间相互隔离,一个虚拟机的安全问题不会波及其他虚拟机。用户可根据需要将应用分类,如根据安全等级将应用分成不受限、受限、秘密、机密、绝密等,并将不同类别的应用分别安装到不同的虚拟机中,如将机密的应用及文件放到绿色 VM 中,将不受限应用及文件放到红色 VM 中等。Qubes OS 还提供了多个系统级的虚拟机,用于向用户虚拟机提供服务,其中存储虚拟机可以直接访问存储设备,运行经过优化的存储管理系统(采用加密技术以隔离不同虚拟机的文件、采用设备映射和写时复制技术以共享存储空间等),包括块设备驱动程序、文件系统等;网络虚拟机可以直接访问网络设备,运行网络管理系统,包括网络设备驱动程序、网络协议栈、防火墙等;管理虚拟机可以直接访问图形设备和输入/输出设备(键盘、鼠标等),运行安全 GUI 与系统管理工具。Qubes OS 将所有虚拟机的显示集成到同一个桌面上,并用不同的颜色区分它们,如绿色 VM 的显示窗口都是绿色的,红色 VM 的显示窗口都是红色的等。利用图形化的系统管理工具,只要有合适的权限并通过了系统认证,用户可以在同一个桌面上方便地创建、撤销、配置任意一个虚拟机,启动、关闭任意虚拟机中的任意应用,同时操作来自不同虚拟机的多个应用,甚至可以在不同应用之间复制、粘贴数据,可以在不同虚拟机之间复制文件等。Qubes OS 将多个虚拟机集成为一个完整系统,用户甚至感觉不到虚拟机的存在。

第3章

名字空间

与进程相比,虚拟机提供了更好的封装与隔离特性,以虚拟机为基础可以设计出安全性更高的系统,如 Qubes OS。然而虚拟机中除进程之外,还运行着独立于宿主机和其他虚拟机的操作系统,因而其体量比进程要大得多,消耗的资源也多得多,且虚拟机运行在完全虚拟的硬件平台之上,其启动、终止、运行的速度都远低于进程。为了提供较好的封装与隔离特性,又不至于消耗过多的资源、降低过多的性能,Linux 提供了称为容器的折中解决方案。

容器(Container)是一种轻量级的虚拟化(或封装)机制,能提供接近于虚拟机的封装与隔离性,并具有较好的资源共享特性。与虚拟机不同,容器直接运行在宿主机的硬件平台之上,由同一个 Linux 内核管理,共享平台中的系统资源。容器运行不需要指令模拟,不需要设备仿真,甚至不需要硬件平台提供专门的支持(如 VT-x/VT-d 等),因而容器比虚拟机更轻便,实现的代价更小,损失的性能更少。然而 Linux 并未定义称为容器的实体,其中的容器仅是为进程构造的虚拟运行环境,核心的构造机制是名字空间(Namespace),基本的构造思路是限定对象与资源名称的可见范围,实现全局名字的局部化。同一容器内的进程用同样的名字标识对象、共享资源,处于同样的虚拟环境中。不同容器中的进程无法互相标识对象,因而无法互相访问,互不干扰。与进程相比,容器具有更好的封装与隔离特性。

3.1 名字空间管理结构

名字空间就是名字(Name)的集合。

操作系统管理的对象,如用户、进程、目录、文件、网络设备、协议地址、IPC 对象等大都有全局的名字。在传统的操作系统中,全局的对象名可以被所有的进程看到,且各进程看到的名字都是一样的。也就是说,传统的操作系统将所有的对象名字全放在了同一个名字空间中。这种单一名字空间机制简化了管理工作,但也带来了安全风险:恶意进程能比较方便地探测、访问系统中的对象,并可通过对对象状态的篡改影响其他进程的运行。为了提高系统的安全性,有必要细化全局名字空间管理机制,将全局的、混合的大名字空间分割成多个局部的、单一的小名字空间,用一个小名字空间封装一类对象的名字,并允许为不同的进程指派不同的名字空间,或者说将不同的进程包装在不同的名字空间中,从而为不同的进程提供不同的对象名称,为进程提供局部化的运行环境。

细化之后的一个名字空间变成了进程可见的一类对象名字的集合。多个名字空间合起来构成一个名字空间代理,Linux 用结构 nsproxy 描述名字空间代理,其定义如下[24]:

```
struct nsproxy {
    atomic_t count;
    struct uts_namespace      * uts_ns;
    struct ipc_namespace      * ipc_ns;
    struct mnt_namespace      * mnt_ns;
    struct pid_namespace      * pid_ns_for_children;
    struct net                * net_ns;
    struct cgroup_namespace   * cgroup_ns;
};
```

名字空间代理结构 nsproxy 中包含 6 个指针,分别指向 6 个不同的名字空间结构。每个名字空间结构中又都含有一个指向用户名字空间结构 user_namespace 的指针,因而目前的 Linux 实际上实现了 7 类名字空间,分别是:

(1) USER 类名字空间,由结构 user_namespace 描述,用于封装进程可见的用户标识,如 UID、GID 等,实现用户的局部化。

(2) UTS 类名字空间,由结构 uts_namespace 描述,用于封装进程可见的系统名称,如网络主机名、机器名、域名、操作系统名、版本号等,实现系统平台的局部化。

(3) MNT 类名字空间,由结构 mnt_namespace 描述,用于封装进程可见的各文件系统实体的名字,如文件路径名,实现文件系统组织结构的局部化。

(4) PID 类名字空间,由结构 pid_namespace 描述,用于封装进程可见的进程标识,如 PID、TGID、PGID 等,实现进程的局部化。

(5) IPC 类名字空间,由结构 ipc_namespace 描述,用于封装进程可见的 IPC 对象的名字(Key)与 ID 号,实现 IPC 对象的局部化。

(6) NET 类名字空间,由结构 net 描述,用于封装进程可见的网络实体名及协议栈管理参数,如网络设备名、协议地址、路由表、防火墙规则等,实现网络协议栈的局部化。

(7) CGROUP 类名字空间,由结构 cgroup_namespace 描述,用于封装进程可见的控制群的名字,实现控制群的局部化。

结构 nsproxy 的每个指针指向一类名字空间的一个实例。Linux 用上述 7 类名字空间界定或封装进程可见的 7 个方面的对象。7 类名字空间综合起来为进程构造了一个容器。一个容器是计算机系统的一种视图,是为进程营造的一个相对独立、相互隔离的运行环境,或者说是一个虚拟的计算机系统。

Linux 的每个进程都需要声明自己所关联的名字空间代理,进程的 task_struct 结构中有一个指向结构 nsproxy 的指针。一个进程可以与其他进程共用同一个名字空间代理,也可以使用一个独立的名字空间代理。两个名字空间代理可以完全不同,也可以有部分重叠。在图 3.1 中,进程 1 和进程 2 共用同一个 nsproxy 结构,因而在同样的名字空间之中,或者说位于同一个容器之中;进程 3 使用一个独立的 nsproxy 结构,但与进程 1 共用同样的 UTS 和 NET 类名字空间,因而进程 1 和进程 3 不在同一个容器之中,虽然能看到完全相同的 UTS 和 NET 类对象,但所看到的其余对象可能是不同的。

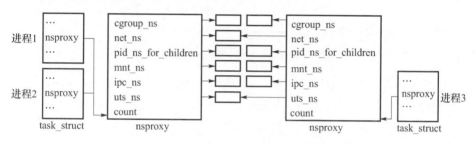

图 3.1　进程与名字空间的关系

Linux 的每个进程都位于一个容器之中,每个容器都由 7 层名字空间包装而成。容器中的进程可以创建新的名字空间,可以进入其他的名字空间,从而进入一个新的容器。因而容器之间可能有重叠,但不会嵌套。容器、名字空间与进程之间的关系如图 3.2 所示。

图 3.2　容器、名字空间与进程之间的关系

结构 nsproxy 中的 count 记录着共用该名字空间代理的进程数,或者说位于同一个容器中的进程数。

不同类型的名字空间具有不同的特色,虽存在共性但各名字空间的描述结构(类)仍有很大差别。Linux 抽象出了各类名字空间的共同点,定义了 ns_common 结构并将其嵌入在每个名字空间结构中。结构 ns_common 的定义如下[25]:

```
struct ns_common {
    atomic_long_t stashed;
    const struct proc_ns_operations * ops;
    unsigned int inum;
};
```

由于每个名字空间结构中都包含有一个 ns_common 结构,因此可用 ns_common代表所有类型的名字空间结构,或者说可把 ns_common 看成所有名字空间类的超类。利用 Linux 定义的 container_of 宏可以方便地还原出包含 ns_common 的名字空间实例,如图 3.3 所示。

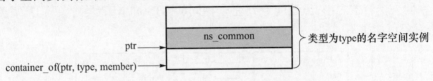

图 3.3   ns_common 与名字空间实例的关系

如下面的函数将指向结构 ns_common 的指针转化成指向结构 pid_namespace 的指针,即将一个 ns_common 类的实例转化成一个 pid_namespace 类的名字空间实例。

```
static inline struct pid_namespace * to_pid_ns( struct ns_common * ns) {
    return container_of( ns,struct pid_namespace,ns) ;
}
```

奇怪的是,名字空间本身并没有名字,因而名字空间实际上是不可见的。为了区分起见,Linux 给系统中的每个名字空间实例都赋予了一个唯一的序号 inum。序号 inum 是在创建名字空间实例时动态分配的,其取值范围在 0xEFFFFFFB ~ 0xFFFFFFFF 之间。当名字空间实例被撤销时,其序号也随之释放,释放后的序号可以重用。名字空间实例的序号记录在 ns_common 结构的 inum 域中。

在 Linux 内核中,可用序号 inum 标识名字空间实例。然而在用户空间中,名字空间实例仍然是不可见的。为了便于使用与管理,Linux 在 proc 文件系统中为每个进程的每个名字空间实例都创建了一个文件,称为名字空间管理文件,文件名为 uts、user、pid、net、mnt、ipc、cgroup 等,分别代表进程所属的 7 种不同类型的名字空间。目录/proc/[pid]/ns/中保存的是 PID 号为[pid]的进程的名字空间管理文件。下面是某进程的名字空间管理文件。

```
lrwxrwxrwx 1 ydguo ydguo 0 11 月 24 17:33 cgroup  - > cgroup:[4026531835]
lrwxrwxrwx 1 ydguo ydguo 0 11 月 24 17:33 ipc  - > ipc:[4026531839]
lrwxrwxrwx 1 ydguo ydguo 0 11 月 24 17:33 mnt  - > mnt:[4026531840]
lrwxrwxrwx 1 ydguo ydguo 0 11 月 24 17:33 net  - > net:[4026531969]
lrwxrwxrwx 1 ydguo ydguo 0 11 月 24 17:33 pid  - > pid:[4026531836]
```

```
lrwxrwxrwx 1 ydguo ydguo 0 11 月 24 17:33 user  - > user:[4026531837]
lrwxrwxrwx 1 ydguo ydguo 0 11 月 24 17:33 uts  - > uts:[4026531838]
```

所有进程的/proc/[pid]/ns/目录中都有 7 个同样名称的名字空间管理文件。在早期的版本中,名字空间管理文件是到名字空间实例的硬连接。在目前的版本中,所有的名字空间管理文件都是符号连接,所连接的目标为名字空间实例,由其序号 inum 标识。如果多个进程在同一个名字空间之中,那么它们在 ns 目录中的名字空间管理文件会连接到同一个名字空间实例。在上面给出的文件详细列表中,文件 uts 所连接的目标是序号为 4026531838 的名字空间实例,表示进程所属的 UTS 名字空间实例的序号为 4026531838(0xEFFFFFFE)。

为了操作 proc 文件系统中的名字空间管理文件,各名字空间类的实现代码都需要提供一个名字空间操作集 proc_ns_operations,其中包含若干个供 proc 文件系统使用的操作函数。结构 ns_common 中的域 ops 指向与之关联的名字空间操作集。如果两个 ns_common 类的实例所代表的是同一类型的名字空间实例,那么它们的 ops 会指向同一个名字空间操作集;否则,会指向不同的名字空间操作集。名字空间操作集 proc_ns_operations 的定义如下[26]:

```
struct proc_ns_operations {
    const char * name;              //名字,如 pid_for_children
    const char * real_ns_name;      //实际名字,如 pid
    int type;                       //名字空间类型
    struct ns_common * ( * get)(struct task_struct * task);
    void ( * put)(struct ns_common * ns);
    int ( * install)(struct nsproxy * nsproxy, struct ns_common * ns);
    struct user_namespace * ( * owner)(struct ns_common * ns);
    struct ns_common * ( * get_parent)(struct ns_common * ns);
};
```

操作集中的 get 操作用于获得进程 task 的某个特定类型的名字空间实例,put 操作用于释放 get 操作所获得的名字空间实例,install 操作用于替换名字空间代理 nsproxy 中的某个特定类型的名字空间实例(新实例由参数 ns 指示),owner 操作用于获得某个特定类型的名字空间实例的用户标识(与之关联的 user_namespace 实例),get_parent 操作用于获得某个特定类型的名字空间实例的父名字空间实例(只适用于 PID 和 USER 类的名字空间)。

在上述 5 个操作中,指向结构 ns_common 的指针均用于泛指任意一类名字空间实例。

Linux 实现的每类名字空间都提供了自己的名字空间操作集,即 proc_ns_operations结构。数组 ns_entries[]用于记录所有的 proc_ns_operations 结构,如下:

```
static const struct proc_ns_operations * ns_entries[ ] = {
    &netns_operations,                  //NET 名字空间操作集
    &utsns_operations,                  //UTS 名字空间操作集
    &ipcns_operations,                  //IPC 名字空间操作集
    &pidns_operations,                  //PID 名字空间操作集
    &pidns_for_children_operations,
    &userns_operations,                 //USER 名字空间操作集
    &mntns_operations,                  //MNT 名字空间操作集
    &cgroupns_operations,               //CGROUP 名字空间操作集
};
```

通过搜索数组 ns_entries[ ] 可以找到各类名字空间实现的操作集。

一般情况下,名字空间实例都是动态创建的,也会动态销毁。名字空间实例的生命周期与共用它们的进程一致,当名字空间中的最后一个进程终止时,名字空间实例也会被销毁。第 0 号进程(init_task)所关联的名字空间代理及其中的各类名字空间实例是静态建立的,其代理结构称为 init_nsproxy,定义如下:

```
struct nsproxy init_nsproxy = {
    . count                 = ATOMIC_INIT(1),    //引用计数,初值为 1
    . uts_ns                = &init_uts_ns,      //初始 UTS 名字空间
#if defined( CONFIG_POSIX_MQUEUE) || defined( CONFIG_SYSVIPC)
    . ipc_ns                = &init_ipc_ns,      //初始 IPC 名字空间
#endif
    . mnt_ns                = NULL,              //初始 MNT 名字空间,为空
    . pid_ns_for_children   = &init_pid_ns,      //初始 PID 名字空间
#ifdef CONFIG_NET
    . net_ns                = &init_net,         //初始 NET 名字空间
#endif
#ifdef CONFIG_CGROUPS
    . cgroup_ns             = &init_cgroup_ns,   //初始 CGROUP 名字空间
#endif
};
```

代理结构 init_nsproxy 中的 mnt_ns 是在系统初始化时动态建立的,其序号是 proc 文件系统动态分配的第一个序号,为 0xF0000000。

如果未特别声明,则系统将在创建者进程的名字空间中创建新进程,因而新进程将与创建者进程共用同一个 nsproxy 结构。如果创建者特别声明,则系统将为新进程创建新的 nsproxy 结构,其中的名字空间实例或者与创建者进程共用(指向同一个结构),或者从创建者进程复制(有独立的结构但内容一样),或者新建(有独立的结构但内容为默认的)。

新 MNT 和 UTS 名字空间实例是从创建者进程的老名字空间实例中复制的，新 USER、IPC、NET、CGROUP 名字空间实例的内容是默认的。新 PID 名字空间实例的内容是全新，创建之初，其中只有一个进程，即新进程自身，其 PID 号为 1。

不管新名字空间实例的内容是复制的、默认的还是全新的，在此后的运行过程中，如果新老进程使用的是不同的名字空间实例，那么它们用于标识对象的名字应该是相互独立的，一方的修改不会被另一方感知。因而新建或复制操作会为新进程创建独立的名字空间。

进程所属的名字空间是可以改变的，在运行过程中，进程可以请求内核为其新建某个或某些名字空间，也可以请求内核将自己加入到某个或某些已经存在的名字空间之中。然而进程所在的 PID 名字空间不许改变，更换或新建 PID 名字空间仅会影响它的子进程。

3.2　名字空间管理文件

进程的名字空间管理文件由 proc 文件系统统一管理。

Proc 文件系统是 Linux 提供的一种特殊类型的虚文件系统，其内容是系统运行的状态信息（如 CPU 信息、内存信息、中断信息、内核信息等）和当前在系统中运行的各进程的状态信息（如进程正在执行的程序、虚拟地址空间布局、文件系统信息、文件描述符表等）。通过 proc 文件系统，用户可以查看系统和进程的状态，特权用户还可以通过 proc 文件系统中的文件来修改系统的某些参数，如命令 echo"16384" > msgmax 将消息队列能够接收的单个消息的最大长度改为 16384 字节。

Linux 操作系统的初始化程序注册并安装 proc 文件系统。安装之初，proc 文件系统中仅有一个根目录，其他的目录和文件都是动态创建的。在 proc 文件系统中，每个进程都有一个子目录，子目录的名称是进程的 PID 号。

与 proc 文件系统中的其他文件和目录相同，目录"/proc/[pid]/ns"及其中的文件都是动态生成的。在解析路径名"/proc/[pid]/ns"时，Linux 为目录 ns 创建一个 dentry 和一个 proc_inode 结构，其中 proc_inode 结构中内嵌有一个 VFS inode 结构。下面是对 VFS inode 结构中几个主要域的设置：

i_mode = S_IFDIR|S_IRUSR|S_IXUGO	//类型为目录，属主可读、可执行，其他用户可执行
i_op = proc_ns_dir_inode_operations	//inode 操作集
i_fop = proc_ns_dir_operations	//文件操作集

从上述设置中可以看出，路径名"/proc/[pid]/ns"所标识的是一个目录，该目

录的属主可对其进行读和查找操作,其他用户仅能对其进行查找操作,指针 i_op 和 i_fop 所指的是操作该目录所使用的 inode 操作集和文件操作集。目录 ns 上的查找权限表明所有用户都可访问该目录中的实体。

解析之后,目录"/proc[pid]/ns"的两个操作集中共包含 6 个操作,因而在目录 ns 上可执行的操作也仅有 6 种[27]:

(1) 查找操作 lookup,用于解析目录 ns 中的文件,获取或新建名字空间管理文件的 inode 和 dentry 结构。在名字空间管理文件的 inode 结构中,i_mode 被设为 S_IFLNK|S_IRWXUGO(符号连接,所有用户都可读写执行),inode 操作集被设为 proc_ns_link_inode_operations。没有为名字空间管理文件设置文件操作集,因而不能对其进行普通的文件操作,如不能直接读、写名字空间管理文件的内容。

(2) 属性获取操作 getattr,用于获取 ns 目录的属性,包括大小、块数、块大小、设备号、inode 号、硬连接数、类型、权限、UID、GID、最近访问时间、最近更改时间、最近改动时间、创建时间等。

(3) 属性设置操作 setattr,用于设置 ns 目录的属性,包括 UID、GID、最近访问时间、最近更改时间、创建时间、大小等。

(4) 文件读操作 read,目录文件不允许直接读,该操作仅返回一条错误信息。

(5) 目录读操作 readdir,用于读出目录文件的内容,实际是为 ns 目录中的各个名字空间管理文件建立 inode 和 dentry 结构,并获得其属性信息,包括 inode 号和文件名等。创建名字空间管理文件的依据是数组 ns_entries[]。

(6) 读写头位置调整操作 llseek,用于调整 file 结构中的读写头位置。

可以按只读方式打开目录"/proc[pid]/ns",按目录方式读出其内容,调整读写头的位置,但不能按文件方式对 ns 目录进行读写操作。

目录 ns 中仅有名字空间管理文件,各文件的 inode 和 dentry 结构是由其上的查找操作 lookup 创建的。名字空间管理文件的 inode 操作集 proc_ns_link_inode_operations 中仅有三个操作,作用如下:

(1) 符号连接读操作 readlink,用于读出名字空间管理文件的内容。名字空间管理文件都是符号连接,其内容是所连接的名字空间实例。一个名字空间管理文件指向一个名字空间实例。读操作的结果是名字空间实例的标识,由名称和序号组成,是动态生成的,格式为"name:[ID]",其中,name 是名字空间管理文件的名称,如 mnt、uts 等,ID 是名字空间实例的序号 inum。

(2) 符号连接跨越操作 get_link,用于获得名字空间管理文件所标识的名字空间实例的 inode 和 dentry 结构。与名字空间管理文件不同,名字空间实例是内核中的数据结构,并不是 proc 文件系统中的文件,为其创建 inode 和 dentry 的目的是为了能按文件方式访问它们。名字空间实例的 inode 结构是动态生成的。下面是对其中几个主要域的设置(ns 是指向名字空间实例 ns_common 的指针):

i_ino = ns − > inum;	//进程所属名字空间实例的序号
i_mtime = inode − > i_atime = inode − > i_ctime = current_time(inode);	
	//当前时间
i_flags ｜ = S_IMMUTABLE;	//不可变更
i_mode = S_IFREG ｜ S_IRUGO;	//只读的普通文件
i_fop = &ns_file_operations;	//文件操作集
i_private = ns;	//标识名字空间实例的 ns_common 结构

　　名字空间实例的 dentry 结构是动态创建的,其名称为空字符串"",操作集为 ns_dentry_operations,且父目录就是自己。为了便于查找,系统将名字空间操作集 proc_ns_operations 记录在名字空间实例的 dentry 结构的 d_fsdata 域中,将新生成的 dentry 结构记录在 ns_common 结构的 stashed 域中,将结构 ns_common 记录在 inode 结构的 i_private 域中。结构 ns_common、dentry 和 inode 的关系如图 3.4 所示。

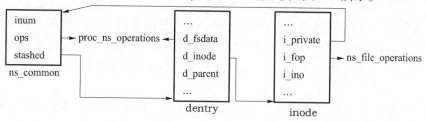

图 3.4　结构 ns_common、dentry 和 inode 之间的关系

　　名字空间实例的 inode 和 dentry 结构属于 nsfs 文件系统。在 Linux 内核初始化时,nsfs 文件系统已被安装。nsfs 文件系统专门用于管理名字空间实例,是用户不可见的伪文件系统。

　　(3) 属性设置操作 setattr,用于设置名字空间管理文件的属性,包括 UID、GID、最近访问时间、最近更改时间、创建时间、大小等。

　　当用户进程用函数 open( )打开名字空间管理文件时,VFS 会解析名字空间管理文件的路径名,并跨越符号连接以获得名字空间实例的 inode 和 dentry 结构。VFS 为打开操作创建一个 file 结构,为其指派的文件操作集是 ns_file_operations。

　　名字空间实例的文件操作集 ns_file_operations 中仅有两个操作 llseek 和 ioctl,其中 llseek 是空操作,ioctl 用于打开 USER 或 PID 类的名字空间实例,获得其文件描述符 fd,或获取名字空间实例的类型、属主的 UID 等。因而在名字空间实例上所能做的操作十分有限。

3.3　名字空间管理命令

　　在 proc 文件系统的辅助之下,名字空间实例有了临时的名称,可以被用户看到,也可以被用户使用。但名字空间实例和与之关联的名字空间管理文件都是临时的,会随着共用它的进程的终止而销毁。为了使名字空间实例持续存在,Linux提供了如下两种方法:

(1) 将"/proc/[pid]/ns/"目录中的名字空间管理文件绑定安装在其他文件上。如此一来,利用绑定安装的目标文件名也可以访问到名字空间实例,绑定安装的目标文件名变成了名字空间实例的永久性名字,临时性的名字空间变成了永久性的名字空间,即使共用该名字空间实例的所有进程都已终止,绑定安装后的名字空间管理文件和与之关联的名字空间实例也会持续存在,直到该种安装被 umount操作卸载为止。例外的情况是 mnt,该名字空间管理文件不允许绑定安装。

下面的命令将名字空间管理文件"/proc/self/ns/uts"绑定安装在普通文件"~/test/test"上:

```
sudo mount - - bind    /proc/self/ns/uts    ~/test/test
```

成功安装之后,管理文件"/proc/self/ns/uts"所描述的名字空间实例有了永久性的名字,即"~/test/test"。此后,即使共用该名字空间实例的所有进程都已终止,在文件"~/test/test"中仍然可以看到,并可以访问到原来的 UTS 名字空间实例。

下面的命令卸载对名字空间管理文件"/proc/self/ns/uts"的绑定安装。如果该名字空间中的所有进程都已终止,则卸载操作将销毁该 UTS 名字空间实例。

```
sudo umount  ~/test/test
```

在程序中也可以实现名字空间管理文件的绑定安装与卸载。下面的程序片段将当前进程的名字空间管理文件 user 绑定安装在文件"~/test/user"上:

```
int fd;
char path[100];
unshare(CLONE_NEWUSER|CLONE_NEWNS);  //创建新的 USER 和 MNT 名字空间
snprintf(path,100,"/proc/%d/ns/user",getpid());
                              //获得当前进程的 USER 名字空间管理文件名
fd = open(path,O_RDONLY);          //打开名字空间管理文件
mount(path,"~/test/user",NULL,MS_BIND,NULL);
                              //将名字空间管理文件绑定安装到 ~/test/user 上
```

(2) 将"/proc/[pid]/ns/"目录中的名字空间管理文件打开,获得它的文件描述符。此后,只要不将其关闭,与之对应的名字空间实例就会一直存在,即使共用它的所有进程都已终止。

在上面的程序片段中,按只读方式打开了当前进程的名字空间管理文件 user,此后,只要不将其关闭,该名字空间实例就会持续存在。

打开操作所获得的文件描述符可作为函数 setns() 的参数,将该函数的调用者

进程加入文件描述符所描述的名字空间中。

为便于在新的名字空间中执行程序,Linux 还提供了命令 unshare 和 nsenter,命令的格式如下[28,29]:

unshare [options] program [arguments]

nsenter [options] [program [arguments]]

如果 options 中不带-f 或--fork 选项,则命令 unshare 将把程序 program 加载到自己的虚拟地址空间中(在自己的虚拟地址空间中运行程序 program);如果options 中带-f 或--fork 选项,则命令 unshare 将先创建一个子进程,而后再让子进程把程序 program 加载到自己的虚拟地址空间中(在子进程的虚拟地址空间中运行程序 program)。[arguments]是传递给程序 program 的参数。

与普通的程序运行方式不同,unshare 命令可为程序 program 准备一到多个新的名字空间实例,从而让程序运行在一个不同于当前容器的新容器中。事实上,执行 unshare 命令的进程会先替换自己的某些名字空间实例,而后再创建子进程、加载并运行程序 program。新容器中的名字空间实例要么是新建的,要么是从现有名字空间中复制的,要么保持不变。

选项 options 中声明需要创建或复制的名字空间实例,未明确声明的名字空间实例保持不变。options 的选项如表 3.1 所列。

表 3.1 unshare 命令的选项

选项	含　义
-i,--ipc[= file]	创建 IPC 名字空间
-m,--mount[= file]	创建 MNT 名字空间
-n,--net[= file]	创建 NET 名字空间
-p,--pid[= file]	为子进程创建 PID 名字空间,应与-f --mount-proc 一起使用
-u,--uts[= file]	创建 UTS 名字空间
-U,--user[= file]	创建 USER 名字空间
-C,--cgroup[= file]	创建 CGROUP 名字空间
-f,--fork	在 unshare 进程的子进程中执行程序 program
--mount-proc[= mountpoint]	在运行程序之前,将 proc 文件系统安装在 mountpoint 上(默认为/proc)

若在选项中声明了 file,则 unshare 命令在创建出新名字空间实例之后,还会用绑定方式将与之关联的名字空间管理文件安装在文件 file 上,从而给名字空间实例一个永久性的名字。

与 unshare 相似,命令 nsenter 可以在一个不同于当前容器的新容器中运行程序 program,[arguments]是传递给程序 program 的参数。与 unshare 不同的是,命令 nsenter 不创建新的名字空间实例,新容器的名字空间实例要么保持不变,要么被替换成某个已有的名字空间实例(称为加入或进入某个已存在的名字空间)。事实上,运行命令 nsenter 的进程会先替换自己的某些名字空间实例,而后再加载并运行程序 program。程序 program 可能运行在 nsenter 进程的虚拟地址空间中,也可能运行在 nsenter 进程的子进程的虚拟地址空间中。options 指示需要替换或进入的名字空间实例,nsenter 命令的选项如表 3.2 所列。

表 3.2　nsenter 命令的选项

选项	含　义
-t, --target pid	目标进程
-m, --mount[= file]	将 MNT 名字空间实例换成目标进程的 MNT 或名为 file 的名字空间实例
-u, --uts[= file]	将 UTS 名字空间实例换成目标进程的 UTS 或名为 file 的名字空间实例
-i, --ipc[= file]	将 IPC 名字空间实例换成目标进程的 IPC 或名为 file 的名字空间实例
-n, --net[= file]	将 NET 名字空间实例换成目标进程的 NET 或名为 file 的名字空间实例
-p, --pid[= file]	将 PID 名字空间实例换成目标进程的 PID 或名为 file 的名字空间实例
-U, --user[= file]	将 USER 名字空间实例换成目标进程的 USER 或名为 file 的名字空间实例
-C, --cgroup[= file]	将 CGROUP 名字空间实例换成目标进程的 CGROUP 或名为 file 的名字空间实例
-G, --setgid gid	进入新名字空间后,先设置其 GID,默认为 0
-S, --setuid uid	进入新名字空间后,先设置其 UID,默认为 0
--preserve-credentials	当进入新 USER 名字空间时,不改变 UID、GID
-r, --root[= directory]	将根目录设置为 directory 或目标进程的根目录
-w, --wd[= directory]	将当前工作目录设置为 directory 或目标进程的当前工作目录
-F, --no-fork	不创建子进程,将程序 program 加载到当前的虚拟地址空间中
-Z, --follow-context	不改变 SELinux 的上下文配置

若在 options 中声明了 file,则命令 nsenter 进入名为 file 的名字空间。若在 options 中未声明 file,则命令 nsenter 进入目标进程的相应名字空间。值得注意的是,进入 PID 名字空间并不会改变 nsenter 进程的 PID,仅会改变其子进程的 PID 名字空间。

3.4　名字空间管理函数

为了在应用程序中管理进程的名字空间,Linux 在函数库中提供三个与名字空间管理相关的函数,分别是 clone( )[30]、unshare( )[31] 和 setns( )[32]。在应用程序中,可以通过这三个库函数改变进程所关联的某个或某些名字空间实例,进而改变进程所处的容器。

3.4.1　clone( )

Linux 提供了三种进程创建函数,其中 fork( ) 和 vfork( ) 函数都不带参数,创建进程的过程是默认的,用户无法控制。与 fork( ) 和 vfork( ) 不同,函数 clone( ) 可以

带多个参数,用户可以通过这些参数控制新进程的创建过程和新进程的属性。函数 clone( )的定义如下:

int clone(int (∗ fn)(void ∗),void ∗ child_stack,int flags,void ∗ arg,...

　　　/ ∗ pid_t ∗ ptid,struct user_desc ∗ tls,pid_t ∗ ctid ∗ /);

与 fork( )和 vfork( )相同的是,函数 clone( )将请求者进程一分为二,克隆出一个新进程。与 fork( )和 vfork( )不同的是,clone( )创建出的新进程从执行函数 fn 开始,arg 是传递给 fn 的参数。也就是说,函数 clone( )仅在请求者进程中返回,返回值是新进程的 TID。

函数 clone( )可用于创建进程,但更常见的用途是创建线程。新建的线程称为轻量级进程,与创建者共享虚拟地址空间,包括程序、数据等,但不能共用用户堆栈,因而在执行 clone( )之前需要预先为新线程创建一个全新的用户堆栈。参数 child_stack 指向新线程即将使用的新用户堆栈的栈底。

函数 clone( )中还带有一个参数 flags。通过对 flags 的设置,用户可以对新进程的创建过程做更细粒度的控制,如声明新老进程可以共享的资源、声明新进程所属的名字空间等。参数 flags 是一个位图,由一组标志位组合而成。表 3.3 列出了 clone( )函数的标志位。

表 3.3　clone( )函数的标志位

标志名	含　　义
CLONE_FILES	新进程共享而不是复制创建者进程的 files_struct 结构,一方对描述符表的修改可以立刻被另一方看到。加载新程序的进程复制 files_struct 结构
CLONE_FS	新进程共享而不是复制创建者进程的 fs_struct 结构,包括根目录和当前工作目录,一方对文件系统信息的修改可以立刻被另一方看到
CLONE_SIGHAND	新进程共享而不是复制创建者进程的 sighand_struct 结构,包括各信号的处理程序与特殊要求,一方对信号处理表的修改可以立刻被另一方看到
CLONE_VM	新进程共享而不是复制创建者进程的 mm_struct 结构,一方对虚拟地址空间的修改可以立刻被另一方看到
CLONE_THREAD	新老进程位于同一个线程组中,新进程是创建者进程的线程,新老进程为兄弟关系。该标志必须与 CLONE_VM 和 CLONE_SIGHAND 一起使用
CLONE_VFORK	创建者进程将虚拟地址空间借给新进程,等待新进程归还
CLONE_NEWIPC	新进程运行在新 IPC 名字空间中。需拥有 CAP_SYS_ADMIN 权能
CLONE_NEWNET	新进程运行在新 NET 名字空间中。需拥有 CAP_SYS_ADMIN 权能
CLONE_NEWNS	新进程运行在新 MNT 名字空间中。不能与 CLONE_FS 等一起使用。需拥有 CAP_SYS_ADMIN 权能
CLONE_NEWPID	新进程运行在新 PID 名字空间中。不能与 CLONE_THREAD 一起使用。需拥有 CAP_SYS_ADMIN 权能

（续）

标志名	含　义
CLONE_NEWUSER	新进程运行在新 USER 名字空间中。不能与 CLONE_THREAD、CLONE_FS 等一起使用。创建者进程不需要特权
CLONE_NEWUTS	新进程运行在新 UTS 名字空间中。创建者进程需拥有 CAP_SYS_ADMIN 权能
CLONE_NEWCGROUP	新进程运行在新 CGROUP 名字空间中。需拥有 CAP_SYS_ADMIN 权能

当用户进程执行函数 clone( )时,系统陷入内核并执行处理函数 _do_fork( ),该函数通过 copy_process( )为新进程创建 task_struct 结构和系统堆栈等,与名字空间相关的工作如下:

(1) 确保参数 flags 中没有相互冲突的标志位,如 CLONE_FS 和 CLONE_NEWUSER。

(2) 为新进程准备证书结构 cred。如果 flags 中有 CLONE_THREAD 标志,那么新老进程共用同一个 cred 结构。否则:

① 为新进程创建一个新的 cred 结构,并从创建者进程的 cred 中复制证书内容;

② 如果 flags 中有 CLONE_USER 标志,则为新进程创建一个新的 USER 名字空间并重置新 cred 结构中的权能(包含所有权能)。

(3) 如果 flags 中不含标志 CLONE_NEWNS、CLONE_NEWUTS、CLONE_NEWIPC、CLONE_NEWPID、CLONE_NEWNET、CLONE_NEWCGROUP,那么让新老进程共用同一个名字空间代理结构 nsproxy;否则,为新进程创建一个新的 nsproxy 结构,并根据 flags 的指示为新进程创建新名字空间实例。创建者进程在当前 USER 名字空间中需拥有管理员权能。

(4) 在新进程的 PID 名字空间中为其分配 PID 号。

下面的程序片段利用 clone( )函数在一个新的 PID 名字空间中创建一个子进程,而后父子进程分别打印出自己看到的父子进程的 PID 号。

```
#define _GNU_SOURCE
#include  < sys/wait. h >
#include  < sched. h >
#include  < stdio. h >
#include  < stdlib. h >
#include  < unistd. h >
#define STACK_SIZE  ( 1024 * 1024 )              //子进程用户堆栈的尺寸
static int childFunc( ) {                         //子进程执行的函数
    printf( " pid = % d, \tppid = % d in child\n" ,getpid( ),getppid( ) );
    return 0 ;                                    //子进程终止
}
```

```
int main( ) {                              //父进程
    char * stack, * stackTop;              //子进程用户堆栈的位置
    pid_t pid;
    stack = malloc( STACK_SIZE);           //为子进程分配用户堆栈
    if ( stack = = NULL)
        printf( "malloc error\n");
    stackTop = stack + STACK_SIZE;
    pid = clone( childFunc, stackTop, CLONE_NEWPID| SIGCHLD, NULL);
                                           //创建子进程
    if ( pid = = -1)
        printf( "clone error\n");
    printf( "pid = % d, \tppid = % d in parent\n", pid, getpid( ));
    if ( waitpid( pid, NULL, 0) = = -1)    //等待子进程终止
        printf( "waitpid\n");
}
```

新进程从函数 childFunc( )开始执行,使用全新的 PID 名字空间。程序的输出结果如下:

```
pid = 2416,   ppid = 2415 in parent
pid = 1,   ppid = 0 in child
```

从上面的输出结果可以看出,子进程和父进程运行在不同的 PID 名字空间中。父进程在老 PID 名字空间中看到子进程的 PID 号是 2416,子进程在新 PID 名字空间中看到自己的 PID 号是 1。

3.4.2　unshare( )

函数 clone( )仅能在创建之时更换子进程的名字空间实例,却不能更换自己的名字空间实例。为使进程能在运行过程中更换自己的名字空间,Linux 提供了函数 unshare( )和 setns( )。

函数 unshare( )用于更换进程自身的某些执行上下文,包括名字空间实例、文件系统信息、文件描述符表等,主要用途是更换调用者进程的名字空间。其定义如下:

int unshare(int flags);

需要更换的名字空间由参数 flags 声明,该参数是一个位图,由一组标志位组合而成。表 3.4 列出了 unshare( )函数的标志位。

如果为进程更换 USER 名字空间,那么进程必须是独立的。也就是说,更换 USER 名字空间的进程不能与其他进程共用 mm_struct(虚拟地址空间)、fs_struct(文件系统)、sighand_struct(信号处理)等结构。

表 3.4　unshare( )函数的标志位

标志名	含　义
CLONE_FILES	为进程克隆一个 files_struct 结构,此后进程对文件描述符表的修改不会再影响其他进程
CLONE_FS	为进程克隆一个 fs_struct 结构,此后进程对文件系统信息的修改不会再影响其他进程
CLONE_NEWIPC	为进程创建一个新的 IPC 名字空间,并将其移到新的 IPC 名字空间中。需拥有 CAP_SYS_ADMIN 权能
CLONE_NEWNET	为进程创建一个新的 NET 名字空间,并将其移到新的 NET 名字空间中。需拥有 CAP_SYS_ADMIN 权能
CLONE_NEWNS	为进程创建一个新的 MNT 名字空间,并将其移到新的 MNT 名字空间中,隐含参数 CLONE_FS。需拥有 CAP_SYS_ADMIN 权能
CLONE_NEWPID	为进程创建一个新的 PID 名字空间,让其子进程运行在新的 PID 名字空间中。调用者进程仍然留在原来的 PID 名字空间中。需拥有 CAP_SYS_ADMIN 权能
CLONE_NEWUSER	为进程创建一个新的 USER 名字空间,并将其移到新的 USER 名字空间中
CLONE_NEWUTS	为进程创建一个新的 UTS 名字空间,并将其移到新的 UTS 名字空间中。需拥有 CAP_SYS_ADMIN 权能
CLONE_NEWCGROUP	为进程创建一个新的 CGROUP 名字空间,并将其移到新的 CGROUP 名字空间中。需拥有 CAP_SYS_ADMIN 权能

更换 USER 名字空间不需要特别的权能,更换其他名字空间都需要 CAP_SYS_ADMIN 权能。

当用户进程执行函数 unshare( )时,系统陷入内核,完成的主要工作如下:

(1) 检查参数 flags 的合法性,确保其中没有相互冲突的标志位。

(2) 如果 flags 中有 CLONE_FS 标志且进程正在与其他进程共用 fs_struct 结构,则为其克隆一个新的 fs_struct 结构。

(3) 如果 flags 中有 CLONE_FILES 标志且进程正在与其他进程共用 files_struct 结构,则为其克隆一个新的 files_struct 结构。

(4) 如果 flags 中有 CLONE_NEWUSER 标志,则为其克隆一个 cred 结构、创建一个新的 USER 名字空间实例并重置 cred 结构中的权能(包含所有权能)。

(5) 如果 flags 中有 CLONE_NEWNET、CLONE_NEWCGROUP、CLONE_NEWUTS、CLONE_NEWIPC、CLONE_NEWPID、CLONE_NEWNS 等标志,则为进程创建一个新的 nsproxy 结构,并根据 flags 的指示为其创建新的名字空间实例。进程在当前的 USER 名字空间中需拥有 CAP_SYS_ADMIN 权能。

下面的程序片段利用函数 unshare( )创建一个新的 PID 名字空间,但自己并不进入。unshare( )之后,父进程再用函数 fork( )创建一个子进程,子进程应该运行在新的 PID 名字空间中。子进程在两个 PID 名字空间中都有 PID 号,但其值应该不同。让父、子进程分别打印出自己看到的 PID 号,可以看出它们之间的差别。

程序片段的代码如下:

```
int main( ) {    //testunsh
    pid_t pid;
    unshare(CLONE_NEWPID);
    if((pid = fork( )) = = 0)                //子进程
        printf("pid = % d,\tppid = % d in child\n",getpid( ),getppid( ));
    else                                    //父进程
        printf("pid = % d,\tppid = % d in parent\n",pid,getpid( ));
}
```

程序的输出结果如下:

```
pid = 4833,   ppid = 4832 in parent
pid = 1,   ppid = 0 in child
```

由于函数 unshare( )不改变自己的 PID 名字空间,因而父进程看到的 PID 号是正常的,但子进程看到的 PID 号为 1,说明子进程运行在全新的 PID 名字空间之中。

下面的程序是 unshare 命令的一种实现。

```
#define _GNU_SOURCE
#include < sched. h >
#include < unistd. h >
#include < stdlib. h >
#include < stdio. h >
#define errExit(msg) do {perror(msg); exit(EXIT_FAILURE);} while (0)
int main(int argc,char * argv[ ]) {    //unsh
    int flags = 0,opt;
    while ((opt = getopt(argc,argv,"imnpuUC")) ! = -1) {
        switch (opt) {
            case 'i': flags |= CLONE_NEWIPC;    break;
            case 'm': flags |= CLONE_NEWNS;    break;
            case 'n': flags |= CLONE_NEWNET;    break;
            case 'p': flags |= CLONE_NEWPID;    break;
            case 'u': flags |= CLONE_NEWUTS;    break;
            case 'U': flags |= CLONE_NEWUSER;    break;
            case 'C': flags |= CLONE_NEWCGROUP;    break;
            default: errExit("flags");
        }
```

```
    }
    if ( optind  > = argc ) errExit( "args" ) ;
    if ( unshare( flags ) = = - 1 ) errExit( "unshare" ) ;
    execvp( argv[ optind ] ,&argv[ optind ] ) ;
    errExit( "execvp" ) ;
}
```

假如程序编译后的名称为 unsh,则命令"./unsh -u bash"为执行程序 unsh 的进程创建一个新的 UTS 名字空间,并将其移到该名字空间中运行,而后再将其程序换为 bash。此后,bash 解释用户的输入,并在子进程中执行用户输入的命令。下面是程序运行的一种输出结果:

```
→ readlink /proc/ $ $/ns/uts
uts:[ 4026531838 ]
→ sudo ./unsh -u bash
# readlink /proc/ $ $/ns/uts
uts:[ 4026532281 ]          //两个 UTS 名字空间实例的序号不同
# exit
exit
→
```

从上面的输出结果可以看出,在 unsh 执行前后,UTS 名字空间实例的序号不同,其原因是命令"./unsh -u bash"更换了进程及其子进程所在的 UTS 名字空间。

程序 unsh 也可以变更进程的其他名字空间。

3.4.3　setns( )

函数 setns( )也用于更换进程的名字空间。

与 unshare( )不同,setns( )不创建新的名字空间实例,因而不会将进程移到新名字空间中。事实上,setns( )的作用是将调用者进程加入到某个已存在的名字空间中。

函数 setns( )的定义如下:

int setns(int fd,int nstype) ;

已存在的名字空间实例属于某个或某些进程,由名字空间管理文件标识。参数 fd 是某个已存在的名字空间管理文件的描述符,nstype 是 fd 所描述的名字空间的类型。函数 setns( )将调用者进程加入 fd 所描述的名字空间之中。参数 nstype 的取值如表 3.5 所列。

当然,参数 nstype 不是必需的。如果调用者知道 fd 所描述的名字空间的类型,则可以将 nstype 设为 0。

表 3.5　nstype 的取值

类型	意　　义
0	任意一种名字空间类型
CLONE_NEWIPC	将进程加入 fd 所描述的 IPC 名字空间中
CLONE_NEWNET	将进程加入 fd 所描述的 NET 名字空间中
CLONE_NEWNS	将进程加入 fd 所描述的 MNT 名字空间中
CLONE_NEWPID	将进程加入 fd 所描述的 PID 名字空间中
CLONE_NEWUSER	将进程加入 fd 所描述的 USER 名字空间中
CLONE_NEWUTS	将进程加入 fd 所描述的 UTS 名字空间中
CLONE_NEWCGROUP	将进程加入 fd 所描述的 CGROUP 名字空间中

出于安全性的考虑,函数 setns( )的执行需要权限检查。不是所有进程都可以通过函数 setns( )将自己加入到其他进程的名字空间中。

（1）进程只能加入其后代进程的 PID 名字空间。将进程加入到某个 PID 名字空间不会变更调用者进程的 PID 名字空间,但会变更调用者进程的子进程的 PID 名字空间。

（2）包含多个线程的进程不能用函数 setns( )变更自己的 USER 名字空间。要想加入某个 USER 名字空间,进程必须在该名字空间中拥有 CAP_SYS_ADMIN 权能。一旦成功加入某个 USER 名字空间,进程就将拥有该 USER 名字空间的所有权能。通过函数 setns( )成功变更 USER 名字空间之后,进程将无法再返回之前的 USER 名字空间。正在与其他进程共用文件系统信息的进程不能通过函数 setns( )进入新的 USER 名字空间。

（3）包含多个线程的进程不能用函数 setns( )进入新的 MNT 名字空间。要想进入某个 MNT 名字空间,进程需要在目的 MNT 名字空间中拥有 CAP_SYS_ADMIN权能,且在自己的 USER 名字空间中拥有 CAP_SYS_ADMIN 和 CAP_SYS_CHROOT 权能。

当用户进程执行函数 setns( )时,系统陷入内核,完成如下工作:

（1）获得参数 fd 所指的 file 结构,该结构上的文件操作集必须是 ns_file_operations。

（2）获得 file 结构所描述的名字空间实例的 inode 结构,从 inode 结构的 i_private域中获得代表该名字空间实例的 ns_common 结构。

（3）如果参数 nstype 不是 0,那么该参数必须与 ns_common 结构所代表的名字空间实例的类型相同。

（4）创建一个新的名字空间代理结构 nsproxy,让其与当前的代理结构共用所有的名字空间实例,不管 fd 所指的是否为 USER 名字空间。

（5）执行 ns_common 结构的 proc_ns_operations 操作集中的 install 操作，找到包含结构 ns_common 的名字空间实例，用该实例替换新 nsproxy 结构中相应类型的名字空间实例。

（6）将当前进程的名字空间代理换成新建的 nsproxy。

函数 setns() 成功执行之后，进程使用新的名字空间代理，其中的某个名字空间实例被换成了 fd 所指的名字空间实例，此后调用者进程也就进入了 fd 所指的名字空间之中。

值得注意的是，nsproxy 结构中不包含 USER 名字空间实例。USER 名字空间的 install 操作为请求者进程克隆一个新证书结构 cred 并重置其中的权能，还会用 fd 所指的 USER 名字空间实例替换新证书中的 USER 名字空间实例、用新证书替换进程管理结构中的老证书并释放老的证书结构，因此，如果 fd 所指是 USER 名字空间，进程的证书与权能都会变化，但 nsproxy 中各名字空间实例所关联的USER名字空间仍保持不变。

下面的程序是 nsenter 命令的一种实现：

```c
#define _GNU_SOURCE
#include < fcntl. h >
#include < sched. h >
#include < unistd. h >
#include < stdlib. h >
#include < stdio. h >
#define errExit(msg) do {perror(msg); exit(EXIT_FAILURE);} while (0)
int main( int argc, char * argv[ ]) {    //setns
    int fd;
    if ( argc < 3) {
        fprintf( stderr, "%s /proc/PID/ns/FILE cmd args... \n", argv[0]);
        exit( EXIT_FAILURE);
    }
    fd = open( argv[1], O_RDONLY);       //获得名字空间管理文件的描述符
    if ( fd = = -1)
        errExit( "open");
    if ( setns( fd, 0) = = -1)            //进入 fd 所描述的名字空间实例
        errExit( "setns");
    execvp( argv[2], &argv[2]);           //在新名字空间中加载并执行命令
    errExit( "execvp");
}
```

为了验证该程序的效果，还需要下面的辅助程序 setuts：

```
#include  < sys/utsname. h >
void main( ) {                //setuts
    struct utsname uts;
    unshare( CLONE_NEWUSER|CLONE_NEWUTS) ;
                                        //创建新的 USER 和 UTS 名字空间
    sethostname( "XXX",3) ;             //改变新 UTS 名字空间中的主机名
    uname( &uts) ;                      //获取 uts 信息
    printf( "hostname = %s\n", uts. nodename) ;    //显示主机名
    getchar( ) ;                        //等待
    uname( &uts) ;                      //再获取 uts 信息
    printf( "hostname = %s\n", uts. nodename) ;    //再显示主机名
}
```

启动两个终端,分别运行上述两个程序。

在一个终端中执行命令"./setuts",启动程序 setuts。该程序新建一个 UTS 名字空间,将自己移到新 UTS 名字空间中,而后将新 UTS 名字空间的主机名设为"XXX",获取并显示当前的主机名后等待。假设 setuts 进程的 PID 号为 3376。

在另一个终端中执行命令"./setns /proc/3376/ns/uts bash",打开 setuts 进程的 UTS 名字空间管理文件,将自己加入到该名字空间中,而后加载程序 bash。此后,bash 解释并在子进程中执行用户输入的命令。请求 bash 执行命令 hostname,显示当前的主机名,应该是"XXX",而后再执行命令 hostname YYY 将主机名改为"YYY"。

切换回执行命令"./setuts"的终端,按任一键,让程序 setuts 继续执行,再次显示主机名,应该是"YYY"。

下面是程序运行的一种输出结果:

```
→   ./setuts
hostname = XXX              //自己设置的主机名
hostname = YYY              //进程 setns 设置的主机名
```

```
→   hostname                //显示主机名
x1                          //在老 UTS 名字空间中看到的主机名
→   sudo ./setns /proc/3376/ns/uts bash
                            //进入 setuts 进程的 UTS 名字空间,执行 bash
# hostname                  //显示主机名
XXX                         //在新 UTS 名字空间中看到的主机名
# hostname YYY              //将主机名改为 YYY
```

由此可见，在命令"./setns /proc/3376/ns/uts bash"执行之前，进程看到的主机名为"x1"；在命令"./setns /proc/3376/ns/uts bash"执行之后，进程看到的主机名是"XXX"。"x1"是初始 UTS 名字空间中的主机名，"XXX"是 PID 号为 3376 的进程在新 UTS 名字空间中设置的主机名。上述结果表明，执行命令"./setns /proc/3376/ns/uts bash"的进程与 PID 号为 3376 的进程使用的是同一个 UTS 名字空间实例，新进程成功进入了老进程的 UTS 名字空间。

第**4**章

USER名字空间

Linux 的进程都是由用户创建的,进程执行用户为其指定的程序并按程序的约定为用户提供服务,因而进程是用户在操作系统中的代理。显然,进程的能力应取决于启动它的用户。属于不同用户的进程,即使执行的是同一个程序,它们的能力也可能不同。因而每个进程都必须随身携带一个证书,用于标识自己的身份(正在为哪个用户服务)和能力(拥有什么样的权能)。用于标识进程身份的是用户的 UID 和 GID,用于标识进程能力的是进程的权能。在早期的操作系统中,用户的 UID 和 GID 都是全局的,每个用户都有一个唯一的 UID,每个进程也仅有一个唯一的身份,进程拥有其身份所标识的权能。随着容器的引入,除全局身份之外,进程还需要一些局部的身份和权能。在不同的容器中,虽然进程所代理的用户未变,但用于标识用户身份的 UID、GID 应该可以变化。同一用户的进程在不同的容器中应该可以拥有不同的身份(UID、GID)和权能,因而应该将进程的身份与权能局部化。

USER 名字空间为进程提供局部性的 UID 和 GID,并负责局部 UID、GID 到全局 UID、GID 的转换。在所有的名字空间中,USER 名字空间是最基本的,也是最特别的,它被嵌入在所有其他名字空间之中,用于标识进程在各名字空间中的身份。

4.1 UID 和 GID

作为一个多用户的操作系统,Linux 要求它的每个用户都有一个标识。常用的标识方法有名字和 ID 号两种。名字是字符串,符合人类的阅读习惯,但使用起来较为繁琐,因而操作系统内部常用整型的 ID 号来标识用户。用于标识用户的 ID 号称为 UID(User identifier)。以 UID 为基础可以标识资源的属主,如文件、目录、设备、进程、IPC 对象等的拥有者,并可对资源实施访问控制,如允许某用户访问某资源等。然而当用户数量增加时,以单个用户为单位的标识与授权就显得过于琐碎,因而操作系统中又引入了用户组的概念。

用户组是用户的集合。一个用户组中可以包含一至多个用户,一个用户可以加入一至多个用户组中。每个用户组也需要一个标识,常用的标识方法也有名字和 ID 号两种。用于标识用户组的 ID 号称为 GID(Group identifier)。

与以用户为单位的管理方式相比,以用户组为单位的标识与授权要简洁、方便一些,如允许某用户组访问某资源等。下面是某目录下的三个文件和一个目录,它们的属主都是 guo。用户 guo 可读、写文件 abc 和 xyz,可读、写、执行文件 pqr;位于用户组 guo 中的用户可读、写文件 abc,但只可读文件 xyz。只有用户 guo 能访问目录 work。

→ ls -l						
-rw-rw – r--	1 guo guo	2.0K	9 月 23	2016	abc
-rw-r--r--	1 guo guo	1.8K	9 月 29	2016	xyz
-rwxr-xr-x	1 guo guo	1.9K	9 月 29	2016	pqr
drwx------	3 guo guo	4.0K	12 月 7	2016	work

Linux 预定义了多个用户,并允许自定义新的用户。文件/etc/passwd 中包含 Linux 系统的所有合法用户,如 root、sys、guo 等,其中有些用户属于系统用户(如 root),有些用户属于普通用户(如 guo)。

文件/etc/passwd 是一个 passwd 结构的集合,每个用户对应其中的一个结构体,其中包含用户的名称、UID、GID 及其他管理信息。passwd 结构的定义如下[33]:

```
struct passwd {
    char      * pw_name;        //用户名
    char      * pw_passwd;      //加密后的用户口令
    uid_t     pw_uid;           //UID,32 位无符号整数
    gid_t     pw_gid;           //GID,该用户所属的第一个用户组的 ID 号
    char      * pw_gecos;       //用户注释信息
    char      * pw_dir;         //用户 home 目录的路径名
    char      * pw_shell;       //用户 Shell 程序的路径名
};
```

Linux 预定义了多个用户组,并允许自定义新的用户组。文件/etc/group 中包含 Linux 系统的所有合法用户组的管理信息(如 root、sys、adm、guo 等),其中有些是系统用户组(如 root),有些是普通用户组(如 guo)。

文件/etc/group 是一个 group 结构的集合,每个用户组对应其中一个结构体,如下[34]:

```
struct group {
    char      * gr_name;        //组名
    char      * gr_passwd;      //组口令
    gid_t     gr_gid;           //GID
    char      ** gr_mem;        //组成员名数组,以 NULL 结尾的字符串数组
};
```

　　Linux 提供了多个用于管理用户和用户组的命令,如 adduser 用于创建新用户,deluser 用于删除老用户,addgroup 用于创建新用户组,delgroup 用于删除老用户组等。

　　创建新的用户和用户组时需要为其分配 ID 号并设置相关信息,如 home 目录、Shell 程序等。文件/etc/adduser.conf 中包含命令 adduser 和 addgroup 所需的配置信息,如表 4.1 所列。文件/etc/del.conf 中包含命令 deluser 和 delgroup 所需的配置信息,如表 4.2 所列。配置文件中的信息是在默认情况下使用的,如果不想使用默认配置,则可以在命令中带上相应的参数。

表 4.1　配置文件/etc/adduser.conf 的主要内容

配置项	含　义	默认值
DSHEL	新用户使用的 Shell 程序	/bin/bash
DHOME	新用户 home 目录的位置	/home
SKEL	默认目录,其中的配置文件要拷贝到新用户的 home 目录	/etc/skel
FIRST_SYSTEM_UID	新建系统用户的 UID 的取值范围之最小值	100
LAST_SYSTEM_UID	新建系统用户的 UID 的取值范围之最大值	999
FIRST_SYSTEM_GID	新建系统用户组的 GID 的取值范围之最小值	100
LAST_SYSTEM_GID	新建系统用户组的 GID 的取值范围之最大值	999
FIRST_UID	新建普通用户的 UID 的取值范围之最小值	1000
LAST_UID	新建普通用户的 UID 的取值范围之最大值	29999
FIRST_GID	新建普通用户组的 GID 的取值范围之最小值	1000
LAST_GID	新建普通用户组的 GID 的取值范围之最大值	29999
USERGROUPS	yes:为新用户创建一个同名的组并将其加入组中 no:将新用户加入 USERS_GID 组中	yes
USERS_GID	名称为"users"的用户组	100
DIR_MODE	新目录的访问权限	0755

表 4.2　配置文件/etc/del.conf 的主要内容

配置项	含　义	默认值
REMOVE_HOME	删除用户时是否同时删除其 home 目录	0
REMOVE_ALL_FILES	删除用户时是否同时删除其所有文件	0
BACKUP	删除文件前是否要备份	0
BACKUP_TO	保存备份文件的目录	"."
ONLY_IF_EMPTY	是否必须为空时才能删除用户组	0
EXCLUDE_FSTYPES	删除用户文件时可不检查的文件系统	proc|sysfs|usbfs|devpts|tmpfs|afs

　　因此在默认情况下,新建系统用户的 UID 从 100 开始,新建普通用户的 UID 从 1000 开始,创建普通用户的同时会为其创建同名的用户组并会在/home 目录下

为其创建同名的 home 目录。

特别地,根用户(名为 root)的 UID 和 GID 都是 0。

在默认情况下,删除用户时不会删除其 home 目录,也不会删除属于该用户的文件,因而也就不需要备份。

在系统启动之时,Linux 的第一号进程会启动登录程序,该程序根据用户提供的用户名与认证信息验证其合法性,并从 passwd 等文件中获得用户的 UID、GID 等身份标识信息。成功登录之后,用户所创建的进程与资源上都带有该 UID 和 GID 标识。

环境变量 LOGNAME 中记录的是当前登录用户的用户名。

用命令 id 可列出用户的 ID 号,下面是 id 命令的一种输出:

```
→ ~ id
uid = 1000( guo) gid = 1000( guo) 组 = 1000( guo),4( adm),24( cdrom),27( sudo),30
( dip),46( plugdev)
```

上列输出给出的是名称为"guo"的用户的 ID 信息,该用户的 UID 为 1000,且在名称为 guo、adm、cdrom、sudo、dip、plugdev 的用户组中。括号前的数字是 ID 号。

利用函数 getpwnam( )和 getpwuid( )可获得特定用户(由用户名或 UID 标识)的 passwd 结构,定义如下:

```
struct passwd  * getpwnam( const char  * name);
                                        //获得名为 name 的用户的 passwd 结构
struct passwd  * getpwuid( uid_t uid);        //获得 ID 号为 uid 的用户的 passwd 结构
```

利用函数 getgrnam( )和 getgrgid( )可获得特定用户组的 group 结构,定义如下:

```
struct group  * getgrnam( const char  * name);
                                        //获得名为 name 的用户组的 group 结构
struct group  * getgrgid( gid_t gid);        //获得 ID 号为 gid 的用户组的 group 结构
```

下面的程序片段用于获取并显示当前用户的管理信息:

```
void main( ) {
    char  * name,ret;
    struct passwd  * pw;
    name = getenv("LOGNAME");
    pw = getpwnam( name);
    printf("uid = % d,gid = % d,dir = % s\n",pw - > pw_uid,pw - > pw_gid,pw - > pw_
dir);
}
```

UID、GID 的主要作用是标识资源的属主身份、验证进程对资源的访问权限等。

在证书结构 cred 中，Linux 为每个进程准备了四组 UID 和 GID，其中：uid、gid 用于标识进程属主的身份；euid、egid 用于标识进程的共享身份，系统根据 euid 和 egid 验证进程访问共享资源（如信息队列、共享内存、信号量等）的权限；suid、sgid 是 euid 和 egid 的备份，进程的 euid 和 egid 可以在 uid、gid 和 suid、sgid 之间切换；fsuid、fsgid 用于标识进程的文件系统身份，文件系统根据 fsuid 和 fsgid 验证进程的文件访问权限。正常情况下，进程的 fsuid、fsgid 总是与 euid、egid 保持一致，除非通过函数 setfsuid() 和 setfsgid() 专门设置其 fsuid 和 fsgid。

由于一个用户可能属于多个用户组，因而一个进程也可能拥有多个 GID。除 gid、egid、sgid、fsgid 之外，Linux 还为每个进程准备了一个附加的 gid 集合，用于记录进程属主所在的各个用户组的 gid。默认情况下，附加 gid 集合的内容来源于文件/etc/group，子进程自动继承父进程的附加 gid 集合。

进程的各类 UID 和 GID 都可以改变，方法大致有两种：

（1）加载带有 S_ISUID、S_ISGID 标志的可执行程序（称为 SETUID、SETGID 程序）。当进程加载该类程序时，系统会将进程的 euid（egid）、suid（sgid）、fsuid（fsgid）换成程序文件属主的 uid（gid），从而使进程拥有程序文件属主的权限。特别地，如果带 S_ISUID 标志的可执行文件属于根用户（uid 为 0），进程将获得根用户的权限。假如进程的 uid、euid、suid、fsuid 都是 1000，在加载属于根用户的带有 S_ISUID标志的可执行程序后，进程的 uid 不变，但 euid、suid、fsuid 都会变成 0。

（2）通过 Linux 提供的库函数修改进程自己的 UID、GID。在运行过程中，进程可以通过函数 setuid()[35]、setgid()[36]等修改自己的 UID、GID，从而改变自己的身份。当然在执行这些函数时，系统需要检查进程的权限。拥有不同权限的进程利用这些函数所能进行的设置也有所不同。为方便起见，下面将拥有所需权限的进程称为特权进程。UID 为 0 的进程属于根用户，拥有所有的特权，是当然的特权进程。

用于修改 UID、GID 的库函数有多个，下面是常见的几个：

int setuid(uid_t uid);

int setgid(gid_t gid);

特权进程执行函数 setuid()（setgid()）可将自己的四组 UID（GID）全部改成任意值。如果新 UID 不是 0，则进程将永久性地失去特权，无法再将其 UID 恢复成 0。

非特权进程执行函数 setuid()（setgid()）可将自己的 euid（egid）、fsuid（fsgid）改成进程当前的 uid（gid）或 suid（sgid），进程的 uid（gid）和 suid（sgid）保持不变。试图将进程的 euid（egid）、fsuid（fsgid）改成其他值的尝试都会失败。

int seteuid(uid_t euid);

int setegid(gid_t egid);

特权进程执行函数 seteuid()（setegid()）可将自己的 euid（egid）改成任意值。非特权进程执行函数 seteuid()（setegid()）可将自己的 euid（egid）改成自己的 uid （gid）或 suid（sgid）。

　　如进程加载了带 S_ISUID 标志的程序，它的 uid 标识的是老用户，suid 标识的是新用户，进程可以利用函数 seteuid（）在两个用户之间自由切换自己的 euid 和 fsuid。

int setfsuid(uid_t fsuid) ;

int setfsgid(gid_t fsgid) ;

　　特权进程执行 setfsuid（）（setfsgid（））可将自己的 fsuid（fsgid）改成任意值。非特权进程可以将自己的 fsuid（fdgid）改成进程当前的 uid、euid、suid 或 fsuid。

int setgroups(size_t gidsetsize, const gid_t ∗ grouplist) ;

　　函数 setgroups（）可替换进程的附加 gid 集合。新 gid 集合由参数 grouplist 指定，其中含有 gidsetsize 个 gid。

　　客体的属主（uid 和 gid）及其访问权限是在客体创建时确定的。根用户和客体的属主用户可以修改客体的属主和权限位图，修改函数有 chown（）和 chmod（）。

int chown(const char ∗ pathname, uid_t owner, gid_t group) ;

　　通过函数 chown（），特权进程可将一个文件的 uid 和 gid 改为任意的值；文件属主的进程仅可修改文件的 gid，且新 gid 必须是文件主（uid）所属的某个用户组的 gid。文件的 uid 或 gid 被修改之后，其上的 S_ISUID、S_ISGID 标志会被自动清除。

int chmod(const char ∗ pathname, mode_t mode) ;

　　通过函数 chmod（），特权进程或文件属主的进程可以修改文件的权限位图，新位图由参数 mode 指定，其中包括文件主、同组用户、其他用户的读、写、执行权限和 S_ISUID、S_ISGID 等标志。文件内容被修改之后，其上的 S_ISUID、S_ISGID 标志会被自动清除。

4.2　进程权能

　　基于 UID 和 GID 的访问控制过于粗糙。事实上，同一用户的进程，由于执行的程序不同，其能力也应该不同。为了更精细地控制进程的能力，操作系统中引入了权能（Capability）的概念[37]。权能是对进程能力的细化。在进程的证书结构 cred 中，Linux 为每个进程都准备了一个权能集合，其中包含四类权能，分别是 Permitted、Effective、Inheritable 和 Ambient。

　　Permitted 是进程可以得到的最大权能，是进程可拥有的权能的上界。Effective 是进程当前持有的权能，内核根据 Effective 核对进程的能力。在进程运行过程中，其 Effective 可以改变，如暂时放弃某个或某些权能而后再将其恢复。当进程加载新程序时，其权能要重新计算。Inheritable 和 Ambient 是带入到新 Permitted 中的权能，是进程在执行 exec 类函数时保留不失的权能。两者的区别在于 Ambient 仅用于加载非特权程序（可执行文件上未关联权能信息也不带 S_ISUID 和 S_ISGID 标志）。权能 Effective 和 Inheritable 必须是 Permitted 的子集，权能 Ambient 必须是 Inheritable 的子集。

子进程完全继承父进程的权能集合。

显然，进程的权能应随所执行程序的需求而改变。为了标识执行某程序所需的权能，或某程序应赋予给进程的权能，Linux 允许在可执行文件的扩展属性（security.capability）中记录与之关联的权能信息，包括 Permitted、Effective 和 Inheritable 等。文件的 Permitted 是应加入到进程新 Permitted 中的权能；文件的 Inheritable 与进程的 Inheritable 共同决定可带入到进程新 Permitted 中的权能；文件的 Effective 仅是一个标志，用于决定是否应将进程的新 Effective 设为新 Permitted。

为了防止进程通过加载新程序获得过高的权能，Linux 还为进程定义了权能约束集 Bset。Bset 是对文件 Permitted 的约束，同时也是对进程 Inheritable 的约束。不在 Bset 中的权能不能加入到进程的 Permitted 中，也不能加入到进程的 Inheritable 中。进程 init（第 1 号进程）的 Bset 是全 1（不做任何约束）。子进程继承父进程的 Bset。利用函数 prctl( )，进程可以修改自己的 Bset，但只能将其中的 1 改为 0，不能将 0 改为 1。

在加载新程序时，系统会参照可执行文件上的权能信息重算进程的权能。进程新权能的计算规则如下：

P'(ambient) = (file is privileged) ? 0 : P(ambient)

P'(permitted) = (P(inheritable) & F(inheritable)) | (F(permitted) & Bset) | P'(ambient)

P'(effective) = F(effective) ? P'(permitted) : P'(ambient)

P'(inheritable) = P(inheritable)

其中 P 是加载之前进程的权能，P' 是加载之后进程的权能，F 是可执行文件的权能。

当根用户的进程加载新程序时，或当进程加载属于根用户的带 S_ISUID 标志的新程序时，Linux 假定其 F(inheritable) 和 F(permitted) 中包含所有的权能，且 F(effective) 为 1。

加载新程序不会改变进程的 Inheritable 权能。

Linux 用位图表示权能，每个权能对应位图中的一位。目前的 Linux 实现了 38 个权能，且可能进一步细分。表 4.3 列出了 Linux 中常用的权能。

表 4.3　Linux 中常用的权能

权能名称	位	权　　能
CAP_SYS_ADMIN	21	系统管理员权能，可实施 mount、umount、sethostname 等操作
CAP_SYS_CHROOT	18	可实施 chroot 操作
CAP_SYS_MODULE	16	可插入或卸载内核模块

权能名称	位	权　　能
CAP_SYS_TIME	25	可改变系统时间
CAP_SETUID	7	可改变进程的 UID，如执行 setuid、setreuid 等操作，可在 USER 名字空间中设置 uid_map 表
CAP_SETGID	6	可改变进程的 GID、修改进程的附加 gid 集合，可在 USER 名字空间中设置 gid_map 表
CAP_SETFCAP	31	可改变可执行文件上关联的权能信息
CAP_SETPCAP	8	可改变进程的权能，如向 Inheritable 中增加权能（必须在 Bset 中）、放弃 Bset 中的权能等
CAP_CHOWN	0	可改变文件的 UID 和 GID
CAP_DAC_OVERRIDE	1	可绕过权限检查直接操作文件，如读、写、执行文件
CAP_FOWNER	3	可对文件实施文件主操作，如改变文件的权限、设置文件的 ACL 等
CAP_FSETID	4	可设置文件的 S_ISGID 标志
CAP_SYS_NICE	23	可提升进程的优先级、改变调度算法和 CPU 集
CAP_SYS_PTRACE	19	可追踪任意一个进程
CAP_NET_ADMIN	12	网络管理员权能，可配置网络接口、路由表、防火墙、TOS 等

用户使用命令 setcap 在可执行文件上关联权能信息（执行者需要 CAP_SETFCAP权能）。下面的命令在文件 testcap 的三种权能中增加 CAP_CHOWN 和 CAP_SETUID 权能：

```
→ sudo setcap "cap_chown = epi cap_setuid = epi" testcap
→ getcap testcap
testcap = cap_chown, cap_setuid + eip
```

文件/proc/［pid］/status 中包含 PID 号为［pid］的进程的权能信息，包括CapInh（Inheritable）、CapPrm（Permitted）、CapEff（Effective）、CapBnd（Bset）、CapAmb（Ambient）等。

进程可以直接修改自己的权能。Linux 在 libcap 库中实现了一组权能管理函数，利用这组函数，进程可以查询、设置自己的权能。如果程序中使用了权能管理函数，在连接时需要带上-lcap 选项。下面是 libcap 中几个常用的权能管理函数[38]：

cap_t cap_get_proc(void);

函数 cap_get_proc()获得调用者进程的权能集合，包括 Permitted、Effective、Inheritable等类型的权能位图。

int cap_set_proc(cap_t cap_p);

函数 cap_set_proc()将调用者进程的权能集合设置成参数 cap_p。

int cap_get_bound(cap_value_t cap);

函数 cap_get_bound( )从调用者进程的权能约束集 Bset 中获得权能 cap 的设置信息。

int cap_drop_bound(cap_value_t cap);

函数 cap_drop_bound( )从调用者进程的权能约束集 Bset 中删除权能 cap。

int cap_set_flag(cap_t cap_p,cap_flag_t flag,int ncap,const cap_value_t ∗caps,cap_flag_value_t value);

函数 cap_set_flag( )修改权能集合 cap_p 中的某些权能标识。参数 flag 指出要设置的权能类型,包括 CAP_EFFECTIVE、CAP_INHERITABLE 或 CAP_PERMITTED;参数 caps 是一个数组,其中含有 ncap 个要设置的权能,如 CAP_CHOWN、CAP_SETPCAP 等;参数 value 是设置的方法,包括 CAP_CLEAR 和 CAP_SET。

int cap_free(void ∗obj_d);

函数 cap_free( )用于释放 obj_d 所指的内存空间。

int prctl(int option,unsigned long arg2,unsigned long arg3,unsigned long arg4,unsigned long arg5);

函数 prctl( )用于读、写调用者进程的 Ambient 类权能。如 option 为 PR_CAP_AMBIENT、arg2 为 PR_CAP_AMBIENT_RAISE,该函数会将 arg3 所指的权能加到进程的 Ambient 中;如 option 为 PR_CAP_AMBIENT、arg2 为 PR_CAP_AMBIENT_LOWER,该函数会将 arg3 所指的权能从进程的 Ambient 中删除;如 option 为 PR_CAPBSET_DROP,该函数会将 arg2 所指的权能从进程的 Bset 中删除(调用者需具有 CAP_SETPCAP 权能)。

下面是权能设置的程序片段:

```
cap_t caps;
cap_value_t cap_list[2] = {CAP_DAC_READ_SEARCH,CAP_CHOWN};
caps = cap_get_proc();        //获得当前进程的权能集合,其中包含 CapInh、CapPrm、CapEff
printf("capabilities: %s\n",cap_to_text(caps,NULL));
                        //显示获得权能集合
cap_set_flag(caps,CAP_EFFECTIVE,2,cap_list,CAP_SET);
                        //修改权能集合中的 2 个权能位
cap_set_flag(caps,CAP_INHERITABLE,1,cap_list,CAP_SET);
                        //修改权能集合中的 1 个权能位
cap_set_proc(caps);         //将修改后的权能集合写入当前进程的管理结构中
cap_free(caps);          //释放获得的权能集合
                        //prctl 用于在进程的 Ambient 中增加权能 CAP_CHOWN
prctl(PR_CAP_AMBIENT,PR_CAP_AMBIENT_RAISE,CAP_CHOWN,0,0);
```

通过权能管理函数修改进程的权能时需注意以下四点:

（1）进程 Permitted 中的权能可以删除但不可以增加，且删除的权能无法再恢复。

（2）当进程 Permitted 中的某权能被删除时，Effective 和 Inheritable 中的权能也会随之删除；当进程 Inheritable 中的某权能被删除时，Ambient 中的权能也会随之删除。

（3）从 Bset 中删除权能时，不会同时将其从进程的 Inheritable 中删除。

（4）进程的安全管理标志 securebits 中包含一些控制权能变化的规则，如当进程的 UID 由 0 变为非 0 时系统根据标志 SECBIT_KEEP_CAPS 决定是否保持其权能不变等。

4.3　USER 名字空间结构

传统的 UID、GID 和权能都是全局性的。为了给进程提供局部性的 UID、GID 和权能支持，Linux 定义了 USER 名字空间。一个 USER 名字空间由一组独立的、局部可见的 UID、GID 构成。在 USER 名字空间内部，一个 UID 可标识一个用户，一个 GID 可标识一个用户组。在 USER 名字空间外部，其 UID、GID 都不可见，因而也都无意义。各 USER 名字空间内部的 UID、GID 是相互独立的，在不同的 USER 名字空间中，同一个 UID 标识的可能是不同的用户，同一个 GID 标识的可能是不同的用户组。各 USER 名字空间内部的 UID、GID 又是相互关联的，在不同 USER 名字空间中，多个 UID 可能标识的是同一个用户，多个 GID 可能标识的是同一个用户组。因而，除 UID、GID 集合之外，USER 名字空间还需要描述内部 UID、GID 与外部的、全局的 UID、GID 间的映射关系。

Linux 用结构 user_namespace 描述其 USER 名字空间，定义如下[39]：

```
struct user_namespace {
    struct uid_gid_map      uid_map;
    struct uid_gid_map      gid_map;
    struct uid_gid_map      projid_map;
    atomic_t                count;          //引用计数
    struct user_namespace   * parent;       //父 USER 名字空间
    int                     level;          //层级 = 父名字空间的层级 +1
    kuid_t                  owner;          //USER 名字空间的拥有者（创建者）
    kgid_t                  group;          //USER 名字空间的拥有者（创建者）
    struct ns_common        ns;             //名字空间超类
    unsigned long           flags;          //目前只有 USERNS_SETGROUPS_ALLOWED
    /* Register of per-UID persistent keyrings for this namespace */
#ifdef CONFIG_PERSISTENT_KEYRINGS
```

```
    struct key                    * persistent_keyring_register;
    struct rw_semaphore   persistent_keyring_register_sem;
#endif
    struct work_struct        work;                    //用于释放 USER 名字空间
    #ifdef CONFIG_SYSCTL
    struct ctl_table_set      set;
    struct ctl_table_header   * sysctls;
#endif
    struct ucounts            * ucounts;              //各类名字空间的实际数量
    int                       ucount_max[UCOUNT_COUNTS];
                                                      //各类名字空间的最大数量
};
```

由此可见,USER 名字空间的主体部分是三个 uid_gid_map 结构,分别用于描述名字空间内部 UID、GID 和 PROJID(Project identifier)的有效取值范围及内、外各 ID 号间的映射关系。结构 uid_gid_map 的定义如下:

```
struct uid_gid_map {          //64 字节 --1 cache line
    u32 nr_extents;           //extent 数组的实际大小
    struct uid_gid_extent {
    u32 first;                //内部有效 ID 号区间是[first, first + count − 1]
    u32 lower_first;          //外部有效 ID 号区间是[lower_first, lower_first + count − 1]
    u32 count;                //区间中的 ID 号个数
    } extent[UID_GID_MAP_MAX_EXTENTS];
                              // UID_GID_MAP_MAX_EXTENTS = 5
};
```

结构 uid_gid_map 描述 USER 名字空间内部可见的一组有效的 ID 号,称为有效 ID 号集合。一个 USER 名字空间中包含三个 uid_gid_map 结构,分别用于描述 UID、GID 和 PROJID 的有效集合。由于 ID 号都是 32 位的无符号整数,因而可用连续的整数区间描述其有效集合,如整数区间[first, first + count − 1]描述从 first 开始的 count 个无符号整数,其中的每个整数都是一个有效的 ID 号。一个结构 uid_gid_map 中最多可包含 5 个 ID 号区间。

结构 uid_gid_map 还用于描述内、外 ID 号之间的映射关系。事实上,每个内部 ID 号都应有一个对应的外部 ID 号,每个内部 ID 号区间都应有一个对应的外部 ID 号区间,内外区间的大小应该相同,其中的 ID 号应该是一一对应的。如与内部区间[first, first + count − 1]对应的外部区间是[lower_first, lower_first + count − 1]。利用区间之间的这种对应关系,可以方便地完成内外 ID 号的转换。

由于系统中同时存在多个 USER 名字空间,而且各 USER 名字空间定义的有效 ID 号的区间都可能不同,因而要在任意两个 USER 名字空间之间转换、比较 ID 号都是十分困难的。为了简化 ID 号的转化与比较工作,Linux 引入了一个内核专用的、全局的 USER 名字空间,其中用于定义各类 ID 号的整数区间都只有一个,即 $[0,0xFFFFFFFF-1]$,包括除 0xFFFFFFFF 之外的所有的 32 位无符号整数。在 Linux 内核中,真正用于标识用户身份的 UID、GID 等都来自于这一全局的 USER 名字空间。不管进程提供的是哪个 USER 名字空间中的 ID 号,在使用(检查、比较、登记等)之前,Linux 都会将其转换成全局 USER 名字空间中的全局 ID 号。因而在 Linux 中,ID 号的转换实际上仅会发生在两类名字空间之间,即从某特定 USER 名字空间到全局 USER 名字空间的转换和从全局 USER 名字空间到某特定 USER 名字空间的转换。这一内核专用的、全局的 USER 名字空间独立于任一 USER 名字空间之外,扮演着外部名字空间的角色,其中的 ID 号等价于传统操作系统中的全局 ID 号。USER 名字空间之间的转换关系如图 4.1 所示。

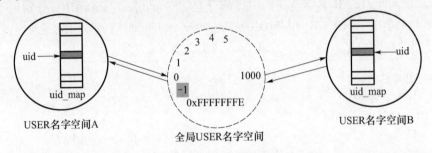

图 4.1 USER 名字空间之间的转换关系

假如 id 是某 USER 名字空间中的一个局部 ID 号,属于区间 $[first,first+count-1]$,那么它在 Linux 内核中对应的全局 ID 号应该是 $kid=(id-first+lower\_first)$;反之,内核中的全局 ID 号 kid 在某 USER 名字空间中对应的局部 ID 号应该是 $id=(kid-lower\_first+first)$。

显然,Linux 系统中会同时存在多个 USER 名字空间,这些 USER 名字空间相互关联,构成一棵 USER 名字空间树,如图 4.2 所示。如果 USER 名字空间 A 中的进程通过函数 clone(或 unshare)创建了 USER 名字空间 B,则 A 是 B 的父 USER 名字空间,B 是 A 的子 USER 名字空间。user_namespace 结构中的 parent 指向其父 USER 名字空间。系统中最初的 USER 名字空间名为 init_user_ns,是静态建立的,

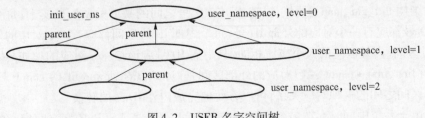

图 4.2 USER 名字空间树

是 USER 名字空间树的根,其 parent 是空。

根 USER 名字空间 init_user_ns 的定义如下[40]:

```
struct user_namespace init_user_ns = {
    .uid_map = {
        .nr_extents = 1,
        .extent[0] = {
            .first = 0,
            .lower_first = 0,
            .count = 4294967295U,    //0xFFFFFFFF
        },
    },
    .gid_map = {
        .nr_extents = 1,
        .extent[0] = {
            .first = 0,
            .lower_first = 0,
            .count = 4294967295U,
        },
    },
    .projid_map = {
        .nr_extents = 1,
        .extent[0] = {
            .first = 0,
            .lower_first = 0,
            .count = 4294967295U,
        },
    },
    .count = ATOMIC_INIT(3),
    .owner = GLOBAL_ROOT_UID,           //0
    .group = GLOBAL_ROOT_GID,           //0
    .ns.inum = PROC_USER_INIT_INO,      //0xEFFFFFFD
    .ns.ops = &userns_operations,
    .flags = USERNS_INIT_FLAGS,         //即 USERNS_SETGROUPS_ALLOWED
};
```

由此可见,根 USER 名字空间 init_user_ns 中包含 4294967295(0xFFFFFFFF)个有效的 UID、GID 和 PROJID。编号为 0xFFFFFFFF(即 −1)的 ID 号是无效的。根 USER 名字空间 init_user_ns 与内核专用的、全局 USER 名字空间的配置相同,因而两者实际上是等价的。

为了防止同一用户创建过多的名字空间,Linux 还在 user_namespace 中增加了两个子结构,其中结构 ucounts 用于记录一个用户创建的各类名字空间的实际数量,数组 ucount_max[ ] 用于记录允许一个用户创建的各类名字空间的最大数量(通过目录/proc/sys/user/中的接口文件可查询、修改所在 USER 名字空间的 ucount_max[ ] 数组)。系统为 USER 名字空间的每个用户创建一个 ucounts 结构,并将它们组织在一张 Hash 表中。

创建新 USER 名字空间的主要工作是创建并设置一个 user_namespace 结构。新结构被创建出来之后,其中的 count 为 1,owner 为创建者进程的全局 euid,group 为创建者进程的全局 egid,parent 指向创建者进程所在的 USER 名字空间(父USER 名字空间),level 为父 USER 名字空间的 level+1,flags 复制自父 USER 名字空间的 flags,工作结构 work 中的 func 为 free_user_ns(用于销毁 USER 名字空间)。

在新 user_namespace 结构的超类结构 ns_common 中,序号 inum 是临时生成的,名字空间操作集被设为 userns_operations。

新 USER 名字空间的三个 ID 映射结构都是空的,其中没有任何有效的 ID 号。

Linux 的每个进程都在且仅在一个 USER 名字空间之中。系统中最初的进程,如 1 号进程,运行在根 USER 名字空间 init_user_ns 中。如果没有特别声明,则子进程与父进程运行在同一个 USER 名字空间中。

通过函数 unshare( )创建出新 USER 名字空间后,调用者进程被自动加入该新名字空间中。通过函数 clone( )创建出新 USER 名字空间后,新进程被自动加入该新名字空间中。如果拥有某 USER 名字空间的 CAP_SYS_ADMIN 权能,则进程可通过函数 setns( )加入(或进入)该 USER 名字空间中。

当 USER 名字空间的引用计数 count 被减到 0 时,Linux 会释放它的 user_namespace 结构。在释放之前,先释放名字空间的序号 inum,并递减属于该用户的名字空间的数量。子 USER 名字空间的释放可能还会引起父 USER 名字空间的释放。

4.4 进程证书

Linux 中的每个进程都有一个证书,其中包括进程的身份信息(各类 UID、GID)和权能信息。Linux 允许多个进程共用同一个证书。证书结构 cred 的定义如下[41]:

```
struct cred {
    atomic_t        usage;              //引用计数
    kuid_t          uid;                //实际的全局 UID
    kgid_t          gid;                //实际的全局 GID
    kuid_t          suid;               //备份的全局 UID
    kgid_t          sgid;               //备份的全局 GID
```

kuid_t	euid;	//有效的全局 UID
kgid_t	egid;	//有效的全局 GID
kuid_t	fsuid;	//VFS 专用的全局 UID
kgid_t	fsgid;	//VFS 专用的全局 GID
unsigned	securebits;	//安全位图
kernel_cap_t	cap_inheritable;	//Inheritable 权能
kernel_cap_t	cap_permitted;	//Permitted 权能
kernel_cap_t	cap_effective;	//Effective 权能
kernel_cap_t	cap_bset;	//权能约束集 Bset
kernel_cap_t	cap_ambient;	//Ambient 权能
#ifdef CONFIG_KEYS		
unsigned char	jit_keyring;	//default keyring to attach requested keys to
struct key__rcu	* session_keyring;	//会话 keyring,可被子进程继承
struct key	* process_keyring;	//进程私有 keyring
struct key	* thread_keyring;	//线程私有 keyring
struct key	* request_key_auth;	//assumed request_key authority
#endif		
#ifdef CONFIG_SECURITY		
void	* security;	//LSM 私有信息,如 SELinux 的 task_security_struct
#endif		
struct user_struct	* user;	//与用户相关的统计信息
struct user_namespace	* user_ns;	//USER 名字空间
struct group_info	* group_info;	//附加的用户组信息
struct rcu_head	rcu;	//RCU deletion hook
};		

在 Linux 中,进程通常是访问控制的主体(subjective)。当需要访问客体(objective)时,系统通过进程的证书验证其身份(如 euid、egid、group_info 等)和能力(如 cap_effective)。然而在有些时候进程又是客体,系统中的某些进程可能会访问其他进程,如发送信号等。当被访问时,进程的证书用于标识进程的属主(如uid、gid 等),系统通过进程的证书验证对其访问的合法性。因而进程的证书实际上扮演着两种角色。为了便于区分,Linux 在 task_struct 结构中定义了两个指向证书结构的指针:real_cred 指向的证书用于标识进程的客体身份,称客体证书;cred指向的证书用于标识进程的主体身份,称主体证书。进程的主体证书和客体证书既可以相同,也可以不同。

在引入 USER 名字空间之后,进程的证书上又绑定了一个 USER 名字空间。

不同的证书可以绑定不同的 USER 名字空间,也可以绑定同一个 USER 名字空间。在为进程创建新的 USER 名字空间之前,必须先为其创建一个新的证书。图 4.3 是进程、证书与 USER 名字空间之间的一种组织关系,其中的进程使用两个不同的证书,且两个证书各自绑定着不同的 USER 名字空间。

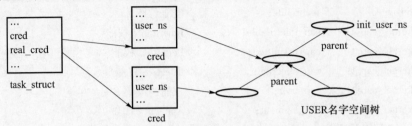

图 4.3　进程、证书与 USER 名字空间之间的关系

证书中还包含其他类型的身份信息,如各种不同类型的密钥环(keyring)、LSM 专用的安全信息、与用户相关的统计与通知信息(user_struct)、附加的用户组信息等。

证书中的各类 UID、GID 使用的都是全局 ID 号,与具体的 USER 名字空间无关。

进程通过函数 getuid( )、getgid( )等获得的 UID、GID 都是在自己的 USER 名字空间中的局部 ID 号,是从证书中的全局 ID 号转换过来的。

系统中的第 0 号进程使用的证书是静态定义的,名称为 init_cred,定义如下[42]:

```
struct cred init_cred = {
    . usage          = ATOMIC_INIT(4),
    . uid            = GLOBAL_ROOT_UID,     //0
    . gid            = GLOBAL_ROOT_GID,     //0
    . suid           = GLOBAL_ROOT_UID,     //0
    . sgid           = GLOBAL_ROOT_GID,     //0
    . euid           = GLOBAL_ROOT_UID,     //0
    . egid           = GLOBAL_ROOT_GID,     //0
    . fsuid          = GLOBAL_ROOT_UID,     //0
    . fsgid          = GLOBAL_ROOT_GID,     //0
    . securebits     = SECUREBITS_DEFAULT,  //全 0
    . cap_inheritable = CAP_EMPTY_SET,      //全 0
    . cap_permitted  = CAP_FULL_SET,        //全 1
    . cap_effective  = CAP_FULL_SET,        //全 1
    . cap_bset       = CAP_FULL_SET,        //全 1
    . user           = INIT_USER,
    . user_ns        = &init_user_ns,       //初始 USER 名字空间
```

110

```
    . group_info        = &init_groups,                    //初始的附加用户组信息
};
```

在创建新进程或线程时,Linux 按如下方式为新进程或线程准备证书:

(1) 如果新进程为线程,则将其两个证书都设为创建者进程的主体证书。

(2) 如果新进程为进程,则创建一个新证书,并将新进程的两个证书都设为新证书。新证书是从创建者进程的主体证书中复制过来的,两者的内容相同。

(3) 如果新进程为进程且创建者让其运行在新的 USER 名字空间中,则:

① 从创建者进程的主体证书中复制一个新证书,作为新进程的主体和客体证书。

② 为新进程创建一个新的 USER 名字空间(user_namespace 结构)。

③ 设置新证书结构中的权能位图并将其与新建的 USER 名字空间绑定。新证书中的安全位图 securebits 为空,权能 Inheritable 和 Ambient 为空(不含任何权能),权能 Permitted 和 Effective 为全 1(包含全部权能),Bset 为全 1(不对文件 Permitted做任何限制)。

由此可见,当进入新的 USER 名字空间时,进程将使用新的证书,并拥有所有的权能。

在此后的生命周期中,进程可以修改自己的证书,且仅能修改自己的证书。由于进程的证书可能会同时出现在多种场合中(如进程打开文件时获得的 file 结构中),因而进程并不能直接修改自己的证书。Linux 内核规定的证书修改过程如下:

(1) 将进程的主体证书复制一份,获得主体证书的一个副本,UID、权能等不变。

(2) 修改证书的副本,形成新证书,并检查新证书的合法性。

(3) 用新证书替换进程的主体和客体证书,并通过 RCU 机制逐步释放老的证书。

Linux 提供了多个用于修改证书的系统调用,这些系统调用被包装成了库函数。可将修改证书的系统调用大致分为如下几类:

(1) 权能修改类。Linux 提供了一个综合性的系统调用 capset,利用该系统调用,进程可修改自己的 Inheritable、Effective、Permitted 等权能。当然,调用者进程在自己的 USER 名字空间中必须拥有 CAP_SETPCAP 权能,且新权能必须满足以下条件:

① 新 Inheritable 必须是(老 Inheritable∪老 Permitted)的子集;

② 新 Inheritable 必须是(老 Inheritable∪老 Bset)的子集;

③ 新 Permitted 必须是老 Permitted 的子集;

④ 新 Effective 必须是新 Permitted 的子集。

⑤ 新 Ambient 是(老 Ambient∩新 Permitted∩新 Inheritable)。

以 capset 为基础,Linux 提供了 libcap 库。

（2）ID 修改类。Linux 内核提供了一组系统调用,包括 setreuid（用于修改进程的 uid 和 euid）、setuid（用于修改进程的 uid）、setresuid（用于修改进程的四个 UID）、setfsuid（用于修改进程的 fsuid）、setregid（用于修改进程的 gid 和 egid）、setgid（用于修改进程的 gid）、setresgid（用于修改进程的四个 GID）、setfsgid（用于修改进程的 fsgid）等,进程可用这些系统调用修改自己的 UID、GID 等。

在自己的 USER 名字空间中,调用者进程可以拥有 CAP_SETUID 或 CAP_SETGID权能,也可以没有。有权能的进程可将其 UID 或 GID 改成任意的有效 ID 号,无权能的进程只能将 UID、GID 改成某个特定的 ID 号（如将 euid 改成 uid 或 suid 等）。

值得注意的是,调用者进程提交给这些系统调用的参数都是自己 USER 名字空间中的有效 ID 号,在设置之前需要将它们转化成内核专用的全局 ID 号。

以上述系统调用为基础,Linux 提供了一组库函数,如 setuid（）等。

当进程的 UID 改变时,它的权能也会随之改变。权能随 UID 改变的规则如下:

① 如果进程修改的 UID 由 0（uid、euid、suid 中至少一个为 0）改为非 0（四个 UID 全为非 0）,则进程的 Permitted、Effective 和 Ambient 被清 0。

② 如果进程的 euid 由 0 改为非 0,则进程的 Effective 被清 0。

③ 如果进程的 euid 由非 0 改为 0,则进程的 Effective 被设为 Permitted。

④ 如果进程的 fsuid 由 0 改为非 0,则进程 Effective 中的与文件相关的权能被清除,如 CAP_CHOWN、CAP_FOWNER、CAP_FSETID、CAP_MAC_OVERRIDE 等。

⑤ 如果进程的 fsuid 由非 0 改为 0,则与文件相关的权能被加入到进程的 Effective中,只要它们在进程的 Permitted 中,如 CAP_CHOWN、CAP_FOWNER、CAP_FSETID 等。

当进程因加载程序而改变其 UID 或 GID 时,其 Aambient 被清 0。当进程加载带权能信息的程序时,其 Ambient 也会被清 0。

进程的 GID 改变时,其权能保持不变。

当进程的 uid（不包括 euid、suid、fsuid）改变时,Linux 会同时为其更换证书中的 user_struct 结构。

（3）USER 名字空间修改类。利用 Linux 内核提供的系统调用 setns 和 unshare,进程可更换自己的名字空间,包括 USER 名字空间。

调用者进程可通过系统调用 setns 请求系统将自己证书中的 USER 名字空间换成另一个进程的 USER 名字空间（进入其他进程的 USER 名字空间）。调用者进程可通过系统调用 unshare 请求系统为自己换一个全新的 USER 名字空间。调用者进程也可通过系统调用 clone 创建新进程并为新进程换一个全新的 USER 名字空间,但不改变调用者进程自己的 USER 名字空间。更换 USER 名字空间之后,系统会为进程创建一个全新的证书,并将证书中的 Inheritable、Permitted、Bset 全设为

112

全1,使进程拥有所有的权能。新证书赋予进程的权能仅在新 USER 名字空间中有效,进程在其他 USER 名字空间中的权能保持不变。

创建新 USER 名字空间不需要特殊的权能。进入其他 USER 名字空间需要在目的 USER 名字空间中拥有 CAP_SYS_ADMIN 权能。

改变进程的 USER 名字空间不会改变进程的 UID、GID。

(4)附加用户组信息修改类。在证书结构中,group_info 是一个全局 GID 的数组,用于描述进程所在的各个用户组。系统中最初的附加用户组是 init_groups,其中不包含任何 GID。利用 Linux 提供的系统调用 setgroups,进程可修改自己的附加用户组信息。新用户组集合是由调用者进程提供的,都是位于其 USER 名字空间中的 GID 号,内核会将其转化成全局 GID。调用者进程所在的 USER 名字空间中的 gid_map 不能空(已设置过)且 USER 名字空间上需带有 USERNS_SETGROUPS_ALLOWED 标志(默认情况下,USER 名字空间中都带有该标志),调用者进程在该 USER 名字空间中需拥有 CAP_SETGID 权能。修改进程的附加用户组信息不会影响进程的权能。

(5)securebits 修改类。进程证书中的安全管理标志 securebits 用于控制进程权能的变化,如 uid 由 0 变成非 0 时是否保持进程的权能、uid 为 0 的进程加载程序时是否给其全部权能、euid 在 0 和非 0 之间变化时是否调整进程的权能、是否允许提升进程的 Ambient 权能等。利用 Linux 提供的系统调用 prctl,进程可修改自己的 securebits。但 securebits 中锁定的标志位不许修改、securebits 中的锁定位不许解锁、调用者进程在自己的 USER 名字空间中需拥有 CAP_SETPCAP 权能。

进入新 USER 名字空间之后,进程证书中的 securebits 被全部清除。

(6)Ambient 权能修改类。利用 Linux 提供的系统调用 prctl,进程可修改自己的 Ambient 权能,如撤销 Ambient 中的某个权能或全部权能、提升 Ambient 中的某个权能。提升的权能必须同时位于进程的 Permitted 和 Inheritable 中,且标志 securebits允许提升进程的 Ambient 权能。

(7)Bset 修改类。利用系统调用 prctl,进程可以清除 Bset 中的某个标志位。

(8)密钥环修改类。利用 Linux 提供的系统调用 add_key、request_key、keyctl 等,进程可修改自己的密钥环。

以证书和 USER 名字空间为基础,Linux 修改了其访问控制机制。在进程访问客体时,Linux 内核会对其进行大致三类权限检查,包括:

(1)UID、GID 检查,该类检查全部使用内核专用的全局 UID 和 GID,大致的检查规则如下:

① 属于根用户的特权进程拥有所有的访问权限。

② 如果进程的 euid(fsuid)与客体属主的 uid 相同,则进程拥有客体属主的访问权限。

③ 如果进程的 egid(fsgid)与客体的 gid 相同或进程附加用户组中的某一 gid

与客体的 gid 相同(进程的 euid 或 fsuid 是客体用户组的成员),则进程拥有客体同组用户的访问权限。

④ 否则,进程仅拥有客体其他用户的访问权限。

(2) 权能检查[43],核对进程在某特定 USER 名字空间中是否拥有需要的权能。假如 A 是与进程证书绑定的 USER 名字空间,B 是 A 的子 USER 名字空间,X 是要核对的 USER 名字空间(进程在 X 中是否拥有权能),检查方法如下:

① 如果 X 是 B 且 B 的拥有者是进程的 euid,则进程在 X 中有需要的权能。

② 如果 X 是 B 的后代,B 的拥有者是进程的 euid,不管 X 的拥有者是谁,则进程在 X 中都有需要的权能。

③ 如果 X 是 A,或 X 是 B 但 B 的拥有者不是进程的 euid,或 X 是 B 的后代但 B 的拥有者不是进程的 euid,则进程的 Effective 中须有需要的权能。

④ 如果 X 不是 A 也不是 A 的子孙,则进程在 X 中没有需要的权能。

因此,一个用户的进程在它当前所在的 USER 名字空间中拥有 Effective 规定的权能,在属于该用户的子 USER 名字空间及其后代 USER 名字空间中拥有所有的权能,在不属于该用户的子 USER 名字空间及其后代 USER 名字空间中拥有 Effective规定的权能,在其他 USER 名字空间(包括父 USER 名字空间)中不具有任何权能。

如果进程在一个 USER 名字空间中拥有某项权能,那么它在该 USER 名字空间的所有子名字空间中也拥有该项权能。

(3) 其他检查,如参数的合法性检查、访问方式(如读写等)检查、LSM 检查等。

下面是 Linux 内核中一种权限检查的程序片段:

```
bool inode_owner_or_capable( const struct inode * inode) {
struct user_namespace * ns;
  if ( uid_eq( current_fsuid( ), inode − >i_uid) ) //核对 fsuid 是否为文件的拥有者
      return true;
  ns = current_user_ns( );                 //与证书绑定的 USER 名字空间
                                           //进程的 Effective 中是否有 CAP_FOWN-
                                           ER 权能,文件的 i_uid 在当前 USERNS
                                           中是否有效
  if ( ns_capable( ns, CAP_FOWNER) && kuid_has_mapping( ns, inode − >i_uid) )
      return true;
  return false;
}
```

如果系统调用 clone 和 unshare 中带有 CLONE_NEWUSER 标志,则 Linux 将先创建 USER 名字空间,而后再在新 USER 名字空间中创建其他的名字空间。创建新 USER 名字空间不需要特别的权能,因此普通进程也可以创建新的 USER 名字

空间。由于进程在新 USER 名字空间中拥有所有的权能,因而只要带有 CLONE_NEWUSER 标志,普通进程也可以通过系统调用 clone 和 unshare 创建任意类型的名字空间。如果系统调用 clone 和 unshare 中未带 CLONE_NEWUSER 标志,那么只有拥有 CAP_SYS_ADMIN 权能的进程才可以创建其余类型的名字空间。

例如,含有下列语句的程序在执行时需要管理员特权:

unshare(CLONE_NEWNS | CLONE_NEWPID);

含有下列语句的程序在执行时不需要任何特权:

unshare(CLONE_NEWUSER | CLONE_NEWNS | CLONE_NEWPID);

当非 USER 类型的名字空间被创建时,与之关联的 USER 名字空间是创建者进程在创建之时所在的 USER 名字空间,该 USER 名字空间也是新建名字空间的拥有者。在非 USER 类型的名字空间的生命周期中,它的拥有者不可改变。USER 名字空间操作集中的 install 操作仅替换进程证书中的 USER 名字空间,不会改变与其他名字空间关联的 USER 名字空间。只有在拥有者 USER 名字空间中有相应权能的进程,才可以访问非 USER 类型的名字空间中的特定资源。

4.5　USER 名字空间接口文件

在新建的 USER 名字空间中,三个有效 ID 号集合都是空的,其中不含任何有效的 ID 号,因而在使用 ID 号之前,需要设置新 USER 名字空间中的有效 ID 号集合。当然,如果 USER 名字空间中的进程都不会明确地用到 UID、GID,则可以不设置它的有效 ID 号集合。

为便于有效 ID 号集合的查询与设置,Linux 在 proc 文件系统中为每个进程都创建了四个 USER 名字空间接口文件[44]。PID 号为[pid]的进程的 USER 名字空间接口文件都在目录/proc/[pid]/中,名称分别是 uid_map、gid_map、projid_map 和 setgroups,对应进程所在 USER 名字空间(user_namespace 结构)中的域 uid_map、gid_map、projid_map 和 flags,其中前三个接口文件是对进程(PID 号为[pid])当前所在 USER 名字空间中三个有效 ID 号集合的包装,称为 ID 号映射文件。

与 proc 文件系统中的其余文件一样,USER 名字空间的接口文件都是在使用之时动态创建的,它们的属主是 PID 号为[pid]的进程的 euid 和 egid,访问权限是 S_IRUGO | S_IWUSR(文件主可读可写,同组与其他用户只可读)。

下面是 PID 号为 2998 的进程的 USER 名字空间接口文件的详细列表:

```
ls -l /proc/2998
-rw-r--r--  1 ydguo ydguo 0 2 月      13 08:58 gid_map
-rw-r--r--  1 ydguo ydguo 0 2 月      13 08:58 projid_map
-rw-r--r--  1 ydguo ydguo 0 2 月      13 08:56 uid_map
-rw-r--r--  1 ydguo ydguo 0 2 月      13 08:56 setgroups
```

从 USER 名字空间接口文件的访问权限可知,所有用户的进程都可打开接口文件,并可读出其中的内容,不管这些文件属于哪个进程。只有属主用户的进程才可以向 USER 名字空间接口文件中写入新的内容(如有效 ID 号集合及其映射关系)。即使是根用户的进程,也不能修改其他进程的 USER 名字空间接口文件。

出于安全考虑,每个 ID 号映射文件仅允许写一次。

ID 号映射文件由多个整数区间组成,每个区间一行,每一行对应 uid_gid_map 结构中的一个 uid_gid_extent 子结构,其格式如下:

```
ID_inside_ns   ID_outside_ns    count
```

其中,ID_inside_ns 是 uid_gid_extent 子结构中的 first,是 USER 名字空间内部可见的有效 ID 号区间的开始编号,count 是区间中的 ID 号个数。

ID_outside_ns 来源于 uid_gid_extent 子结构中的 lower_first,但经过了转换:

(1) 如果 ID 号映射文件的读者进程与 PID 号为[pid]的进程在同一个 USER 名字空间中,则 ID_outside_ns 是 lower_first 在父 USER 名字空间中的映射。

(2) 如果 ID 号映射文件的读者进程与 PID 号为[pid]的进程不在同一个 USER 名字空间中,则 ID_outside_ns 是 lower_first 在读者进程的 USER 名字空间中的映射。

因此,虽然所有进程都可以打开 ID 号映射文件,但不同进程读出的内容却可能不同。特别地,在根 USER 名字空间 init_user_ns 中的进程读到的 ID 号映射文件如下:

```
cat $$/uid_map $$/gid_map $$/projid_map
0    0    4294967295      //0xFFFFFFFF
0    0    4294967295
0    0    4294967295
```

进程可以写自己所在 USER 名字空间的 ID 号映射文件,也可以写子 USER 名字空间的 ID 号映射文件。写入之前需要先打开 USER 名字空间的 ID 号映射文件,打开者进程在被写 USER 名字空间中需拥有 CAP_SYS_ADMIN 权能。ID 号映射文件的打开者和写入者可以不是同一个进程。

根 USER 名字空间 init_user_ns 的有效 ID 号集合已在初始化时设好,其 ID 号映射文件不允许再写。

对 ID 号映射文件的写操作必须遵循如下规则:

(1) 一个 ID 号映射文件中最多只允许写入 5 行;

(2) 在映射文件中写入的每一行都必须包含三个域,且每一行都必须以'\n'结尾;

(3) 在写入的每一行中,三个域的值都必须是有效的整数(不含 −1),且第三个域(count)的值必须大于 0;

116

（4）同一映射文件中各行定义的 ID 号区间不能有任何重叠，且不能回绕；

（5）写入操作必须从文件头部开始，ID 号映射文件不支持 lseek( )类操作；

（6）至少必须写入一行。

写入者进程必须在被写的 USER 名字空间或其父 USER 名字空间中。

假如要写入的区间为[ID_outside_ns, ID_outside_ns + count − 1]，那么在被写 USER 名字空间的父 USER 名字空间中，区间中的所有 ID 号都必须是有效的。因此，USER 名字空间的设置必须从上到下逐层进行，在设置完父 USER 名字空间之前无法设置其子 USER 名字空间。

向文件 projid_map 写入的进程不需要特别的权能，但向文件 uid_map 和 gid_map 写入数据则需经过严格的检查：

（1）如写入者进程是被写 USER 名字空间的拥有者（进程的 euid 等于被写 USER 名字空间的 owner），则该进程可以向文件 uid_map 写入一个特定行"uid euid 1"，其中 euid 是写入者进程在父 USER 名字空间中的 euid（使自己的 euid 在新 USER 名字空间中生效）。

（2）如打开者和写入者进程在被写 USER 名字空间的父 USER 名字空间中都拥有 CAP_SETUID 权能，则该进程可以向文件 uid_map 中写入 1～5 行，且可以将各内部 UID 映射到父 USER 名字空间中的任意 UID，只要它们在父 USER 名字空间中是有效的。

（3）如写入者进程是被写 USER 名字空间的拥有者（进程的 egid 等于被写 USER 名字空间的 group），且被写 USER 名字空间的 flags 上不带 USERNS_SETGROUPS_ALLOWED 标志（禁止 setgroups 操作），则该进程可以向文件 gid_map 写入一个特定行"gid egid 1"，其中 egid 是写入者进程在父 USER 名字空间中的 egid。

（4）如打开者和写入者进程在被写 USER 名字空间的父 USER 名字空间中都拥有 CAP_SETGID 权能，则该进程可以向文件 gid_map 中写入 1～5 行，且可以将各内部 GID 映射到父 USER 名字空间中的任意 GID，只要它们在父 USER 名字空间中是有效的。

由于进程在父 USER 名字空间中不具有任何权能，因此进程只能在自己的 uid_map 或 gid_map 文件中各写入一行，以便使自己的 euid 和 egid 生效。一般情况下，应是位于父 USER 名字空间的进程修改其子 USER 名字空间中的有效 ID 号集合，或者说修改子 USER 名字空间的 ID 号映射文件，但需要修改者进程为 ID 号映射文件的属主。

在下面的程序片段中，父进程配置其子进程的子 USER 名字空间中的有效 ID 号集合。若以根用户（UID 为 0）的身份运行该程序，则一切正常；若以普通用户的身份运行该程序，则会失败。失败的原因是普通用户在父 USER 名字空间中没有 CAP_SETUID 权能。

```
int pid,i,fd;
    if((pid = fork()) == 0){
    unshare(CLONE_NEWUSER);            //子进程在子 USER 名字空间中
    sleep(1);                          //等待父进程配置好新 USER 名字空间
    setuid(1000);                      //改变子进程的 UID
    ...                                //完成需要的工作
} else{                                //父进程在父 USER 名字空间中
    char map_buf[200],map_path[200];
    snprintf(map_path,200,"/proc/% d/uid_map",pid);
    i = snprintf(map_buf,200,"0 % d 9",1000);
    fd = open(map_path,O_RDWR);        //打开进程的 ID 号映射文件 uid_map
    write(fd,map_buf,i);               //建立子 UID 区间[0,9]到父 ID 号区间
                                       //           [1000,1009]的映射

    close(fd);
}
```

如果在程序文件上加入 CAP_SETUID 权能,虽可以普通用户的身份运行该程序,但运行仍然会失败,原因如下:

(1) 加载带权能标志的程序会清除进程上的 dumpable 标志;

(2) 如果进程上不带 dumpable 标志,则 proc 文件系统会把/proc/[pid]/目录下各文件的属主改为根用户,包括 ID 映射文件;

(3) 普通用户无法修改根用户的文件,因而父进程无法修改子进程的 ID 号映射文件。

在下面的程序片段中,UID 为 1000 的普通进程修改自己的 ID 号映射文件,使自己的 euid 生效,即将外部的 UID 号 1000 映射为内部的 UID 号 0。当然,将外部的 UID 号 1000 映射为内部的 UID 号 1000 也许更加直观。

```
int i,fd;
char map_buf[200],map_path[200];
unshare(CLONE_NEWUSER);            //进入新 USER 名字空间
snprintf(map_path,200,"/proc/% d/uid_map",getpid());
i = snprintf(map_buf,200,"0 % d 1",1000);
fd = open(map_path,O_RDWR);        //打开进程的 ID 号映射文件 uid_map
write(fd,map_buf,i);               //建立子 UID 号 0 到父 UID 号 1000 的映射
close(fd);
```

在为 USER 名字空间设置有效 ID 号集合之前,其中的进程也可能会获取 ID 号,如通过 getuid()、getgid()等函数获取证书中的 UID 和 GID 等。由于 USER 名字空间中还没有有效的 ID 号,因此进程此时所获得的 ID 号都是系统默认的。系

统默认的 ID 号为 65534,由文件/proc/sys/kernel/overflowuid 和/proc/sys/kernel/overflowgid 定义。

　　USER 名字空间中的进程可以加载带有 S_ISUID、S_ISGID 标志的可执行程序。如果程序文件属主的 ID 号在 USER 名字空间中是有效的,则系统会将进程的 euid(egid)、suid(sgid)、fsuid(fsgid)换成程序文件属主的 uid(gid)。如果程序文件属主的 ID 号在 USER 名字空间中是无效的,则系统将不改变进程的 euid(egid)、suid(sgid)、fsuid(fsgid)。

　　在为 USER 名字空间设置有效 ID 号集合之前,其中的进程也可能会调用 unshare()函数请求系统为自己或其子进程创建新的 USER 名字空间。Linux 会拒绝这种请求,原因是在执行函数 unshare()时,Linux 要求调用者进程的 UID、GID 必须是有效的。下面是带 unshare()函数的一个程序片段:

```
ret = unshare(CLONE_NEWUSER);
printf("The proc unshare ret = % d,%s\n",ret,strerror(errno));
ret = unshare(CLONE_NEWUSER);
printf("The proc unshare ret = % d,%s\n",ret,strerror(errno));
```

　　其输出结果如下:

```
The proc unshare ret = 0,Success
The child proc unshare ret = − 1,Operation not permitted
```

　　第一个 unshare()成功,进程进入一个新的 USER 名字空间,其中的 UID、GID 没有配置,都是无效的,因而第二个 unshare()失败。如果在第二个 unshare()之前设置新 USER 名字空间的 UID、GID,则第二个 unshare()会成功。

　　由此可见,普通进程只能在新 USER 名字空间中的 ID 映射文件中写入一行,即只能使自己的 euid、egid 在新 USER 名字空间中生效,不能在新 USER 名字空间中增加其他 ID 号。在设置之后,父、子 USER 名字空间中的 ID 号必须是协调一致的。

　　为便于管理 USER 名字空间上的 flags 标志,Linux 还为进程创建了一个 USER 名字空间接口文件/proc/[pid]/setgroups,该文件的内容来源于 user_namespace 结构中的 flags,其值只能是"allow"或"deny"。"allow"表示 flags 上有 USERNS_SETGROUPS_ALLOWED 标志,允许该 USER 名字空间中的进程使用系统调用 setgroups设置附加用户组信息。"deny"表示该 USER 名字空间中的进程不能使用系统调用 setgroups。

　　根 USER 名字空间的 flags 上有 USERNS_SETGROUPS_ALLOWED 标志。子 USER 名字空间继承父 USER 名字空间的 flags 标志。因而,在默认情况下,所有 USER 名字空间的 flags 上都带有 USERNS_SETGROUPS_ALLOWED 标志,USER 名字空间的拥有者进程允许使用系统调用 setgroups,但不能修改自己的 gid_map

文件。

下面的程序片段试图修改自己的 gid_map 文件,但以失败告终,不管以何种身份运行。

```
char map_buf[200], map_path[200];
unshare(CLONE_NEWUSER);          //子进程在子 USER 名字空间中
snprintf(map_path, 200, "/proc/% d/gid_map", getpid());
snprintf(map_buf, 200, "0 % d 1", 1000);
fd = open(map_path, O_RDWR);      //打开进程的 ID 号映射文件 gid_map
write(fd, map_buf, i);            //建立子 GID 号 0 到父 GID 号 1000 的映射,写入失败
close(fd);
```

若想使上述程序成功运行,需要先修改自己的文件/proc/[pid]/setgroups,将其内容改为"deny",清除 USER 名字空间上的 USERNS_SETGROUPS_ALLOWED 标志,禁止进程使用系统调用 setgroups。

所有用户的进程都可以读出文件/proc/[pid]/setgroups 的内容,但只有在 USER 名字空间中拥有 CAP_SYS_ADMIN 权能的进程才可以修改文件/proc/[pid]/setgroups。将文件的内容改为"deny"之后,进程可向文件 gid_map 中写入一个特定的行,从而将自己的 egid 映射到所在 USER 名字空间中。一旦 USER 名字空间中的文件 gid_map 被写过,系统将拒绝对文件/proc/[pid]/setgroups 的再次修改。

下面的程序片段只能由根用户运行,用于向某 ID 号映射文件 gid_map 中写入一行计 10 个 GID 号,并建立一个内部 GID 区间[0,9]与外部区间[egid, egid + 9] 的映射关系。

```
int i, fd;
const int MAP_BUF_SIZE = 200;
char map_buf[MAP_BUF_SIZE], map_path[MAP_BUF_SIZE];
snprintf(map_path, 200, "/proc/% d/gid_map", pid);
i = snprintf(map_buf, MAP_BUF_SIZE, "0 % d 10", egid);
fd = open(map_path, O_RDWR);
write(fd, map_buf, i);
close(fd);
```

下面的程序片段先改写进程的 setgroups 文件,禁用系统调用 setgroups,再向其 ID 号映射文件 gid_map 中写入一行,使自己的 egid 在新 USER 名字空间在有效。

```
int i, fd, egid = getegid();
const int MAP_BUF_SIZE = 200;
char map_buf[MAP_BUF_SIZE], map_path[MAP_BUF_SIZE];
```

```
unshare(CLONE_NEWUSER);        //进入新 USER 名字空间
snprintf(map_path,MAP_BUF_SIZE,"/proc/% d/setgroups",getpid());
fd = open(map_path,O_RDWR);
write(fd,"deny",4);
close(fd);


snprintf(map_path,200,"/proc/% d/gid_map",getpid());
i = snprintf(map_buf,MAP_BUF_SIZE,"0 % d 1",egid);
fd = open(map_path,O_RDWR);
write(fd,map_buf,i);                        //使父 USERNS 中的 egid 在新 USERNS 中生效
close(fd);
```

第5章

UTS名字空间

每种操作系统都会向其用户提供系统信息,其中的一些系统信息是最基本的,如处理器型号及操作系统的名称、发布、版本等。在早期的操作系统中,基本系统信息都是全局的,每个进程都可以获得这些基本的系统信息,且所有进程获得的基本系统信息都是一样的。然而,随着容器的引入,进程已不再是全局的,每个进程都运行在一个容器之中。为了给容器中的进程营造出更加逼真的运行环境,需要将进程可见的基本系统信息局部化,使不同容器中的进程可以看到不同的基本系统信息,并将进程对基本系统信息的修改限定在容器内部,使一个容器内的基本系统信息变化不至于影响到其他容器中的进程。

Linux 操作系统用 UTS 名字空间封装基本系统信息。UTS 名字空间是封闭的,进程只能看到自己所在 UTS 名字空间中的基本系统信息。UTS 名字空间是独立的,一个 UTS 名字空间中的信息变化不会影响其他的 UTS 名字空间。UTS 名字空间是简单的,其中只封装了一些基本系统信息。UTS 名字空间可将一个容器转化成网络上的一个节点。

5.1 基本系统信息

传统 Unix 类操作系统向用户提供的基本系统信息包括操作系统名、操作系统发布名、操作系统内核版本号、正在运行该操作系统的主机名、主机处理器的型号、主机域名等。在操作系统运行过程中,有些系统信息保持不变,如处理器型号、操作系统名称等,有些系统信息允许用户修改,如主机名、域名等。

Unix 操作系统将它的基本系统信息包装在结构 utsname 中,并以此为基础提供了若干个系统调用、库函数和管理命令,以便于用户查询、设置基本系统信息。Linux 继承了 Unix 的 API,也把自己的基本系统信息包装在结构 utsname 中。

结构名称 utsname 中的 UTS(UNIX Time-sharing System)用于表示 Unix 分时系统或 Unix 操作系统。Linux 借用了 Unix 的这一名称,用 UTS 表示 Linux 操作系统。Linux 用户可见的 utsname 结构的定义如下[45]:

```
struct utsname {
    char sysname[];              //操作系统名,如"Linux"
    char nodename[];             //主机名
    char release[];              //操作系统内核版本号,如"4.4.0-62-generic"
    char version[];              //操作系统发布名,如"#83-Ubuntu SMP Wed Jan 18 14:10:
                                   15 UTC 2017"
    char machine[];              //主机处理器型号,如"x86_64"
#ifdef _GNU_SOURCE
    char domainname[];           //主机域名
#endif
};
```

用于查询基本系统信息的库函数是 uname( ),定义如下:

```
int uname(struct utsname *buf);
```

函数 uname( )获得一个 utsname 结构,其中的 6 个字符串都以'\0'结尾。

除 nodename 和 domainname 之外,函数 uname( )获得的系统信息都是固定的。

函数 gethostname( )和 sethostname( )用于查询和设置主机名,定义如下:

```
int gethostname(char *name,size_t len);
```

```
int sethostname(const char *name,size_t len);
```

函数 getdomainname( )和 setdomainname( )用于查询和设置主机的网络域名,定义如下:

```
int getdomainname(char *name,size_t len);
```

```
int setdomainname(const char *name,size_t len);
```

在自己的 USER 名字空间中,函数 sethostname( )和 setdomainname( )的调用者进程需拥有 CAP_SYS_ADMIN 权能。

下面的程序用于查询基本系统信息,并设置主机名。

```
#define _GNU_SOURCE
#include < stdio. h >
#include < sched. h >
#include < unistd. h >
#include < sys/utsname. h >
void main( ) {
    struct utsname uts;
    char buf[256], *host = "XXX";
    uname(&uts);                     //查询基本系统信息
    printf("%s\t%s\t%s\t%s\n", uts. nodename, uts. domainname, uts. sysname,
uts. release);
```

```
    gethostname( buf,256 );                    //查询主机名
    printf( "hosename = %s\n" ,buf );
    getdomainname( buf,256 );                  //查询域名
    printf( "domainame = %s\n" ,buf );
    sethostname( host,3 );                     //设置主机名
    uname( &uts );                             //查询基本系统信息
    printf( "%s\t%s\t%s\t\t%s\n" ,uts. nodename,uts. domainname,uts. sysname,uts. release );
}
```

程序的运行结果如下:

```
X1   （none）  Linux   4.4.0-62-generic
hosename = X1
domainame = （none）
XXX   （none）  Linux   4.4.0-62-generic
```

另外,Linux 还提供了命令 uname、hostname、domainname、nisdomainname 等,允许用户直接查询系统信息,或设置系统的主机名、域名等。

5.2 UTS 名字空间结构

传统 Linux 中的基本系统信息都是全局的。Linux 在内核中定义了一个 utsname 结构,用于记录收集到的基本系统信息。函数 uname( )、gethostname( )、getdomainname( )等通过系统调用直接读取该结构中的信息,函数 sethostname( )、setdomainname( )等通过系统调用直接修改该结构中的信息。因而所有的进程获得的基本系统信息都是一样的。

为了支持容器机制,或使基本系统信息局部化,Linux 定义了 UTS 名字空间。每个 UTS 名字空间中都定义了一个 utsname 结构,用于记录该名字空间私有的基本系统信息。系统中的每个进程都在且仅在一个 UTS 名字空间之中,但允许切换。进程通过函数 uname( )、gethostname( )、getdomainname( )等获得的基本系统信息都来源于自己所在的 UTS 名字空间,通过函数 sethostname( )、setdomainname( )等只能修改自己所在 UTS 名字空间中的基本系统信息。如此一来,进程所看到、改到的不再是全局的基本系统信息,而仅仅是自己所在 UTS 名字空间内部的系统信息,通常是全局基本系统信息的副本。

为了与老版本兼容,Linux 内核中定义了三个 utsname 结构,分别是 oldold_utsname、old_utsname 和 new_utsname,三者的主要区别是各类系统名字的长度。结构 new_utsname 的定义如下[46]:

124

```
#define __NEW_UTS_LEN 64
struct new_utsname {
    char sysname[ __NEW_UTS_LEN +1 ];
    char nodename[ __NEW_UTS_LEN +1 ];
    char release[ __NEW_UTS_LEN +1 ];
    char version[ __NEW_UTS_LEN +1 ];
    char machine[ __NEW_UTS_LEN +1 ];
    char domainname[ __NEW_UTS_LEN +1 ];
};
```

以结构 new_utsname 为基础,Linux 定义了 UTS 名字空间结构 uts_namespace,如下[47]:

```
struct uts_namespace {
    struct kref kref;                      //引用计数
    struct new_utsname name;               //基本系统信息
    struct user_namespace * user_ns;       //该 UTS 名字空间的拥有者
    struct ucounts * ucounts;              //用户创建的各类名字空间的实际数量
    struct ns_common ns;                   //名字空间超类
};
```

系统中最初的 UTS 名字空间称为 init_uts_ns,定义如下[48]:

```
struct uts_namespace init_uts_ns = {
    . kref = {
        . refcount    = ATOMIC_INIT(2),
    },
    . name = {
        . sysname     = UTS_SYSNAME,       //"Linux"
        . nodename    = UTS_NODENAME,      //"(none)"
        . release     = UTS_RELEASE,
        . version     = UTS_VERSION,
        . machine     = UTS_MACHINE,       //"x86_64"
        . domainname  = UTS_DOMAINNAME,    // "(none)"
    },
    . user_ns = &init_user_ns,             //根 USER 名字空间
    . ns. inum = PROC_UTS_INIT_INO,        //0xEFFFFFFE
    . ns. ops = &utsns_operations,         //名字空间操作集
};
```

初始 UTS 名字空间中的名字 UTS_RELEASE、UTS_VERSION、UTS_MACHINE 是在 Linux 内核生成过程中动态生成的。通常在内核的 make 过程中检测并生成基本系统信息。

如果新进程在其 USER 名字空间中拥有 CAP_SYS_ADMIN 权能,且 clone 参数中带有 CLONE_NEWUTS 标志,则系统调用 clone 会为新进程新建一个 UTS 名字空间。新进程所在的 USER 名字空间由 clone 参数决定。如果 clone 参数中带有 CLONE_NEWUSER 标志,新进程将位于全新的 USER 名字空间之中并使用全新的证书,否则新进程与创建者进程位于同一个 USER 名字空间之中,虽用的是新证书,但新证书是从创建者进程的证书中复制的,内容完全一样。

如果进程在其 USER 名字空间中拥有 CAP_SYS_ADMIN 权能,且 unshare 参数中带有 CLONE_NEWUTS 标志,则系统调用 unshare 会为进程新建一个 UTS 名字空间。进程所在的 USER 名字空间由 unshare 参数决定。如果 unshare 参数中带有 CLONE_NEWUSER 标志,那么进程将位于全新的 USER 名字空间之中并使用全新的证书;否则,进程所在的 USER 名字空间与所用的证书不变。

如果进程在自己和目标 USER 名字空间中都拥有 CAP_SYS_ADMIN 权能,则系统调用 setns 可将进程加入到目标 UTS 名字空间中(替换进程 nsproxy 结构中的 uts_ns)。

创建新 UTS 名字空间的工作主要有如下几件:

(1) 创建一个新的 uts_namespace 结构,为名字空间超类 ns_common 中的 inum 分配一个新序号,并将超类中的名字空间操作集 ops 设为 utsns_operations;

(2) 将创建者进程当前所在 UTS 名字空间中的 new_utsname 结构复制到新 UTS 名字空间中;

(3) 递增属于该用户的 UTS 名字空间的实际数量。

由此可见,新 UTS 名字空间实际上是从老 UTS 名字空间复制的,两者的基本系统信息完全相同。然而在进入新 UTS 名字空间之后,进程拥有了基本系统信息的一个独立的副本,此后进程对基本系统信息的任何修改都不会被其他 UTS 名字空间中的进程看到。

与 USER 名字空间不同,系统中的 UTS 名字空间是相互独立的,各 UTS 名字空间之间没有任何关联关系。

与创建工作相对应,释放 UTS 名字空间的工作包括递减属于该用户的 UTS 名字空间的实际数量、释放名字空间超类 ns_common 中的 inum 序号、释放 uts_namespace 结构等。

下面的程序片段为子进程创建新的 UTS 名字空间、获取基本系统信息,而后更换新 UTS 名字空间中的主机名:

```
void main( ) {
    struct utsname uts;
    disp_uts( );                    //获取老 UTS 名字空间中的基本系统信息
    if( fork( ) = =0) {
        unshare( CLONE_NEWUSER | CLONE_NEWUTS);
```

```
    disp_uts();              //获取新 UTS 名字空间中的基本系统信息
    sethostname("XXX",3);    //设置新 UTS 名字空间中的主机名
    disp_uts();              //获取新 UTS 名字空间中的基本系统信息
  }else{
    sleep(1);                //等待子进程设置主机名
    disp_uts();              //获取老 UTS 名字空间中的基本系统信息
  }
}
```

函数 disp_uts()用于获取并显示基本系统信息,定义如下:

```
void disp_uts(){
    uname(&uts);              //获取 UTS 名字空间中的基本系统信息
    printf("%s\t%s\t%s\t%s\t%s\n",uts.nodename,uts.domainname,uts.sysname,
uts.release);
}
```

程序的输出结果如下:

x1	(none)	Linux	4.4.0-62-generic	//父进程在老 UTS 名字空间中看到的基本系统信息
x1	(none)	Linux	4.4.0-62-generic	//子进程在新 UTS 名字空间中看到的基本系统信息
XXX	(none)	Linux	4.4.0-62-generic	//子进程设置主机名之后看到的基本系统信息
x1	(none)	Linux	4.4.0-62-generic	//父进程看到的基本系统信息

由此可见,新 UTS 名字空间是老 UTS 名字空间的副本,其中的基本系统信息复制自老 UTS 名字空间,其内容完全相同;子进程对新 UTS 名字空间的修改不影响其他的 UTS 名字空间,包括老 UTS 名字空间。

5.3　UTS 名字空间接口文件

除了 uname、sethostname、setdomainname 等系统调用之外,Linux 还在 proc 文件系统之中为 UTS 名字空间提供了一组接口文件,包括如下几个:

(1)/proc/version,系统版本信息,如"Linux version 4.4.0-62-generic(buildd@lcy01-30)(gcc version 5.4.0 20160609(Ubuntu 5.4.0-6ubuntu1~16.04.4))#83-Ubuntu SMP Wed Jan 18 14:10:15 UTC 2017"。

(2)/proc/version_signature,系统版本信息,如"Ubuntu 4.4.0-62.83-generic 4.4.40"。

（3）/proc/sys/kernel/hostname，系统主机名，如"x1"。

（4）/proc/sys/kernel/domainname，系统主机域名，如"（none）"。

（5）/proc/sys/kernel/osrelease，操作系统内核版本号，如"4.4.0-62-generic"。

（6）/proc/sys/kernel/ostype，操作系统名，如"Linux"。

（7）/proc/sys/kernel/version，操作系统发布名，如"#83-Ubuntu SMP Wed Jan 18 14:10:15 UTC 2017"。

值得注意的是，上述文件的属主都是根用户 root。除文件 hostname 和 domainname之外，其余文件都是只读的，文件 hostname 和 domainname 也仅允许根用户写。下面是上述文件的详细列表：

-r--r--r--1	root root 0 2 月　20 15:20 version	//只读
-r--r--r--1	root root 0 2 月　20 15:20 version_signature	//只读
-rw-r--r--1	root root 0 2 月　20 14:57 domainname	//文件主可写
-rw-r--r--1	root root 0 2 月　20 14:53 hostname	//文件主可写
-r--r--r--1	root root 0 2 月　20 15:17 osrelease	//只读
-r--r--r--1	root root 0 2 月　20 14:57 ostype	//只读
-r--r--r--1	root root 0 2 月　20 14:57 version	//只读

奇怪的是，与 UTS 名字空间相关的接口文件并不在/proc/［pid］/目录中，因而这些接口文件好像是与进程无关的。然而在读写这些接口文件时，proc 文件系统中的 sysctl 子系统会将这些接口文件的内容与进程所在 UTS 名字空间中的相关域关联起来，因而进程读出的仍然是自己所在 UTS 名字空间中的基本系统信息，写入的基本系统信息也仅会保存在自己所在的 UTS 名字空间之中。当然，只有根用户才可修改文件 domainname 和 hostname，其他用户无法修改 UTS 名字空间的任何接口文件。

下面的程序片段通过接口文件获得基本系统信息。如果是以根用户的身份运行，则程序还会通过对文件 domainname 和 hostname 的修改来设置进程所在 UTS 名字空间中的主机名和域名信息。

```
void main( ) {
    int fd;
    char buf[256];
    if( fork( ) = =0) {
        unshare( CLONE_NEWUSER | CLONE_NEWUTS);
        uname( &uts);              //获取新 UTS 名字空间中的基本系统信息
        printf( "%s\t%s\t%s\t%s\t%s\n", uts. nodename, uts. domainname, uts. sysname,
uts. release);
        fd = open( "/proc/sys/kernel/hostname", O_RDWR);
        write( fd, "XXX", 3);       //修改主机名
```

```
        close(fd);
        fd = open("/proc/sys/kernel/domainname",O_RDWR);
        write(fd,"YYY",3);              //修改域名
        close(fd);
        uname(&uts);                    //获取新 UTS 名字空间中的基本系统信息
        printf("%s\t%s\t%s\t%s\t%s\n",uts.nodename,uts.domainname,uts.sysname,
uts.release);
      }else{
        sleep(1);                       //等待子进程设置主机名
        uname(&uts);                    //获取老 UTS 名字空间中的基本系统信息
        printf("%s\t%s\t%s\t%s\t%s\n",uts.nodename,uts.domainname,uts.sysname,
uts.release);
      }
}
```

程序的输出结果如下:

x1	(none)	Linux	4.4.0-62-generic //子进程在新 UTS 名字空间中看到的基本系统信息
XXX	YYY	Linux	4.4.0-62-generic //子进程在修改完接口文件后看到的基本系统信息
x1	(none)	Linux	4.4.0-62-generic //父进程在老 UTS 名字空间中看到的基本系统信息

　　因而,根用户的进程可以通过 UTS 接口文件获取自己 UTS 名字空间中的基本系统信息,并可通过 UTS 接口文件修改自己 UTS 名字空间中的基本系统信息,且这种修改不会影响其他 UTS 名字空间中的进程。

第6章

MNT名字空间

Linux 继承 Unix 操作系统的传统，将系统中的大部分实体都看成文件，包括目录、设备、符号连接、命名管道等。实体由物理文件系统管理，不同的物理文件系统按不同的方式组织其中的实体，常用的组织方式是目录。物理文件系统中的每个实体都位于一个目录中，除根目录之外，每个目录又都位于其父目录中，每个物理文件系统都有一个唯一的根目录。因而一个物理文件系统中的所有实体大致形成一个树状组织结构，称为目录树。为了屏蔽各物理文件系统之间的差异，Linux 又引入了虚拟文件系统框架，通过安装与卸载操作将各物理文件系统的目录树拼接起来，形成一棵统一的 VFS 目录树。在 VFS 目录树中，一个实体表现为一个节点，目录是中间节点，其他实体是叶节点，节点在目录树中的位置称为路径名。文件系统中的每个实体都有一个唯一的路径名。在早期的操作系统中，VFS 目录树是全局的，因而所有实体的路径名也都是全局的，通过路径名可以标识、访问文件系统中的所有实体，简单、直观，但存在安全隐患。

随着容器的引入，进程都运行在容器中，所看到的环境应该是容器私有的，包括 VFS 目录树及其中的实体，因而有必要为每个容器提供一棵独立的、局部的 VFS 目录树，屏蔽 VFS 目录树的变化，将全局路径名转化成局部路径名。用于封装目录树和路径名的机制称为 MNT 名字空间。MNT 是管理名字最多的一类名字空间，其容量远远超过 USER 和 UTS 名字空间。

6.1 目录树

常规的 Linux 系统中同时存在着多类物理文件系统，如 tmpfs、ext4、proc、sysfs、cgroup、mqueue 等，每类物理文件系统又可能有多个实例，如磁盘的每个分区上都有一个 ext4 类的物理文件系统，每个 PID 名字空间都有自己的 proc 文件系统等。每个物理文件系统都有自己的物理目录树，因而系统中会同时存在多棵物理目录树。

物理的目录树由各物理文件系统自己管理，不同的物理文件系统有不同的目录树描述与管理方法。为了统一描述、统一管理各物理文件系统及其物理目录树，VFS 为正在使用的每个物理文件系统都建立了一棵虚拟目录树。VFS 建立的虚拟目录树由统一的数据结构描述，具有统一的格式，其内容来源于物理文件系统，但又不同于物理文件系统，是对各类物理目录树的抽象。多个物理文件系统的多棵虚拟目录树形成了一个虚拟目录树的森林。

通过虚拟目录树可以访问物理文件系统，但要记住与每个物理文件系统对应的虚拟目录树是比较困难的。为便于使用，Linux 用户通常将来自不同物理文件系统的虚拟目录树拼接在一起，形成一棵大一统的 VFS 目录树。拼接方法是将一棵虚拟目录树的根绑定(或嫁接)在一个安装点目录上，用根目录覆盖安装点目录。目录树嫁接的过程称为文件系统安装。安装之后，在安装点目录中看到的是嫁接在其上的根目录的内容。嫁接的目录树可以再完整地剪切下来，目录树剪切的过程称为文件系统卸载。在卸载之前，安装点目录原来的内容被隐藏，当然也不再可用。卸载之后，安装点目录恢复正常，其中的内容再次显现。

在图 6.1 中，文件系统 1 安装在文件系统 0 的 A 目录上，文件系统 2 安装在文件系统 0 的 B 目录上，B 目录的内容被文件系统 2 覆盖，原来的文件 f1 和目录 C 被隐藏。文件系统 3 安装在文件系统 1 的 D 目录和文件系统 2 的根目录上，覆盖掉了 D 目录和整个文件系统 2，在 D 和 B 目录中看到的都是文件系统 3 的内容，即 H 和 I。安装之后，用户看到的是位于右侧的 VFS 目录树。VFS 屏蔽掉了物理文件系统的实现细节，用户可以用统一的方法管理、操作 VFS 目录树中的实体，不需要再关心它们的来源与差异。

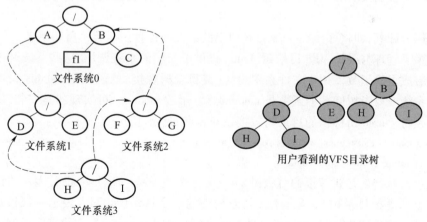

图 6.1　文件系统安装及目录树嫁接

显然在安装之前，文件系统的安装点目录必须已在 VFS 目录树中。系统中最初的安装点目录在最初的 VFS 目录树上，最初的 VFS 目录树由根文件系统建立。根文件系统在系统初始化时注册并安装，类型为"rootfs"，是一个建立在内存空间中的虚文件系统，其管理信息，包括根目录和虚拟目录树等都是动态生成的。根文件系统是 Linux 中的第一个文件系统,不需要再嫁接在其他文件系统之上,其主要作用是为其他类型的文件系统提供安装点。根文件系统的根目录名为"/",是整棵 VFS 目录树的根,且允许在其中创建子目录和文件。随后的文件系统可能直接嫁接在根文件系统之上,也可能嫁接在已安装的其他文件系统之上。文件系统的每次安装与卸载都会改变 VFS 目录树的结构。根文件系统的根目录有可能被覆盖,但根文件系统本身不可卸载。嫁接在根文件系统之上的 VFS 目录树是用户可见的唯一一棵目录树,未嫁接在其上的虚拟目录树是用户不可见的。从根文件系统的根目录开始,可以遍历到整棵 VFS 目录树。

显然,VFS 目录树是动态生成的,且是不断变化的。改变 VFS 目录树的方式主要有两种:一是直接改变物理目录树的结构,如在物理文件系统中创建目录、删除目录、移动目录、创建文件、删除文件、移到文件等;二是不改变物理文件系统的内容,仅变更虚拟目录树的嫁接方式。通过改变嫁接方式改变 VFS 目录树的方法包括如下几种:

(1) 常规安装,即将某物理文件系统的虚拟目录树整棵嫁接在 VFS 目录树上。为便于使用,Linux 允许将来自同一物理文件系统的虚拟目录树同时嫁接在 VFS 目录树的多个安装点上,且可采用不同的嫁接方式。

(2) 绑定安装,即将 VFS 目录树的某棵目录子树或单个文件再嫁接在 VFS 目录树的一个安装点上,以便在不同的位置、用不同的方式访问它们。可以将被嫁接的目录子树或文件也看作虚拟目录树。

(3) 移动安装,即将已嫁接在 VFS 目录树上的某棵虚拟目录树整个移到新的位置。

(4) 卸载,即将嫁接在 VFS 目录树上的某棵虚拟目录树整个剪切下来。

为了管理与维护 VFS 目录树,Linux 提供了专门的系统调用,这些系统调用又被包装成了库函数。用于文件系统安装(或目录树嫁接)的函数是 mount( ),用于文件系统或目录树卸载的函数是 umount( )。函数 mount( )可实现各类安装,主要作用是将 source 所标识的目录树嫁接在安装点 target 上,定义如下[49]:

int mount(const char * source, const char * target, const char * filesystemtype, unsigned long mountflags, const void * data);

参数 source 是要嫁接的目录树,可以是一个块设备(如/dev/sda6,表示块设备上的整棵虚拟目录树)、当前 VFS 目录树中的一个目录(如/bin,表示一棵目录子树)、一个文件(如/bin/bash)或一种关键字(如 overlay、proc 等,表示特定类型的虚文件系统的整棵虚拟目录树)。

参数 target 是安装点,可以是当前 VFS 目录树中的一个目录、文件或符号连接等,但必须是可见的。

参数 filesystemtype 是要安装的文件系统的类型,或要嫁接的目录树的类型,常见的类型有 ext4、mqueue、sockfs、proc、overlay、ecryptfs、cgroup 等。

参数 data 是由特定文件系统解释的参数,不同类型的文件系统需要不同的 data 参数,如 overlay 文件系统需要在 data 中提供 lowerdir、upperdir、workdir 等信息。

参数 mountflags 是文件系统的安装标志。影响目录树的主要安装标志及其含义如表6.1所列。

表6.1 影响目录树的主要安装标志及其意义

参数名	含　义
MS_REMOUNT	重装 target 处的虚拟目录树,即根据参数 mountflags 和 data 等修改此前的安装参数,如 MS_RDONLY 等。忽略参数 source 和 filesystemtype
MS_BIND	将以 source 为根的目录子树嫁接到目录 target 上,或将名为 source 的文件嫁接到文件 target 上。可跨越文件系统边界,甚至跨越 chroot 监狱。忽略其余参数
MS_PRIVATE	将 target 处的子树改为私有的,不将安装与卸载结果传播给其他子树,也不接受其他子树的安装与卸载结果
MS_SHARED	将 target 处的子树改为共享的,将安装与卸载结果传播给其他子树,并接收其他子树的安装与卸载结果,即与其他共享子树保持完全一致
MS_SLAVE	将 target 处的子树改为从属的,不将自己的安装与卸载结果传播给其他子树,但接收主子树的安装与卸载结果
MS_UNBINDABLE	将 target 处的子树改为禁绑的,即禁止将其中的目录或文件绑定安装到别处
MS_MOVE	将嫁接在 source 处的整棵虚拟目录树移到 target 处。source 必须是一个安装点,且该安装点所处的虚拟目录树不能是共享的,否则移动会失败。忽略其余参数
MS_RDONLY	将虚拟目录树安装成只读的
MS_NOEXEC	安装之后,不允许执行虚拟目录树中的程序
MS_NOSUID	忽略虚拟目录树中各可执行程序上的 S_ISUID、S_ISGID 标志
MS_DIRSYNC	以同步方式修改虚拟目录树中的目录(立刻写入块设备)
MS_SYNCHRONOUS	以同步方式修改虚拟目录树中的文件(立刻写入块设备)
MS_REC	递归处理子文件系统

上述安装标志可以组合,但在执行时会按如下顺序检查它们:

(1)如果参数中带有标志 MS_REMOUNT,则进行虚拟目录树的重装。

(2)如果参数中带有标志 MS_BIND,则进行虚拟目录树的绑定安装。

(3)如果参数中带有标志 MS_UNBINDABLE、MS_SHARED、MS_SLAVE 或 MS_PRIVATE,则修改虚拟目录树的传播类型。

(4)如果参数中带有标志 MS_MOVE,则移动虚拟目录树。

(5)进行常规安装,即将一个物理文件系统的虚拟目录树嫁接到安装点目录上。

如果参数中带有多个安装标志,其中有些会被忽略,如参数 MS_BIND | MS_PRIVATE 中的标志 MS_PRIVATE 会被忽略。另外,标志 MS_SHARED、MS_PRIVATE、MS_SLAVE 与 MS_UNBINDABLE 不能同时使用,每次只能用一个。

在一个安装点上有可能安装多个文件系统或嫁接多棵虚拟目录树,这些文件系统或虚拟目录树按照安装顺序叠放在一起,组成栈式结构。最先嫁接的目录树位于最底层,最后嫁接的目录树位于最顶层。上层目录树覆盖下层目录树,只有最顶层的目录树是可见的,所有的底层目录树都是隐藏的。如在图 6.1 中,安装点目录 B 上嫁接了 2 层目录树,文件系统 2 位于底层,文件系统 3 位于顶层,文件系统 2 的虚拟目录树被隐藏,只有文件系统 3 的虚拟目录树是可见的。

安装后的文件系统或虚拟目录树可以卸载。实现文件系统或虚拟目录树卸载的函数有 2 个,分别是 umount( )和 umount2( ),定义如下[50]:

```
int umount( const char * target);
int umount2( const char * target, int flags);
```

函数 umount( )和 umount2( )都用于卸载安装在 target 上的最顶层的文件系统或最顶层的虚拟目录树。最顶层的目录树被卸载之后,次顶层的目录树变成最顶层的目录树,其内容由隐藏变成可见。只有当最底层的目录树被卸载之后,安装点目录的原内容才变成可见的。

除非特别声明,处于忙状态的文件系统或虚拟目录树(其中的文件被打开、其中的目录被设为某进程的当前工作目录等)不可卸载。

函数 umount2( )中可带一个卸载标志 flags,以声明特别的卸载要求,如表 6.2 所列。

表 6.2 主要卸载标志及其含义

参数名	含 义
MNT_FORCE	不管虚拟目录树是否处于忙状态都强制将其卸载。可能会丢失数据
MNT_DETACH	延迟卸载,即断开虚拟目录树与安装点之间的连接,可继续访问已打开的文件,但拒绝新的访问,直到文件系统空闲时再将其真正卸载
MNT_EXPIRE	如果文件系统不忙,则将其标注为过期。被标注为过期的文件系统不可再被访问。只有当再次执行带该标志的 umount2( )操作时,已标注为过期的文件系统才会真正被卸载
UMOUNT_NOFOLLOW	如果 target 是一个符号连接,则不允许卸载安装在其上的文件系统

假如 mydoc 是安装点目录,其中包含文件 mydoc. txt,doc 是符号连接,连接的目标是目录 edoc,目录 edoc 中包含文件 edoc. txt。设备文件/dev/sdb1 表示的是一块 U 盘,其中包含一个文件 u. txt,U 盘的文件系统类型为 FAT。下面的程序片段将 U 盘上的 FAT 文件系统安装到目录 mydoc 上,再将目录 mydoc 绑定安装到 doc 上,而后查看安装关系和两个安装点上的内容变化。

```
void main( ) {
    int ret;

    system("ls mydoc");                          //列出 mydoc 的内容
    system("ls doc");                            //列出 doc 的内容
    mount("/dev/sdb1","mydoc","vfat",0,NULL);    //安装 U 盘上的文件系统
    mount("mydoc","doc",NULL,MS_BIND,NULL);      //绑定安装 mydoc 到 doc 上
    system("findmnt  -R --target /home");        //显示安装关系
    system("ls mydoc");                          //列出 mydoc 的内容
    system("ls doc");                            //列出 doc 的内容
    ret = umount2("doc",UMOUNT_NOFOLLOW);        //用 umount2 卸载 doc
    printf("umount2 ret = % d,%s\n",ret,strerror(errno));
    umount("doc");                               //用 umount 卸载 doc
    printf("umount ret = % d,%s\n",ret,strerror(errno));
    umount("mydoc");                             //用 umount 卸载 mydoc
    printf("umount ret = % d,%s\n",ret,strerror(errno));

}
```

程序的输出结果如下：

```
//安装之前,安装点目录 mydoc 和 edoc 中的原内容
mydoc. txt                       //目录 mydoc 的原内容
edoc. txt                        //符号连接 doc 的原内容
//新的安装关系,从中可见/dev/sdb1 被安装在 mydoc 和 edoc 目录上
```

TARGET	SOURCE	FSTYPE	OPTIONS
/home	/dev/sda6	ext4	rw,relatime,data = ordered
├──/home/mydoc	/dev/sdb1	vfat	rw,relatime,uid = 1000,gid = 1000,...
└──/home/edoc	/dev/sdb1	vfat	rw,relatime,uid = 1000,gid = 1000,...

```
//安装之后,安装点目录 mydoc 和 edoc 中的新内容,老内容被隐藏
u. txt                           //安装点目录 mydoc 的现内容
u. txt                           //符号连接 doc 的现内容
//卸载操作的结果,第一个失败,后两个成功
umount2 ret = -1,Invalid argument    //umount2 失败,不允许卸载符号连接上的安装
umount ret =0,Invalid argument       //umount 成功
umount ret =0,Invalid argument       //umount 成功
```

6.2　安装树

VFS 目录树是多棵虚拟目录树相互嫁接的结果,如图 6.1 所示。为了构建虚

拟目录树,Linux 内核对各物理文件系统中的实体进行了抽象,建立了一整套数据结构,如用于描述物理文件系统的超级块结构 super_block、用于描述文件实体的索引节点结构 inode、用于描述实体组织关系的目录项结构 dentry 等,其中结构 dentry 是构建虚拟目录树的核心。VFS 为访问到的每个文件实体都建立了一个 dentry 结构,其主要作用如下[51]:

(1) 建立文件名与文件实体描述结构(如 inode 结构)之间的对应关系。如果一个实体有多个名字(硬连接),则 VFS 会为其建立多个 dentry 结构,它们关联着同一个 inode 结构。

(2) 建立文件实体间的关联关系。VFS 中的每个文件实体都有一个父目录,根目录的父目录是自己;同一目录中的文件实体互为兄弟,兄弟实体被组织在一个队列中,队头记录在父目录中。所有文件实体的 dentry 自然地形成一个树形结构,根目录是树的根节点。

(3) 描述文件实体的关联属性,如标志 DCACHE_MOUNTED 表示实体为安装点。

为了加快查找速度,Linux 还建立了一个 dentry 结构的 Hash 表 dentry_hashtable。如果文件实体的 dentry 结构已经建立,则以路径名为索引查 Hash 表 dentry_hashtable 可以快速地找到与之对应的 dentry 结构,进而找到其描述结构(如 inode 结构)。大多数文件实体的 dentry 结构都在 Hash 表 dentry_hashtable 中,但也有个别文件实体的 dentry 结构不在其中。

不管物理文件系统用什么方式描述与组织其中的文件实体,VFS 都用 dentry 结构描述实体间的组织关系。一旦物理文件系统中的某个文件实体被访问到,VFS 就为其建立一个 dentry 结构。来自同一个物理文件系统的 dentry 结构自然地形成一棵 dentry 结构树,即虚拟目录树。VFS 创建的每个 dentry 结构都会出现在一棵虚拟的目录树中,各 dentry 结构在虚拟目录树中的组织关系和文件实体在物理文件系统中的组织关系是一致的。由于未访问到的文件实体不会出现的虚拟目录树中,因而虚拟目录树实际是物理目录树的子树。

图 6.2 描述了由 dentry 构建的一棵虚拟目录树,其中 dentry A 描述的是文件系统的根目录,该目录也是该虚拟目录树的根。根目录中的三个文件实体被访问过,其 dentry 结构已经建立,且已被组织在一个队列(由 dentry 结构中的 d_child 连接)中,队头是父目录 dentry A 中的 d_subdirs。结构 dentry B 描述的是根目录的一个子目录,其中的三个文件实体已被访问过,它们的 dentry 结构已经建立。Hash 表 dentry_hashtable 的第 i 项指向 dentry D。

将由 dentry 结构描述的虚拟目录树嫁接在一起,就形成 VFS 目录树。如果文件系统 B 的虚拟目录树嫁接在文件系统 A 的某个目录上,那么 B 是 A 的子文件系统,A 是 B 的父文件系统。为了描述 VFS 目录树,除由 dentry 结构描述的虚拟目录树之外,还必须描述各虚拟目录树之间的安装方式或嫁接关系。

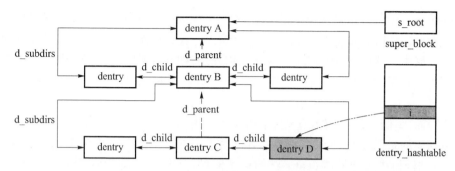

图 6.2　由 dentry 结构构建的虚拟目录树

在早期的版本中,Linux 用两个 dentry 结构之间的直接链接来描述文件系统的安装方式。假如 B 的根目录由 dentry 结构 RB 描述,它在 A 中的安装点目录由 dentry 结构 A2 描述,为了表示文件系统 B 的安装方式,Linux 让 A2 的 d_mounts 指向 RB(表示 A2 上安装着 RB),让 RB 的 d_covers 指向 A2(表示 RB 覆盖了 A2),如图 6.3 所示。

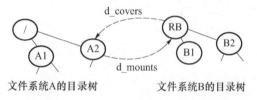

图 6.3　用 dentry 结构描述的安装方式

用 dentry 结构描述的安装方式是一种紧密的绑定关系,实现简单,但限制较多,如一个文件系统仅能嫁接在一个安装点上,一个安装点上也仅能嫁接一个文件系统。为了使安装方式的描述更加灵活,新版本的 Linux 废除了 dentry 结构间的直接链接,转而用 mount 结构来描述文件系统的安装方式[52]。mount 结构中包含指向子文件系统超级块和根目录的指针 mnt_sb 和 mnt_root、指向父文件系统 mount 结构和安装点目录的指针 mnt_parent 和 mnt_mountpoint 及传播类型等,因而一个 mount 结构可以描述文件系统的一次安装(一种安装方式),即将子文件系统 mnt_sb 的根目录 mnt_root 嫁接在父文件系统的安装点目录 mnt_mountpoint 上。每安装一次文件系统或每嫁接一次虚拟目录树,不管是常规安装还是绑定安装,Linux 都会为其创建一个 mount 结构以描述其安装方式。

随着安装的进行,系统中的 mount 结构会越来越多。按照文件系统之间的父子兄弟关系,描述各文件系统安装方式的 mount 结构也自然地形成了一棵树,称为安装树。安装树的组织结构与 VFS 目录树一致,mount 结构在安装树中的位置来源于文件系统在 VFS 目录树中的位置。根文件系统的 mount 结构是整棵安装树的根节点,其 mnt_parent 域指向自己,mnt_root 域指向 VFS 目录树的根。其余文件系统的 mount 结构是安装树中的中间节点或叶节点,其 mnt_parent 域指向父文件系统的 mount 结构,mnt_root 域指向子文件系统虚拟目录树的根。各兄弟文件系统的 mount 结构由 mnt_child 域串成一个队列,队头记录在父 mount 结构的 mnt_mounts 域中。从根文件系统的 mount 结构开始,搜索安装树,可以找到安装在 VFS 目录树上的任意一个子文件系统的 mount 结构,并进而找到各子文件系统的根目录。

因而,新版 Linux 中的 VFS 目录树实际是由两种结构树共同描述的,dentry 结构树描述的是同一物理文件系统中各实体之间的组织关系(称为虚拟目录树),mount 结构树描述的是各 dentry 结构树之间的组织关系(称为安装树),如图 6.4 所示。

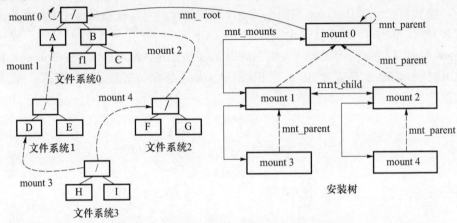

图 6.4　安装树与 VFS 目录树之间的对应关系

在图 6.4 中,左侧是要嫁接在一起的多棵虚拟目录树,其间的虚线表示各目录树的嫁接方式,如 mount 1 表示文件系统 1 的根目录嫁接在文件系统 0 的 A 目录上。右侧是一棵安装树,描述的是左侧各文件系统的安装方式。文件系统 0 是 VFS 目录树的根,未嫁接在其他文件系统之上,因而 mount 0 的 mnt_parent 指向自己,mnt_root 和 mnt_mountpoint 都指向自己的根目录(VFS 目录树的根)。结构 mount 1 描述文件系统 1 的安装方式,结构 mount 2 描述文件系统 2 的安装方式,文件系统 1 和 2 都安装在文件系统 0 上,因而 mount 1 和 mount 2 是兄弟,它们的 mnt_parent 都指向 mount 0。文件系统 3 同时安装在两处,有两种安装方式,由两个 mount 结构描述。

显然,搜索 dentry 结构树仅能遍历 VFS 目录树中的一棵子树,但搜索安装树却可遍历整棵 VFS 目录树,因而安装树才是 VFS 目录树的代表。由多棵虚拟目录树嫁接而成的 VFS 目录树可由其安装树的根 mount 结构代表,未嫁接的虚拟目录树可由其自身的 mount 结构代表。当然,Linux 用户仅能看到一棵 VFS 目录树(如全局目录树),未嫁接在其上的文件系统是用户不可见的。事实上,未嫁接的文件系统都是 Linux 内核自己使用的,目的是借助 VFS 的管理机制来组织、管理内核自已的一些名字,因而又称它们为伪文件系统,如 nsfs、pipefs 等。伪文件系统需要安装(建立 mount 结构),但其虚拟目录树不需要嫁接。

用户空间的一个文件实体对应 VFS 目录树中的一个或多个节点,有一条或多条访问路径,其路径名由路径上各目录名串联而成,如"/A/D/H"。内核中的一个文件实体属于一个物理文件系统,位于一棵虚拟目录树上,但可能被安装在不同的位置,有多条不同的访问路径。因而在内核中,一条访问路径必须用两个元素标识:一是实体所属虚拟目录树的嫁接位置(安装方式),即其 mount 结构;二是描述实体的dentry结构。在 Linux 内核中,文件实体的路径由 path 结构定义,如图 6.5 所示。

```
struct path {
    struct vfsmount * mnt;        //mount 的子结构,标识实体所在目录树的安装方式
    struct dentry * dentry;       //实体自身的 dentry 结构,标识实体本身
};
```

图 6.5　结构 path 的定义

在文件系统的使用过程中,需要不断地搜索 VFS 目录树。由于 VFS 目录树是不连贯的,因而需要不断查找嫁接在某安装点上的子文件系统的根目录,即需要不断地搜索安装树。虽然遍历安装树可以找到与某安装点对应的 mount 结构,但速度较慢。为了加快查找速度,Linux 另创建了一个 Hash 表 mount_hashtable。除不用嫁接的文件系统之外(如根文件系统、伪文件系统等),其余各文件系统的 mount结构都被插入在该 Hash 表中,mount 结构在 Hash 表中的位置由父文件系统的mount 结构和安装点目录的 dentry 结构决定。给出一个安装点目录的路径名,查mount_hashtable,可以快速地找到安装在其上的第一层子文件系统的 mount 结构,进而找到嫁接在安装点目录上的第一层子文件系统的根目录。

另外,结构 mount 还被组织在其他几个队列中,如文件系统超级块上的安装队列、MNT 名字空间中的安装队列、主安装中的从属安装队列、共享安装队列、过期安装队列等。

命令 findmnt 可以列出文件系统之间的安装关系:

```
→   findmnt -o + PROPAGATION -R --target /home
```

TARGET	SOURCE	FSTYPE	OPTIONS	PROPAGATION
/home	/dev/sda6	ext4	rw,relatime	shared
├─/home/root	/dev/sda6[/test]	ext4	rw,relatime	private
│ └─/home/root/test	/dev/sda6[/test/bin]	ext4	rw,relatime	private
├─/home/work	/dev/sda6[/test]	ext4	rw,relatime	shared,slave
└─/home/up	/dev/sda6[/test]	ext4	rw,relatime	shared
├─/home/up/sys	/dev/sda6[/test/bin]	ext4	rw,relatime	shared
└─/home/up/run	/dev/sda6[/test/etc]	ext4	rw,relatime	shared

其中嫁接在目录/home/root、/home/work、/home/up 上的文件系统是兄弟关系,它们都是对物理文件系统上的 test 目录的绑定安装。嫁接在目录/home/root/test 上的文件系统是另一个绑定安装,是嫁接在/home/root 上的文件系统的子文件系统。

6.3 共享子树

安装树描述虚拟目录树的嫁接方式,或者说 VFS 目录树的组织结构。Linux 为正在使用的每个物理文件系统都建立了一棵虚拟目录树。虚拟目录树来源于物理文件系统,是物理目录树在内存的表示,是物理目录树的子集。在 Linux 建立的虚拟目录树中,有些已被嫁接在 VFS 目录树上,可称为嫁接树,另一些未嫁接在 VFS 目录树上,用户无法看到。在所有的嫁接树中,来源于同一物理文件系统、相互之间存在交集的一组嫁接树具有一些特殊的性质,Linux 将它们称为共享子树(Shared subtree)。绑定安装、安装树复制(如创建 MNT 名字空间)等操作都会生成共享子树。

由于多棵共享子树对应的是同一棵物理目录树,因而不管经过哪棵共享子树,采用哪个路径名,都可访问到同一个物理文件系统实体。在任一棵共享子树中都可修改物理文件系统的结构,如增加、删除、移动其中的目录及文件等,修改结果可以立刻在其他共享子树中看到,各共享子树的内容保持一致。共享子树提供了一种文件共享方式,可为物理文件系统的同一文件实体提供多条访问路径或多个路径名,类似于符号连接但比符号连接更加简单、可靠、灵活。

每一棵共享子树上都可再安装或嫁接其他的目录树,并可将已嫁接在其上的目录树卸载下来。一棵共享子树上的安装与卸载结果可以传播到其他的共享子树中,也可以不影响其他的共享子树,因而操作系统需要提供一种传播控制手段。Linux 提供的传播控制手段包括传播类型、传播组和传播规则。

Linux 允许为每棵共享子树指定一个传播类型。进一步地,Linux 为文件系统的每个安装或目录树的每次嫁接,或者说每棵嫁接树都指定了一个传播类型。Linux 定义了四种传播类型,分别是共享、从属、私有和禁绑[53]。

(1) 共享(MS_SHARED)类的嫁接树会将自己的安装与卸载结果传播给同组的其他共享子树,也会接受同组其他共享子树的安装与卸载结果,以保持共享子树间的一致性。

(2) 私有(MS_PRIVATE)类嫁接树不将自己的安装与卸载结果传播给其他嫁接树,也不接受其他嫁接树的安装与卸载结果。私有类嫁接树不参与传播。

(3) 从属(MS_SLAVE)类嫁接树又有共享和私有之分。私有从属类嫁接树仅接受来自主共享子树的安装与卸载结果,但不将自己的安装与卸载结果传播给其他嫁接树;共享从属类嫁接树有自己的传播组,接受主共享子树及同组其他共享子树的安装与卸载结果,也会将自己的安装与卸载结果传播给同组的其他共享子树,但不会传播给主共享子树。

（4）禁绑（MS_UNBINDABLE）类嫁接树不允许将其中的目录或文件绑定安装到 VFS 目录树的其他位置,因而不允许为禁绑类嫁接树创建新的共享子树。

只有共享类型的嫁接树或共享子树才可以加入传播组。Linux 规定,每棵共享类型的嫁接树都必须在一个传播组中,且最多只能在一个传播组中。一个传播组中可以有多棵共享子树,也可以只有一棵共享子树,但不允许定义空的传播组。

Linux 定义了一套传播类型管理规则,包括新嫁接树的传播类型设置规则、嫁接树移动后的传播类型变动规则、传播类型修改规则等。默认情况下,VFS 目录树上的所有嫁接树的传播类型都是共享的。常规安装会嫁接新的目录树,新嫁接树的传播类型取决于安装点所在嫁接目录树的传播类型:

（1）如果安装点所在嫁接树的传播类型是共享的,则新嫁接目录树（新文件系统）的传播类型也是共享的,且被加入到一个全新的传播组中（其中只有自己）。

（2）如果安装点所在嫁接树的传播类型不是共享的,则新嫁接目录树（新文件系统）的传播类型是私有的。

由此可见,将同一物理文件系统安装多次,即使每次安装的传播类型都是共享的,它们也不会出现在同一个传播组中。也就是说,同一物理文件系统的每次常规安装都是独立的,它们的嫁接树之间不相互传播安装与卸载结果。

绑定安装嫁接新的目录树,新嫁接树的传播类型取决于原目录所在嫁接树（简称原嫁接树）的传播类型及安装点目录所在嫁接树的传播类型:

（1）如果原嫁接树的传播类型是共享的,则新嫁接目录树的传播类型也是共享的,且新嫁接目录树与原嫁接树在同一个传播组中。

（2）如果原嫁接树的传播类型是私有的,但安装点所在嫁接树的传播类型是共享的,则新嫁接目录树的传播类型是共享的,且被加入到一个全新的传播组中（其中只有自己）。

（3）如果原嫁接树的传播类型是私有的,安装点所在嫁接树的传播类型不是共享的,则新嫁接目录树的传播类型是私有的。

（4）如果原嫁接树的传播类型是从属的,但安装点所在嫁接树的传播类型是共享的,则新嫁接目录树的传播类型是共享（被加入到一个全新的传播组中）且从属的（与原嫁接树拥有同一个主共享子树）。

（5）如果原嫁接树的传播类型是从属的,安装点所在嫁接树的传播类型不是共享的,则新嫁接目录树的传播类型是私有、从属的（与原嫁接树拥有同一个主共享子树）。

（6）如果原嫁接树是禁绑的,则绑定安装是禁止的。

移动安装会改变目录树的嫁接位置,其传播类型取决于新位置所在嫁接树的传播类型:

（1）如果新位置所在嫁接树的传播类型是共享的，则不管原来的类型是什么，嫁接树的传播类型都会被改为共享的。如果原传播类型不是共享的，则嫁接树会被加入到一个全新的传播组中。如果原传播类型是从属的，则其从属关系保持不变。

（2）如果新位置所在嫁接树的传播类型不是共享的，则嫁接树的传播类型保持不变。

变更安装（参数中带 MS_SHARED、MS_SLAVE、MS_PRIVATE、MS_UNBINDABLE等标志的 mount( )操作）用于修改某个嫁接树的传播类型，如表6.1所列。

（1）不管嫁接树的原传播类型是什么，带 MS_SHARED 标志的 mount( )函数都会将其传播类型改为共享的。如果原传播类型不是共享的，则嫁接树会被加入到一个全新的传播组中（其中只有自己）。如果原传播类型是从属的，则其从属关系保持不变。

（2）如果嫁接树的原传播类型是共享的，则带 MS_SLAVE 标志的 mount( )函数会将其从传播组中剔除。如果嫁接树所在传播组中还有其他共享子树，则将其中之一设为嫁接树的主共享子树，将自己的传播类型改为私有、从属的；否则，将自己的传播类型改为私有的。将非共享类型的嫁接树改为从属的是无意义的。

（3）不管嫁接树的原传播类型是什么，带 MS_PRIVATE 标志的 mount( )函数都会将其传播类型改为私有的。如果原传播类型是共享的，则嫁接树会被从传播组中剔除；如果原传播类型是从属的，则嫁接树会与其主共享子树脱离关系。

（4）不管嫁接树的原传播类型是什么，带 MS_UNBINDABLE 标志的 mount( )函数都会将其传播类型改为禁绑的。如果原传播类型是共享的，则嫁接树会被从传播组中剔除；如果原传播类型是从属的，则嫁接树会与其主共享子树脱离关系。

为便于修改嫁接树的传播类型，Linux 在 mount 命令中增加了几个选项：

```
mount --make-shared mountpoint      //将嫁接在安装点上的目录树的传播类型改为
                                       共享
mount --make-slave mountpoint       //将嫁接在安装点上的目录树的传播类型改为
                                       从属
mount --make-private mountpoint     //将嫁接在安装点上的目录树的传播类型改为
                                       私有
mount --make-unbindable mountpoint  //将嫁接在安装点上的目录树的传播类型改为
                                       禁绑
```

当要在一棵共享子树中嫁接新的目录树时，不管是常规安装、绑定安装还是移动安装，Linux 都会检查安装点（或移动安装的目的地）所在嫁接树的传播类型。只要安装点或目的地所在嫁接树（源嫁接树）的传播类型为共享的，Linux 都会试图向外传播新的安装结果，如图6.6所示。满足下列条件的共享子树（目的嫁接树）会接受传播：

（1）与目的嫁接树属于同一个传播组，且安装点或目的地在目的嫁接树中。

（2）安装点或目的地在目的嫁接树中，且源嫁接树是目的嫁接树的主共享子树。

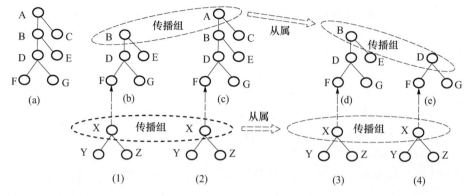

图6.6 共享子树及传播关系

在图6.6中，嫁接树（a）、（b）、（c）、（d）、（e）是来自同一个物理文件系统的共享子树，其中（a）和（c）由常规安装所建，两者的传播类型虽都是共享的，却不在同一个传播组中。（b）是（c）的绑定安装，两者的传播类型都是共享的且在一个传播组中。（d）是（c）的绑定安装，其传播类型已被改为共享、从属的，主共享树为（c）。（e）是（d）的绑定安装，传播类型为共享，且与（d）在一个传播组中。

在（c）的 F 目录上嫁接的目录树会传播到（b）（共享传播）、（d）（从属传播）和（e）（共享传播）的 F 目录上，但不会传播到（a）上（不在一个传播组）。在（c）的 E 目录上嫁接的目录树会传播到（b）、（d）和（e），但因为目录 E 不在（e）的嫁接树上，因而被（e）忽略。在（d）上嫁接的目录树不会传播到（a）、（b）、（c），但会传播到（e）。

目录树（2）嫁接在（c）的 F 目录上，传播到（b）、（d）、（e）后也嫁接在 F 目录上，形成目录树（1）、（3）、（4）。（1）和（2）、（3）和（4）又构成 2 个共享子树的传播组。（3）和（4）都是共享、从属类型的，其主共享子树为（1）。

下面的程序片段用于验证绑定安装以及安装与卸载操作的传播关系。目录 A 被绑定安装到目录 B 和 C 上，形成三棵共享子树。创建之初，A、B 和 C 的传播类型都是共享的，且属于同一个传播组。此后，B 的传播类型被改为私有的，C 的传播类型被改为从属的，因而 B 和 C 都被踢出传播组，但 C 变成了 A 的从属嫁接树。而后，再将 A/A1 绑定安装到 A/A2 上，将 B/B1 绑定安装到 B/B2 上，将 C/C1 绑定安装到 C/C2 上。由于 A 和 C 是主从关系，A 上的安装与卸载结果应该传播给 C，但不会传播给 B；B 上的安装与卸载结果不会传播给 A 和 C，C 上的安装与卸载结果也不会传播给 A 和 B。

程序中有三处对函数 system() 的调用，用于执行同一个 Linux 命令 findmnt，其作用是显示文件系统的安装关系。程序片段的代码如下：

```
void main( ) {
    mount("A","B",NULL,MS_BIND,NULL);              //把 A 嫁接在 B 上
    mount("A","C",NULL,MS_BIND,NULL);              //把 A 嫁接在 C 上
    mount("B","B",NULL,MS_PRIVATE,NULL);           //把 B 上的子树改为私有的
    mount("C","C",NULL,MS_SLAVE,NULL);             //把 C 上的子树改为从属的
    system("findmnt -o +PROPAGATION");             //显示安装关系
    mount("A/A1","A/A2",NULL,MS_BIND,NULL);
    system("findmnt -o +PROPAGATION");             //显示安装关系
    mount("B/B1","B/B2",NULL,MS_BIND,NULL);
    mount("C/C1","C/C2",NULL,MS_BIND,NULL);
    system("findmnt -o +PROPAGATION");             //显示安装关系
}
```

程序片段的输出结果如下：

TARGET	SOURCE	FSTYPE	OPTIONS	PROPAGATION
A	/dev/sda6	ext4	rw,relatime,data = ordered	shared
├─B	A	ext4	rw,relatime,data = ordered	private
└─C	A	ext4	rw,relatime,data = ordered	private,slave
//B 中的安装是私有的,C 中的安装是从属的				
A	/dev/sda6	ext4	rw,relatime,data = ordered	shared
├─B	A	ext4	rw,relatime,data = ordered	private
├─C	A	ext4	rw,relatime,data = ordered	private,slave
│ └─C/A2	A/A1	ext4	rw,relatime,data = ordered	private,slave
└─A/A2	A/A1	ext4	rw,relatime,data = ordered	shared
//A 中的新安装传播到了 C 中,但未传播到 B 中				
A	/dev/sda6	ext4	rw,relatime,data = ordered	shared
├─B	A	ext4	rw,relatime,data = ordered	private
│ └─B/B1	B/B1	ext4	rw,relatime,data = ordered	private
├─C	A	ext4	rw,relatime,data = ordered	private,slave
│ ├─C/A2	A/A1	ext4	rw,relatime,data = ordered	private,slave
│ └─C/C2	C/C1	ext4	rw,relatime,data = ordered	private,slave
└─A/A2	A/A1	ext4	rw,relatime,data = ordered	shared
//B 和 C 中的新安装未传播出去				

6.4　MNT 名字空间结构

在传统 Linux 中,全系统仅有一棵 VFS 目录树,称为全局目录树。全局目录树实现简单,但隐含着安全风险,如全局目录树可被所有的进程看到、访问到,一个进程对

全局目录树的修改(通过安装、卸载等操作)会直接影响其他进程对文件的访问等。

为了解决全局目录树带来的安全问题,新版 Linux 引入了 MNT 名字空间机制,用于将全局唯一的目录树转化成局部的目录树,即为每个 MNT 名字空间都提供一棵独立的目录树。有了 MNT 名字空间之后,系统中的每个进程都运行在一个 MNT 名字空间之中,进程仍然可以用安装与卸载操作改变目录树的结构,但修改结果只能被同一 MNT 名字空间中的进程看到,不会被其他 MNT 名字空间中的进程感知。

Linux 用结构 mnt_namespace 定义其 MNT 名字空间如下:

```
struct mnt_namespace {
    atomic_t                count;              //引用计数
    struct ns_common        ns;                 //名字空间超类
    struct mount            * root;             //安装树的根
    struct list_head        list;               //名字空间中的所有 mount 结构
    struct user_namespace   * user_ns;          //创建者的 USER 名字空间
    struct ucounts          * ucounts;          //用户创建的各类名字空间的实际数量
    u64                     seq;                //序列号,用于确定名字空间的创建顺序
    wait_queue_head_t       poll;               //等待名字空间变化的进程队列
    u64                     event;              //等待的事件
    unsigned int            mounts;             //名字空间中的 mount 结构数
    unsigned int            pending_mounts;     //名字空间中正在安装的 mount 结构数
};
```

结构 mnt_namespace 所描述的 MNT 名字空间的组织结构如图 6.7 所示。

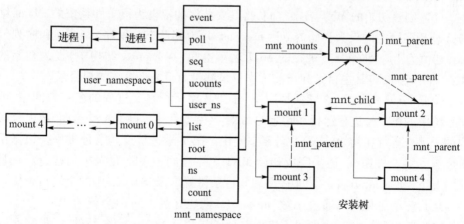

图 6.7　MNT 名字空间的组织结构

由此可见,结构 mnt_namespace 的核心是一棵安装树。一个 MNT 名字空间中只有一棵安装树,用于描述其中的 VFS 目录树(不含未安装的虚拟目录树)。结构

mnt_namespace 中的 root 指向安装树的根。从根开始遍历安装树可以找到其上的所有 mount 结构，但比较费时。为了加快遍历速度，Linux 将一个 MNT 名字空间中的所有 mount 结构全都组织在一个双向链表中，表头为 list。

随着 MNT 名字空间的反复创建、撤销，其超类 ns 中的序号 inum 会被重复使用，同一个序号 inum 可能标识的并不是同一个 MNT 名字空间，容易造成误用。为了区分不同时期创建的 MNT 名字空间，Linux 在结构 mnt_namespace 中引入了一个单调增长的序列号 seq。

Linux 允许进程监听 MNT 名字空间中 VFS 目录树的动态变化。监听者进程被挂在队列 poll 中。当 MNT 名字空间发生变化时，Linux 会将变化的原因记录在 event 中，而后唤醒在队列 poll 中等待的进程。

与其他几种名字空间不同，系统中初始的 MNT 名字空间也是动态创建出来的。在 Linux 内核的初始化过程中，第 0 号进程执行函数 mnt_init( )，该函数完成的主要工作如下：

（1）为 mount 结构的分配创建一个专用的 Slab cache。

（2）创建 Hash 表 mount_hashtable 和 mountpoint_hashtable。

（3）注册名为 sysfs 的文件系统类型，并在其中创建一个名为 fs 的子目录。

（4）注册名为 rootfs 和 tmpfs 的文件系统类型，并安装 tmpfs 文件系统（未嫁接）。

（5）安装根文件系统（其中只有一个名为"/"的根目录），创建 mount 结构描述其安装方式。根文件系统不需要嫁接，不会被查找，其 mount 结构中的 mnt_parent 指向自己、mnt_root 和 mnt_mountpoint 都指向根目录"/"，且不需要插入到 Hash 表 mount_hashtable 中。

（6）创建初始的 MNT 名字空间，将其安装树的根设为根文件系统的 mount 结构，USER 名字空间设为初始的 init_user_ns，并为其动态分配序号 inum 和序列号 seq（初值为 1）。将第 0 号进程的 MNT 名字空间（在 nsproxy 结构中）设为初始的 MNT 名字空间，将其主目录和当前工作目录都设为根文件系统的根目录。

按照 Linux 的约定，在默认情况下，子进程将运行在父进程的名字空间中，因而系统中的第 1 号进程运行在初始的 MNT 名字空间中。除非特殊声明，第 1 号进程的子孙也运行在初始的 MNT 名字空间中。第 1 号进程及其子孙进程会根据系统配置安装文件系统，逐步完成初始 MNT 名字空间中 VFS 目录树的构建。在默认情况下，初始 MNT 名字空间中的 VFS 目录树就是传统 Linux 中的全局目录树。

运行中的进程可以通过函数 unshare( )创建并进入一个全新的 MNT 名字空间，也可通过函数 clone( )创建子进程并让子进程运行在一个全新的 MNT 名字空间中。事实上，函数 clone( )创建的子进程先用父进程的 MNT 名字空间，再创建并进入一个全新的 MNT 名字空间。因而不管是函数 unshare( )还是 clone( )，其创建新 MNT 名字空间的方法基本相同，即从自己现有的 MNT 名字空间中复制出一个全新的 MNT 名字空间。新 MNT 名字空间的创建者进程是函数 unshare( ) 的调用者进程或函数 clone( ) 创建出的子进程。创建者进程必须拥有独立的 fs_struct 结构（不能与其他进程共用），且在当前 USER 名字空间或新 USER 名字空间（参数中带有 CLONE_NEWUSER 标志）中必须拥有 CAP_SYS_ADMIN 权能。

MNT 名字空间是 Linux 实现的第一种名字空间，其创建标志为 CLONE_NEWNS。创建新 MNT 名字空间的过程大致如下：

（1）为新 MNT 名字空间创建一个 mnt_namespace 结构，为其动态分配序号 inum 和序列号 seq，将超类中的名字空间操作集 ops 设为 mntns_operations，将 user_ns 设为创建者进程的当前 USER 名字空间（可能是新建的）。

（2）将当前 MNT 名字空间中的安装树复制到新 MNT 名字空间中，为新 MNT 名字空间创建一棵新的安装树。新安装树中的 mount 结构是从老安装树中逐个复制的，复制内容包括其中的超级块、根目录、安装点、安装标志等。除根 mount 结构之外，新安装树中的 mount 结构都被插入 Hash 表 mount_hashtable 中。虽然新老 mount 结构中的安装点相同，但由于它们的父 mount 结构不同，因而在 Hash 表 mount_hashtable 中的位置不会冲突。

（3）让新 mnt_namespace 结构中的 root 指向新安装树的根。

（4）修改创建者进程的主目录和当前工作目录，将其中的安装关系换成新 MNT 名字空间中的新 mount 结构，dentry 保持不变。

由于安装树中的各 mount 结构都被复制，原 VFS 目录树中的每棵嫁接树都变成了两棵，它们来源相同、结构相同，自然地变成了共享子树。在安装树的复制过程中，Linux 同时确定了各嫁接树的传播类型。如果新 MNT 名字空间属于新的 USER 名字空间（降级处理），那么在新安装树中，各嫁接树的传播类型都被改成了私有的，其 MS_RDONLY 等属性被锁定（不许改），所有共享类嫁接树都会被复制成了私有、从属的（主共享子树为老名字空间中的共享类嫁接树），如图 6.8 所示。如果新老 MNT 名字空间属于同一个 USER 名字空间，那么在新安装树中，各嫁接树的传播类型保持不变，新共享类嫁接树与老共享类嫁接树在同一个传播组中，新从属类嫁接树与老从属类嫁接树拥有同一棵主共享子树。

在图 6.8 中，安装树 1′ 中的 mount i 是从安装树 1 中的 mount i（$i = 0, 1, 2, 3, 4$）复制过来的，两棵安装树的结构完全相同，所描述的是同一棵 VFS 目录树。由于新 MNT 名字空间属于新的 USER 名字空间，因而其中各 mount $i′$ 结构的传播类型都是私有、从属的。

由于安装树被完整复制，因而在创建之初，新老 MNT 名字空间中的 VFS 目录树是完全一致的。值得注意的是，在安装树的复制过程中，并未复制与之对应的虚拟目录树或 dentry 结构树。虽然每个 MNT 名字空间都有自己独立的安装树，但每个物理文件系统仅有一棵虚拟目录树，该虚拟目录树可能被多个 MNT 名字空间共用。在不同 MNT 名字空间中，各虚拟目录树的安装方式可能不同，但虚拟目录树

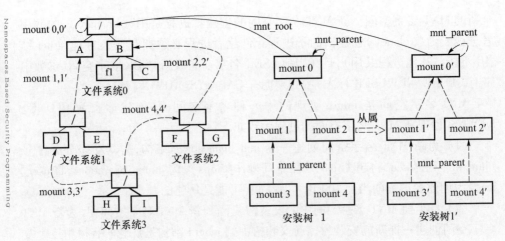

图 6.8　创建 MNT 名字空间时的安装树复制

本身是相同的。特别地,不管有多少个 MNT 名字空间,不管被安装多少次,物理文件系统本身并不会被复制,仍然只有一个。

运行中的进程也可通过函数 setns( ) 进入某个目的 MNT 名字空间(其他进程已创建)。调用者进程在目的 MNT 名字空间的创建者 USER 名字空间中需拥有 CAP_SYS_ADMIN 权能、在自己的 USER 名字空间中需拥有 CAP_SYS_ADMIN 和 CAP_SYS_CHROOT 权能。函数 setns( ) 不创建新的 MNT 名字空间,只是将调用者进程的 MNT 名字空间换成目的 MNT 名字空间,并将调用者进程的主目录和当前工作目录换成新 MNT 名字空间的根目录。

进程进入新 MNT 名字空间的标志是其主目录和当前工作目录被换成了新 MNT 名字空间中的目录,此后进程仅能看到新 MNT 名字空间中的目录树,可能无法再用其他 MNT 名字空间中的路径名访问文件。

由于 MNT 名字空间拥有独立的 mount 结构树,因而当其中的进程执行安装或卸载操作时,所修改的是自己 MNT 名字空间中的安装树,修改结果可能会传播到其他 MNT 名字空间中,也可能不会,取决于 MNT 名字空间中各嫁接树的传播类型。

在 MNT 名字空间中可执行安装与卸载操作,执行者进程在 MNT 名字空间的创建者 USER 名字空间(不是进程的当前 USER 名字空间)中需拥有 CAP_SYS_ADMIN 权能。

(1) 常规安装,即完整嫁接一个物理文件系统的虚拟目录树。常规安装需请求物理文件系统建立自己的超级块和根目录,并需要在 MNT 名字空间的安装树中增加一个 mount 结构,其中的 mnt_sb 和 mnt_root 分别指向物理文件系统的超级块和根目录、mnt_mountpoint 指向安装点目录、mnt_parent 指向安装点所属嫁接树的 mount 结构。图 6.8 描述了几种常见的常规安装。如安装者进程所在 USER 名字空间不是 init_user_ns,常规安装会失败,因而所有的常规安装都应由 init_user_ns

名字空间中的特权进程实施。

（2）绑定安装，即嫁接 VFS 目录树中的一棵目录子树或一个文件。被嫁接的目录子树或文件在当前的 VFS 目录树中，由路径名指示，统称为原目录树。原目录树可能是一棵目录子树、一个目录或一个普通文件。绑定安装不需要再建立物理文件系统的超级块和根目录，但需要在 MNT 名字空间的安装树中增加一个 mount 结构，其中的 mnt_sb 指向原目录树所属物理文件系统的超级块、mnt_root 指向原目录树的根、mnt_mountpoint 指向安装点、mnt_parent 指向安装点所属嫁接树的 mount 结构。如果安装参数中带有 MS_REC 标志，则还要将嫁接在原目录树上的子文件系统一起复制过来。图 6.9 是常见的绑定安装，其中 mount 5 将文件 f2 绑定安装在文件 f1 上，mount 4 将以 E 为根的目录子树绑定安装在目录 C 上，mount 3 将以 E 为根的目录子树及嫁接在该子树上的文件系统 2 一起绑定安装在目录 B 上（mount 6 是 mount 2 的副本）。

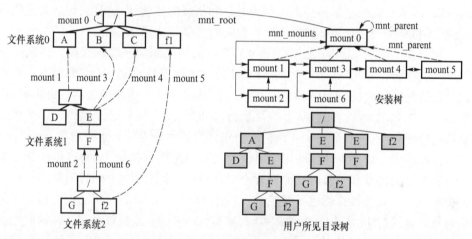

图 6.9　常见的绑定安装

安装点及原目录都必须在安装者进程的 MNT 名字空间中，且必须是可见的。原目录子树所在的嫁接树必须允许绑定安装。Linux 允许将一个文件绑定安装到另一个文件上，如将目录/proc/［pid］/ns/中的名字空间管理文件绑定安装到常规文件上，但禁止绑定安装 mnt 文件。

（3）移动安装，即重新嫁接一棵虚拟目录树。移动安装实际是把一棵嫁接树从一个安装点移动到另一个安装点，相当于卸载后再安装。移动安装不需要增加新的 mount 结构，但需要调整一个 mount 结构属性，将其 mnt_mountpoint 改成新的安装点，mnt_parent 改成新安装点所属嫁接树的 mount 结构，以反映嫁接树的新安装方式。虽然要移动的嫁接树上可能还嫁接着其他目录树，但只要修改一个 mount 结构即可。在图 6.9 中，修改 mount 3 结构的父子兄弟关系及其中的 mnt_mountpoint 域，即可将安装在目录 B 上的嫁接树及嫁接在 F 上的文件系统 2 一起移动到新的安装点,不需要修改 mount 6 的内容。Linux 规定只能移动整棵嫁接树,只能在同一个 MNT 名字空间中移动嫁接树,不能移动共享类的嫁接树,不能将包含禁绑安装的嫁接树移动到共享类嫁接树中,不能移动根文件系统,不能将父文件系统移动到子文件系统中等。

(4)变更安装,即修改嫁接树的传播类型。在一次变更安装中仅允许修改一个传播类型。传播类型记录在 mount 结构的 mnt_flags 域中。共享类型的嫁接树都允许绑定安装,除非将其传播类型再次改为禁绑的。

(5)重新安装,即修改嫁接树的安装方式,如将只读安装改为读写安装或相反。

在常规安装和绑定安装中,要将新建的 mount 结构插入必要的队列,如所属 MNT 名字空间的 list 队列、安装点所属 mount 结构的 mnt_mounts 队列、Hash 表 mount_hashtable 等。如果安装点位于共享类型的嫁接树中,则新安装也应是共享的,且应将新安装的结果传播到类型为共享和从属的其他嫁接树中,包括为这些嫁接树复制 mount 结构,并将它们插入到相应的共享与从属队列中。

卸载操作试图从 MNT 名字空间的 VFS 目录树中删除一棵嫁接树。卸载操作仅能从进程所在 MNT 名字空间的 VFS 目录树中删除嫁接树,且每次删除的都必须是完整的嫁接树(只能从安装点卸载)。如果嫁接树上还嫁接着其他目录树,卸载操作会先尝试卸载嫁接在其上的目录树,再卸载用户请求的嫁接树。要卸载的嫁接树应该是不忙的(其 mount 结构的引用计数不大于 1),除非用户在 umount( ) 中有特殊声明。如果要卸载的嫁接树位于共享类型的嫁接树中,则应将卸载结果传播到类型为共享和从属的其他嫁接树中,即将要卸载的嫁接树的副本同时从它们中删除。如安装操作创建了嫁接树 A 的副本 A1、⋯、An 并已将它们传播到了共享与从属嫁接树中,那么当 A 被卸载时,副本 A1、⋯、An 也要被卸载。卸载操作会将嫁接树的 mount 结构从各种队列中摘下、清理,而后释放。文件系统被卸载之后,如果其中的文件实体不再有用户,则其 inode 和 dentry 结构也会被释放。

在安装或卸载操作完成之后,名字空间的 VFS 目录树已发生变化。如果 MNT 名字空间的 poll 队列上有等待的进程,则应将其唤醒。

当进程终止时,它所在的 MNT 名字空间会被释放。如果 MNT 名字空间中已没有其他进程,则系统会将其销毁。当然在销毁 MNT 名字空间之前,要先释放其中的 VFS 目录树,即安装树中的各个 mount 结构。不管各嫁接树的类型如何,这里的释放都不向外传播。

下面的程序片段用于验证 MNT 名字空间的作用,其中包括两个进程,交叉运行。父进程将目录"/A"绑定安装到目录"/B"上,创建子进程;子进程通过 unshare( ) 创建并进入新的 USER 和 MNT 名字空间;父进程将目录"/A/C"绑定安装到目录"/A/D"上;子进程将目录"/B/E"绑定安装到目录"/B/F"上。命令 findmnt 用于显示安装关系。

```
void main( ) {
    mount("/A","/B",NULL,MS_BIND,NULL);
    system("findmnt -o +PROPAGATION -R --target /home");
    if(fork( ) = =0) {
        unshare(CLONE_NEWNS | CLONE_NEWUSER);   //更换 MNT 名字空间
        system("findmnt -o +PROPAGATION -R --target /home");
        sleep(1);
        system("findmnt -o +PROPAGATION -R --target /home");
        mount("/B/E","/B/F",NULL,MS_BIND,NULL);
        system("findmnt -o +PROPAGATION -R --target /home");
        sleep(1);
    } else {
        sleep(1);
        mount("/A/C","/A/D",NULL,MS_BIND,NULL);
        sleep(1);
        system("findmnt -o +PROPAGATION -R --target /home");
    }
}
```

程序片段的执行结果如下:

父进程在老 MNTNS 中看到的安装关系				
TARGET	SOURCE	FSTYPE OPTIONS		PROPAGATION
/	/dev/sda6	ext4	rw,relatime,data = ordered	shared
└─/B	/dev/sda6[/A]	ext4	rw,relatime,data = ordered	shared
子进程在新 MNTNS 中看到的安装关系(复制的安装树),传播类型变成了私有、从属的				
/	/dev/sda6	ext4	rw,relatime,data = ordered	private,slave
└─/B	/dev/sda6[/A]	ext4	rw,relatime,data = ordered	private,slave
子进程在新 MNTNS 中可看到父进程的安装,说明已传播到了新 MNTNS 中				
/	/dev/sda6	ext4	rw,relatime,data = ordered	private,slave
├─/B	/dev/sda6[/A]	ext4	rw,relatime,data = ordered	private,slave
│ └─/B/D	/dev/sda6[/A/C] ext4		rw,relatime,data = ordered	private,slave
└─/A/D	/dev/sda6[/A/C]	ext4	rw,relatime,data = ordered	private,slave
子进程在新 MNTNS 中嫁接新目录树后看到的安装关系				
/	/dev/sda6	ext4	rw,relatime,data = ordered	private,slave
├─/B	/dev/sda6[/A]	ext4	rw,relatime,data = ordered	private,slave
│ ├─/B/D	/dev/sda6[/A/C]	ext4	rw,relatime,data = ordered	private,slave
│ └─/B/F	/dev/sda6[/B/E]	ext4	rw,relatime,data = ordered	private,slave
└─/A/D	/dev/sda6[/A/C]	ext4	rw,relatime,data = ordered	private,slave
父进程在老 MNTNS 中看到的安装关系,未传播到老 MNTNS 中				

/	/dev/sda6	ext4	rw,relatime,data = ordered	shared
├──/B	/dev/sda6[/A]	ext4	rw,relatime,data = ordered	shared
│　　└──/B/D	/dev/sda6[/A/C]	ext4	rw,relatime,data = ordered	shared
└──/A/D	/dev/sda6[/A/C]	ext4	rw,relatime,data = ordered	shared

利用新老 MNT 名字空间的这种单向传播关系,可以保证新 MNT 名字空间的封闭性,隐藏新 MNT 名字空间内部目录树的变化,同时又可感知老 MNT 名字空间中 VFS 目录树上的安装与卸载操作,既能隔离新 MNT 名字空间中的目录树变化,又可共享老 MNT 名字空间中的新安装成果,具有极大的灵活性。一种可能的应用场景是在新 MNT 名字空间中正常使用系统的光盘:

(1) 初始状态下,进程运行在初始 MNT 名字空间中,可通过绑定安装将目录"/cdrom"嫁接到"/cdrom"上,创建一棵共享类型的嫁接树。

(2) 进程创建并进入新的 USER 和 MNT 名字空间。新 MNT 名字空间完整复制初始 MNT 名字空间中的安装树,包括嫁接在"/cdrom"上的共享子树,但会将其传播类型改成私有、从属的,其主共享子树为初始 MNT 名字空间中嫁接在"/cdrom"上的目录树。

(3) 此后,当用户在光驱中插入光盘时,系统会自动将光盘上的文件系统安装在初始 MNT 名字空间的"/cdrom"上,由于安装传播的缘故,光盘上的虚拟目录树也会自动嫁接在新 MNT 名字空间的"/cdrom"上,从而可在新 MNT 名字空间中访问光盘中的内容。

6.5　路径名

有了 MNT 名字空间之后,系统中的每个进程都运行在一个 MNT 名字空间中,都可看到一棵 VFS 目录树,虽然不同 MNT 名字空间中的进程看到的是不同的 VFS 目录树。进程仍然用路径名标识文件,但与传统 Linux 不同,进程所提供的是自己所在 MNT 名字空间中的局部路径名。因而在有了 MNT 名字空间之后,进程所使用的都不再是全局的路径名。MNT 名字空间机制成功地实现了全局路径名的局部化。

不管进程提供的是全局路径名还是局部路径名,操作系统都必须实现路径名的解析,即找到路径名所标识的文件实体,创建它的 inode 和 dentry 结构。只有在完成路径名解析工作之后,进程才可对其进行 I/O 操作。路径名定义与解析的依据是进程所在 MNT 名字空间中的 VFS 目录树。

在 VFS 目录树中,每个节点代表一个文件实体。从根节点(根目录)到任一特定节点(可能是文件、目录、符号连接、管道、设备等)的路径称为绝对路径,将绝对路径上所有节点的名字串联起来(用'/'隔开)就形成了节点的绝对路径名。随着目录树层数的增加,绝对路径名可能很长。为了便于使用,Linux 允许进程定义、修改自己的当前工作目录 pwd。进程的当前工作目录是全局 VFS 目录树中的一个中间节点(子目录),从当前工作目录到特定节点的路径称为相对路径,将相对路径上所有节点的名字串联起来就形成了节点的相对路径名。绝对路径名和相对路径名都可用于标识 VFS 树中的节点,相对路径名应该更短。

通常情况下,进程所看到的根就是自己所在 MNT 名字空间的 VFS 目录树的根,进程所提供的绝对路径名都是相对于根目录的路径名。为了进一步限定进程在 VFS 目录树中的可见范围,Linux 允许为每个进程都指定一个主目录 root。进程的主目录是所在 MNT 名字空间的 VFS 目录树中的一个节点,用于标识其中的一棵子树。不管 VFS 目录树有多大,进程只能看到以其主目录为根的目录子树,仅能访问到该目录子树上的文件实体。为便于管理,Linux 将进程的主目录和当前工作目录包装在结构 fs_struct 中,并为每个进程都定义了该结构的一个实例,其中的 root 指向进程的主目录,pwd 指向进程的当前工作目录。

在图 6.10 中,进程的主目录为 B,当前工作目录为 H。因而该进程只能看到以 B 为根的目录子树,看不到 VFS 目录树中的其余目录,如目录 C、D 等。

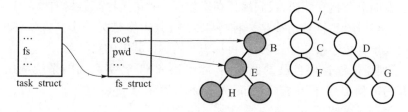

进程所在MNT名字空间的VFS目录树

图 6.10　进程的主目录和当前工作目录

限定了主目录和当前工作目录之后,进程提供的路径名其实都是相对的。在解析之前需要先确定路径的参考点(起点)。如果路径名的首字符是'/',则参考点应该是进程的主目录;如果路径名的首字符不是'/',则参考点应该是进程的当前工作目录。从参考点出发,依照路径名的指示,沿着进程所在 MNT 名字空间的 VFS 目录树逐目录前行,最后到达的节点就是路径名所指的节点,这一过程就是路径名解析。在路径名解析期间,可能还需要创建新的节点、跨越安装点、跨越符号连接等。

路径名解析的结果记录在结构 path 中,如图 6.5 所示。初始情况下,结构 path 被设为参考点。随着解析的进行,结构 path 不断调整,其中总是记录着最近解析出的实体。当最后一个子路径名被解析完之后,结构 path 中记录的就是路径最终所指的实体。在路径名解析的过程中,可能会遇到一些需要特殊处理的子路径名,例如:

（1）"."表示当前目录，不需要调整 path 结构。

（2）".."表示当前目录的父目录，需要调整 path 结构：

① 如果当前目录是一个普通目录，则其父目录由 dentry 结构中的 d_parent 指出。

② 如果当前目录是进程的主目录，则其父目录是自己。

③ 如果当前目录是嫁接树的根，则需向下跨越安装树，找到安装点所在的文件系统，其父目录是安装点的父目录。

（3）字符串表示当前目录中的一个文件实体，需要调整 path 结构：

① 如果子路径名所标识的文件实体曾被解析过，则在 Hash 表 dentry_hashtable 中应该能够找到与之对应的 dentry 结构。

② 如果子路径名所标识的文件实体不在 Hash 表 dentry_hashtable 中，则需请求物理文件系统获得文件实体的管理信息，创建 inode 和 dentry 结构并将其插入 Hash 表。

新解析出的文件实体可能是安装点，也可能是符号连接，需特殊处理：

（1）安装点，安装点的 dentry 上有 DCACHE_MOUNTED 标志，表示该实体被覆盖，需要向上跨越安装树，找到嫁接在安装点上的最上层嫁接树的根。

（2）符号连接，符号连接是一种特殊文件，其内容是另一个文件实体的路径名，需要读出符号连接文件的内容，再从头开始解析其中的路径名。

为了便于进程管理自己的路径名，除更换 MNT 名字空间的系统调用之外，Linux 还为进程提供了系统调用 pivot_root 和库函数 chroot( )[54]、chdir( )[55] 及 fchdir( )等。系统调用 pivot_root 常在初始进程（1 号进程）中使用，用于准备初始 MNT 名字空间中的全局 VFS 目录树，定义如下：

    int pivot_root(const char * new_root, const char * put_old);

调用者进程的主目录指向一个安装点目录 R（通常是根目录"/"），其上安装着一个文件系统 oldfs（通常是来自于 initrd 的内存文件系统，其根目录是当前 VFS 目录树的根）。在以 R 为根的 VFS 目录树中，new_root 是一个安装点目录，其上嫁接着一个物理文件系统 newfs（实际的根文件系统），put_old 是 newfs 中的一个子目录（其上未安装文件系统）。系统调用 pivot_root 完成如下几件工作：

（1）将嫁接在 R 上的目录树（老的根文件系统）移到目录 put_old 上。

（2）将嫁接在 new_root 上的 newfs 目录树移到目录 R 上，将 newfs 的根目录转化成新 VFS 目录树的根。

（3）如果有进程的主目录或当前工作目录指向 oldfs 的根，则将其改为 newfs 的根。

系统调用 pivot_root 未被 glibc 库包装，只能用 syscall( )方式调用。

与系统调用 pivot_root 相比，库函数 chroot( )用得更多一些。函数 chroot( )的主要作用是改变调用者进程的主目录，定义如下：

int chroot(const char * path) ;

假如调用者进程当前的主目录为 A(在其 fs_struct 结构的 root 中) ,参数 path 所指的目录为 B,函数 chroot( )的作用是将调用者进程的主目录改为 B,即将调用者进程 fs_struct 结构中的 root 改为 B。此后,调用者进程提供的绝对路径名都从目录 B 开始解析。

函数 chroot( )成功执行之后,调用者进程在 VFS 目录树中的可见范围由 A 子树变成了 B 子树。正常情况下,目录 B 位于以 A 为根的目录子树中,因而 B 子树通常小于 A 子树。虽然 VFS 目录树未变,但调用者进程所看到的目录树缩小了。由于进程主目录的父目录("/..")仍然是其主目录,因而函数 chroot( )将调用者进程限定在了以其主目录为根的子树中,等于为其设置了一个监狱(chroot jail) 。

在获得新主目录 B(解析参数 path) 的过程中,Linux 不允许跨越调用者进程的老主目录 A。如果 path 是一个绝对路径名,则 B 必须是 A 的子孙;如果 path 是一个相对路径名,且进程的当前工作目录在 chroot 监狱之外,则 B 可以不是 A 的子孙。

函数 chroot( )不改变调用者进程的当前工作目录,也不影响对已打开文件的正常访问。利用这一特性,进程可能会越过 chroot 监狱的限制,常用的方法有如下几个:

(1) 如果当前工作目录在 chroot 监狱之外,则进程可通过相对路径名访问到 chroot 监狱之外的文件,甚至可能看到整棵 VFS 目录树。

(2) 如果当前工作目录在 chroot 监狱之外,则进程可通过相对路径名再次改变其主目录,如将其设为 chroot 监狱之外的某个目录。

(3) 如果拥有某目录 D 的文件描述符,则即使该目录在 chroot 监狱之外,进程也可通过函数 fchdir( )将自己的当前工作目录设为 D,再通过函数 chroot( )将自己的主目录改成 D。

因而,chroot 监狱本身是不牢固的。

如果新老主目录树的结构不同,则函数 chroot( )会影响调用者进程的行为,如无法访问某些共享库、无法执行某些命令等。

库函数 chdir( )和 fchdir( )用于改变调用者进程的当前工作目录,定义如下:

int chdir(const char * path) ;

int fchdir(int fd) ;

参数 path 可以是一个绝对路径名,也可以是一个相对路径名,所标识的是 VFS 目录树中的一个目录。对 path 的解析不能跨越调用者进程的主目录。函数 chdir( )将进程的当前工作目录改为 path 所指的目录。此后进程声明的相对路径名都将从目录 path 处开始解析。

参数 fd 是通过函数 open( )获得的某目录的文件描述符。函数 fchdir( )将进程的当前工作目录改为 fd 所指的目录。此后进程声明的相对路径名都将从目录

fd 所指的目录开始解析。

主目录和当前工作目录的变更结果会被子进程继承。

库函数 getcwd( )等可以获得进程的当前工作目录,定义如下:

char ∗ getcwd(char ∗ buf, size_t size) ;

函数 getcwd( )将进程的当前工作目录的绝对路径名复制到 buf 中,该 buf 的长度为 size 字节。如果 buf 为 NULL,该函数会自动申请一块内存(size 字节或足够大)用于保存进程的当前工作目录。自动申请的内存需要用 free( )释放。如果进程的当前工作目录在 chroot 监狱之外,函数 getcwd( )获得的路径名中带有"(unreachable)"前缀。

下面的程序片段用于验证上述库函数的效果。假如进程的当前工作目录为/home/guo/prog。程序先将进程的当前工作目录设为/home/guo,再将其主目录设为/home/guo/test 但未改其当前工作目录,因而进程的当前工作目录在其 chroot 监狱之外,通过相对路径名再次调用函数 chroot( ),可将进程的主目录设回老的根目录。

```
void main( ) {
    int ret;
    char buf[1024];
    chdir("..");                     //改变进程的当前工作目录
    getcwd(buf,1024);                //获取并打印进程的当前工作目录
    printf("%s\n",buf);
    ret = chroot("test");            //改变进程的主目录
    printf("chroot ret = %d,%s\n",ret,strerror(errno));
    getcwd(buf,1024);                //获取并打印进程的当前工作目录
    printf("%s\n",buf);
    ret = chroot("../../..");        //改变进程的主目录
    printf("chroot ret = %d,%s\n",ret,strerror(errno));
    chdir("/");                      //改变进程的当前工作目录
    getcwd(buf,1024);                //获取并打印进程的当前工作目录
    printf("%s\n",buf);
}
```

程序的输出结果如下:

/home/guo	//当前工作目录的父目录
chroot ret = 0, Success	//成功改变进程的主目录
(unreachable)/home/guo	//当前工作目录在 chroot 监狱之外,不可达
chroot ret = 0, Success	//再次成功改变进程的主目录
/	//成功越狱,将进程的当前工作目录改成了根目录

6.6　MNT 名字空间接口文件

在 proc 文件系统中,Linux 为 MNT 名字空间准备了几个接口文件,用于描述进程所在 MNT 名字空间的当前状态:

(1)/proc/filesystems 是 Linux 内核当前支持的各类文件系统类型,这些类型要么已编译在内核中,要么其模块已经插入到内核中。

(2)/proc/[pid]/mounts 是进程所在 MNT 名字空间中当前安装的文件系统列表,即 MNT 名字空间中各 mount 结构的信息,其格式与文件 fstab 相同,内容包括 file system、mount point、type、options、dump、pass 等。

(3)/proc/[pid]/mountinfo 是进程所在 MNT 名字空间中的文件系统安装信息,即 MNT 名字空间中各 mount 结构的信息,包括 mount ID、parent ID、major：minor、root、mount point、mount options、optional fields、separator、filesystem type、mount source、super options 等,信息来源于 MNT 名字空间中的 mount 结构、物理文件系统的超级块等。

optional fields 是 mount 结构所描述的嫁接树的传播类型,有以下几种:

① shared:X,共享型,属于第 X 传播组。

② master:X,从属型,主共享子树属于第 X 传播组。

③ propagate_from:X,从属型,从第 X 传播组(主目录下最近的传播组)接收安装与卸载信息。

④ unbindable,禁绑型。

(4)/proc/[pid]/mountstats 是进程所在 MNT 名字空间中的文件系统安装信息,即 MNT 名字空间中各 mount 结构的信息,其格式为 device ＜ mounted device ＞ mounted on ＜ mount point ＞ with fstype ＜ filesystem type ＞ [Optional statistics and configuration information]。

文件 mounts、mountinfo 和 mountstats 中所列出的安装信息都是进程可见的信息,即构成进程主目录树(以进程主目录为根的目录树)的安装信息,不包含进程主目录树之外的任何信息。

6.7　Overlay 文件系统

MNT 名字空间可为进程提供独立的 VFS 目录树,将进程所做安装与卸载操作的影响范围限定在 MNT 名字空间内部,实现安装树的隔离并进而实现了路径名的局部化。但 MNT 名字空间所提供的隔离性是十分微弱的,因为它并未隔离底层的物理文件系统。不管建立多少个 MNT 名字空间,不管进程是否位于同一个 MNT 名字空间中,它们所访问的物理文件系统是唯一的,一个进程对物理文件系统的修改可以立刻被其他进程看到。因而虽有 MNT 名字空间的支持,其中的恶意进程仍然可能修改物理文件系统的组织结构甚至篡改物理文件系统中的敏感文件。

要提供文件系统的安全性,除了 MNT 名字空间、chroot 机制之外,还应实现物理文件系统的隔离。一种简单的做法是在创建 MNT 名字空间的同时为其创建物理文件系统的副本,实现从安装树、VFS 目录树到底层物理文件系统的彻底隔离,但这种做法会消耗大量的时间和空间,因而并不可取。另一种做法是借鉴虚拟内存管理中的 Copy on Write 技术,让多个 MNT 名字空间共享物理文件系统,但都不许修改其中的文件实体,将副本创建工作推迟到真正修改时,何时修改何时复制,修改哪个实体就复制哪个实体。Linux 提供了这类物理文件系统,如 Overlayfs。Overlayfs 是一种特殊类型的堆叠式文件系统,叠加在另一个文件系统之上,具有上下合并、同名覆盖、写时复制等特点。

在目前的 Linux 系统中,Overlayfs 的实现代码并未被编译在内核中,因而在使用之前需要先将 Overlayfs 模块插入内核,命令如下:

modprobe overlay

成功插入模块之后,即可安装 Overlayfs 文件系统,安装命令如下:

mount − t overlay − o lowerdir = lower, upperdir = upper, workdir = work overlay target

Overlayfs 的安装类似于绑定安装,其基本作用是将以 lower 为根的目录子树嫁接到安装点目录 target 上[56]。但与普通的绑定安装不同,在安装 Overlayfs 文件系统时需要提供四个目录,分别是底层目录 lowerdir、顶层目录 upperdir、工作目录 workdir 和安装点目录 target。安装之后,在安装点目录 target 中看到的内容是底层目录 lowerdir 与顶层目录 upperdir 的并集,目录合并的依据是其中的文件实体名称,目录合并的规则如下:

(1) 对不同名的文件实体,让它们按原样出现在安装点目录中。

(2) 对同名的文件实体(目录除外),让顶层目录中的实体覆盖底层目录中的同名实体,仅让顶层目录中的实体出现在安装点目录中,隐藏底层目录中的同名实体。

(3) 对同名的子目录,让顶层子目录合并底层同名子目录,仅让顶层子目录出现在安装点目录中,隐藏底层子目录。两子目录的合并遵循同样的规则。

安装之后,可以在安装点目录 target 中操作可见的文件实体,操作的规则如下:

(1) 新建规则:在安装点目录中新建的文件实体仅存在于顶层目录中。

(2) 读规则:

① 如果实体仅存在于顶层目录中,则从顶层读;

② 如果实体同时存在于底层和顶层目录中,则从顶层读;

③ 如果实体仅存在于底层目录中,则从底层读。

（3）写规则：

① 如果实体仅存在于顶层目录中，则写顶层中的实体；

② 如果实体同时存在于底层和顶层目录中，则写顶层中的实体；

③ 如果实体仅存在于底层目录中，则先将实体复制到顶层，再写顶层中的实体。

（4）删除规则：

① 如果实体仅存在于顶层目录中，则删除顶层中的实体；

② 如果实体同时存在于底层和顶层目录中，则删除顶层中的实体并隐藏底层中的实体；

③ 如果实体仅存在于底层目录中，则仅隐藏底层中的实体（不删除）。

（5）移动规则：

移动一个文件实体等价于删除再新建。

Overlayfs 采用的文件实体隐藏方法是在顶层目录中创建一个同名的、无任何权限的字符设备文件，称为 whiteout 文件。顶层目录中的 whiteout 文件隐藏底层目录中的同名实体。

目录 workdir 是 Overlayfs 工作时使用的目录，应该是与 upperdir 位于同一个文件系统的空目录。

Overlayfs 可以保护底层目录中的文件不被修改。

下面的程序片段验证 Overlayfs 的保护效果，其中目录 lower 中有两个文件 aa.txt、a.txt 和一个子目录 abc，aa.txt 的内容是"Hello world"，a.txt 的内容是"123456"。目录 upper 中有两个文件 a.txt、b.txt 和两个子目录 abc、xyz，a.txt 和 b.txt 的内容都是"abcdef"。

```
void main( ) {
    mount( "overlay" , "test" , "overlay" ,0 , "lowerdir = lower, upperdir = upper, workdir =
work" );
    system( "ls test" );
    system( "cat test/a.txt test/aa.txt" );
    system( "cp test/a.txt test/aa.txt" );
    system( "ls upper" );
    system( "cat test/aa.txt" );
    system( "rm test/a.txt test/aa.txt test/b.txt" );
    system( "rmdir test/abc" );
    system( "ls test" );
    system( "ls lower" );
    system( "ls -l upper" );
    umount( "root" );
}
```

程序输出结果如下：

```
aa. txt    abc    a. txt    b. txt xyz        //test 目录的内容是 lower 和 upper 的并集
abcdef                                         //a. txt 的内容,lower/a. txt 被隐藏
Hello world                                    //aa. txt 的内容
aa. txt    abc    a. txt    b. txt xyz        //upper 目录的内容,aa. txt 被复制到 upper 中
abcdef                                         //aa. txt 的新内容
xyz                                            //删除后 test 中只剩余子目录 xyz
aa. txt    abc    a. txt                       //lower 的内容未变
总用量4                                         //upper 目录的内容
c---------1        root    root    0,0 6 月    4 12:23 aa. txt        //whiteout 文件
c---------1        root    root    0,0 6 月    4 12:23 abc           //whiteout 文件
c---------1        root    root    0,0 6 月    4 12:23 a. txt        //whiteout 文件
drwxrwxr-x 2       guo     guo     4096 6 月    4 11:48 xyz
```

下面的程序片段可用于保护文件系统的完整性：

```
void main( ) {
    unshare( CLONE_NEWNS | CLONE_NEWUSER | CLONE_NEWPID);
    if( fork( ) = = 0) {
        mount ( " overlay" , " . . /root" , " overlay" , 0, " lowerdir = /, upperdir = . . /upper,
workdir = . . /work" );
        chdir( " . . /root" );
        chroot( " . " );
        mount( "proc" , "/proc" , "proc" ,0,NULL );
        exit(0);
    }
}
```

该程序片段将新 MNT 名字空间中 VFS 目录树的根作为底层目录安装到"../root"上，而后将进程的当前工作目录和主目录都设为"../root"。此后，进程无法再看到 VFS 目录树的根，也无法看到 upperdir 和 workdir 目录，进程对文件系统的所有修改都被复制到 upper 中，VFS 目录树中的主要文件都被保护，永远保持不变。

利用 Overlayfs 的特性，结合 MNT 名字空间和 chroot 监狱机制，可以提供更彻底的隔离机制，实现从路径名到文件实体的全方位隔离，从而全面提升文件系统的安全性。

第**7**章

PID名字空间

不管用户是处于哪个 USER 名字空间之中,其工作都必须由进程代理。代理用户工作的进程是操作系统中各类活动的发起者,是访问控制中的主体,也是操作系统安全所关注的核心。与其他对象一样,进程也有名字。Linux 中的进程由 task_struct结构描述,由 PID 标识。在早期的版本中,Linux 中的每个进程都有一个全局唯一的 PID,任一用户及其进程都可以看到系统中所有进程的 PID,并可以通过 PID 访问到系统中的所有进程。基于全局 PID 的设计简化了管理,但暴露了太多的进程信息。在容器概念引入之后,系统中的每个进程都运行在一个容器之中,因而应该以容器为单位管理进程的 PID,并限定各 PID 的可见范围。基本思路是在进程出现的每个容器中都为其分配一个局部的 PID,在容器内部,以局部 PID 命名进程。一个局部 PID 仅可被容器内部的进程看到,不会被容器外部的进程感知。

Linux 用 PID 名字空间封装、管理进程的 PID,从而为容器提供局部 PID 支持。以 PID 名字空间为基础,可以为各容器构建出独立的进程家族树并进而模拟出独立的进程生态环境,可以对进程所感知的世界进行更加严密地限定并对其实施更加可靠的管理。PID 名字空间是最核心的一类名字空间。

7.1　进　程 ID

虽然可以用正在执行的程序、指向 task_struct 结构的指针等命名进程,但更简洁、高效的进程标识方法仍然是 ID 号,Linux 将其称为进程标识符(Process Identifier, PID)。在老版本中,PID 被定义成 16 位无符号整数,在新版本中,PID 被扩充成 32 位无符号整数,但未用完。

老版本的 Linux 系统中只有进程,其中的每个进程都有一个唯一的 PID。系统中最初的进程称为 init_task,是静态建立的,其 PID 被设为 0。在系统初始化完成之后,进程 init_task 蜕变成了空闲进程 idle。除 init_task 之外,Linux 中的其他进程都是动态创建的,它们的 PID 是在创建过程中动态分配的。第一个被动态创建出来的进程执行用户态的初始化程序,如 init、systemd 等,是系统中的第一个用户态进程,其 PID 为 1。

新版本的 Linux 系统中有进程也有线程,但内核并未对其进行严格的区分,两者的描述结构都是 task_struct,因而 Linux 的线程又称为轻量级的进程。一到多个轻量级进程构成一个线程组,它们共享领头进程的资源,如虚拟地址空间、文件描述符表等。一个线程组中的所有轻量级进程拥有相同的线程组标识符(Thread Group ID,TGID),TGID 就是领头进程的 PID。线程组中的每个线程都有自己独立的 PID,线程的 PID 就是它的线程标识符(Thread ID,TID),如图 7.1 所示。

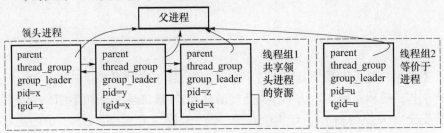

图 7.1　进程、线程与线程组

进程可通过函数 fork( )、vfork( )、clone( )创建子进程,函数的调用者进程是子进程的父进程,子进程位于独立的线程组中,是新线程组的领头进程。进程可通过函数 clone( )创建线程(参数中需带 CLONE_THREAD 标志),函数的调用者进程是新线程的兄弟,它们位于同一个线程组中,拥有相同的 TGID。

为了支持传统 Unix 操作系统中的作业(Job)管理,Linux 允许将多个相关的进程组织成一个进程组(process group),称为作业,用于执行一个或一组命令。同一进程组中的所有进程拥有同样的进程组标识符(Process Group ID,PGID)。多个相关的进程组又可组织成一个会话(session),同一会话中的所有进程拥有同样的会话标识符(Session ID,SID)。Linux 的每个进程都在一个进程组中,每个进程组又都在一个会话中,因而每个进程都有一个 PID、一个 TGID、一个 PGID 和一个 SID。会话、进程组、进程构成一种三级组织关系,线程组与线程是另一类组织关系。

进程组的创建者称为进程组的领头进程,会话的创建者称为会话的领头进程。进程组和会话分别由领头进程标识,进程组的 PGID 等于领头进程的 PID,会话的 SID 等于领头进程的 PID。子进程继承父进程的 PGID 和 SID,但允许修改。

进程组有生命周期。当进程组中最后一个进程终止或离开时,进程组随之终止。

每个会话都可关联一个控制终端(由领头进程打开),每个终端仅能控制一个会话。一个会话中的所有进程共用同一个控制终端。在任一时刻,一个会话中有且仅有一个进程组位于前台,称为前台作业或前台进程,其余进程组都位于后台,称为后台作业或后台进程。控制终端上生成的信号,如由 Ctrl-C 生成的 SIGINT 信号,被送给前台进程组中的所有进程,但不会给后台进程。只有前台进程组中的进程可以从终端上读入数据,试图读终端的后台进程会收到 SIGTTIN 信号;只有前台进程组中的进程可以向终端写数据,试图写终端的后台进程会收到 SIGTTOU 信号。收到 SIGTTIN 或 SIGTTOU 信号的进程会被挂起来。

Linux 提供了一组库函数用于查询进程的 PID、TGID、PGID、SID,并可修改进程的 PGID 和 SID。用于查询进程各类 ID 的函数包括 getpid( )、getppid( )、gettid( )、getpgid( )、getpgrp( )、getsid( )等,其定义如下:

    pid_t getpid(void) ;
    pid_t getppid(void) ;
    pid_t gettid(void) ;
    pid_t getpgid(pid_t pid) ;
    pid_t getpgrp(void) ;
    pid_t getsid(pid_t pid) ;

函数 getpid( )用于获取调用者进程的 TGID[57],即调用者所在线程组的领头进程的 PID。

函数 getppid( )用于获取调用者进程的父进程的 TGID[58]。

函数 gettid( )用于获取调用者进程的 PID[59]。Linux 内核提供了系统调用 gettid,但 Glibc 库没有提供与之对应的函数,因而 gettid( )不能直接使用,只能通过 syscall( )间接使用。

函数 getpgid( )用于获取 PID 号为 pid 的进程的 PGID[60]。如果参数 pid 为 0,则该函数获取的是调用者进程自己的 PGID。

函数 getpgrp( )用于获取调用者进程自己的 PGID。

函数 getsid( )用于获取 PID 号为 pid 的进程的 SID[61]。如果参数 pid 为 0,则该函数获取的是调用者进程自己的 SID。

进程一旦创建,其 TGID 和 PID 随之确定,在进程的整个生命周期中,其 TGID 和 PID 不能再改变,但其 PGID 和 SID 允许修改。修改 PGID 相当于把进程移到另一个进程组中,修改 SID 相当于为进程创建一个新的会话。用于修改进程 PGID 和 SID 的函数包括 setpgid( )、setpgrp( )、setsid( )等,其定义如下:

    int setpgid(pid_t pid, pid_t pgid) ;
    int setpgrp(void) ;   // System V 的版本
    int setpgrp(pid_t pid, pid_t pgid) ; // BSD 的版本
    pid_t setsid(void) ;

函数 setpgid( )将 PID 号为 pid 的进程的 PGID 设为参数 pgid[62]。如果参数 pid 为 0,则函数 setpgid( )把 pid 设为调用者进程自己的 PID。如果参数 pgid 为 0,则函数 setpgid( )把 pgid 设为参数 pid。函数 setpgid( )的主要作用是将 PID 号为 pid 的进程从当前的进程组移动到 PGID 为 pgid 的进程组中,当然,新老进程组必须属于同一个会话,且被移动的进程不能是会话的领头进程。函数 setpgid( )只能修改调用者进程自己或其子进程的 PGID,不能修改其他进程的 PGID。如果子进程已加载过新程序,则父进程也不能再修改其 PGID。

System V 版本的函数 setpgrp( ) 没有参数,等价于 setpgid(0,0),即把调用者进程设为新进程组的领头进程,从而创建一个新的进程组(其中只有调用者进程自身)。

BSD 版本的函数 setpgrp( ) 有 2 个参数,等价于 setpgid(pid,pgid)。

函数 setsid( ) 为调用者进程创建一个新的会话[63]。新建的会话中只有一个进程组,进程组中只有调用者进程自己。调用者进程是新会话的领头进程,也是新进程组的领头进程。由于将进程组的领头进程移动到另一个会话中会破坏进程的三级组织关系,因而函数 setsid( ) 拒绝为进程组的领头进程创建新会话。新会话没有关联任何控制终端,领头进程可以打开一个终端文件从而为会话关联一个新的控制终端。

在下面的程序中,主线程创建一个新线程,而后两个线程各自打印出自己的 TGID、PID、PGID 等信息。

```
#define _GNU_SOURCE
#include < sys/wait. h >
#include < sched. h >
#include < stdio. h >
#include < stdlib. h >
#include < unistd. h >
#include < sys/syscall. h >
#define STACK_SIZE   (1024 ∗ 1024)           //新线程使用的堆栈大小
static int childFunc( ) {                     //新线程执行的函数
    pid_t tid = syscall(SYS_gettid);
    printf("In new thread tgid = % d, pid = % d, ppid = % d, pgid = % d, \n", getpid( ), tid,
getppid( ), getpgrp( ));
    sleep(1);
}
int main( ) {
    void ∗ stack = malloc(STACK_SIZE), ∗ stp = stack + STACK_SIZE/4;
    pid_t tid = syscall(SYS_gettid);
    clone(childFunc, stp, CLONE_THREAD | CLONE_VM | CLONE_SIGHAND | SIGCHLD,
NULL);
    printf("In main thread tgid = % d, pid = % d, ppid = % d, pgid = % d\n", getpid( ), tid,
getppid( ), getpgrp( ));
}
```

下面是程序的一种输出结果:

```
In main thread tgid = 7165, pid = 7165, ppid = 5875, pgid = 7165
In new thread tgid = 7165, pid = 7166, ppid = 5875, pgid = 7165
```

由此可见,程序中的函数 clone( ) 创建了一个线程。新线程(PID 号为 7166)与调用者进程(PID 号为 7165)是兄弟(父进程相同),新线程与调用者进程在同一个线程组中(新线程的 TGID 是调用者进程的 PID),两个线程在同一个进程组中(拥有同样的 PGID),新线程拥有独立的 PID(7166)。

下面的程序片段创建两个互为兄弟的子进程。创建之初,两个子进程都属于由父进程领头的进程组。子进程 1 通过函数 setpgid(0,0) 将自己设为新进程组的领头进程,从而创建了一个新的进程组 pid1。父进程通过函数 setpgid(pid2,pid1) 将子进程 2 移到了进程组 pid1 中。

子进程 2 执行函数 setpgid(pid,pid1) 失败,原因是子进程无法修改父进程的 PGID。

```
int main( ) {
    pid_t pid1,pid2,pid = getpid( );           //父进程的 PID
    if((pid1 = fork( )) = =0){                  //子进程 1
        printf(" In child 1,pid = % d,ppid = % d,pgid = % d \n",getpid( ),getppid( ),
getpgrp( ));
        setpgid(0,0);                           //进程可以修改自己的 PGID
        printf(" In child 1,pid = % d,ppid = % d,pgid = % d \n",getpid( ),getppid( ),
getpgrp( ));
        sleep(3);
    }else{                                      //父进程
        sleep(1);
        printf(" In parent,pid = % d,ppid = % d,pgid = % d \n",getpid( ),getppid( ),
getpgrp( ));
        if((pid2 = fork( )) = =0){              //子进程 2
            printf("In child 2,pid = % d,ppid = % d,pgid = % d\n",getpid( ),getppid( ),
getpgrp( ));
            setpgid(pid,pid1);                  //子进程不能修改父进程的 PGID
            sleep(2);
            printf("In child 2,pid = % d,ppid = % d,pgid = % d\n",getpid( ),getppid( ),
getpgrp( ));
        }else{                                  //父进程
            sleep(1);
            printf("In parent,pid = % d,ppid = % d,pgid = % d\n",getpid( ),getppid( ),
getpgrp( ));
            setpgid(pid2,pid1);                 //父进程可以修改子进程的 PGID
        }
    }
}
```

下面是程序的一种执行结果：

```
In child 1, pid = 4877, ppid = 4876, pgid = 4876      //子进程 1 在父进程的进程组中
In child 1, pid = 4877, ppid = 4876, pgid = 4877      //子进程 1 在自己的进程组中
In parent, pid = 4876, ppid = 3561, pgid = 4876       //父进程在自己的进程组中
In child 2, pid = 4878, ppid = 4876, pgid = 4876      //子进程 2 在父进程的进程组中
In parent, pid = 4876, ppid = 3561, pgid = 4876       //父进程的 PGID 不变,子进程不能改父
                                                        进程的 PGID
In child 2, pid = 4878, ppid = 4876, pgid = 4877      //子进程 2 在子进程 1 的进程组中
```

利用进程的 PID、TGID、PGID 等标识符,Linux 的用户及其进程可以方便地查询进程的描述信息并管理进程的运行,主要的管理手段是向进程、进程组及线程等发送信号,如通过信号暂停、恢复或终止进程的运行等。Linux 提供了多个用于发送信号的库函数,如 kill( )、killpg( )、tgkill( )等,其定义如下:

int kill(pid_t pid, int sig);

int killpg(int pgrp, int sig);

int tgkill(int tgid, int tid, int sig);

函数 kill( )可以向任何进程或进程组发送任何信号(由参数 sig 标识)[64],信号的接收者由参数 pid 标识,可以分为以下四类:

(1) pid 大于 0,信号 sig 被发送到 PID 号为 pid 的进程。

(2) pid 等于 0,信号 sig 被发送到调用者进程所在进程组的所有进程。

(3) pid 等于 −1,信号 sig 被发送到系统中的所有进程,不含 1 号进程和调用者进程。

(4) pid 小于 −1,信号 sig 被发送到 PGID 号为 −pid 的进程组中的所有进程。

函数 killpg( )将信号 sig 发送到 PGID 号为 pgrp 的进程组中的所有进程[65]。如果 pgrp 等于 0,则将信号 sig 发送到调用者进程所在进程组的所有进程。

值得注意的是,函数 kill( )和 killpg( )所发信号的接收者是进程(或线程组)而非线程。如果信号的接收者是一个线程组,那么该信号可能被线程组中的任意一个线程处理。

函数 tgkill( )将信号 sig 发送到 TGID 号为 tgid 的线程组中的单个线程(由 tid 标识)[66]。

信号发送是一个进程对另一个进程的访问,需要接受访问控制机制的检查。函数 kill( )、killpg( )、tgkill( )的调用者进程 A 是信号的发送者,是访问控制的主体,信号的接收者进程 B 是访问控制的客体。若下列条件之一得到满足,则进程 A 可以向进程 B 发送信号:

(1) 进程 A 的 uid 或 euid 等于进程 B 的 uid 或 suid。

(2) 进程 A 在进程 B 所在 USER 名字空间中拥有 CAP_KILL 权能。

(3) 进程 B 与进程 A 在同一个线程组中。

（4）进程 A 和进程 B 在同一个会话中且 sig 为 SIGCONT。

7.2 PID 名字空间结构

在早期的 Linux 系统中,进程的 ID 号是全局的。全局 ID 号带来的方便是明显的,系统中的任一用户都可看到系统中的所有进程,可通过 ID 号查询任一进程的管理信息并对有权限的进程实施管理。全局 ID 号带来的问题也是明显的,系统中的任一用户及其进程都可探测到全系统的运行情况,可获得任一进程的管理信息并通过信号干扰进程的运行。

为解决全局 ID 号带来的安全问题,新版本的 Linux 提供了 PID 名字空间机制,专门用于封装进程的 ID 号。与 USER 名字空间相似,PID 名字空间也有父子关系。如果 PID 名字空间 A 中的进程创建了 PID 名字空间 B,那么 A 是 B 的父 PID 名字空间,B 是 A 的子 PID 名字空间。为便于管理,Linux 将系统中所有的 PID 名字空间组织成一棵 PID 名字空间树,系统中最初的 PID 名字空间 init_pid_ns 是 PID 名字空间树的根。根 PID 名字空间 init_pid_ns 是静态建立的,其层数为 0,无父名字空间。如果 A 是 B 的父 PID 名字空间,那么 B 的层数比 A 大 1,B 的父名字空间指向 A,如图 7.2 所示。PID 树的最大层数是 32。

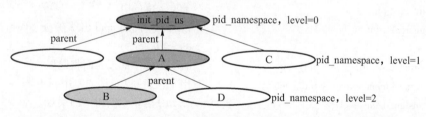

图 7.2 PID 名字空间树

在支持 PID 名字空间的 Linux 系统中,除直接运行在根 PID 名字空间 init_pid_ns 中的进程之外,每个进程都会出现在多个 PID 名字空间之中,包括进程的运行 PID 名字空间及其所有的祖先 PID 名字空间,且会从自己所在的每个 PID 名字空间中各获得一组局部 ID 号,包括 PID、TGID、PGID、SID 等。如此一来,进程在自己出现的每个 PID 名字空间中都有一组 ID 号,且各组 ID 号之间互不相干。同一个 ID 号在不同的 PID 名字空间中可能标识的是同一个进程,也可能标识的是不同进程。进程拥有的每组 ID 号的可见范围都被限制在一个 PID 名字空间内部。进程的一组 ID 号仅能被同一 PID 名字空间中的进程看到,不会被名字空间之外的进程感知,因而不会被名字空间之外的进程利用。特别地,系统中的每个进程都会出现在根 PID 名字空间中,都会从根 PID 名字空间中获得一组 ID 号。换句话说,系统中的所有进程在根 PID 名字空间中都有 ID 号,在根 PID 名字空间中可以看到系统中的所有进程,可以利用其中的 ID 号访问到系统中的所有进程。因而根 PID 名字空间实际上是一个全局的 PID 名字空间,可将进程在根 PID 名字空间中的 ID 号看作全局 ID 号。

在一个进程出现的多个 PID 名字空间中,运行 PID 名字空间的层数一定是最大的。在图 7.2 中,假如进程 P 运行在 PID 名字空间 B 中,则 B 是 P 的运行 PID 名字空间,P 在 B 中有一组 ID 号,该组 ID 号仅能被 B 中的进程看到。P 还出现在 A 和 init_pid_ns 中,且在 A 和 init_pid_ns 中各有一组 ID 号,但 A 和 init_pid_ns 不是 P 的运行 PID 名字空间。因而进程 P 在三个 PID 名字空间中拥有三组独立的 ID 号,其中在 init_pid_ns 中的 ID 号是全局的。A 中的进程用 A 中的 ID 号标识进程 P,看不到 P 在 B 和 init_pid_ns 中的 ID 号。其余 PID 名字空间(如 C 和 D)中的进程看不到进程 P。假如进程 Q 的运行 PID 名字空间是 A,那么 Q 仅出现在 A 和 init_pid_ns 中,不会出现在 B、C、D 中,Q 在 A 和 init_pid_ns 中有 ID 号,在 B、C、D 中没有 ID 号,B、C、D 中的进程感知不到 Q 的存在。

Linux 用结构 pid_namespace 描述其 PID 名字空间,定义如下[67]:

```
struct pid_namespace {
    struct kref kref;                          //引用计数
    struct pidmap pidmap[PIDMAP_ENTRIES];      //ID 号位图
    struct rcu_head rcu;                       //用于延迟销毁 PID 名字空间的队列节点
    int last_pid;                              //上次分配的 ID 号
    unsigned int nr_hashed;                    //该名字空间的 upid 出现在 pid_hash[]中
                                               //  的个数
    struct task_struct * child_reaper;         //名字空间中的孤儿回收进程
    struct kmem_cache * pid_cachep;            //用于创建 pid 结构的专用 Slab cache
    unsigned int level;                        //在 PID 名字空间树中的层数
    struct pid_namespace * parent;             //父 PID 名字空间
#ifdef CONFIG_PROC_FS
    struct vfsmount * proc_mnt;                //PID 名字空间专有的 proc 安装
    struct dentry * proc_self;                 //专有 proc 安装中的 self 目录
    struct dentry * proc_thread_self;          //专有 proc 安装中的 thread_self 目录
#endif
#ifdef CONFIG_BSD_PROCESS_ACCT
    struct fs_pin * bacct;                     //进程账务处理
#endif
    struct user_namespace * user_ns;           //PID 名字空间的拥有者
    struct ucounts * ucounts;                  //用户创建的各类名字空间的实际数量
    struct work_struct proc_work;              //proc_mnt 的卸载操作
    kgid_t pid_gid;                            //可访问目录/proc/[pid]中信息的用户组
    int hide_pid;                              //目录/proc/[pid]中信息的隐藏方式
    int reboot;                                //PID 名字空间重启时的退出代码
```

```
    struct ns_common ns;                    //名字空间超类
};
```

各 PID 名字空间独立管理进程 ID 号的分配,因而每个 PID 名字空间都需要记录自己内部各有效 ID 号的使用情况,方法是为每个 PID 名字空间定义一个 ID 号位图 pidmap,用其中的一位描述一个有效 ID 号的状态(分配与否)。结构 pid_namespace 中的数组 pidmap[ ]定义的是 PID 名字空间的有效 ID 号位图,该位图由一组物理页构成,每个物理页由一个 pidmap 结构描述。结构 pidmap 的定义如下:

```
struct pidmap {
    atomic_t nr_free;        //页中的空闲位数,即空闲 ID 号数
    void * page;             //位图所在的内存页
};
```

ID 号位图的大小是可以配置的,常用的有 1 页(32768 位)、128 页(4194304 位)等。PID 名字空间中的 ID 号位图是动态建立的。创建之初,系统只为 pidmap[0]分配了物理页,且已将其全部清 0,其余物理页的分配被推迟到真正使用时。文件/proc/sys/kernel/pid_max 中记录着 PID 名字空间可用的最大 ID 号。

初始 PID 名字空间 init_pid_ns 是静态定义的,如下[68]:

```
struct pid_namespace init_pid_ns = {
    . kref = {
        . refcount = ATOMIC_INIT(2),          //引用计数 2
    },
    . pidmap = {                               //初始 ID 号位图
        [0 ... PIDMAP_ENTRIES − 1] = {ATOMIC_INIT(BITS_PER_PAGE), NULL}
    },                                         //BITS_PER_PAGE = 32768
    . last_pid = 0,                            //上次分配的 ID 号
    . nr_hashed = PIDNS_HASH_ADDING,           //(1U << 31)
    . level = 0,                               //在 PID 树的第 0 层
    . child_reaper = &init_task,               //初始化后换成第 1 号进程
    . user_ns = &init_user_ns,                 //初始 USER 名字空间
    . ns. inum = PROC_PID_INIT_INO,            //0xEFFFFFFC
    . ns. ops = &pidns_operations,             //PID 名字空间操作集
};
```

Linux 系统的初始化程序会为 init_pid_ns 分配一个全 0 的页,将 0 号 ID 设为已分配,并会将 init_pid_ns. pidmap[0]. nr_free 减 1(第 0 号进程 init_task 是静态定义的,已存在)。

新 PID 名字空间是全新的,其创建工作主要有如下几件[69]:

(1)创建一个新的 pid_namespace 结构,为名字空间超类 ns_common 中的

inum 分配一个新序号,并将超类中的名字空间操作集 ops 设为 pidns_operations。

(2) 为新 PID 名字空间创建 ID 号位图。初始情况下,只为 pidmap[0] 分配一个全 0 的页,并将它的第 0 位置 1,以保留名字空间的第 0 个 ID 号。将结构 pidmap[0] 中的 nr_free 设为 BITS_PER_PAGE − 1(其余各 pidmap 结构中的 nr_free 为 BITS_PER_PAGE)。特别地,新 PID 名字空间中的 last_pid 为 0,ID 号从 1 开始分配。

(3) 为新 PID 名字空间创建一个 Slab cache,用于 pid 结构的创建。结构 pid 的大小与 PID 名字空间的层数相关,因而需要为每层 PID 名字空间创建一个专门的 Slab cache。

(4) 设置 pid_namespace 结构中的其他域,如 level、parent、user_ns、proc_work 等。

当需要在某 PID 名字空间中分配 ID 号时,系统搜索它的 ID 号位图 pidmap[],从中寻找空闲的 ID 号(在位图中值为 0 的位)。搜索的方法是从上一次的终止位置 last_pid 开始,向后检查位图中各位的值,直到找到值为 0 的位或搜索到位图末尾。如果找到了空闲的 ID 号,则修改位图并将新 ID 值记录在 last_pid 中;如果搜索到了位图末尾,但名字空间中还有空闲的 ID 号(有大于 0 的 nr_free),则从预留位置(300)开始再次搜索。如果某段位图还未建立,则还要为其申请物理页。

除非特别声明,新进程的 PID 应是唯一的,且不能与任意一个 PGID 或 SID 相同。即使进程组或会话的领头进程已经终止,新进程也不能重用它的 PID 号,以免无意中成为某个仍然存在的进程组或会话的领头进程。

除根 PID 名字空间之外,其余的 PID 名字空间都是动态创建的,因而也可动态销毁。当某 PID 名字空间的引用计数被减到 0 时,系统将销毁它的 pid_namespace 结构,在销毁之前当然要先释放它的序号 inum 和 ID 号位图。根 PID 名字空间的引用计数保持不变。

7.3 进程 pid 结构

在老版本的 Linux 中,每个进程只有一组 ID 号,Linux 将其记录在进程的 task_struct 结构中。为便于查找,Linux 还建立了一个 Hash 表 pid_hash[]。给出一个有效的进程 ID 号,查 Hash 表 pid_hash[] 可快速地找到与之对应的 task_struct 结构。

引入 PID 名字空间之后,一个进程可能同时出现在多个 PID 名字空间中,因而可能同时拥有多组 ID 号,最少 1 组,最多 32 组。由于拥有 ID 号的组数不同,因而无法再将进程的 ID 号直接记录在 task_struct 结构中,需要另外提供一种结构专门记录进程在各个 PID 名字空间中的 ID 号。Linux 提供的这种专门的结构称为 pid,定义如下[70]:

```
struct pid {
    atomic_t count;                          //引用计数
    unsigned int level;                      //进程的运行 PID 名字空间在树中的层数
    / * lists of tasks that use this pid */
    struct hlist_head tasks[PIDTYPE_MAX];
                                             //引用该 pid 的所有进程
    struct rcu_head rcu;                     //用于延迟销毁 pid 结构的队列节点
    struct upid numbers[1];                  //一个 upid 结构对应一个所在 PID 名字空间
};
```

结构 pid 的核心是其尾部的结构数组 numbers[],其中的每个元素都是一个 upid 结构。进程出现在几个 PID 名字空间中,系统就会为它创建几个 upid 结构,因而数组 numbers[]的大小取决于进程的运行 PID 名字空间在树中的层数 level。若进程运行在根 PID 名字空间中,则其层数 level 为 0,pid 结构中仅包含一个 upid 结构。若进程运行在 level 为 n 的 PID 名字空间中,则其 pid 结构中必须包含 $n+1$ 个 upid 结构,分别用于记录进程在 $n+1$ 个 PID 名字空间中的 ID 号。结构 upid 的定义如下:

```
struct upid {
    / * Try to keep pid_chain in the same cacheline as nr for find_vpid */
    int nr;                                  //ID 号
    struct pid_namespace * ns;               //ID 号所属的 PID 名字空间
    struct hlist_node pid_chain;             //在 pid_hash[]中的节点
};
```

在结构 pid 中,numbers[0]的 nr 记录的是进程的全局 ID 号。

显然,结构 pid 的大小是可变的。为便于分配,在创建新 PID 名字空间之时,Linux 根据名字空间在树中的层次 level,专门为其建立了一个 Slab cache,其中的每个小对象刚好可作为与之对应的 pid 结构(内含适当数量的 upid 结构)。pid_namespace 结构中的 pid_cachep 指向这一专用的 Slab cache。

结构 pid 与 PID 名字空间的关系如图 7.3 所示,其中的 pid 结构来自 PID 名字空间 B,内含 3 个 upid 子结构,分别对应 3 层 PID 名字空间 B、A 和 init_pid_ns。给出一个 pid 结构,可以方便地找到它在各 PID 名字空间中的 ID 号。

Linux 在 task_struct 结构中记录着进程的全局 PID 和 TGID 号,并为每个进程准备了一个数组 pids[],用于记录与之相关的各 pid 结构。数组 pids[]中包含 3 个 pid_link 结构,每个 pid_link 结构中包含 1 个指向 pid 结构的指针,3 个 pid 结构分别用于描述进程的 PID、PGID 和 SID。进程的 TGID 等于线程组领头进程的 PID,不需要专门记录。结构 task_struct 中与进程 ID 号相关的域有如下几个:

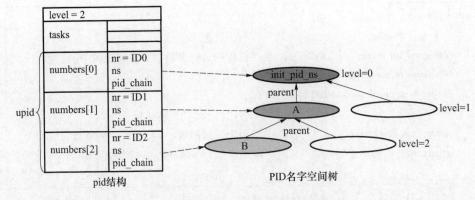

图 7.3　结构 pid 与 PID 名字空间的关系

```
struct pid_link {
    struct hlist_node node;          //链表节点
    struct pid  * pid;               //描述 ID 号的 pid 结构
};
struct task_struct {
    ...
    pid_t pid,tgid;                  //进程的全局 PID 和全局 TGID 号
    struct task_struct  * group_leader;  //线程组领头进程
    struct pid_link pids[PIDTYPE_MAX];   //PIDTYPE_MAX = 3,分别指向描述其
    ...                                  //PID、PGID 和 SID 号的 pid 结构
}
```

对一个进程来说,pids[0]所指的 pid 结构(PID 的 pid 结构)肯定是系统为自己专门建立的,其余 2 个 pid 结构可能是自己的,也可能是其他进程的。如会话领头进程的 pids[1]和 pids[2]都指向自己的 PID 的 pid 结构,其余进程的 pids[1]指向进程组领头进程的 PID 的 pid 结构,pids[2]指向会话领头进程的 PID 的 pid 结构。

因而一个 pid 结构可能会被多个进程引用,且可能会作为 PID 被引用,也可能会作为 PGID 或 SID 被引用,如会话领头进程的 pid 结构会被自己引用,也会被会话中其他进程引用。结构 pid 中的数组 tasks[]包含 3 个队列头,分别用于组织按不同方式引用该 pid 结构的所有进程。通过结构 pid_link 中的 node 域,Linux 将引用者进程的 task_struct 加入 tasks[]数组的相应队列中。

为便于查找,Linux 将结构 pid 中的所有 upid 子结构都插入 Hash 表 pid_hash[]中。各 upid 结构在 pid_hash[]中的位置是根据其 nr 和 ns 计算出来的。此后,只要知道进程所在的 PID 名字空间及在其中的 ID 号,即可从表 pid_hash[]中查到与之对应的 upid 结构,进而找到包含该 upid 结构的 pid 结构。

进程 task_struct 结构、pid 结构及 pid_hash[]之间的关系如图 7.4 所示,其中进程的 PGID 和 SID 引用的是同一个 pid 结构,因而该进程的 PGID 和 SID 号相同。除最初的 pid 结构之外,其余 pid 结构仅会被一个进程以 PID 方式引用,因而队列 tasks[0]中最多只有一个成员。利用该结构可以方便地找到 PID 所标识的 task_struct结构,以及进程在各 PID 名字空间中的 PID、PGID 和 SID 号。

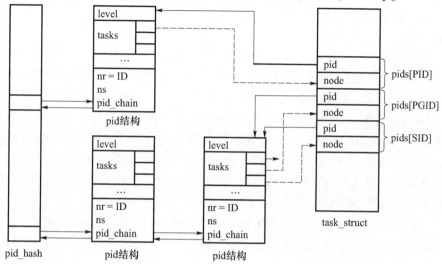

图 7.4 进程 task_struct、pid 及 pid_hash 之间的关系

假如进程 A 的 task_struct 结构为 p,PID 的 pid 结构为 d,则 p. pids[PIDTYPE_PID]. pid 指向 d,且 d. tasks[0]指向 p,d. numbers[d->level]. ns 指向进程 A 的运行 PID 名字空间。

系统中最初的 pid 结构名为 init_struct_pid,是静态建立的,定义如下:

```
#define INIT_STRUCT_PID {                                      \
    . count            = ATOMIC_INIT(1),                       \
    . tasks            = {                                      \
        {. first       = NULL},                                \
        {. first       = NULL},                                \
        {. first       = NULL},                                \
    },                                                         \
    . level            = 0,                                    \
    . numbers          = {{                                    \
        . nr           = 0,                                    \
        . ns           = &init_pid_ns,                         \
        . pid_chain     = {. next = NULL,. pprev = NULL},      \
    },}                                                        \
}
struct pid init_struct_pid = INIT_STRUCT_PID;
```

在系统初始化时,Linux 为每个处理器都建立了一个 idle 进程。idle 进程的优先级最低,且总是处于就绪状态。当其他进程都不在就绪态时,处理器运行自己的 idle 进程。各 idle 进程都运行在根 PID 名字空间中,其 PID、PGID 和 SID 使用的 pid 结构都是 init_struct_pid,因而它们的 PID、PGID、SID 等都是 0。由于结构 init_struct_pid 仅能被 idle 进程引用,因而没有必要将各 idle 进程加入 init_struct_pid 的 tasks[ ]中。

系统中的其他进程都是动态创建的。在创建新进程时,Linux 先确定新进程的运行 PID 名字空间(由新进程的 pid_ns_for_children 指示),再在其中为新进程创建 pid 结构。如果新进程是由 clone( )函数创建的且 clone 参数中带有 CLONE_NEWPID 标志,那么新进程的 pid_ns_for_children 指向一个全新的 PID 名字空间;否则,其 pid_ns_for_children 是从创建者进程中复制的,可能是创建者进程的运行 PID 名字空间,也可能是创建者进程通过 unshare( )函数新建的 PID 名字空间。

除 idle 进程之外,系统会为每个进程都创建一个独立的 pid 结构。为新进程创建 pid 结构的过程如下:

(1) 从新进程所在的运行 PID 名字空间(pid_ns_for_children)中申请一个 pid 结构。如新进程的运行 PID 名字空间位于树的第 n 层,那么新 pid 结构中将包含 $n+1$ 个 upid 结构。

(2) 从新进程的运行 PID 名字空间及各祖先 PID 名字空间中各申请一个 ID 号,将 ID 号及分配该 ID 号的 PID 名字空间分别记录在对应 upid 结构的 nr 和 ns 处。

(3) 如果新进程是所在运行 PID 名字空间的第 1 号进程(PID 号为 1),则基于初始根 proc_root 为该 PID 名字空间创建一个全新的 proc 文件系统安装,将其 mount 结构记录在 pid_namespace 结构的 proc_mnt 域中,并将 pid_namespace 结构记录在新建 super_block 结构的 s_fs_info 域中。新安装的 proc 文件系统并未嫁接在 VFS 目录树上,因而是不可见的。

(4) 将 pid 结构中的 tasks[ ]清空,将各 upid 结构分别插入到 Hash 表 pid_hash[ ]中。

如果新进程是所在 PID 名字空间的第 1 号进程,则 Linux 会将其设为 PID 名字空间的孤儿回收进程 child_reaper,负责该名字空间中孤儿进程的回收。

当进程终止时,系统会释放它的 pid 结构。在释放 pid 结构之前,需将其中的各 upid 结构从 pid_hash[ ]中摘除,并释放各 upid 结构中的 ID 号。如果进程终止导致 PID 名字空间中仅剩余一个 1 号进程,则要将其唤醒。如果 PID 名字空间中的 child_reaper 终止,则系统会将其线程组中的其他活动进程设为 child_reaper。如果在 PID 名字空间中找不到其他的 child_reaper(在 1 号进程的线程组中已无活动的进程),则系统会杀死该 PID 名字空间中的所有进程。如果 PID 名字空间中的最后一个进程终止,则系统会卸载其 proc 文件系统,并销毁整个 PID 名字空间。

虽然一个进程可能出现在多个 PID 名字空间中,但系统调用 getpid、gettid 等所获得的是调用者进程在其运行 PID 名字空间中的 ID 号,系统调用 getpgid 和 getsid 等所获得的是 PID 号为 pid 的进程(当 pid 为 0 时,为调用者进程)在调用者进程的运行 PID 名字空间中的 PGID 和 SID 号。所不同的是,系统调用 gettid 所获得的是进程自身的 PID,getpid、getpgid、getsid 所获得的是进程所在线程组的领头进程的 PID、PGID、SID。

除根 PID 名字空间之外,在其余的 PID 名字空间中,第 1 号进程的父进程肯定位于父 PID 名字空间中,第 1 号进程通过系统调用 getpid 得到的 ID 号是 1,通过系统调用 getppid 得到的 ID 号是 0,虽然 PID 名字空间中并不存在第 0 号进程。

系统调用 setpgid 和 setsid 修改调用者进程所在线程组的领头进程引用的 pid 结构(在数组 pids[ ]中),其中 setpgid 修改 PGID 所引用的 pid 结构,setsid 修改 SID 和 PGID 引用的 pid 结构并释放与之关联的终端。

PID 名字空间中的进程可以使用系统调用 reboot,但该系统调用仅会销毁调用者进程的运行 PID 名字空间,杀死其中的所有进程,包括调用者进程自己,并不会真地重启系统。

7.4 PID 名字空间接口文件

在一个 PID 名字空间中,通过进程的 ID 号可以找到进程的 task_struct 结构,进而可获得该进程的管理信息,如进程的证书、虚拟地址空间布局、主目录与当前工作目录、打开的文件、执行的程序、收到的信号以及调度策略、优先级、运行状态、亲缘关系等。

Linux 提供了多个系统调用,这些系统调用又被包装成库函数,利用这些库函数,用户进程可以查询或设置进程的管理信息。常用的库函数如下:

(1)函数 prlimit( )可查询、设置进程可用的各类资源的界限,包括软界限和硬界限。

(2)函数 getrusage( )可查询调用者进程及其子孙实际消耗的资源情况。

(3)函数 prctl( )可查询、设置调用者进程的权能、权能约束集 Bset、securebits 标志、subreaper 标志、dumpable 标志、keepcaps 标志、虚拟内存空间布局、进程名、父进程终止信号、安全计算模式等信息。

(4)函数 getpriority( )和 setpriority( )可查询、设置调用者进程的优先级。

(5)函数 sched_getscheduler( )和 sched_setscheduler( )可查询、设置进程的调度策略。

(6)函数 sched_getattr( )和 sched_setattr( )可查询、设置进程的属性,如策略、标志、优先级等。

(7)函数 sched_getaffinity( )和 sched_setaffinity( )可查询、设置进程的运行

CPU 集。

(8) 函数 kcmp( ) 可确定两个进程对某类系统资源的共享情况,如是否共享文件描述符表、文件系统、信号处理表、虚拟内存等。

另外,函数 acct( ) 可开、关进程的账务功能,函数 ptrace( ) 可追踪、控制另一个进程的运行,函数 waitpid( ) 和 waitid( ) 可等待某个或某类子进程的终止。

为了更直观地展示进程的管理信息,除上述函数和系统调用之外,Linux 还在 proc 文件系统中为每个进程或线程组(不是线程)都创建了一个子目录,其名称就是进程的 PID 或线程组的 TGID[71]。由于进程在不同 PID 名字空间中的 ID 号不同,因而 Linux 为每个 PID 名字空间都建立了一个 proc 文件系统,各 proc 文件系统中的进程子目录也不一样。

Linux 系统中最初的进程 init_task(PID 为 0) 位于根 PID 名字空间 init_pid_ns 中。当进程 init_task 创建第 1 号进程时,系统在根 PID 名字空间 init_pid_ns 中为第 1 号进程创建 pid 结构,并为根 PID 名字空间创建一个 proc 安装,但未将其嫁接在 VFS 目录树上。

在成功加载应用程序并转入用户空间之后,第 1 号进程变成了系统中的第一个用户态进程。此后,该进程完成很多用户态的初始化工作,其中包括将根 PID 名字空间的 proc 文件系统嫁接在目录/proc 上。由于系统中所有进程都会出现在根 PID 名字空间中,因而安装之后,在/proc 目录中可以看到系统中的所有进程及其管理信息。在/proc 目录中,各进程的 PID 都是它们在根 PID 名字空间中的全局 ID 号。

其他的 PID 名字空间都是动态建立的。当在新 PID 名字空间中创建第 1 号进程时,系统会为其建立一个 proc 安装,但也未将其嫁接在 VFS 目录树上。此后,运行在新 PID 名字空间中的进程可以将其 proc 安装嫁接在 VFS 目录树的某个安装点目录上,如/proc 目录。嫁接之后,在安装点目录中,可以看到出现在该 PID 名字空间中的所有进程及其管理信息,其中用于标识进程的 PID 是它们在该 PID 名字空间中的局部 ID 号。其余 PID 名字空间中的进程,即使进入安装点目录,也看不到属于该 PID 名字空间的 proc 文件系统。

值得注意的是,在 proc 文件系统中看到的 ID 号是进程在安装者的运行 PID 名字空间中的 ID 号,与观察者进程所在的 PID 名字空间无关。

下面的程序片段安装新 PID 名字空间的 proc 文件系统并列出其内容,其中:

(1) 父进程通过函数 unshare( ) 创建新的 USER 和 PID 名字空间,通过函数 fork( ) 在新 PID 名字空间中创建第 1 号子进程,等待子进程完成新 PID 名字空间的 proc 文件系统的嫁接工作之后,列出安装点目录 test 中的内容。

(2) 子进程通过 unshare( ) 进入新的 MNT 名字空间,通过函数 mount( ) 将新 PID 名字空间的 proc 文件系统嫁接在 test 目录上,通过函数 fork( ) 创建孙子进程,等待孙子进程列出/proc 目录的内容、父进程列出 test 目录的内容后,再列出 test

目录的内容。

（3）孙子进程列出/proc 目录的内容，即根 PID 名字空间的 proc 文件系统的内容。

程序片段的代码如下：

```
void main( ) {
    unshare(CLONE_NEWUSER|CLONE_NEWPID);    //改变进程的 USER 和 PID 名字空间
    if(fork( ) = =0){                        //新 PID 名字空间中的第 1 号进程
        unshare(CLONE_NEWNS);               //改变进程的 MNT 名字空间
        mount("proc","test","proc",0,NULL);  //将新 PID 名字空间的 proc 嫁接在
                                             //                        test 上
        if(fork( ) = =0){                     //孙子进程
            printf("ls /proc\n");
            execl("/bin/ls","/bin/ls","-x","/proc",NULL);
                                             //列出/proc 目录的内容
        } else {                             //子进程
            sleep(2);
            printf("ls test\n");
            execl("/bin/ls","/bin/ls","-x","test",NULL);
                                             //列出 test 目录的内容
        }
    } else {                                 //老 PID 名字空间中的父进程
        sleep(1);                            //等待子进程安装 proc
        printf("In main,ls test\n");
        execl("/bin/ls","/bin/ls","test",NULL);  //列出 test 目录的内容
    }
}
```

下面是上述程序片段的一种输出结果：

```
ls /proc                //孙子进程列出的根 PID 名字空间的 proc 文件系统
1        10      1021    106     107     1098    11      1108    1127
1129     1150    12      1235    1256    1283    13      1319    1388
...
In main,ls test
mntns.c   setuser1.c    //父进程列出的 test 目录中的老内容
ls test                 //子进程列出的新 PID 名字空间的 proc 文件系统
1        2       acpi    asound  buddyinfo bus   cgroups      cmdline consoles
cpuinfo crypto  devices diskstats dma      driver execdomains fb filesystems
...
```

由此可见，子进程运行在新 PID 名字空间中，是其中的第 1 号进程。子进程在嫁接完 proc 文件系统之后，在安装点目录 test 中看到了新 proc 文件系统的内容，其中有 2 个进程，PID 号分别为 1 和 2。父进程运行在老的 PID 名字空间中，只能看到目录 test 中的老内容，看不到新安装的 proc 文件系统。虽然运行在新的 PID 名字空间中，但是孙子进程仍然看到了/proc 目录中的内容，并可用进程的全局 ID 号访问到系统中的所有进程。

在以 PID 号为名称的子目录中，proc 文件系统为每个进程都创建了一组具有相同名称的接口文件，其中的有些文件是只读的，另一些文件允许修改。每个进程接口文件对应进程管理结构 task_struct 中的一项或几项内容。除专门用于 USER 名字空间的 uid_map、gid_map、projid_map、setgroups 之外，进程的接口文件中还包含如下几个：

（1）cmdline，进程执行的完整的命令行。

（2）comm，进程的名称，可修改。

（3）cwd，符号连接，指向进程的当前工作目录。

（4）environ，进程的环境变量。

（5）exe，符号连接，指向进程所执行的程序文件。

（6）io，进程所做 I/O 操作的统计信息，如读写操作的次数、读写数据的长度等。

（7）limits，进程可用的各类资源的界限，如处理器时间、进程数、文件数等。

（8）maps，进程虚拟地址空间中的各个虚拟内存区域的描述信息，包括区域在虚拟地址空间中的开始与终止地址、区域的访问权限、区域映射的文件及在文件上的开始位置等。映射文件的名称可能是实际的文件路径名，也可能是如下几个伪文件名：

① [stack]描述的是进程的主线程所使用的堆栈。

② [stack:<tid>]描述的是 TID 号为<tid>的线程所使用的堆栈。

③ [heap]描述的是进程的堆，包括进程的 BSS 节。

④ [vdso]描述的是进程的虚拟动态共享对象（virtual dynamic shared object）或共享库，其中包括库函数 clock_gettime（ ）、gettimeofday（ ）、time（ ）、getcpu（ ）和几个特殊系统调用的实现代码，如 sigreturn、rt_sigreturn 等。

⑤ [vsyscall]描述的是进程使用的虚拟系统调用（virtual system call），可读可执行，其中包括函数 gettimeofday（ ）、time（ ）、getcpu（ ）的实现代码，用户可直接调用。

⑥ [vvar]描述的是进程使用的虚拟系统调用，不可执行，用户对其中函数 gettimeofday（ ）、time（ ）、getcpu（ ）的调用会引起异常，内核在异常处理程序中模拟三个库函数的实现。

⑦ 空描述的是匿名映射区域，如由匿名 mmap（ ）分配的虚拟内存。

（9）mem，进程的虚拟内存，打开后可读出其中的内容，并可修改。

（10）mountinfo，进程的安装点信息，包括文件系统所在的设备及文件系统的类型、根目录、安装点、安装参数等。

（11）mounts，进程所在的 MNT 名字空间中当前已安装的所有文件系统。

（12）mountstats，进程所在的 MNT 名字空间中各安装点的状态信息。

（13）numa_maps，进程的 NUMA 内存策略和统计信息，如内存地址区间、NUMA策略、映射的节点及映射的页数、映射文件或 heap 或 stack、映射页数、匿名页数、"脏"页数、活动页数、换出页数、最大引用计数、页的大小等。

（14）oom_score，进程的 oom 得分。当系统出现内存溢出（Out-of-Memory，OOM）状况时，杀手进程将根据该得分选择被杀的进程。

（15）oom_adj，进程 oom 得分的调整方式，是一个左移或右移的位数。

（16）oom_score_adj，进程 oom 得分的调整方式，是一个比例，与 oom_adj 保持一致。

（17）pagemap，进程虚拟页到物理页或交换页的映射关系，每个虚拟页 64 位。

（18）personality，进程的执行域。

（19）root，符号连接，指向进程的主目录。

（20）sched，进程的调度信息，包含与进程调度相关的统计信息，如进程的策略、优先级、权重、最近一次运行的开始时刻、累计运行时间、虚拟计时器的当前值、等待次数、累计等待时间、累计被唤醒次数、累计切换次数、在 CPU 间迁移次数等。

（21）schedstat，进程调度信息，包括三项内容，分别是进程累计运行时间、在就绪队列中的累计等待时间和在当前 CPU 上的累计运行次数（切换次数）。

（22）seccomp，进程的安全计算模式。

（23）smaps，进程各虚拟内存区域的描述及内存消耗情况统计。

（24）stack，进程系统堆栈中的函数调用轨迹。

（25）stat，进程状态，其内容按序包括 pid、comm、state、ppid、pgrp、session、tty_nr、tpgid、flags、minflt、cminflt、majflt、cmajflt、utime、stime、cutime、cstime、priority、nice、num_threads、itrealvalue、starttime、vsize、rss、rsslim、startcode、endcode、startstack、kstkesp、kstkeip、signal、blocked、sigignore、sigcatch、wchan、nswap、cnswap、exit_signal、processor、rt_priority、policy、delayacct_blkio_ticks、guest_time、cguest_time、start_data、end_data、start_brk、arg_start、arg_end、env_start、env_end、exit_code 等信息。

（26）statm，进程消耗的内存（以页为单位），其内容按序包括 size（总页数）、resident（驻留内存的页数）、share（共享页数）、text（代码页数）、lib（库页数）、data（数据页数，含堆栈）、dt（"脏"页数）。

（27）status，进程状态，与 stat 和 statm 相似，但更易阅读。

（28）syscall，进程正在执行的系统调用，包括调用号、六个参数寄存器的值、栈顶寄存器的值、程序计数器的值等。

（29）timers，进程的 POSIX 定时器。

（30）wchan，进程在内核中睡眠的位置。

除上述接口文件之外，proc 文件系统还为每个进程创建了几个子目录，主要的几个如下：

（1）fd/，包含一组符号连接，每个连接指向进程打开的一个文件。连接名是打开文件所获得的文件描述符。

（2）fdinfo/，包含一组文件，每个文件对应进程打开的一个文件，文件名是进程打开文件所获得的文件描述符，内容包括读写头位置、文件访问模式、安装点的 ID 号等。

（3）map_files/，包含一组符号连接，用于描述进程的虚拟地址区间与文件的映射关系，名称是文件映射的虚拟地址区间，连接目标是映射文件的路径名。不含匿名区域。

（4）net/，包含一组文件和子目录，用于描述进程的网络配置与管理信息。

（5）ns/，包含进程的名字空间管理文件。其中文件 pid 所指的是进程的运行 PID 名字空间而非 pid_ns_for_children 所指的 PID 名字空间。

（6）task/，包含一组子目录，每个子目录对应进程中的一个线程，子目录名是线程的 TID。目录 task/中至少有 1 个子目录，其名称是进程自己（主线程）的 PID。每个线程子目录中都有一组接口文件，其名称与进程子目录中的文件相同，但线程子目录中不再有 task 子目录，也没有了 timers、mountstats 等文件。

线程目录与进程目录中同名文件的内容基本相同，主线程目录［pid］/tasks/［pid］/与进程目录［pid］/中的文件完全相同，如文件［pid］/tasks/［pid］/maps 与［pid］/maps 的内容完全相同。在线程目录中，下面几个接口文件是例外：

① 文件 maps 与 numa_maps 中的堆栈标识方法稍有区别。线程的 maps 和 numa_maps 文件中仅标识出自己的堆栈，其余线程的堆栈都被标识为匿名。

② 文件 sched 与 schedstat 的内容是线程自己的调度信息，在不同的线程目录中其内容稍有不同，如策略、优先级、权重等相同，累计运行时间、运行次数、虚拟计时器等不同。

③ 文件 stack 的内容来源于各线程自己的堆栈，互不相关。

④ 文件 syscall 的内容是各线程自己的系统调用信息及其参数。

⑤ 文件 stat 和 status 的内容是各线程自己的状态。

⑥ 文件 wchan 的内容是各线程在内核中的睡眠位置。

在 proc 文件系统的安装点目录中，当某个进程目录（名称为进程的 PID 号）被解析时，proc 文件系统会完成如下工作：

（1）将目录名称转化成进程的 PID 号。

（2）在安装者进程的运行 PID 名字空间中（已记录在 proc 文件系统的超级块结构中），找到 PID 所标识的目标进程，获得其 pid 结构。

（3）为进程目录创建一个 proc_inode 结构，将获得的 pid 结构记录在其中。

（4）设置 proc_inode 结构的其他域，如 inode 操作集、文件操作集等。

此后，在解析进程目录中各接口文件和子目录时，proc 文件系统都会将目标进程的 pid 结构记录在为其创建的 proc_inode 结构中，以便将对进程接口文件的操作转化成对目标进程的操作。

由此可见，proc 文件系统暴露了太多的进程运行与管理信息。出于安全方面的考虑，proc 文件系统提供了两个安装参数，可以限制/proc/[pid]目录及其中文件的可见范围：

（1）hidepid = n，将目录/proc/[pid]中文件的隐藏方式设为 n：

① 0，不隐藏，所有用户都可以访问其中的文件，默认方式。

② 1，除自己进程的文件之外，不能访问其他用户的进程的任何文件，但可看到目录。

③ 2，除自己进程的文件之外，无法看到其他用户的进程的目录。

（2）gid = gid，hidepid 所声明的隐藏方式的一种例外，将目录/proc/[pid]中文件对 GID 号为 gid 的用户组开放。

7.5 PID 名字空间中的进程

有了 PID 名字空间之后，系统中的每个进程都会运行在一个 PID 名字空间之中，且可能会出现在一到多个 PID 名字空间之中。在 pid 结构中，记录着进程出现的各 PID 名字空间和在其中的 ID 号。在名字空间代理结构 nsproxy 中，记录着进程为其子进程准备的运行 PID 名字空间，由 pid_ns_for_children 指示。进程的运行 PID 名字空间可能与 pid_ns_for_children 相同，也可能不同。进程的运行 PID 名字空间在创建之时确定，在运行过程中不能改变，可以改变的是进程的 pid_ns_for_children。只有当运行 PID 名字空间与 pid_ns_for_children 相同时，进程才可创建新的 PID 名字空间。

系统中最初的进程（init_task）是静态建立的，其运行 PID 名字空间为 init_pid_ns，是 PID 名字空间树的根。init_task 进程的 pid_ns_for_children 也是 init_pid_ns，因而由它创建出的第 1 号进程也运行在 init_pid_ns 中，且第 1 号进程的 pid_ns_for_children 也是 init_pid_ns。

运行中的进程可通过函数 unshare()修改自己的 pid_ns_for_children。如果参数中带有 CLONE_NEWPID 标志，则函数 unshare()会为调用者进程创建一个新的 PID 名字空间，并将其记录在 pid_ns_for_children 中。函数 unshare()不会修改调用者进程的运行 PID 名字空间，但会影响新建子进程的运行 PID 名字空间。

运行中的进程也可通过函数 setns()修改自己的 pid_ns_for_children。调用者进程可通过函数 setns()将自己的 pid_ns_for_children 改成参数指定的目标 PID 名字空间。修改之后,调用者进程的运行 PID 名字空间保持不变,但其新建子进程将运行在目标 PID 名字空间中。函数 setns( ) 的调用者进程在自己当前所处 USER 名字空间和目标 PID 名字空间的拥有者 USER 名字空间中都必须有 CAP_SYS_ADMIN 权能,且目标 PID 名字空间必须是调用者进程的运行 PID 名字空间(不修改)或其后代。也就是说,在 PID 名字空间树中,函数 setns( ) 只能将进程的 pid_ns_for_children 向下移动,不能向上移动或横向移动。因而,进程只能将其子进程创建在自己的运行 PID 名字空间或某个后代 PID 名字空间之中。

函数 fork( ) 和 vfork( ) 创建子进程但不创建 PID 名字空间。新进程的 pid_ns_for_children 是从父进程中复制的,新进程的运行 PID 名字空间由自己的 pid_ns_for_children 指示。

函数 clone( ) 创建新进程且可能创建新 PID 名字空间。如果参数中不带 CLONE_NEWPID 标志,则新进程的 pid_ns_for_children 从创建者进程中复制;如果参数中带有 CLONE_NEWPID 标志,则新进程的 pid_ns_for_children 为新建的 PID 名字空间。新进程的运行 PID 名字空间由自己的 pid_ns_for_children 指示。函数 clone( ) 不改变调用者进程的 pid_ns_for_children,因而不会影响调用者进程及其子进程的 PID 名字空间。

下面的程序片段试图验证上述各函数的能力。该程序的执行会创建四个进程,各进程的工作大致如下:

(1) 父进程,显示自己的运行 PID 名字空间的序号,创建第一子进程以验证新进程与新 PID 名字空间的创建,创建第二子进程以验证 clone( ) 对父进程的影响,进入第一子进程的 PID 名字空间并创建第三子进程以验证 setns( ) 的效果。

(2) 第一子进程,获取并显示自己的运行 PID 名字空间的序号(应是新的)。

(3) 第二子进程,获取并显示自己的运行 PID 名字空间的序号(应是老的)。

(4) 第三子进程,获取并显示自己的运行 PID 名字空间的序号(应是老的),并试图进入老 PID 名字空间以验证 setns( ) 的效果。

注意:进程的运行 PID 名字空间是从其 pid 结构中算出的,与 pid_ns_for_children无关。

主函数的定义如下:

```
void main( ) {
    int pid,fd,ret;
    void * stack = malloc(1024 * 1024) , * stp = stack + (1024 * 1024)/4;
    char path[200],ppath[200];

    getpidns(getpid( ),"In parent",ppath,"/proc/% d/ns/pid");
                                                          //老 PIDNS 内容
    pid = clone(childFunc,stp,CLONE_NEWUSER| CLONE_NEWPID| SIGCHLD,NULL);
```

```
        sleep(1);
        if(fork() == 0){                                    //第二子进程
            getpidns(getpid(),"In second child",path,"/proc/% d/ns/pid");
            exit(0);
        }
        snprintf(path,200,"/proc/% d/ns/pid",pid);      //第一子进程的 PIDNS
        fd = open(path,O_RDONLY);                        //打开新 PIDNS
        ret = setns(fd,0);                              //进入新 PIDNS
        printf("setns ret = % d\n",ret);
        close(fd);
        if(fork() == 0){              //第三子进程
            unshare(CLONE_NEWNS);                        //进入新 MNTNS
            mount("proc","proc","proc",0,NULL);      //嫁接新 proc 文件系统
            getpidns(getpid(),"In third child",path,"proc/% d/ns/pid");
                                                        //新 PIDNS 内容
            fd = open(ppath,O_RDONLY);                   //打开老 PIDNS
            printf("open ret = % d\n",fd);
            ret = setns(fd,0);                          //进入老 PIDNS
            printf("setns to parent's PIDns ret = % d\n",ret);
            umount("proc");                             //卸载新 proc 文件系统
            close(fd);
        } else {
            getpidns(getpid(),"In parent",path,"/proc/% d/ns/pid");
                                                        //老 PIDNS 内容
            sleep(10);
        }
    }
}
```

函数 getpidns()读出名字空间管理文件的内容(符号连接的内容),从而获取进程的运行 PID 名字空间的序号,而后将其显示出来,其定义如下:

```
void getpidns(int pid,char * name,char * path,char * fmt){
    char len,buf[200];
    snprintf(path,200,fmt,pid);              //生成 PID 名字空间管理文件的名称
    len = readlink(path,buf,200);            //读出 PID 名字空间管理文件的内容
    buf[len] = 0;
    printf("%s,PIDns = %s\n",name,buf);    //显示 PID 名字空间管理文件的内容
}
```

第一子进程由函数 clone( )创建,运行在新 PID 名字空间中,执行的函数是 childFunc( ),定义如下:

```
static int childFunc( ) {                              //第一子进程执行的函数
    char path[200];
    unshare(CLONE_NEWNS);                              //更换 MNT 名字空间
    mount("proc","proc","proc",0,NULL);                //嫁接新 proc 文件系统
    getpidns(getpid( ),"In first child",path,"proc/%d/ns/pid");
                                                       //显示新 PID 名字空间文件的内容
    sleep(10);
}
```

上述程序需要以管理员身份运行,输出结果如下:

```
In parent,PIDns = pid:[4026531836]          //老 PIDNS 的内容
In first child,PIDns = pid:[4026532282]     //新 PIDNS 的内容
In second child,PIDns = pid:[4026531836]    //clone( )对父进程的 PIDNS 无影响
setns ret = 0                               //父进程成功进入新 PIDNS
In parent,PIDns = pid:[4026531836]          //setns( )不影响父进程的运行 PIDNS
In third child,PIDns = pid:[4026532282]     //setns( )影响子进程的 PIDNS
open ret = 4                                //成功打开老 PIDNS 文件
setns to parent's PIDns ret = -1            //无法进入老 PIDNS
```

上述输出结果验证了如下结论:

(1) 函数 clone( )创建的第一子进程运行在新 PID 名字空间(序号为 4026532282)中。函数 clone( )不影响父进程,既不改变父进程的运行 PID 名字空间(序号为 4026531836),也不改变父进程的 pid_ns_for_children(否则,第二子进程将运行在新 PID 名字空间中)。

(2) 函数 setns( )可将父进程的 pid_ns_for_children 改成子进程的新 PID 名字空间,这一改变影响新建子进程的运行 PID 名字空间,但不会影响调用者进程的运行 PID 名字空间,因而父进程的运行 PID 名字空间的序号仍然是 4026531836,第三子进程的运行 PID 名字空间的序号变成了 4026532282。

(3) 函数 setns( )只能将调用者进程的 pid_ns_for_children 下移却不能上移,因而不能将调用者进程的 pid_ns_for_children 改成父 PID 名字空间(第三子进程执行 setns( )失败)。

(4) 函数 fork( )创建子进程但不创建 PID 名字空间,子进程的运行 PID 名字空间由创建者进程的 pid_ns_for_children 指定。

PID 名字空间可能是空的,如刚通过函数 unshare( )创建的新 PID 名字空间中还没有任何进程。一般的 PID 名字空间都是非空的,其中运行着一到多个进程。

在新 PID 名字空间中首次创建的进程,不管是通过函数 clone()、fork()还是 vfork()创建的,其 PID 号都是 1,其余进程的 PID 号是动态分配的,肯定都大于 1。按照进程之间的父子兄弟关系,可将非空 PID 名字空间中的进程组织成一到多棵独立的家族树,其中以 1 号进程为根的家族树肯定存在,其余家族树可能存在也可能不存在。

假如进程 P 通过函数 unshare()新建了一个 PID 名字空间 N,该 PID 名字空间被记录在进程 P 的 pid_ns_for_children 中。此后,P 可以不在 N 中创建任何子进程(N 保持为空),可以在 N 中创建一个子进程(PID 号为 1),也可以在 N 中创建多个子进程(首个子进程的 PID 号为 1,其余子进程的 PID 号大于 1)。如果 P 在 N 中创建了多个子进程,那么这些子进程在 N 中应该是相互独立的,每个子进程都会自动成为一棵家族树的根,因而 N 中可能同时存在多棵相互独立的家族树。

根 PID 名字空间 init_pid_ns 中的家族树以 init_task 进程为根(PID 为 0),其中含有系统中的所有进程,因而是最完整的进程家族树,称为全局进程家族树。其余 PID 名字空间的进程家族树中仅包含出现在其中的进程,都是局部进程家族树。由于一个进程可以同时出现在多个 PID 名字空间中,因而一个进程可以同时出现在多棵家族树中。进程在不同家族树中的 PID 号可能是不同的,但其父子兄弟关系是一致的,因而子 PID 名字空间中的一棵进程家族树一定对应着父 PID 名字空间家族树中的一棵子树。特别地,所有的局部进程家族树都是全局进程家族树的子树。父子 PID 名字空间中进程家族树的关系如图 7.5 所示。

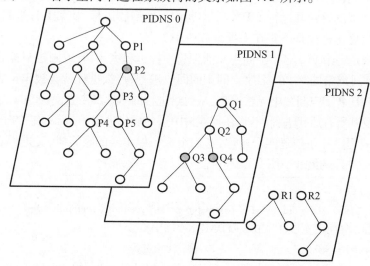

图 7.5　父子 PID 名字空间中进程家族树的关系

图 7.5 中包含三个 PID 名字空间,其中 PIDNS 0 是 PIDNS 1 的父名字空间,PIDND 1 是 PIDNS 2 的父名字空间。PIDNS 0 中有一棵进程家族树,其中的进程 P1 在 PIDNS 1 中创建了第 1 号进程 Q1,对应 PIDNS 0 中称为 P2。在 PIDNS 1 中,

以 Q1 为根的进程家族树与 PIDNS 0 中以 P2 为根的家族子树一一对应,两棵树的组织结构完全相同,所不同的只有进程的 ID 号。PIDNS 1 中的进程 Q2 在 PIDNS 2 中创建了 2 个进程 R1 和 R2,对应 PIDNS 1 中的 Q3 和 Q4。在 PIDNS 2 中,R1 的 PID 号为 1,R2 的 PID 号大于 1。PIDNS 2 中以 R1 为根的进程家族树对应 PIDNS 1 中以 Q3 为根的家族子树,同时对应 PIDNS 0 中以 P4 为根的家族子树,三棵树的组织结构完全相同,所不同的只有进程的 ID 号。

PID 名字空间中的进程大都是普通进程,只有第 1 号进程较为特殊,所扮演的角色类似于传统操作系统中的 init 进程(根 PID 名字空间中的第 1 号进程)。PID 名字空间中的第 1 号进程具有很多特性,如第 1 号进程是 PID 名字空间中的默认回收进程、第 1 号进程的终止会导致整个 PID 名字空间消亡、第 1 号进程仅接收自己选定的信号等。

(1) 第 1 号进程是 PID 名字空间中的默认孤儿回收进程。一个 PID 名字空间中可以有多个回收进程,除第 1 号进程之外,其他进程可以通过设置 subreaper 标志(由函数 prctl( )设置)将自己声明为一个回收进程。当进程终止时,系统会在终止进程的祖先进程中找一个离它最近的回收进程,而后将终止进程的所有子进程都过继给该回收进程。如果 PID 名字空间中只有一棵进程家族树,则系统会将终止进程的子进程过继给终止进程的某个祖先进程,如第 1 号进程。如果 PID 名字空间中有多棵进程家族树,在目前的实现中,系统有可能将终止进程的子进程过继给 PID 名字空间之外的某个回收进程。当然,只要稍加修改,就可以限定只将终止进程的子进程过继给其运行 PID 名字空间内部的回收进程,如第 1 号进程,不管该回收进程与终止进程是不是在一棵家族树中。

如果限定一个 PID 名字空间中只能创建一棵进程家族树,或限定只能将终止进程的子进程过继给同一 PID 名字空间中的回收进程,那么进程就会被牢牢绑定在自己的运行 PID 名字空间之中无法逃离,从而给进程的清理带来方便,如可以彻底销毁一个进程及其所有后代进程,不管在家族树中这些后代进程还是不是它的子孙。

下面的程序片段创建四个进程,它们组成一棵单线的家族树,父进程是根。因为第二代子进程的终止,第三代子进程会脱离这一家族树。

```
void main( ) {
    printf("pid = % d,ppid = % d of parent process\n",getpid( ),getppid( ));
//  unshare(CLONE_NEWUSER | CLONE_NEWPID);
    if( fork( ) = =0) {              //第一代子进程
        printf("pid = % d,ppid = % d of first generation\n",getpid( ),getppid( ));
        if(fork( ) = =0) {            //第二代子进程
            printf("pid = % d,ppid = % d of second generation\n",getpid( ),getppid( ));
            if(fork( ) = =0) {        //第三代子进程
                printf("pid = % d,ppid = % d of third generation\n",getpid( ),getppid( ));
```

```
                    sleep(2);
                    printf("pid = % d,ppid = % d of third generation\n",getpid(),getppid());
                } else {                    //第二代子进程
                    sleep(1);
                    printf("second generation exit\n");
                }
            } else                          //第一代子进程
                sleep(3);
        } else
            sleep(3);
}
```

下面是该程序片段的一种输出结果:

```
pid = 2986,ppid = 2460 of parent process
pid = 2987,ppid = 2986 of first generation    //第一代子进程的父进程是父进程
pid = 2988,ppid = 2987 of second generation   //第二代子进程的父进程是第一代子进程
pid = 2989,ppid = 2988 of third generation    //第三代子进程的父进程是第二代子进程
second generation exit                        //第二代子进程终止
pid = 2989,ppid = 1569 of third generation    //第三代子进程脱离了家族树
```

如果将函数 unshare( )前的注释去掉,三代子进程都将运行在新的 PID 名字空间中,其中第一代子进程的 PID 号为 1,是 PID 名字空间中的默认孤儿回收进程。此后,即使第二代子进程终止,第三代子进程也无法逃离该 PID 名字空间。下面是程序的一种输出结果:

```
pid = 3092,ppid = 2460 of parent process
pid = 1,ppid = 0 of first generation      //第一代子进程是新 PID 名字空间家族树的根
pid = 2,ppid = 1 of second generation     //第二代子进程的父进程是第一代子进程
pid = 3,ppid = 2 of third generation      //第三代子进程的父进程是第二代子进程
second generation exit                    //第二代子进程终止
pid = 3,ppid = 1 of third generation      //第三代子进程被过继给第一代子进程
```

(2) 第 1 号进程终止会导致 PID 名字空间中的所有进程终止,进而导致整个 PID 名字空间销毁。虽然有子进程过继等情况发生,但一般进程的终止并不会影响其他进程的运行。然而第 1 号进程是一个例外。当第 1 号进程终止时,系统会向 PID 名字空间中的所有进程,不管是否为第 1 号进程的子孙进程,都发送 SIGKILL 信号,将它们全部杀死后再销毁整个 PID 名字空间。第 1 号进程终止之后,由于整个 PID 名字空间已被销毁,因而进程(包括 PID 名字空间的创建者进程)无法再通过 fork( )等函数在该 PID 名字空间中创建新进程,也无法再通过函数

setns( )将自己的 pid_ns_for_children 改成已销毁的 PID 名字空间。

下面的程序片段用于验证 PID 名字空间中第 1 号进程的终止。

```
void main( ) {
    int i,pid;
    printf("pid = % d,ppid = % d of parent process\n",getpid( ),getppid( ));
    unshare(CLONE_NEWUSER | CLONE_NEWPID);
    if(fork( ) = = 0) {                //第一代子进程
        printf("pid = % d,ppid = % d of first generation\n",getpid( ),getppid( ));
        if(fork( ) = =0) {             //第二代子进程
            printf("pid = % d,ppid = % d of second generation\n",getpid( ),getppid( ));
            if(fork( ) = =0) {         //第三代子进程
                for(i =0; i < 20; i + +) {
                    printf("pid = % d,ppid = % d of third ..... % d\n",getpid( ),
getppid( ),i);
                    sleep(1);
                }
            } else
                sleep(1);
        } else {
            sleep(3);                  //第 1 号进程睡眠 3 秒后终止
            printf("first generation exit\n");
        }
    } else {
        sleep(4);                      //等待 PID 名字空间中的第 1 号进程终止
        if((pid = fork( )) = =0)       //在 PID 名字空间中创建新进程
            printf("new child % d\n",getpid( ));
        else
            printf("new fork = % d\n",pid);
        execl("/bin/ps","/bin/ps"," - o","pid,ppid,state,comm",NULL);
    }
}
```

在上面的程序片段中,第三代子进程每 1 秒钟打印一次自己及其父进程的 PID 号。第二代子进程在睡眠 1 秒后终止,导致第三代子进程被过继给第一代子进程(第 1 号进程)。第 1 号进程睡眠 3 秒后终止,导致 PID 名字空间中的进程全部终止,使第三代子进程的打印中途停止。此后,父进程通过函数 fork( )在 PID 名字空间中创建新进程的企图以失败告终。在父进程给出的进程列表中,第 1 号子进程处于僵死状态,正在等待父进程将其回收。

程序的运行结果如下：

```
pid = 4250, ppid = 3375 of parent process
pid = 1, ppid = 0 of first generation
pid = 2, ppid = 1 of second generation
pid = 3, ppid = 2 of third generation . . . . . 0
pid = 3, ppid = 2 of third generation . . . . . 1
pid = 3, ppid = 1 of third generation . . . . . 2
                          //第二代子进程终止,第三代子进程过继给1号子进程
first generation exit     //第1号进程终止,导致所有进程终止,打印停止
new fork = -1             //父进程在PID名字空间中创建新进程的企图失败
  PID   PPID S COMMAND    //父进程列出进程信息
 3375   2455 S zsh
 4250   3375 R ps
 4251   4250 Z procend5  <defunct>     //第1号进程处于僵死态,等待回收
```

（3）第1号进程终止会导致所有子 PID 名字空间同时被销毁。若第1号进程的运行 PID 名字空间为 A，A1、A2、…、An 是 A 的子 PID 名字空间，那么 A1、A2、…、An一定是 A 中某些进程创建的，各子 PID 名字空间中的第1号进程一定会同时出现在 A 中。当 A 中的第1号进程终止时，其中的所有进程都会随之终止，包括 A1、A2、…、An 中的第1号进程。A1、A2、…、An 中第1号进程的终止又会导致这些子PID 名字空间被销毁，包括它们的子 PID 名字空间。

下面的程序片段用于验证子 PID 名字空间中的销毁情况。

```
void main( ) {                //主进程,在PIDNS 1 中
    unshare( CLONE_NEWUSER | CLONE_NEWPID);
    if(fork( ) = =0) {         //子进程,在PIDNS 2 中
        unshare( CLONE_NEWPID);
        printf("pid = % d, ppid = % d of second generation \n", getpid( ), getppid( ));
        if(fork( ) = =0) {     //孙进程,在PIDNS 3 中
            printf("pid = % d, ppid = % d of third generation \n", getpid( ), getppid( ));
            sleep(2);
            printf("pid = % d, ppid = % d of third generation \n", getpid( ), getppid( ));
        } else {               //子进程,睡眠1s后终止,导致 PIDNS 2 销毁
            sleep(1);
            printf("second generation exit \n");
        }
    }
    sleep(3);
}
```

主进程运行在 PIDNS 1 中,子进程运行在 PIDNS 2 中,孙进程运行在 PIDNS 3 中,三代 PID 名字空间构成祖孙关系。子进程睡眠 1 秒后终止,导致孙进程终止,导致 PIDNS 2 和 PIDNS 3 被销毁,孙进程的第二个 printf( ) 未执行。程序的执行结果如下:

```
pid = 1,ppid = 0 of second generation
pid = 1,ppid = 0 of third generation
second generation exit
```

(4) 第 1 号进程限定了自己可以接收与处理的信号。在祖先 PID 名字空间中,第 1 号进程是普通进程,可以接收并处理其中进程发送的所有信号。第 1 号进程按普通方式处理来自祖先 PID 名字空间的信号,并可修改信号的处理程序和处理方式(SIGKILL 和 SIGSTOP 除外)。在运行 PID 名字空间中,第 1 号进程是根进程,仅接收该 PID 名字空间内部进程发送的特定信号,忽略其他信号。特定信号是第 1 号进程明确注册了处理程序且处理程序既不是 SIG_IGN 又不是 SIG_DFL 的信号。特别地,第 1 号进程也不可修改信号 SIGKILL 和 SIGSTOP 的处理方式。

下面的程序片段用于验证第 1 号进程接收信号的情况。

```
void main( ) {
    int pid,i,ret;
    unshare(CLONE_NEWUSER | CLONE_NEWPID);
    if((pid = fork( )) = =0){              //子进程
//      signal(SIGUSR1,handler);
        if(fork( ) = =0)                    //孙进程
            for(i =0; i < 30; i + +){
                ret = kill(1,i +1);          //向子进程发送信号 i +1
                printf("child % d send sig % d to first child,ret = % d\n",getpid( ),i +1,ret);
                sleep(1);
            }
        else{                               //子进程
            while(term = =0)
                sleep(1);                   //term 的初值为 0,信号处理程序将其置 1
            exit(0);
        }
    }else{                                  //父进程
        sleep(20);
        ret = kill(pid,SIGKILL);            //向子进程进程发送 SIGKILL 信号
        printf("parent % d kill first child % d,ret = % d\n",getpid( ),pid,ret);
    }
}
```

① 父进程在新 PID 名字空间中创建出子进程后睡眠 20 秒,而后在父 PID 名字空间中向子进程发送 SIGKILL 信号,杀死子进程。

② 子进程创建孙进程,睡眠等待,直到被信号杀死。

③ 孙进程每隔 1 秒钟向子进程发送一种类型的信号,包括 SIGKILL,但子进程均将其忽略。20 秒后,子进程被父进程杀死,孙进程的打印随之停止。

④ 如果让子进程注册一个信号(如值为 10 的 SIGUSR1 信号)的处理程序,那么该进程会接收并处理来自孙进程的信号。子进程为信号 SIGUSR1 注册的信号处理程序 handler( )的定义如下:

```
int term = 0;
void handler( int sig) {
    printf("I have received sig % d\n" ,sig);
    term = 1;
}
```

信号处理程序 handler( )打印信号的编号,而后将全局变量 term 置为 1,表示接收到了信号。子进程检查变量 term,当发现其值不是 0 时,即通过函数 exit( )终止自身。

上述程序的输出结果如下:

```
child 2 send sig 1 to first child, ret = 0
child 2 send sig 2 to first child, ret = 0
...
child 2 send sig 20 to first child, ret = 0
parent 7159 kill first child 7160, ret = 0
```

如将程序中 signal( )前的注释去掉,子进程会被 SIGUSR1 信号杀死,从而导致整个 PID 名字空间销毁,孙进程的打印也随之停止。

程序的输出结果如下:

```
child 2 send sig 1 to first child, ret = 0
...
child 2 send sig 10 to first child, ret = 0
I have received sig 10
parent 7192 kill first child 7193, ret = 0
```

利用 PID 名字空间中第 1 号进程的上述特性,可以将一个进程及其子孙进程绑定在一个 PID 名字空间中,不致使其外逃;可以在父 PID 名字空间中通过信号控制子 PID 名字空间中的进程,并在必要时通过信号杀死子 PID 名字空间中的第 1 号进程,从而销毁整个 PID 名字空间,清除其中的所有进程。

第**8**章

IPC名字空间

不管是否运行在同一个 PID 名字空间之中,进程之间的相互作用都是不可避免的。为了使竞争更有序、协作更顺畅,操作系统还需要提供一些用于进程之间互斥、同步、通信与信息共享的机制,如锁、信号量、信号、管道、消息队列、共享内存等,统称为进程间通信(Interprocess Communication,IPC)机制。著名的 IPC 机制是为用户进程提供的、符合 System V 和 POSIX 标准的消息队列、共享内存、信号量集或信号量。

IPC 机制的实体或对象必须能在用户进程间共享,因而 Linux 将其建立在内核之中,并给每个 IPC 实体或对象一个名字和一个 ID 号。用户进程利用名字创建或打开 IPC 实体或对象,获得其 ID 号,而后利用 ID 号操作 IPC 实体或对象。Linux 为 IPC 机制提供了若干管理参数、一套管理机制和一组系统调用。在早期的版本中,IPC 机制的管理参数、IPC 实体或对象本身及其名字、ID 号等都是全局的。任何有权限的进程都可以修改 IPC 机制的管理参数,只要知道 IPC 实体或对象的名字或 ID 号,任一进程都可以介入、窃听、干扰甚至破坏其他进程之间的通信。为了提高 IPC 机制的安全性,也为了支持容器机制,新版 Linux 引入了 IPC 名字空间机制,用于封装 IPC 实体或对象,限制其可见范围,实现 IPC 管理参数、IPC 实体或对象及其名字、ID 号等的局部化。

8.1 System V 的 IPC 机制

1970 年,为了支持数据库和事务处理,Bell 实验室在自己内部的 Unix 版本中首次引入了三种 IPC 机制,包括消息队列、信号量集和共享内存。1983 年,在 System V 发布之时,这三种 IPC 机制被正式集成到了 Unix 操作系统中,遂被统称为 Unix System V 的 IPC 机制。

System V 的三种 IPC 机制采用相似的管理方式,其实体都位于内核之中,可以被系统中所有的进程访问到;三种 IPC 实体都由键值(key)命名,且都是动态创建的,也允许动态销毁;三种 IPC 机制具有相似的编程接口和使用方法;参与通信的

进程不需要知道对方的 PID,甚至不需要对方存在。进程使用 IPC 机制的过程
如下:

(1) 通过其他途径(如预先约定等)获得 IPC 实体的键值 key。

(2) 打开 IPC 实体,核对访问权限,获得 ID 号。第一个打开者进程创建 IPC
实体。

(3) 通过 ID 号初始化 IPC 实体,而后在其上执行操作,如发送、接收、P、V 等。

(4) 释放 IPC 实体。最后一个释放者应销毁 IPC 实体。

在图 8.1 中,进程 1 与进程 2 共用一个名为 1234 的信号量集以实现它们之间
的互斥与同步,同时进程 2 与进程 3 共用一个名为 1234 的消息队列以实现消息通
信。两个不同类型的 IPC 实体使用同一名称的 key,所命名的实体都位于内核
之中。

图 8.1 进程与 IPC 实体之间的关系

Linux 为每个 IPC 实体都定义了一个证书,其中键值 key 是一个整数或者魔
数,是 IPC 实体的名称。一个证书唯一地描述了一个 System V 的 IPC 实体,是 IPC
实体在内核中的代表,在 IPC 实体创建时建立,并会在实体销毁时释放。证书的管
理结构为 kern_ipc_perm,定义如下[72]:

```
struct kern_ipc_perm {
    spinlock_t        lock;
    bool              deleted;        //是否正在被销毁
    int               id;             //ID 号
    key_t             key;            //键值
    kuid_t            uid;            //拥有者的全局 UID
    kgid_t            gid;            //拥有者的全局 GID
    kuid_t            cuid;           //创建者的全局 UID
    kgid_t            cgid;           //创建者的全局 GID
    umode_t           mode;           //访问权限,与文件的访问权限类似
    unsigned long     seq;            //序列号
    void             * security;      //安全域
};
```

证书结构被包装的各 System V IPC 实体的管理结构中。系统还为 System V

IPC 机制提供了一组管理参数,如允许创建的信号量集数、允许创建的消息队列数、允许创建的共享内存段数等。

8.1.1 信号量集

在三种 System V 的 IPC 机制中,信号量集可用于实现进程之间的互斥与同步。与经典的信号量不同,System V 的信号量集中包含一到多个独立的信号量(所以称为集合),其中的每个信号量都可用于进程间的互斥与同步。用户进程可以单独使用集合中的一个信号量(P、V 操作),也可同时使用其中的一组信号量(SP、SV 操作)。进程对信号量集的一次操作要么全部成功(获得所有信号量),要么全部失败(一个也未获得)。用户进程可以一次性获得所需的全部信号量,可避免占有且等待现象的发生。在信号量集中还可以实施 undo 操作。如果信号量操作中带 SEM_UNDO 标志,则系统会累计进程在信号量上的操作结果。当进程终止时,系统会根据累计的结果回退进程在信号量集上的操作,消除进程的影响。

Linux 为信号量集提供了多个系统调用,它们又被包装成了多个库函数,如 semget( )、semctl( )、semop( )、semtimedop( )等。

函数 semget( )用于获得名为 key 的信号量集的 ID 号,定义如下[73]:

int semget(key_t key, int nsems, int semflg);

如果参数 key 的值为 IPC_PRIVATE,那么 semget( )会创建一个新信号量集并返回其 ID 号;如果系统中已有名为 key 的信号量集,那么 semget( )会检查参数的一致性并核对访问权限,而后返回信号量集的 ID 号;如果系统中不存在名为 key 的信号量集,且参数 semflg 中带有 IPC_CREAT 标志,那么 semget( )会创建一个新信号量集并返回其 ID 号。

新建信号量集的名称为 key,内含 nsems 个信号量,其创建者和拥有者被设为调用者进程的 euid 和 egid,访问权限由参数 semflg 的低 9 位声明(类似于文件),序列号和 ID 号都是动态生成的。Linux 将新信号量集中各信号量的初值都设为 0。

如果函数 semget( )所请求的信号量集已经存在,其中的信号量数为 n,那么新 semget( )中的参数 nsems 可以是 $0 \sim n$ 的任意一个数,但不能比 n 大。

在获得信号量集的 ID 号之后,可以在其上执行操作。函数 semctl( )用于管理信号量集或其中的某个独立的信号量,定义如下:

int semctl(int semid, int semnum, int cmd, ...);

函数 semctl( )的原意是在 ID 号为 semid 的信号量集或它的第 semnum 个信号量上执行 cmd 操作[74]。操作 cmd 可能不需要参数,也可能需要参数。为了满足不同管理操作的需要,Linux 将函数 semctl( )的第 4 个参数 arg(cmd 的参数)定义成了一个联合,如下:

union semun {

int	val;	//整数值,用于 SETVAL 操作
struct semid_ds	* buf;	//缓冲区,用于 IPC_STAT、IPC_SET 操作
unsigned short	* array;	//数组,用于 GETALL、SETALL 操作
struct seminfo	* __buf;	//缓冲区,用于 IPC_INFO 操作

};

联合 semun 中的结构 semid_ds 是信号量集的描述信息,内容与内核中的信号量集实体对应,是内核中使用的信号量集管理结构 sem_array 的简化版,定义如下:

struct semid_ds {

struct ipc_perm	sem_perm;	//证书,键值、隶属关系、权限等
time_t	sem_otime;	//最近一次 semop 操作时间
time_t	sem_ctime;	//最近一次修改时间
unsigned long	sem_nsems;	//集合中的信号量数

};

信号量集的重要描述信息定义在子结构 ipc_perm 中,该子结构是结构 kern_ipc_perm 的简化版,内容包括信号量集的键值或名称 __key、拥有者的全局 euid 和 egid、创建者的全局 euid 和 egid、权限 mode、序列号 __seq 等。

联合 semun 中的结构 seminfo 是信号量集管理参数的描述信息,是系统对信号量集的一些限定参数,其定义如下:

struct seminfo {

int semmap;	//允许创建的信号量数,默认为 32000 × 32000,不可改
int semmni;	//允许创建的信号量集数,默认为 32000,可改
int semmns;	//允许创建的信号量数,默认为 32000 × 32000,可改
int semmnu;	//允许创建的 undo 结构数,默认为 32000 × 32000,不可改
int semmsl;	//单个信号量集中允许的最大信号量数,默认为 32000,可改
int semopm;	//单个 semop( ) 函数可提交的最大操作数,默认为 500,可改
int semume;	//单个 semop( ) 函数可提交的最大操作数,默认为 500,不可改
int semusz;	//undo 结构的大小,或当前可用的信号量集的总数
int semvmx;	//信号量的最大值,默认为 32767,不可改
int semaem;	//undo 操作的最大值,或当前可用的信号量的总数

};

结构 seminfo 中的域 semmap、semmnu、semume 在 Linux 内核中没有使用,域 semaem 是对 SEM_UNDO 操作的限定。

函数 semctl( )中各管理操作的名称及含义如表 8.1 所列。

在创建出新信号量集之后,应该先用 SETALL 或 SETVAL 操作设置其中各信号量的初值,再用 semop( )或 semtimedop( )对其中的某个或某些信号量进行 P、V 操作。信号量集的最后一个用户应该用 IPC_RMID 操作将其销毁。未销毁的信号量集将持续存在,即使它的所有用户(包括创建者和拥有者进程)已全部终止。

表 8.1 semctl 操作一览表

操作名	含　义
IPC_STAT	将信号量集 semid 的描述信息读到 arg. buf 中。调用者需有读权限。参数 semnum 无用
IPC_SET	根据参数 arg. buf 设置信号量集的属性,包括权限 mode 和拥有者的 UID、GID。调用者必须是信号量集的创建者或拥有者,否则需拥有 CAP_SYS_ADMIN 权能。参数 semnum无用
IPC_RMID	唤醒阻塞在信号量集 semid 上的所有进程并释放信号量集。如信号量集已没有其他用户,则将其销毁。调用者必须是信号量集的创建者或拥有者,否则需拥有 CAP_SYS_ADMIN 权能
IPC_INFO	将信号量集限定信息读到 arg. __buf 中
SEM_INFO	将信号量集限定信息读到 arg. __buf 中,但改了 2 个域的意义,域 semusz 是当前可用的信号量集的总数,域 semaem 是当前可用的信号量的总数
GETALL	将信号量集 semid 中各信号量的当前值读到数组 arg. array 中。调用者需有读权限
GETNCNT	获得正等待信号量集 semid 中第 semnum 个信号量增值的进程数。调用者需有读权限
GETPID	获得最后操作信号量集 semid 中第 semnum 个信号量的进程的 PID。调用者需有读权限
GETVAL	获得信号量集 semid 中第 semnum 个信号量的当前值。调用者需有读权限
GETZCNT	获得正等待信号量集 semid 中第 semnum 个信号量为 0 的进程数。调用者需有读权限
SETALL	根据参数 arg. array 设置信号量集 semid 中各信号量的当前值,并清除各进程在其上的 undo 操作,唤醒因设置操作可继续的进程。调用者需有写权限
SETVAL	将信号量集 semid 中第 semnum 个信号量的当前值设为 arg. val,并清除各进程在其上的 undo 操作,唤醒因设置操作可继续的进程。调用者需有写权限

在信号量集上的 P 和 V 操作由函数 semop( )或 semtimedop( )实现,其定义如下[75]:

int semop(int semid, struct sembuf ∗ sops, size_t nsops);

int semtimedop(int semid, struct sembuf ∗ sops, size_t nsops, const struct timespec ∗ timeout);

与经典的 P、V 操作不同,函数 semop( )或 semtimedop( )可对信号量集中的一个独立的信号量实施 P 或 V 操作,也可对集合中的多个信号量同时实施 P 或 V 操作。P 或 V 操作由数组 sops 声明,其中包含 nsops 个操作,这些操作要么全部成功,要么一个不做。操作 sops 是一个 sembuf 类型的结构数组,其中的一个 sembuf 结构描述在一个独立信号量上的一次操作(在第 sem_num 个信号量上执行 sem_op 操作),定义如下:

```
struct sembuf {
    unsigned short    sem_num;      //信号量在集合中的序号,从 0 开始
    short             sem_op;       //信号量操作: -1(P 操作), +1(V 操作)
    short             sem_flg;      //IPC_NOWAIT(不等待),SEM_UNDO(可回退)
}
```

可将结构 sembuf 所描述的操作分为三类:

(1) V 操作,sem_op 为正数。系统把 sem_op 加到第 sem_num 个信号量上。V 操作总会成功。调用者进程需拥有信号量集的写权限。

(2) 0 操作,sem_op 为 0。只有当第 sem_num 个信号量的值为 0 时才算成功,其他情况都算失败。调用者进程需拥有信号量集的读权限。失败操作的处理方式如下:

① 如果 sem_flg 上带有 IPC_NOWAIT 标志,则函数 semop( )或 semtimedop( )失败返回,所有操作一个都未做。

② 如果 sem_flg 未带有 IPC_NOWAIT 标志,则将调用者进程挂到信号量的等 0 队列上等待,直到信号量的值变成 0 或信号量集被销毁或调用者进程被信号唤醒或等待了足够长的时间(由参数 timeout 指定)。

(3) P 操作,sem_op 为负数。只有当信号量的当前值大于或等于|sem_op|时,操作才算成功,其他情况都算失败。调用者进程需拥有信号量集的写权限。如果成功,则信号量的当前值被减去|sem_op|。如果失败,则系统将按如下方式处理:

① 如果 sem_flg 上带有 IPC_NOWAIT 标志,则函数 semop( )或 semtimedop( )失败返回,所有操作一个都未做。

② 如果 sem_flg 未带有 IPC_NOWAIT 标志,则将调用者进程挂到信号量的等增队列上等待,直到信号量的值变得大于或等于|sem_op|或信号量集被销毁或调用者进程被信号唤醒或等待了足够长的时间(由参数 timeout 指定)。

每个成功的 semop( )或 semtimedop( )操作都会改变信号量的当前值,有可能导致在信号量集上等待的某个或某些操作的条件成熟。如果某组正在等待的操作已可实施,则系统将完成该组操作,而后唤醒提交该组操作的进程。当进程被唤醒后,函数 semop( )或 semtimedop( )返回。返回值 0 表示所请求操作已成功完成,如获得了所请求的信号量;返回值 -1 表示所请求的操作失败,如未获得所请求的信号量。

信号量的值保持非负(≥0)。

当进程终止时,它执行的所有带 SEM_UNDO 标志的信号量操作都会被自动回退。回退 P 操作会增加信号量的值,回退 V 操作会减少信号量的值。但回退之后的信号量仍然要保持非负,因而 V 操作的回退效果通常并不明显。

如果参数 timeout 为 NULL,函数 semtimedop( )与 semop( )的行为完全相同。

下面的程序片段是用函数 semop( )实现的传统意义上的 P、V 操作:

```
#include  < sys/types. h >
#include  < sys/ipc. h >
#include  < sys/sem. h >
int P( int semid, int semnum, int flg) {        //传统意义上的 P 操作
    struct sembuf buf;
    buf. sem_flg = flg;                         //IPC_NOWAIT 与 SEM_UNDO 的组合
    buf. sem_num = semnum;
    buf. sem_op = - 1;                          //将信号量的值减 1
    return semop( semid, &buf, 1);
}
void V( int semid, int semnum, int flg) {       //传统意义上的 V 操作
    struct sembuf buf;
    buf. sem_flg = flg;
    buf. sem_num = semnum;
    buf. sem_op = 1;                            //将信号量的值加 1
    semop( semid, &buf, 1);
}
```

　　利用信号量集可以实现进程间的同步,也可以实现进程间的互斥,但需要保证各进程使用的是同一个信号量集。保证的方法有下面三种:

　　(1) 各进程预先约定一个信号量集的键值 key,而后各自通过函数 semget( )获得其 ID 号。需要保证键值为 key 的信号量集未被它用。

　　(2) 父进程创建信号量集,而后创建子进程,子进程从父进程中继承 ID 号。

　　(3) 一个进程创建信号量集,而后通过其他手段将 ID 号传递给其他进程。

　　下面的程序片段定义两个进程,它们使用同一个信号量集,键值 key 为 76。信号量集中包含 2 个信号量。两进程独立运行,各自通过函数 semget( )获得信号量集的 ID 号,而后分别在其上执行 P、V 操作以实现两进程间的同步,即交替运行、交叉打印。

```
#define KEY 76
void main( ) {                              //进程 1 先运行,创建信号量集并设置其初值
    int semid, i = 0;
    semid = semget( KEY, 2, IPC_CREAT | S_IRUSR | S_IWUSR);
                                            //信号量集中包含 2 个信号量
    printf( " semid = % d\n", semid);
    semctl( semid, 0, SETVAL, 1);           //将第 0 号信号量的初值设为 1,第 1 个信号量的
                                            //初值为 0
    for( i = 0; i < 10; i + +) {
        P( semid, 0, SEM_UNDO);             //在第 0 个信号量上做 P 操作
```

```
        printf("%d runs %d\n",i);
        V(semid,1,SEM_UNDO);            //在第1个信号量上做V操作
    }
}
```

```
#define KEY 76
void main(){        //进程2后运行,获得创建信号量集的ID,不用再设置其初值
    int semid,i=0;
    semid = semget(KEY,2,IPC_CREAT|S_IRUSR|S_IWUSR);
    printf("semid=%d,val1=%d\n",semid,semctl(semid,1,GETVAL));
    for(i=0; i<10; i++){
        P(semid,1,SEM_UNDO);            //在第1个信号量上做P操作
        printf("%d runs %d\n",i);
        V(semid,0,SEM_UNDO);            //在第0个信号量上做V操作
    }
    semctl(semid,0,IPC_RMID);           //销毁信号量集
}
```

进程1先启动,进程2后启动,两进程交替运行。由于信号量操作中都带有 SEM_UNDO 标志,因而当进程2被 Ctrl-C 提前终止时,它在信号量上的操作会被回退,第1个信号量的值会增加。当进程2再次启动时,它在第1信号量上的连续多个 P 操作都会成功,直到追至被 Ctrl-C 提前终止的位置。而后两个进程再次交替运行,直到结束。进程2的回退操作并未将第0信号量的值减少(不能小于0),因而回退操作并未唤醒进程1。

两个程序的输出结果如下:

```
→  ./sem31
semid=262145
3182 runs 0
3182 runs 1
3182 runs 2
3182 runs 3
3182 runs 4
3182 runs 5
3182 runs 6
...
```

```
→  ./sem32
semid=262145,val1=1
3183 runs 0
3183 runs 1
^C
→  ./sem32
semid=262145,val1=3
3452 runs 0
3452 runs 1
...
```

在进程1与进程2协调工作的过程中,其他进程也可以通过 semget() 获得名为 76 的信号量集的 ID 号并在其上执行 P、V 操作,从而干扰进程1和进程2的正常运行。

199

利用 0 操作可以实现特定的语义。如下面的程序片段用 semop( )实现一个特定的 V 操作,即等待信号量 0 的值变成 0 后再将其值加 1。

```
struct sembuf sops[2];
int semid;
/* Code to set semid omitted */
sops[0].sem_num = 0;                    //信号量 0
sops[0].sem_op = 0;                     //等待信号量 0 的值变成 0
sops[0].sem_flg = 0;
sops[1].sem_num = 0;                    //信号量 0
sops[1].sem_op = 1;                     //将信号量 0 的值加 1,即 V 操作
sops[1].sem_flg = 0;
semop(semid, sops, 2);                  //实施上述两操作
```

8.1.2　消息队列

在三种 System V 的 IPC 机制中,消息队列可用于实现进程之间的通信。与面向连接的管道机制不同,消息队列是一种面向消息的、无连接的异步通信机制,类似于基于邮箱的通信。在建立起消息队列之后,发送者将包装后的消息放到队列中,接收者在方便的时候从队列中取走特定类型的整条消息。消息的发送者和接收者不需要同时存在,也不需要知道对方的名字。即使发送者和接收者都已终止,消息队列仍然可以独立存在。

Linux 为消息队列提供了多个系统调用,它们又被包装成了多个库函数,如 msgget( )、msgctl( )、msgsnd( )、msgrcv( )等。

函数 msgget( )用于获得名为 key 的消息队列的 ID 号,定义如下[76]:

int msgget(key_t key, int msgflg);

如果参数 key 的值为 IPC_PRIVATE,则 msgget( )会创建一个新消息队列并返回其 ID 号;如果系统中已有名为 key 的消息队列,则 msgget( )会核对访问权限,而后返回消息队列的 ID 号;如果系统中不存在名为 key 的消息队列,且参数 msgflg 中带有 IPC_CREAT 标志,则 msgget( )会创建一个新消息队列并返回其 ID 号。

新建消息队列的名称为 key,其创建者和拥有者都被设为调用者进程的全局 euid 和 egid,访问权限由参数 msgflg 的低 9 位声明(类似于文件),序列号和 ID 号都是动态生成的。

在获得消息队列的 ID 号之后,可以在其上执行操作。函数 msgctl( )、msgsnd( )、msgrcv( )中的参数 msqid 就是通过函数 msgget( )所获得的 ID 号。

函数 msgctl( )用于在 ID 号为 msqid 的消息队列上执行管理操作 cmd,定义如下[77]:

int msgctl(int msqid, int cmd, struct msqid_ds * buf);

200

参数 buf 的类型为 msqid_ds,是内核中消息队列结构 msg_queue 的简化版,定义如下:

```
struct msqid_ds {
    struct ipc_perm       msg_perm;        //证书,键值、隶属关系、权限等
    time_t                msg_stime;       //最近一次发送消息的时间
    time_t                msg_rtime;       //最近一次接收消息的时间
    time_t                msg_ctime;       //最近一次修改队列属性的时间
    unsigned long         __msg_cbytes;    //队列中当前消息的总长度(B)
    msgqnum_t             msg_qnum;        //队列中当前的消息数
    msglen_t              msg_qbytes;      //队列的额定长度(B)
    pid_t                 msg_lspid;       //最近一次发送消息的进程
    pid_t                 msg_lrpid;       //最近一次接收消息的进程
};
```

结构 msginfo 是消息队列管理参数的描述信息,是系统对消息队列的一些限定参数,定义如下:

```
struct msginfo {
    int msgpool;                 //缓冲池的大小(KB)
    int msgmap;                  //消息队列的额定消息数
    int msgmax;                  //单条消息的最大允许长度(B)
    int msgmnb;                  //消息队列的额定长度(B)
    int msgmni;                  //允许创建的消息队列数
    int msgssz;                  //消息段的最大允许长度(未用)
    int msgtql;                  //系统中的最大信息数
    unsigned short int msgseg;   //最大允许段数
};
```

函数 msgctl( )的管理操作由 cmd 声明,其名称及含义如表8.2所列。

表 8.2 msgctl 操作一览表

操作名	含 义
IPC_STAT	将消息队列 msqid 的描述信息读到 buf 中。调用者需有读权限
IPC_SET	根据参数 buf 设置消息队列的属性,包括额定长度 msg_qbytes、权限 mode 和拥有者的 UID、GID。调用者必须是消息队列的创建者或拥有者,否则需拥有 CAP_SYS_ADMIN 权能
IPC_RMID	唤醒阻塞在消息队列 msqid 上的所有进程,释放队列中的所有消息。只要已没有等待发送消息的进程,就将消息队列销毁,不管是否还有用户。调用者必须是消息队列的创建者或拥有者,否则需拥有 CAP_SYS_ADMIN 权能
IPC_INFO	将消息队列的限定信息读到 buf 中,buf 的类型为 msginfo

操作名	含　义
MSG_INFO	将消息队列的限定信息读到 buf 中,buf 的类型为 msginfo,但改了 3 个域的意义,域 msgpool 是当前可用的消息队列的总数,域 msgmap 是当前可用的消息总数,域 msgtql 是当前消息的总长度

在获得消息队列的 ID 号、设置完其属性(如额定长度 msg_qbytes 等)之后,可以通过函数 msgsnd( )向其发送消息,通过函数 msgrcv( )从中接收消息。发送消息的进程需拥有消息队列的写权限,接收消息的进程需拥有消息队列的读权限。

函数 msgsnd( )和 msgrcv( )的定义如下[78,79]:

int msgsnd(int msqid,const void ∗ msgp,size_t msgsz,int msgflg);

ssize_t msgrcv(int msqid,void ∗ msgp,size_t msgsz,long msgtyp,int msgflg);

消息队列中消息的格式是由发送者和接收者进程约定的,但通常具有如下的格式:

```
struct msgbuf {
    long mtype;                  //消息类型,必须大于 0
    char mtext[1];               //消息正文
};
```

函数 msgsnd( )用于向 ID 号为 msqid 的消息队列发送一条消息,消息由指针 msgp 指示,包含 msgsz 字节。如果消息队列未满,msgsnd( )将消息复制到内核、将其包装之后挂到消息队列中并唤醒等待接收消息的进程。如果消息队列已满,则发送者进程将等待,除非 msgflg 中带有 IPC_NOWAIT 标志。

函数 msgrcv( )用于从 ID 号为 msqid 的消息队列中接收一个类型为 msgtyp 的消息到缓冲区 msgp 中,可接收的消息长度不超过 msgsz 字节。如果队列中没有指定类型的消息,接收者进程将等待,除非 msgflg 中带有 IPC_NOWAIT 标志。消息类型及其含义如表 8.3 所列。

表 8.3　消息类型及其含义

消息类型	含　义
= 0	接收队列中的第一条消息,不管消息的类型
> 0	接收队列中类型为 msgtyp 的第一条消息,同类型的消息先到先接收
< 0	接收队列中类型最小的消息,只要其类型值不超过 - msgtyp。同类型的消息先到先接收,消息类型作为优先级使用

消息接收标志及其含义如表 8.4 所列。

表 8.4　消息接收标志及其含义

消息接收标志	含　义
IPC_NOWAIT	如果没有指定类型的消息,则立刻返回
MSG_COPY	将指定类型的消息复制到缓冲区 msgp 中,原消息仍保留在消息队列中

（续）

消息接收标志	含　义
MSG_EXCEPT	接收类型不是 msgtyp 的第一条消息
MSG_NOERROR	如果消息长度超过 msgsz，则将其截断，只接收 msgsz 字节

下面的程序片段定义两个进程，它们共用键值 key 为 56 的消息队列。进程 1 将来自标准输入的数据包装成消息后发送到消息队列中，进程 2 从消息队列中接收消息并将其打印出来。消息结构 msgtype 中包含一个类型 mtype 和一个缓冲区 buffer。

```
void main( ){
    struct msgtype msg;
    int msgidd = msgget( KEY,IPC_CREAT|S_IRUSR|S_IWUSR );
    msg. mtype = 1;
    do{
        fgets( msg. buffer,200,stdin );
        msgsnd( msgid,&msg,sizeof( struct msgtype ),0 );
        if( strncmp( msg. buffer,"exit",4 ) = =0 )    break;
    } while( 1 );
}
```

```
void main( ){
    struct msgtype msg;
    int msgid = msgget( KEY,IPC_CREAT|S_IRUSR|S_IWUSR );
    msg. mtype = 1;
    do{
        msgrcv( msgid,&msg,sizeof( struct msgtype ),1,0 );
        printf( "%s",msg. buffer );
        if( strncmp( msg. buffer,"exit",4 ) = =0 )    break;
    } while( 1 );
    msgctl( msgid,IPC_RMID,NULL );
}
```

如果知道消息队列的键值，如 56，则任何一个进程都能通过 msgget( )获得其 ID 号，并可以截取、篡改其中的消息，甚至将正在使用的消息队列整个销毁。

8.1.3　共享内存

在三种 System V 的 IPC 机制中，共享内存用于实现进程之间的信息共享。共享内存段(System V shared memory segment)是进程之间共用的一块物理内存空间，被映射到多个进程的虚拟地址空间中。一个进程对共享内存段的修改可以立刻被其他进程看到，数据不需要在进程之间来回复制，参与通信的进程不需要执行专门的发送和接收操作,通信过程也不需要内核介入,因而是最快的一种进程间通信机制。

Linux 为共享内存提供了多个系统调用,它们又被包装成了多个库函数,如 shmget( )、shmctl( )、shmat( )、shmdt( )等。

函数 shmget( )用于获得名为 key 的共享内存段的 ID 号,定义如下[80]:

int shmget(key_t key,size_t size,int shmflg) ;

如果参数 key 的值为 IPC_PRIVATE,则 shmget( )会创建一个新共享内存段并返回其 ID 号;如果系统中已有名为 key 的共享内存段,则 shmget( )会核对访问权限,而后返回其 ID 号;如果系统中不存在名为 key 的共享内存段,但参数 shmflg 中带有 IPC_CREAT 标志,则 shmget( )会创建一个新共享内存段并返回其 ID 号。

共享内存段的名称为 key、大小为 size 字节、创建者和拥有者被设为调用者进程的 euid 和 egid、访问权限由 shmflg 的低 9 位声明(类似于文件),序列号和 ID 号都是动态生成的。

在获得共享内存段的 ID 号后,可以通过函数 shmctl( )对其进行管理,即执行其上的 cmd 操作。函数 shmctl( )定义如下[81]:

int shmctl(int shmid,int cmd,struct shmid_ds * buf) ;

参数 buf 的类型为 shmid_ds,是内核中共享内存结构 shmid_kernel 的简化版,定义如下:

```
struct shmid_ds {
    struct ipc_perm    shm_perm;      //证书,键值、隶属关系、权限等
    size_t             shm_segsz;     //共享内存的大小(字节)
    time_t             shm_atime;     //最近一次绑定时间
    time_t             shm_dtime;     //最近一次断开绑定的时间
    time_t             shm_ctime;     //最近一次修改属性的时间
    pid_t              shm_cpid;      //创建者进程的 PID
    pid_t              shm_lpid;      //最近一次 shmat/shmdt 的进程
    shmatt_t           shm_nattch;    //与之绑定的进程数
    ...
};
```

系统为共享内存段提供了一些管理参数,由结构 shminfo 和 shm_info 描述。

函数 shmctl( )的管理操作由 cmd 声明,其名称及含义如表 8.5 所列。

表 8.5　shmctl 操作一览表

操作名	含　　义
IPC_STAT	将共享内存段 shmid 的描述信息读到 buf 中。调用者需有读权限
IPC_SET	根据参数 buf 设置共享内存段的属性,包括权限 mode 和拥有者的 UID、GID。调用者必须是共享内存段的创建者或拥有者,否则需拥有 CAP_SYS_ADMIN 权能
IPC_RMID	将共享内存段标识为销毁,但仍保留,直到最后一个进程与之断开绑定时才真正将其销毁。调用者必须是共享内存段的创建者或拥有者,否则需拥有 CAP_SYS_ADMIN 权能

（续）

操作名	含　义
IPC_INFO	将共享内存段的限定信息读到 buf 中，buf 的类型为 shminfo，其中包括最大和最小尺寸（字节）、最大页数、允许创建的共享内存段数、单个进程可绑定的最大共享内存段数
SHM_INFO	将共享内存段的限定信息读到 buf 中，buf 的类型为 shm_info，其中包括当前已建立的共享内存段数、共享内存总页数、驻留和换出的共享内存页数等
SHM_LOCK	禁止将共享内存页换出。调用者必须是共享内存段的创建者或拥有者
SHM_UNLOCK	允许将共享内存页换出。调用者必须是共享内存段的创建者或拥有者

在获得共享内存段的 ID 号、设置完其属性之后，还需通过函数 shmat( ) 将其绑定到进程的虚拟地址空间中，获得开始虚地址，而后才能使用。使用完之后，进程应通过函数 shmdt( ) 断开虚拟地址空间与共享内存段的绑定。

函数 shmat( ) 将 ID 号为 shmid 的共享内存段绑定到调用者进程的虚拟地址空间中，即在调用者进程的虚拟地址空间中为共享内存段建立一个虚拟内存区域并获得其开始虚地址。函数 shmat( ) 的定义如下[82]：

void * shmat(int shmid, const void * shmaddr, int shmflg);

参数 shmaddr 是一个建议绑定的虚拟地址，shmflg 是共享内存段的访问权限。如果参数 shmaddr 为 NULL，绑定位置将由系统选择。如未特别声明，系统都会按可读、可写方式绑定共享内存段，当然进程也可请求系统按只读、可执行等方式绑定共享内存段。函数 shmat( ) 的返回值 vaddr 是共享内存段在进程虚拟地址空间中的实际绑定地址，对调用者进程来说，虚拟地址区间 [vaddr，vaddr + size − 1] 所对应的就是 ID 号为 shmid 的共享内存段。

函数 shmdt( ) 断开进程与共享内存段的绑定，即释放为共享内存段建立的虚拟内存区域，取消进程虚拟地址空间与共享内存段之间的映射，其定义如下[83]：

int shmdt(const void * shmaddr);

参数 shmaddr 是共享内存段在进程虚拟地址空间中的绑定地址，是此前进程调用函数 shmat( ) 所获得的虚拟地址。断开之后的共享内存空间变成无效地址，不可再访问。

子进程继承父进程的虚拟地址空间，包括父进程绑定的共享内存段。加载操作 execve( ) 会释放进程的虚拟地址空间，包括此前绑定的共享内存段。进程终止时，与之绑定的所有共享内存都会被断开。

下面的两个程序片段利用共享内存通信，并利用信号量集同步。进程 1 将来自标准输入的数据保存在共享内存中，进程 2 将共享内存中的数据直接打印出来。

```
#define KEY 78
void main( ) {              //进程 1
```

```
    int shmid,semid;                                          //虚拟地址
    char * addr;
    struct sembuf buf = {0,1,0};
    semid = semget(KEY,1,IPC_CREAT|S_IRUSR|S_IWUSR);          //信号量集
    shmid = shmget(KEY,1024,0666|IPC_CREAT);                  //共享内存,1024 字节
    addr = (char *)shmat(shmid,0,0);                          //绑定共享内存段
    do{
        fgets(addr,1024,stdin);                               //将输入存入共享内存
        semop(semid,&buf,1);                                  //V 操作,唤醒进程 2
        if(strncmp(addr,"exit",4) = =0)
            break;
    }while(1);
    shmdt(addr);                                              //断开绑定
//  printf("%s",addr);                                        //访问失败
}
```

```
#define KEY 78
void main(){                                                 //进程 2
    int shmid,semid;
    char * addr;
    struct sembuf buf = {0, -1,0};
    semid = semget(KEY,1,IPC_CREAT|S_IRUSR|S_IWUSR);          //信号量集
    shmid = shmget(KEY,1024,0666|IPC_CREAT);                  //共享内存
    addr = (char *)shmat(shmid,0,0);                          //绑定共享内存段
    do{
        semop(semid,&buf,1);                                  //P 操作,等待被进程 1 唤醒
        printf("%s",addr);
        if(strncmp(addr,"exit",4) = =0)
            break;
    }while(1);
    shmdt(addr);                                              //断开绑定
    shmctl(shmid,IPC_RMID,NULL);                              //销毁共享内存
    semctl(semid,0,IPC_RMID);                                 //销毁信号量集
}
```

当然,如果知道共享内存段的键值,如 78,则任何一个进程都可以通过 shmget()
获得其 ID 号,并可以截取、篡改其中的共享数据。

8.2　POSIX 的 IPC 机制

System V 的 IPC 机制功能强大,但资源有限(如早期的实现中每类 IPC 实体最多只能同时定义 128 个),与其他 I/O 机制不兼容(未集成在虚拟文件系统的框架之内),难以确定销毁时机等。为了解决 System V IPC 的问题,POSIX.1b 又引入了三种类似的 IPC 机制,包括信号量集、消息队列和共享内存,统称为 POSIX IPC 机制[84]。

POSIX IPC 称它的通信实体为对象,并将对象看成文件,用路径名(如"/myobj")而不是键值命名对象,用文件描述符而不是 ID 号标识对象,用 open( )、close( )、unlink( )等操作管理对象,使用方式类似于普通文件。POSIX IPC 对象的操作函数如表 8.6 所列。

表 8.6　POSIX IPC 对象的操作函数

	信号量		消息队列	共享内存
	命名信号量	匿名信号量		
打开	sem_open( )	sem_init( )	mq_open( )	shm_open( )
关闭	sem_close( )		mq_close( )	close( )
删除	sem_unlink( )	sem_destroy( )	mq_unlink( )	shm_unlink( )
操作	sem_wait( ) sem_post( ) sem_trywait( )	sem_wait( ) sem_post( ) sem_trywait( )	mq_send( ) mq_receive( )	ftruncate( ) mmap( ) munmap( )
属性	sem_getvalue( )	sem_getvalue( )	mq_notify( ) mq_setattr( ) mq_getattr( )	fstat( ) fchmod( ) fchown( )

POSIX 将其信号量分为命名信号量和匿名信号量两种,其中匿名信号量没有名称,不出现在文件系统中。事实上,POSIX 的匿名信号量仅是共享数据区中的一个全局变量,可以被共用它的进程或线程同时访问到。匿名信号量不需要创建,但需要用 sem_init( )操作对其进行初始化,并需要用 sem_destroy( )操作将其销毁。

除匿名信号量之外,POSIX 的 IPC 对象都用路径名命名,名称的格式为"/myobject"。消息队列和共享内存对象的名称最长可达 255 个字符,命名信号量对象的名称最长可达 251 个字符。POSIX 的 IPC 对象以普通文件形式出现的文件系统中。共享内存和命名信号量对象都出现在目录/dev/shm/中,为了便于区分,系统自动在命名信号量对象的名称前增加了前缀"sem."。消息队列对象出现在目录/dev/mqueue/中。可以用普通的文件管理命令查看上述目录中的 IPC 对象,甚至可以用 rm 命令删除用户自己的 IPC 对象。

除匿名信号量之外,POSIX 的 IPC 对象都是动态创建的。命名信号量的创建操作是 sem_open( ),可以在创建时指定对象的访问权限及信号量的初值。消息队列的创建操作是 mq_open( ),可以在创建时指定访问权限和属性,如最大消息数、最大消息长度、是否允许非阻塞 I/O 等。共享内存的创建操作是 shm_open( ),可以在创建时指定对象的访问权限(新建共享内存对象的长度为 0)。如果 sem_open( )创建的信号量名为"/xxx",那么它在/dev/shm/中的名称为"sem.xxx",但使用名称仍然是"/xxx"。

如果 POSIX 的 IPC 对象已经存在,则 sem_open( )、mq_open( )和 shm_open( )操作会先核对调用者进程的访问权限,再返回其描述符;如果 POSIX 的 IPC 对象不存在,则各 open( )操作会先创建对象,再返回其描述符。sem_open( )返回的描述符是 sem_t 类型的指针,mq_open( )返回的描述符是 mqd_t 类型的值,shm_open( )返回的描述符就是普通的文件描述符。

利用各 open( )操作返回的描述符(包括经函数 sem_init( )初始化后的匿名信号量描述符),可以在 POSIX IPC 对象上实施需要的 IPC 操作。在信号量(包括命名和匿名信号量)上可实施的操作包括 P 操作 sem_wait( )和 V 操作 sem_post( );在消息队列上可实施的操作包括消息发送操作 mq_send( )和消息接收操作 mq_receive( );在共享内存上可实施的操作包括共享内存空间的长度设定操作 ftruncate( )、绑定操作 mmap( )、断开操作 munmap( )等。共享内存操作所采用的都是通用函数。

利用获得的描述符还可以对 POSIX IPC 对象实施其他类型的管理操作,如查询信号量的当前值 sem_getvalue( )、注册消息队列的通知方式 mq_notify( )、查询消息队列的属性 mq_getattr( )、设置消息队列的属性 mq_setattr( )、查询共享内存的属性 fstat( )、修改共享内存的访问权限 fchmod( )、修改共享内存的属主 fchown( )等。

与普通的文件操作相似,在用完之后,要将打开的 POSIX IPC 对象关闭。命名信号量的关闭操作是 sem_close( ),消息队列的关闭操作是 mq_close( ),共享内存的关闭操作是 close( )。匿名信号量不需要关闭。关闭之后,POSIX IPC 对象的描述符不能再使用,但对象仍然存在,可以再次通过 open( )类操作将其打开。当进程终止或加载新程序时,它打开的 POSIX IPC 对象会被自动关闭。

一经创建,POSIX 的 IPC 对象将持续存在,直到被明确地销毁或系统关闭。三类 POSIX IPC 对象都提供了专门的销毁操作。命名信号量的销毁操作是 sem_unlink( ),匿名信号量的销毁操作是 sem_destroy( ),消息队列的销毁操作是 mq_unlink( ),共享内存的销毁操作是 shm_unlink( )。销毁操作等价于文件删除操作,销毁之后,POSIX IPC 对象不复存在。如果再次使用,则匿名信号量描述符需要再次初始化,其余 IPC 对象需要再次创建并打开。各类 unlink( )类操作会立刻删除 IPC 对象的路径名,但会等到所有用户都释放之后才真正将其销毁。因而在销毁之后,已打开的 IPC 对象还可以继续使用,但无法再对其做新的打开。

与 System V 的 IPC 机制不同,POSIX 的 IPC 对象上关联着引用计数。打开操作增加其引用计数,关闭操作减少其引用计数。引用计数为 0 的 IPC 对象已没有用户,系统会将其占用的资源释放掉,甚至会将其销毁(如果此前已执行过 unlink( )类操作)。

  Linux 用 futex(Fast user-space mutexes)机制实现其 POSIX 信号量,接口函数被包装在 pthread 库中,因而在连接时需要加上"-l pthread"。Linux 内核中提供了POSIX 消息队列和共享内存的实现机制,但其接口函数被包装在 librt 库中,因而在连接时需要加上"-l rt"。

  在 POSIX 的消息队列中,各消息按优先级由大到小的顺序排队,接收操作mq_receive( )收到的是队列中优先级最大的消息。

  POSIX 的消息队列提供异步通知机制。消息接收者进程可以通过函数mq_notify( )注册一个信号或一个函数。当消息队列由空变为非空时,如果没有其他进程在等待接收其中的消息,则系统会向注册者进程发送它注册的信号,或在一个新线程中执行它注册的函数。

  POSIX 的信号量中仅含有一个信号量而不是一个信号量集合,信号量操作sem_wait( )和 sem_post( )仅针对一个信号量,实现的是经典的 P、V 操作。P 操作sem_wait( )将信号量的值减 1,V 操作 sem_post( )将信号量的值加 1。POSIX 的信号量未提供 0 操作,也不支持 undo 操作,但提供了非阻塞的尝试操作 sem_trywait( )。

  下面两个程序片段共享名为"/shm"的共享内存空间,并通过名为"/sem"的信号量实现同步。进程 1 从标准输入中读入数据到共享内存,而后在信号量上执行sem_post( )操作唤醒进程 2。进程 2 被唤醒后,打印出共享内存中的数据,而后再次进入等待状态。

  在程序运行过程中,目录/dev/shm 中增加了如下两个 IPC 文件:

```
-rw-------1 ydguo   ydguo      32 4 月   22 09:04 sem. sem   //信号量
-rw-------1 ydguo   ydguo    4.0K 4 月   22 09:04 shm        //共享内存
```

  两个程序都用到了 POSIX 的信号量和共享内存,因而都需要头文件< semaphore.h >和< sys/mman.h >,并需要头文件< sys/stat.h >、< sys/types.h >、< fcntl.h >等。

  程序连接时需要带上选项"-lpthread -lrt"。

```c
#include  < sys/mman. h >
#include  < semaphore. h >
int main( ) {                          //进程 1
  sem_t  * sem;
    int fd;
    char  * addr;                      //虚拟地址
    sem = sem_open("/sem",O_CREAT | O_RDWR,0600,0);
    fd = shm_open("/shm",O_CREAT | O_RDWR,0600);
```

```
        ftruncate(fd,4096);              //共享内存空间长度为4096字节
        addr = mmap(NULL,4096,PROT_READ|PROT_WRITE,MAP_SHARED,fd,0);   //绑定
        do{
            fgets(addr,4096,stdin);       //直接将标准输入的数据读到共享内存中
            sem_post(sem);                //唤醒进程2
            if(strncmp(addr,"exit",4)= =0)
                break;
        }while(1);
        sem_close(sem);
        close(fd);
        sem_unlink("/sem");               //销毁信号量
        shm_unlink("/shm");               //销毁共享内存
}
```

```
int main() {                     //进程2
    sem_t * sem;
    int fd;
    char * addr;
    sem = sem_open("/sem",O_CREAT | O_RDWR,0600,0);
    fd = shm_open("/shm",O_CREAT | O_RDWR,0600);
    addr = mmap(NULL,4096,PROT_READ | PROT_WRITE,MAP_SHARED,fd,0);
    do{
        sem_wait(sem);        //等待进程1在共享内存中输入数据
        printf("%s",addr);
        if(strncmp(addr,"exit",4)= =0)
            break;
    }while(1);
    sem_close(sem);
    close(fd);
}
```

8.3　IPC 名字空间结构

在早期的实现中,System V IPC 机制中的键值 key 是全局的,POSIX IPC 机制中的对象名是全局的,在内核中创建的 System V IPC 的实体和 POSIX IPC 的对象被组织在一起,因而也是全局的。全局的键值、对象名、ID 号、IPC 实体与对象等简化了系统设计,但也带来了安全问题,只要知道键值、对象名、ID 号等信息并拥有

相应的权限,任何进程都可窃听、干扰甚至破坏其他进程之间的通信。

为了解决全局 IPC 键值、对象名、实体、对象等带来的安全问题,新版本的 Linux 提供了 IPC 名字空间机制,专门用于组织、封装 System V IPC 中的 IPC 实体,包括键值、ID 号、序列号、实体及其限定参数等。新版本的 IPC 名字空间中还封装了 POSIX IPC 中的消息队列对象,包括其名称、目录树、对象及限定参数等。IPC 名字空间的组织结构如图 8.2 所示。

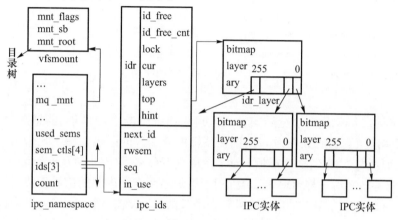

图 8.2　IPC 名字空间的组织结构

Linux 用结构 ipc_namespace 描述其 IPC 名字空间,其主要内容包括两大部分:一是用于组织 System V IPC 实体的 IDR(ID Radix)树及其管理参数;二是用于组织 POSIX IPC 消息队列的目录树及其管理参数等[85,86],即

```
struct ipc_namespace {
    atomic_t          count;                    //引用计数
    struct ipc_ids    ids[3];                   //三棵 IDR 树
    int               sem_ctls[4];              //信号量集的管理参数
    int               used_sems;                //当前可用的信号量总数
    unsigned int      msg_ctlmax;               //单个消息的最大允许长度(字节)
    unsigned int      msg_ctlmnb;               //消息队列的额定容量(字节)
    unsigned int      msg_ctlmni;               //最多可创建的消息队列数
    atomic_t          msg_bytes;                //消息队列中当前的消息长度(字节)
    atomic_t          msg_hdrs;                 //消息队列中当前的消息数
    size_t            shm_ctlmax;               //单个共享内存的最大允许长度(字节)
    size_t            shm_ctlall;               //共享内存的最大允许长度
    unsigned long     shm_tot;                  //共享内存的当前大小(页数)
    int               shm_ctlmni;               //最多可创建的共享内存数
    int               shm_rmid_forced;          //rmid 时是否强制销毁所有共享内存
    struct notifier_block    ipcns_nb;
```

```
    struct vfsmount    * mq_mnt;              //POSIX 消息队列专用文件系统
    unsigned int       mq_queues_count;       //系统中当前可用的 POSIX 消息队列数
    unsigned int       mq_queues_max;         //系统中允许创建的 POSIX 消息队列数
    unsigned int       mq_msg_max;            //POSIX 消息队列中允许暂存的最大消息数
    unsigned int       mq_msgsize_max;        //POSIX 消息队列中单个消息的最大允许长度
    unsigned int       mq_msg_default;        //POSIX 消息队列中允许暂存的默认消息数
    unsigned int       mq_msgsize_default;    //POSIX 消息队列中单个消息的默认允许长度
    struct user_namespace * user_ns;          //用户名字空间
    struct ucounts     * ucounts;             //用户创建的各类名字空间的实际数量
    struct ns_common   ns;                    //名字空间超类
};
```

早期的 Linux 用三个全局向量表来组织系统中的信号量集、消息队列和共享内存实体。向量表的大小为 128，因而系统中最多只能同时创建 128 个信号量集、消息队列或共享内存段。新版 Linux 在每个 IPC 名字空间中为 System V 的三类 IPC 机制各定义了一棵 IDR 树，分别用于组织名字空间内部的信号量集、消息队列和共享内存实体。IDR 树是一种可动态增长的 Radix 树，增长方向为自右向左、自下向上。IPC 名字空间所用的 IDR 树最少 1 层，最多 4 层。树中每个节点含有 256 个指针。

当名字空间中某类 IPC 实体的数量少于 256 时，它的 IDR 树只需要一层，其中仅包含一个节点，可使用的 ID 号范围在 0～255。节点中的每个指针都可指向一个 IPC 实体。

当 0～255 的 ID 号被用完之后，IDR 树会自动向上生长一层，即向上扩充出一个中间节点。中间节点中的每个指针都可以指向一个下层的叶子节点。特别地，IDR 树中最初的节点变成了中间节点的第 0 号叶子节点。此后，IDR 树会按需扩充叶子节点，每扩充出一个叶子节点，可用 ID 号就增加 256 个。二层 IDR 树可使用的 ID 号范围为 $0 \sim 256 \times 256 - 1$。

当 IPC 实体数量超过 256×256 时，IDR 树会再向上扩充出一个中间节点。三层 IDR 树可使用的 ID 号范围为 $0 \sim 256 \times 256 \times 256 - 1$。IDR 树可扩充至 4 层，可使用的最大 ID 号范围为 $0 \sim 256 \times 256 \times 256 \times 256 - 1$。图 8.2 给出的是一棵二层的 IDR 树。

IDR 树由结构 idr 定义，其中的 top 指向树的根节点。IDR 树的节点由结构 idr_layer 定义，其中三个主要的域分别是数组 ary、位图 bitmap 和层数 layer。

（1）ary 是一个指针数组，大小为 256。中间节点的指针指向下一层节点（中间节点或叶子节点），叶子节点的指针指向 IPC 实体。

（2）bitmap 是一个位图，256 位。在叶子节点中，值为 0 的位表示与之对应的 ary 指针是空闲的；在中间节点中，值为 0 的位表示与之对应的下层节点中有空闲指针。

（3）layer 是一个整数，表示节点在 IDR 树中所处的层数。叶子节点在第 0 层。

当要将新实体插入某 IDR 树时，系统按自顶向下的顺序逐层搜索 IDR 树中各节点的 bitmap 位图，找到编号最小的空闲 ary 指针。新建的 IPC 实体应挂在该指针上。按自顶向下的顺序将 ary 指针在各节点中的索引号拼接起来（每层 8 位）可得到一个编号，该编号就是 IPC 实体在 IDR 树中的索引号 idx，由索引号 idx 和实体自身的序列号 seq 可计算出 IPC 实体的 ID 号（SEQ_MULTIPLIER $*$ seq + idx），该 ID 号就是函数 semget()、msgget()、shmget() 所返回的 IPC 实体的 ID 号。给出一个 ID 号，可算出其索引号（id % SEQ_MULTIPLIER），将索引号按 IDR 树的层数分段（每段 8 位），以段中数值为索引，按自顶向下的顺序查相应 IDR 树中各层的 ary 数组，可找到与之对应的 IPC 实体。

挂在 IDR 树中的 IPC 实体由其证书结构 kern_ipc_perm 代表，实体的键值 key 就记录在证书结构中。当然，通过证书结构 kern_ipc_perm 可以方便地找到包含它的 IPC 实体结构。

由此可见，IPC 名字空间将 System V IPC 机制中的键值 key 由全局的转变成了局部的。给定一个键值 key，系统调用 semget、msgget 或 shmget 会遍历 IPC 名字空间中的相应 IDR 树，找键值为 key 的证书结构 kern_ipc_perm。如树中有键值为 key 的证书结构，说明名为 key 的 IPC 实体已经存在，创建函数会核对访问权限，而后返回实体的 ID 号；如树中无键值为 key 的证书结构，则说明名为 key 的 IPC 实体还未建立，如果参数中有 IPC_CREAT 标志，则系统调用 semget、msgget 或 shmget 会创建一个新的 IPC 实体并将其插入到 IDR 树中然后返回其 ID 号。

因而键值 key、名为 key 的 System V IPC 实体及其 ID 号、序列号等的可见范围都被限定在一个 IPC 名字空间内部。每个 System V IPC 实体仅有一个 key 且仅会出现在一个 IPC 名字空间中。在一个 IPC 名字空间中，针对一类 System V IPC 机制，一个 key 命名一个唯一的 IPC 实体，一个 ID 号唯一标识一个 IPC 实体。同一个 key 在不同的 IPC 名字空间中命名的是不同的 IPC 实体，同一个 ID 号在不同的 IPC 名字空间中标识的也是不同的 IPC 实体。同一个 IPC 名字空间中的进程可以通过相同的 key 或 ID 号共享同一个 System V 的 IPC 实体，并可通过该 IPC 实体进行互斥、同步、通信和信息共享。不同 IPC 名字空间中的进程，即使使用相同的键值 key 或 ID 号，也无法访问到同一个 IPC 实体，因而无法利用 System V 的 IPC 机制实现进程之间的互斥、同步、通信和信息共享。一个 IPC 名字空间中的进程无法干扰、破坏其他 IPC 名字空间中的 System V IPC 通信。

System V IPC 机制的运行受其管理参数的限定，Linux 为 System V IPC 机制准备了多个管理参数，函数 semctl()、msgctl()、shmctl() 查询到的限定信息即管理参数的一部分。所有的管理参数都允许查询，大部分的管理参数都允许调整。为便于管理,除函数 semctl( )、msgctl( )、shmctl( )之外,Linux 还在 proc 文件系统的目录/proc/sys/kernel/中为 System V IPC 机制的管理参数创建了接口文件,如 msgmax、msgmni、msgmnb、sem、shmall、shmmax、shmmni 等。

老版本 Linux 将 System V IPC 机制的管理参数记录在全局变量中,所有进程查询到的限定信息都是一样的,每个有权限的进程都可以通过接口文件修改管理参数从而影响整个 System V IPC 机制的运行。为了实现 System V IPC 实体的局部化,新版本的 Linux 已将其管理参数封装在 IPC 名字空间中。如此一来,进程仅能看到自己所在 IPC 名字空间中的管理参数,也仅能调整自己所在 IPC 名字空间中的管理参数。

在创建新 IPC 名字空间时,系统会将其中的三棵 IDR 树设为空树,将 System V IPC 机制的管理参数都设为默认值。

除 System V 的三种 IPC 机制之外,IPC 名字空间中还封装着 POSIX IPC 的消息队列,包括消息队列的限定参数和一个专为 POSIX IPC 消息队列建立的文件系统安装树 mq_mnt。

在系统初始化时,POSIX IPC 的消息队列模块注册了一个名为"mqueue"的文件系统类型 mqueue_fs_type,并为初始的 IPC 名字空间 init_ipc_ns 创建了一个安装。用户空间的初始化程序又将 init_ipc_ns 中安装的 mqueue 文件系统嫁接在了目录/dev/mqueue 上。

在创建新的 IPC 名字空间时,系统会设置其中与 POSIX 消息队列相关的参数,并为新名字空间安装新的 mqueue 文件系统,包括创建 mqueue 文件系统的新超级块和新根目录等,但未将其嫁接在任何目录之上,如图 8.2 所示。新 IPC 名字空间的创建者需要安装 mqueue 文件系统,因而需要 CAP_SYS_ADMIN 权能。

POSIX IPC 创建的每个消息队列对象都表现为自己 IPC 名字空间中的一个文件。

当用户通过函数 mq_open( )打开名为 name 的 POSIX 消息队列时,系统首先确定请求者进程所在的 IPC 名字空间,找到为它安装的 mqueue 文件系统,而后在其根目录中查找名为 name 的文件。如果文件存在,则核对访问权限,打开文件并返回其描述符;如果文件不存在,但参数中有 O_CREAT 标志,则在根目录中创建名为 name 的文件,将其打开并返回其描述符。因而,系统中的每个 IPC 名字空间都拥有一个独立的 mqueue 文件系统,拥有该文件系统独立的超级块和根目录,也就是说每个 IPC 名字空间都拥有一棵独立的 POSIX 消息队列树。在不同的 IPC 名字空间中,同一个名称标识的是不同的 POSIX 消息队列。一个 IPC 名字空间中的进程无法看到其他 IPC 名字空间中的 POSIX 消息队列。

通过函数 mq_open( )新建的消息队列文件属于创建者进程,其 UID 和 GID 被设为创建者进程的 euid 和 egid,因而在执行函数 mq_open( )时,创建者进程的 UID 和 GID 必须是有效的。如果创建者进程在一个新的 USER 名字空间中,那么在执行函数 mq_open( ) 之前需要先设置它的 uid_map 和 gid_map 文件,以便使自己的 euid 和 egid 生效。

遗憾的是,目前的 Linux 还未将 POSIX IPC 的信号量和共享内存封装进 IPC 名字空间,所有 IPC 名字空间中的 POSIX 信号量和共享内存文件都出现在同一个/dev/shm 目录中。

IPC 名字空间中还封装着 POSIX IPC 消息队列的管理参数。为便于管理,Linux 在 proc 文件系统的/proc/sys/fs/mqueue 目录中为这些管理参数创建了接口文件,如 queues_max、msg_max、msgsize_max、msg_default、msgsize_default 等。进程通过接口文件仅能看到自己所在 IPC 名字空间中的管理参数,也仅能调整自己所在 IPC 名字空间中的管理参数。

与 PID 和 USER 名字空间不同,IPC 名字空间本身没有组织结构,各 IPC 名字空间之间没有父子兄弟关系。

系统中的每个进程都在一个 IPC 名字空间之中,最初的进程位于初始的 IPC 名字空间 init_ipc_ns 中。运行中的进程可通过函数 unshare( ) 更换自己的 IPC 名字空间。如果参数中带有 CLONE_NEWIPC 标志,则 unshare( ) 函数会为调用者进程创建一个新的 IPC 名字空间,并将其记录在代理结构 nsproxy 的 ipc_ns 域中。更换之后,调用者进程运行在新的 IPC 名字空间之中。

运行中的进程也可通过函数 setns( ) 进入其他进程的 IPC 名字空间,即将自己的 ipc_ns 改成参数指定的目标 IPC 名字空间。函数 setns( ) 的调用者进程在自己当前所处 USER 名字空间和目标 IPC 名字空间的拥有者 USER 名字空间中都必须有 CAP_SYS_ADMIN 权能。

函数 fork( ) 和 vfork( ) 创建子进程但不创建 IPC 名字空间,子进程运行在父进程的 IPC 名字空间之中。如果参数中不带 CLONE_NEWIPC 标志,则函数 clone( ) 创建的新进程与创建者进程运行在同一个 IPC 名字空间之中;如果参数中带有 CLONE_NEWIPC 标志,则函数 clone( ) 会为新进程创建新的 IPC 名字空间,并让新进程运行在新的 IPC 名字空间之中。

当 IPC 名字空间被销毁时,其中的所有 IPC 实体,包括 System V 的信号量集、消息队列、共享内存和 POSIX 的消息队列等,都会被自动销毁。

下面的程序片段用于验证 POSIX IPC 名字空间的封装特性。

```
int msgrecv( ) {          //从 POSIX 消息队列"/m1"中接收消息并打印
    int con, prio = 1;
    mqd_t m1;
    char * buf;
    struct mq_attr attr;
    m1 = mq_open("/m1", O_CREAT|O_RDWR, 0660, NULL);      //打开消息队列
    if (mq_getattr(m1, &attr) = = -1)
```

```
        printf("mq_getattr error\n");
    buf = malloc(attr. mq_msgsize);                      //分配缓冲区
    con = mq_receive(m1,buf,attr. mq_msgsize,&prio);     //接收消息到缓冲区中
    buf[con] = 0;
    printf("mq_receive = % d,priority = % d,%s\n",con,prio,buf);
    mq_close(m1);
}
```

```
int main() {
    mqd_t m1;
    char  * p = "Hello World!" , * q = "Next send";
    if(fork() = =0){              //子进程1,在老 IPC 名字空间之中
        msgrecv();               //等待从"/m1"中接收消息
        exit(0);
    }
    unshare(CLONE_NEWIPC|CLONE_NEWUSER);   //进入新的 IPC 名字空间
    set_id_map(getpid());                              //使进程的 euid、egid 生效
    m1 = mq_open("/m1",O_CREAT|O_RDWR,0660,NULL);
    if (m1 = = (mqd_t) −1)
        printf("open mq error,%s\n",strerror(errno));
    mq_send(m1,p,strlen(p),1);    //发送消息 p
    mq_send(m1,q,strlen(q),1);    //发送消息 q
    mq_close(m1);
    if(fork() = =0){              //子进程2,在新 IPC 名字空间之中
        msgrecv();               //等待从"/m1"中接收消息
        exit(0);
    }
    mq_unlink("/m1");
}
```

　　程序中的主进程先创建子进程 1,让其打开名为"/m1"的 POSIX 消息队列并等待从中接收消息。而后主进程进入新的 IPC 名字空间,打开名为"/m1"的 POSIX消息队列,向其中发送两条消息,再在新 IPC 名字空间中创建子进程 2,也让其打开名为"/m1"的 POSIX 消息队列并等待从中接收消息。

　　虽然主进程、子进程 1 和子进程 2 打开的都是名为"/m1"的 POSIX 消息队列,但由于子进程 1 位于老 IPC 名字空间中,因而"/m1"所标识的消息队列与主进程的不同,所以子进程 1 始终无法收到主进程发送的消息。相反地,由于子进程 2 和主进程都位于新 IPC 名字空间中,"/m1"所标识的是同一个消息队列,因而子进程

2 可以收到主进程发送的消息。

8.4　IPC 名字空间接口文件

为便于查询和管理进程间的通信机制,Linux 在 proc 文件系统中提供了多个与 IPC 名字空间相关的接口文件,分布在/proc/sysvipc、/proc/sys/kernel、/proc/sys/fs/mqueue 等目录中。

(1) /proc/sysvipc 中包含三个文件,分别是 sem、msg 和 shm,其内容是观察者进程所在 IPC 名字空间中当前可用的 System V IPC 实体的信息,包括信号量集、消息队列和共享内存的详细列表。

① sem, IPC 名字空间中当前可用的 System V 信号量集列表,包括键值 key、ID 号、访问权限、信号量数、拥有者的 UID 和 GID、创建者的 UID 和 GID、最近一次操作时间、最近一次修改属性的时间等。

② msg,IPC 名字空间中当前可用的 System V 消息队列列表,包括键值 key、ID 号、访问权限、队列中消息的当前总长度、队列中消息的当前总条数、最近一次发送消息的进程、最近一次接收消息的进程、拥有者的 UID 和 GID、创建者的 UID 和 GID、最近一次发送时间、最近一次接收时间、最近一次修改属性的时间等。

③ shm,IPC 名字空间中当前可用的 System V 共享内存段的列表,包括键值 key、ID 号、访问权限、大小、创建者进程的 PID、最近一次执行 shmat/shmdt 操作的进程的 PID、绑定的进程数、拥有者的 UID 和 GID、创建者的 UID 和 GID、最近一次绑定时间、最近一次断开时间、最近一次修改属性的时间、在物理内存中的大小、在交换设备中的大小等。

(2) /proc/sys/kernel 中包括多个与 System V 管理参数对应的接口文件,其内容是观察者进程所在 IPC 名字空间中的管理参数,如下:

① msgmax,System V 消息队列中单个消息的最大允许长度(字节)。

② msgmni,系统允许创建的 System V 消息队列数。

③ msgmnb,单个 System V 消息队列的最大容量(字节)。

④ sem,System V 信号量集的限定信息,包括单信号量集中可包含的信号量数、系统允许创建的信号量数、单个 semop( )函数中允许提交的信号量操作数、系统允许创建的信号量集数等。

⑤ shmall,系统允许创建的 System V 共享内存的总页数。

⑥ shmmax,单 System V 共享内存段的最大允许页数。

⑦ shmmni,系统允许创建的 System V 共享内存段数。

⑧ sem_next_id、msg_next_id、shm_next_id,建议的 System V IPC 实体的 ID 号。

⑨ shm_rmid_forced,是否自动销毁共享内存段,1 表示自动销毁,0 表示不自动销毁。自动销毁的触发条件是共享内存段的绑定计数变成0(已无用户使用)。

（3）/proc/sys/fs/mqueue 中包含五个与 POSIX 消息队列相关的接口文件，其内容是观察者进程所在 IPC 名字空间中的 POSIX 消息队列管理参数，如下：

① queues_max，系统允许创建的 POSIX 消息队列数。

② msg_max，单个 POSIX 消息队列中允许暂存的最大消息数（容量）。

③ msgsize_max，单个消息的最大允许长度（字节）。

④ msg_default，单个 POSIX 消息队列中允许暂存的消息数，不超过 msg_max。

⑤ msgsize_default，单个消息的允许长度，不超过 msgsize_max。

在上述接口文件中，/proc/sysvipc 中的三个文件都是只读的，只可用于查询 System V 的各 IPC 机制的当前信息，其余两个目录中的文件都是可读、可写的，用户可通过读取这些接口文件的内容来查询 IPC 机制的管理参数，也可通过写这些接口文件的内容来修改 IPC 机制的管理参数，如修改/proc/sys/kernel 中的接口文件可设置 System V 的信号量集、消息队列、共享内存的参数，修改/proc/sys/fs/mqueue 中的接口文件可设置 POSIX 消息队列的管理参数，但所看到和修改到的管理参数都是进程所在 IPC 名字空间的局部参数，并不影响其他 IPC 名字空间中的进程。

如文件/proc/sys/fs/mqueue/msg_max 的默认值为 10，因而单个 POSIX 消息队列的容量为 10 条消息，下面的命令可将进程所在 IPC 名字空间中的 POSIX 消息队列的容量改为 20 条消息。

```
echo 20 > msg_max
```

当然，接口文件的属主都是 root，因而只有根用户才可以修改上述的接口文件。

第**9**章

NET名字空间

进程之间存在通信需求,因而操作系统提供了进程间通信(IPC)机制,可实现同一系统内部进程之间的通信。为了让不同系统之间的进程也能通信,还需要提供网络通信机制。与 IPC 相比,网络通信机制更加复杂,必须有专门的网络设备支持,还需要双方都认可的网络通信协议。为了保证通信的可靠性和安全性,人们设计了多种网络通信协议,目前最常用的是 TCP/IP 协议。网络通信协议非常复杂,通常被分成多个层次,因而又称为网络协议栈。当位于不同系统的进程需要通信时,数据由发送进程压入发送方的网络协议栈,经层层包装之后由最底层的网络设备发送到接收系统,再经层层解包后从接收方网络协议栈的栈顶弹出给接收进程。

网络协议栈的每一层都可以有不同的实现方法,每种实现方法都会涉及不同的网络实体,如网络设备、网络地址、路由表、路由规则、安全通信策略、防火墙规则等,每种网络实体都需要特定的标识方法,如名字、地址等。早期的操作系统中只有一个全局的网络协议栈,其中的网络实体、管理参数等都是全局的,实体名字也是全局的,在系统的所有进程中都可看到网络协议栈中的所有名字,并可通过这些名字访问网络实体、修改管理参数、使用网络协议栈。然而随着容器的引入,全局的网络协议栈已不能满足需要,有必要对其实施隔离,将其中的全局名字转化成局部名字,全局实体转化成局部实体,全局参数转化成局部参数,从而为每个容器提供一个独立的网络协议栈。Linux 提供的协议栈隔离机制称为 NET 名字空间。新系统中的每个进程都位于一个 NET 名字空间中,只能看到所在 NET 名字空间中的局部名字,只能使用所在 NET 名字空间中的局部网络协议栈。

NET 名字空间是 Linux 系统中最复杂的一类名字空间。

9.1 网络协议栈

网络通信的基础是网络设备,如网卡等。参与通信的每台机器都必须提供至少一个网络设备。网络设备之间通过物理线路连接,如光纤、电缆、无线电波等,由物理线路直接连接的网络设备构成一个物理网络。位于同一物理网络上的设备互称为网上邻居。邻居之间可以直接通信,非邻居之间也可以通信,但需要经过中间设备(路由器)的转发。

在操作系统中,每个网络设备都有驱动程序,多个网络设备可以共用一个驱动程序。驱动程序是设备硬件和系统软件之间的接口,是对设备硬件的抽象,用于屏蔽设备硬件的实现细节。网络设备接口又称网络设备管理层,是对网络设备驱动程序的抽象,用于屏蔽不同网络设备之间的差别。从网络设备接口之上看,所有的网络设备都是一样的。系统中的网络设备可能是物理的,也可能是虚拟的,物理网络设备由系统检测并注册,虚拟网络设备由用户创建。

网络设备接口之下是各个独立的网络设备(如网卡),网络设备之间的通信采用物理地址,如 MAC 地址;网络设备接口之上是各个独立的机器(主机),机器之间的通信采用协议地址,如 IP 地址。物理地址是网络设备自带的,协议地址需另外配置。协议地址与物理地址间的映射关系记录在邻居表中。邻居表由 ARP 协议负责维护。

主机发出的数据称为报文(或数据包),报文中带有协议地址,网络层协议(如 IPv4、IPv6 等)根据协议地址决定报文的传递路径,其依据是路由表。用户发送的数据经过网络层协议的包装、路由后交给网络设备发出,网络设备收到的数据由网络层协议路由后决定其目的地(到本地的上交,到异地的转发)。路由表由网络层协议负责维护。

有些网络层协议还带有辅助协议,如 IP 协议带有 ICMP 和 IGMP 等辅助协议。IP 协议通过 ICMP 协议通报错误信息,通过 IGMP 协议在主机和路由器之间交换多播组信息。但 ICMP 和 IGMP 协议又是建立在 IP 协议之上的协议,它们的数据发送、接收、选路等都需要 IP 协议的支持。有些网络层协议还实现了安全功能,如 IP 协议实现了 IPSec、基于 Netfilter 的防火墙等增强的安全功能。辅助协议需要的管理参数通常由自己维护。

网络协议(如 IP)仅可实现主机之间的通信,要实现进程之间的通信还需要建立在其上的传输层协议。在常用的传输层协议中,TCP 提供面向连接的、端到端的数据通信服务,经过 TCP 协议传送的数据总能按序到达接收端;UDP 协议提供端到端的、无连接的数据通信服务,不能保证所有数据都能按序到达;RAW 协议没有自己的包装格式,封包与解包工作全部由用户完成,可以收发任意格式的报文;数据报拥塞控制协议(DCCP)是 IETF 用于取代 UDP 的新型传输协议;面向连接的流传输协议(SCTP)可以在两个进程之间提供稳定、有序的数据传递服务,是 TCP 协议的增强版。传输层协议的管理参数由自己维护。

TCP、UDP、RAW、ICMP、IGMP、IP、ARP 等协议合在一起构成了 INET 协议簇。INET 协议簇是对整个 TCP/IP 协议的抽象。除 INET 协议簇之外,Linux 还支持其他类型的协议簇,如 INET6、Netlink、Unix、DECnet、Packet、ALG、KEY 等。协议簇中的协议通常被组织在多个层次之中,构成协议栈。Linux 同时支持多种类型的协议栈。

为了屏蔽不同协议簇(或协议栈)之间的差别,Linux 定义了 Socket 接口和 Socket 文件系统。Socket 接口和 Socket 文件系统统一了各种类型的协议簇或协议栈。进一步地,虚拟文件系统(VFS)统一了 Socket 和其他类型的文件系统,进而统一了网络通信和普通的文件操作。Linux 中网络协议栈的组织结构如图9.1 所示。

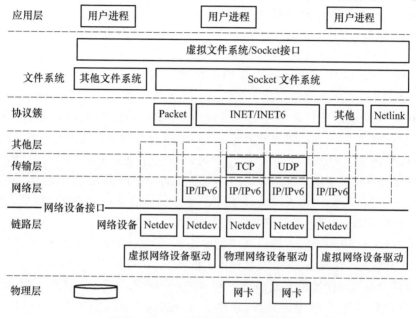

图9.1 Linux 中的网络协议栈组织结构

由此可见,Linux 实现的网络协议栈实际上是多层实体的叠加。系统中可以同时存在多个协议栈,各协议栈中的协议可以不同,层数也可以不同,例如:Packet 协议栈直接建立在网络设备之上,没有网络层及更上层的协议;INET 协议栈中有网络层协议,可以有完整的传输层协议(如 TCP/UDP),也可以仅有最简单的传输层协议(如 RAW);DECnet 协议栈中有网络和传输层协议(如 TCP/UDP),且可在其上增加会话协议、网络管理协议和应用协议;Unix、Netlink 等协议栈中既没有网络设备,也没有网络层、传输层等协议,所有工作都在协议簇中完成。

为了描述协议栈,Linux 定义了一组数据结构。结构 net_device 用于描述协议栈中的网络设备[87](Netdev),其中包括缓存地址、IRQ 号、DMA 通道、MTU、设备类型、设备特性、设备状态、物理地址、协议地址、发送队列、接收队列、操作集等,其中操作集由网络设备驱动程序提供,不同类型的网络设备有不同的操作集。Linux 依赖驱动程序提供的操作集操作网络设备,如查询或修改设备属性、查询或修改协议地址、发送或接收数据报文等。

与字符设备和块设备不同,Linux 的网络设备并不出现在/proc/device 文件中,系统也未在目录/dev 中为网络设备建立特殊文件,却在目录/sys/devices/.../net/

中为每个网络设备建立了一个子目录,其中包含若干个用于描述网络设备属性的文件。目录/sys/class/net/中包含一组符号连接,一个符号连接指向一个网络设备。在/sys/目录中,为网络设备建立的子目录和符号连接的名字就是网络设备名。网络设备名由创建者指定或由内核根据创建者提供的模板动态生成,如 lo、veth0、wlp4s0 等。网络设备位于网络协议栈的最底层,可用名称或索引号标识。系统和模块初始化程序会为网络设备建立 net_device 结构,包括为其生成名字、索引号并在目录/sys/中为其建立子目录及符号连接等。设备管理层负责网络设备的管理。

结构 neigh_table 用于描述协议栈中的邻居表[88]。邻居表是一个邻居项的 Hash 表,用于记录本地物理网络上各邻居的地址映射关系。邻居项中包括邻居的协议地址、物理地址及与之相连的网络设备等。Linux 为 IPv4、IPv6 和 DECnet 协议栈分别定义了邻居表。邻居表中还包含一组管理参数和管理操作(如发送操作 output),利用这些管理参数和操作,用户可以查看、修改自己的邻居表,ARP 类的管理协议会不断地更新系统的邻居表。当需要向外发送报文时,上层协议根据路由表确定报文下一站的协议地址,根据邻居表确定报文下一站的物理地址,而后即可通过网络设备、物理连接等将其发送到下一站。

结构 fib_table 用于描述协议栈中的路由表[89]。一个路由表是一个路由项的集合,路由项被组织成 Hash 表或某种形式的树,如 LC-trie(Level-Compressed trie),索引为目的地的协议地址。路由项中包含路由的所有信息,如服务类型、路由类型、路由状态、有效范围、协议类型、源地址、优先级、度量信息及下一跳的位置(下一跳的地址及与之相连的网络设备)等。Linux 至少会定义两个路由表:局部路由表(local)记录本地地址的路由信息;主路由表(main)记录远程地址的路由信息。目前的 Linux 支持多路由表机制,允许用户定义多个路由表,并通过预定义的路由规则决定路由表的查询方法。结构 fib_rules_ops 用于组织用户定义的路由规则,其中还包含一组管理操作(如匹配操作 match、处理操作 action 等)。当报文到来时,网络层协议先将其与路由规则匹配,确定要查询的路由表,再查询路由表确定报文的去向。各协议簇都实现了自己的路由规则、定义了自己的路由表并提供了维护方法。

如果系统启动了 Netfilter,则网络层还需要管理在各钩子点上注册的钩子函数及钩子函数使用的报文过滤规则。Linux 以协议簇和钩子点为索引将钩子函数组织在一个二维数组 hooks[ ][ ]中,并允许各协议簇的过滤模块注册、注销自己的钩子函数。Linux 标配的过滤模块由 iptables 实现,其过滤规则被组织在过滤规则表 xt_table 中[90]。Iptables 为每个协议簇都定义了多个过滤规则表 xt_table,并允许用户查询、修改其中的规则。模块 nftables 是 Netfilter 的另一种实现,其过滤规则被组织在过滤规则表 nft_table 中[91]。Nftables 未预先定义规则表,用户可根据需要自定义任意数量的规则表。Iptables 和 nftables 分别负责各自规则表的管理。

如果系统支持 IPSec,网络层还需要管理 IPSec 协议使用的安全规则与安全关联。Linux 用结构 xfrm_policy 描述安全规则(策略),每个 xfrm_policy 结构描述一条规则;用结构 xfrm_state 描述安全关联(数据变换状态),每个 xfrm_state 结构描述一条关联。为便于查找,IPSec 将用户定义的安全规则与安全关联组织在多个 Hash 表中。通过网络层的管理工具,用户可查询、修改自己的安全规则与安全关联。IPSec 协议负责安全规则和安全关联的维护。

不管网络协议栈中包含几层协议,其最上层都必须有一个数据交接接口,负责数据的收集与分发。Linux 用结构 sock 描述协议栈的数据交接接口[92],其主要内容包括目的地址、源地址、目的端口、源端口、协议簇、协议、发送队列、接收队列、错误队列、发送缓冲区容量、接收缓冲区容量、进程等待队列、操作集等。用户在进行网络通信之前,必须先创建一个自己的 sock 结构。

结构 sock 所描述的数据交接接口可以位于链路层(如在设备接口中),可以位于网络层(如在 IP 协议中),但大多数都在传输层(如在 TCP 协议中)。为了适应不同协议的交接需求,Linux 将 sock 结构嵌入在各协议自身的管理结构中。Packet 协议簇将 sock 嵌入在 packet_sock 结构中,以实现设备层的数据交接;IP 协议将 sock 嵌入在 inet_sock 结构中;RAW 协议直接利用 inet_sock 结构,以实现网络层的数据交接;UDP、SCTP 协议将 inet_sock 嵌入在 udp_sock、sctp_sock 结构中,以实现传输层的数据交接;TCP、DCCP 协议先将 inet_sock 嵌入在 inet_connection_sock 结构中,再将结构 inet_connection_sock 嵌入在 tcp_sock、dccp_sock 结构中,以实现面向连接的传输层数据交接。

结构 inet_sock 中包含 IP 协议的管理参数,如 TOS、TTL、MTU、设备号、多播过滤表等;结构 udp_sock、sctp_sock、tcp_sock、dccp_sock 中除包含 IP 层的管理参数外还包含传输层协议自身的管理参数,如重传定时、发送序号、接收序号、应答序号、MSS、拥塞算法等。因而以 sock 为核心的一个管理结构实际上描述了网络协议栈的一个实例,或者说本地进程与异地进程间的一种网络通信方式(可以发、收多个报文),其中的管理参数大都是全局的。用户可通过函数 getsockopt( )、setsockopt( )查询、修改一个协议栈实例(sock 结构)中的管理参数,但不会影响其他协议栈实例的运行。图 9.2 展示了几种 sock 结构所描述的网络协议栈实例。

结构 sock 是全局的,Linux 用多个 Hash 表将其统管起来,如 UDP 协议用 udp_table 组织自己的 sock,TCP 协议用 tcp_hashinfo 组织自己的 sock 等。结构 sock 又是局部的,与打开文件时创建的 file 结构相似,每个 sock 结构都属于一个进程。

结构 sock 与 socket 是共生的。当用户请求创建某协议簇的 socket 套接字时,系统同时为其创建 socket 和 sock 结构。结构 socket 与 inode 也是共生的。在初始化时,Linux 注册并安装了 sockfs 文件系统。当用户请求创建 socket 时,系统在 sockfs 文件系统中为其创建一个 inode 结构,包括与之绑定的 socket 和 sock 结构。在创建出 inode 结构之后,再根据 inode 创建一个 file 结构,并将其插入到进程的文

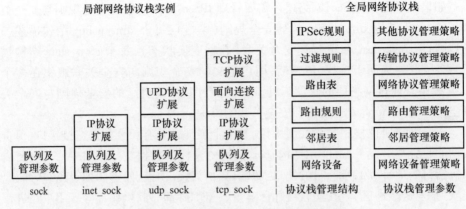

图 9.2　全局协议栈与局部协议栈实例

件描述符表中。结构 file 在文件描述符表中的索引就是函数 socket( )所获得的描述符。因而创建 socket 的结果其实是按用户的请求为其创建一个网络协议栈实例。在随后的数据发送与接收操作中,系统根据用户提供的描述符查进程的文件描述符表得到 file 结构,进而得到与之对应的 inode 结构、socket 结构和 sock 结构,而后执行 sock 操作集中的相应操作,即可完成用户请求的网络通信。

　　下面的语句创建 Packet 协议簇的一个协议栈实例,用于直接在网络设备上收、发数据。

　　packet_socket = socket(AF_PACKET, int socket_type, int protocol);

　　下面的语句创建 INET 协议簇的一个协议栈实例(不含传输层协议),用于直接在 IP 层上发送和接收数据(数据中甚至可以带着 IP 头)。

　　raw_socket = socket(AF_INET, SOCK_RAW, int protocol);

　　下面的语句创建 INET 协议簇的另一个协议栈实例(包含完整的 TCP/IP 协议),用于在传输层上利用 TCP 协议发送和接收数据。

　　tcp_socket = socket(AF_INET, SOCK_STREAM, 0);

　　下面的程序片段在 TCP/IP 协议栈上通过使能与关闭 TCP 协议中的 CORK 标志来控制报文的发送时机。

```
int sockfd, optval = 1;
sockfd = socket(AF_INET, SOCK_STREAM, 0);
setsockopt(sockfd, SOL_TCP, TCP_CORK, optval, sizeof(optval));
                                         //缓存但不发送数据
write(sockfd, ...);                      //写 HTTP 协议头
sendfile(sockfd, ...);                   //发送数据文件
optval = 0
setsockopt(sockfd, SOL_TCP, TCP_CORK, optval, sizeof(optval));
                                         //将缓存的数据一次性发出
```

9.2 协议栈管理参数

显然,网络协议栈中包含很多数据结构,一些是直接为 socket 通信服务的,如 socket、sock、路由表、邻居表、net_device 等,另一些是为协议栈提供运行决策支持的,如发送和接收缓冲区的容量等。为了能够适应不同应用场合的特殊需求,提供决策支持的管理参数不应该是定死的,其值应该是可调的。协议栈中的可调参数很多,通过增加专门的系统调用、管理命令等都难以满足对其进行查询与调整的需求,为此 Linux 在 proc 文件系统中专门定义了目录/proc/sys/net/,其中包含多个子目录,每个子目录中又包含多个接口文件,每个接口文件对应一种可调的协议栈管理参数。在系统运行过程中,用户可以通过这些接口文件查看管理参数的当前值;拥有特殊权限的用户,如管理员,可以通过这些接口文件修改管理参数的值从而调整、优化协议栈的运行方式。

在不同的 Linux 系统中,甚至在同一 Linux 系统运行过程的不同时刻,目录/proc/sys/net/中的子目录数都有可能不同,各子目录中的文件也有可能变化。事实上,目录/proc/sys/net/的内容取决于网络协议栈的当前配置。除用于组织协议栈通用参数的 core 子目录之外,其余的子目录分别对应不同的协议簇,如 ipv4、ipv6、unix、bridge、netfilter 等。

目录 core 中包含 20 多个接口文件[93],用于描述通用的协议栈管理策略,如网络设备的默认队列管理策略 default_qdisc,网络设备轮询策略(单轮询周期可处理的报文数 netdev_budget、单 NAPI 中断可处理的报文数 dev_weight),网络设备的报文接收策略(允许积压的报文数 netdev_max_backlog),socket 缓冲区的配置策略(包括发送缓冲区的默认容量 wmem_default 和最大容量 wmem_max,接收缓冲区的默认容量 rmem_default 和最大容量 rmem_max,辅助缓冲区的最大容量 optmem_max 等),积压 TCP 连接的处理策略(允许积压的连接请求数 somaxconn),报文分片策略 max_skb_frags,IPSec 协议控制策略(xfrm_aevent_etime、xfrm_aevent_rseqth、xfrm_larval_drop、xfrm_acq_expires)等。Linux 内核将通用的协议栈管理策略都记录在独立的变量中。

目录 ipv4 中包含 3 个子目录和 100 多个接口文件[94],用于描述 IPv4 协议簇的管理参数,涵盖 IPv4 协议簇的方方面面,大致可分为网络设备能力控制策略、邻居表管理策略、路由管理策略、IP 协议管理策略、对等体管理策略、ICMP 协议管理策略、IGMP 协议管理策略、TCP 协议管理策略、UDP 协议管理策略等。

(1)网络设备能力控制策略,用于限定网络设备的处理能力,如是否支持多播路由(mc_forwarding),是否允许转发(forwarding)报文,是否接收由回送地址(127.*.*.*)发出或到达回送地址的报文(route_localnet),是否接收本机发出的报文(accept_local),是否支持源路由(accept_source_route),是否支持基于 ICMP

的路由重定向（send_redirects 和 accept_redirects），是否仅接收到特定网关（出现在设备的网关列表中）的路由重定向消息（secure_redirects），是否支持共享媒体网络的链路层重定向（shared_media），是否支持基于反向路径回溯的源地址验证（rp_filter），是否支持 ARP 代理（proxy_arp），如何在经本设备发出的 ARP 请求报文中声明源 IP 地址（arp_announce），是否处理 IP 地址不明的 ARP 报文（arp_accept），应答何种类型的 ARP 请求（arp_ignore），是否应答到本机其他网络设备的 ARP 请求（arp_filter），是否通知设备属性改变的事件（arp_notify），当主 IP 地址被删除时是否提升设备上的辅 IP 地址（promote_secondaries），是否只支持老版本的 IGMP（force_igmp_version），IGMP 报告报文的发送间隔（igmpv2_unsolicited_report_interval 和 igmpv3_unsolicited_report_interval），是否关闭本设备的 IPSec 策略（disable_policy），是否关闭本设备的 IPSec 加密（disable_xfrm）等。

在 Linux 内核中，网络设备的能力控制策略都记录在结构 ipv4_devconf 中，系统定义了该结构的两个实例，分别是默认策略 default 和通用策略 all（影响所有网络设备的决策）。IPv4 协议簇的 in_device 结构中包含一个 ipv4_devconf 结构。当创建、注册、启动新的网络设备时，系统会将默认策略 default 复制到网络设备的 in_device 结构中，为其创建一个能力控制策略实例，即设备自身的策略。当需要判定设备的处理能力时，系统会检查通用策略和设备自身的策略，有的能力需要两种策略同时支持，有的能力只要一种策略支持即可。

Linux 在/proc/sys/net/ipv4/conf 目录中创建了子目录 default 和 all，以映射系统级的两类策略 default 和 all，并为每个网络设备都创建了一个子目录（目录名是网络设备名），以映射设备自身的能力策略。在 default、all 及各网络设备的子目录中，一个接口文件对应结构 ipv4_devconf 中的一项。

（2）邻居表管理策略，用于限定邻居表的规模及 ARP 协议的运行方式，主要包括：邻居表规模门限（下限 gc_thresh1、中限 gc_thresh2、上限 gc_thresh3），邻居表时间门限（回收间隔 gc_interval、过期时间 gc_staletime），邻居探测次数门限（单播探测次数 ucast_solicit、多播探测次数 mcast_solicit、应用层守护进程探测次数 app_solicit），ARP 代理门限（延迟应答时间 proxy_delay、代理队列长度 proxy_qlen），以及 ARP 报文超时重传时间（retrans_time）、允许积压的探测报文长度（unres_qlen_bytes）、邻居证实的基准时间 base_reachable_time）、邻居探测的延迟时间（delay_first_probe_time）等。

在 Linux 内核中，邻居表的管理策略都记录在结构 neigh_parms 中。Linux 的三个邻居表（分别对应 IPv4、IPv6 和 DECnet 协议簇）中都有一个内嵌的 neigh_parms 结构。在初始化网络设备时，Linux 从邻居表中为其复制一个 neigh_parms 结构，因而每个网络设备都有自己独立的邻居表管理策略。每个邻居项中都有一个指向邻居表 neigh_parms 结构的指针。

Linux 在/proc/sys/net/ipv4/neigh/目录中创建了子目录 default 以映射邻居表

的管理策略,并为每个网络设备都创建了一个子目录(目录名是网络设备名),以映射设备自身的管理策略。在 default 及各网络设备的子目录中,一个接口文件对应结构 neigh_parms 中的一项。

(3)路由管理策略,用于确定默认的路由参数、路由重定向及错误信息的发送方式、路由缓存的规模等,主要包括:最小 MSS(min_adv_mss)、最小路径 MTU(min_pmtu),路径 MTU 的有效时间(mtu_expires),路由重定向报文的发送策略(一次可连续发送的重定向报文的数量 redirect_number、两个重定向报文之间的最小时间间隔 redirect_load、重定向报文暂停发送的时间长度 redirect_silence 等),路由错误信息(如目的不可达)的发送频率(error_cost 和 error_burst),路由缓存的管理策略(缓存的最大允许规模 max_size、缓存回收上限 gc_thresh、路由项过期时间 gc_timeout 及其调整方式 gc_elasticity、路由项回收间隔 gc_interval 与 gc_min_interval_ms)等。

Linux 内核将路由管理的策略都记录在独立的变量中。由于目前的路由表采用 LC-trie 形式组织,IPv4 已不再使用路由缓存(管理策略已废)。Linux 在/proc/sys/net/ipv4/route/目录中为路由管理策略的每个变量都创建了一个接口文件。

(4)IP 协议管理策略,用于确定 IP 协议的默认参数、网络协议的处理能力等,主要包括:输出 IP 包的默认 TTL 值(ip_default_ttl),本地端口范围(ip_local_port_range),预留的本地端口(ip_local_reserved_ports),是否禁用路径 MTU 发现(ip_no_pmtu_disc),在转发报文时是否使用发现的路径 MTU(ip_forward_use_pmtu),是否允许进程将自己绑定到非本地 IP 地址(ip_nonlocal_bind),是否允许动态改变报文的源地址(ip_dynaddr),当收到报文时是否应该在查路由表之前先查 socket Hash(ip_early_demux),是否允许转发报文(ip_forward)等。

Linux 内核将 IP 协议管理策略都记录在独立的变量中,并在/proc/sys/net/ipv4/目录中为 IP 协议管理策略的每个变量都创建了一个接口文件。

报文转发策略 ip_forward 是一个例外,内核中没有与之对应的变量,修改该文件会同时修改目录/proc/sys/net/ipv4/conf/中各设备(包括 all 和 default)上的转发策略 forwarding。

(5)片段缓存管理策略,用于管理 IP 片段的缓存(暂存收到的 IP 片段以便重组),主要包括:IP 片段在内存中的存活时间(ipfrag_time),IP 片段重组缓存可用内存量的下限与上限(ipfrag_low_thresh 与 ipfrag_high_thresh),来自同一源地址的失序 IP 片段的最大允许保有量(ipfrag_max_dist)等。

Linux 内核将片段缓存的管理策略都记录在结构 netns_frags 中,并在/proc/sys/net/ipv4/目录中为片段缓存管理策略的每个变量都创建了一个接口文件。

(6)对等体管理策略,用于限定对等体(IP 通信的远端)的存活时间及其缓存的容量,主要包括:对等体缓存的最大允许容量(inet_peer_threshold),对等体的最短和最长存活时间(inet_peer_minttl 与 inet_peer_maxttl)等。

Linux 内核将对等体的管理策略都记录在独立的变量中，并在/proc/sys/net/ipv4/目录中为对等体管理策略的每个变量都创建了一个接口文件。

(7) ICMP 协议管理策略，用于限定特定类型的 ICMP 报文的发送频率及应答 ICMP 报文的方式，主要包括：应限速的 ICMP 报文类型（icmp_ratemask），限速 ICMP 报文的最大发送频率（icmp_ratelimit），是否忽略所有的回显请求（icmp_echo_ignore_all），是否忽略广播的回显请求（icmp_echo_ignore_broadcasts），是否通过接收设备、用主地址发送用于通报错误的应答报文（icmp_errors_use_inbound_ifaddr），是否忽略用于通报错误的伪应答报文（icmp_ignore_bogus_error_responses），允许创建 ICMP socket（类型为 DGRAM）的 GID（ping_group_range）等。

Linux 内核将 ICMP 协议的管理策略都记录在独立的变量中，并在/proc/sys/net/ipv4/目录中为 ICMP 协议管理策略的每个变量都创建了一个接口文件。

(8) IGMP 协议管理策略，用于限定多播协议的处理能力，主要包括：单个多播组中允许加入的成员数（igmp_max_memberships），与 socket 关联的多播源地址过滤表的最大容量（igmp_max_msf），是否为局部多播地址生成 IGMP 报告（igmp_link_local_mcast_reports），IGMP 查询健壮性（igmp_qrv）等。

Linux 内核将 IGMP 协议的管理策略都记录在独立的变量中，并在/proc/sys/net/ipv4/目录中为 IGMP 协议管理策略的每个变量都创建了一个接口文件。

(9) TCP 协议管理策略，用于确定 TCP 协议的运作方式，主要包括：重传策略（SYN 请求的超时重传次数 tcp_syn_retries、SYN + ACK 应答的最大重传次数 tcp_synack_retries、报文在 TCP 连接上的常规重传次数 tcp_retries1 和最大重传次数 tcp_retries2、关闭连接前的最大重试次数 tcp_orphan_retries），TCP 连接的存活探测策略（闲置时长 tcp_keepalive_time、探测次数 tcp_keepalive_probes、探测间隔 tcp_keepalive_intvl），TCP 层路径 MTU 发现策略（是否开启 tcp_mtu_probing、探测基准值 tcp_base_mss、探测频率 tcp_probe_interval、停止条件 tcp_probe_threshold），是否支持同步标签（tcp_syncookies），显式拥塞通告（ECN）控制策略（是否在侦测到错误时自动关闭显式拥塞通告机制 tcp_ecn_fallback，是否打开 tcp_ecn），本端 TCP 保持在 FIN-WAIT-2 状态的时间（tcp_fin_timeout），单个 socket 发送缓冲区中允许暂留的（未发送的）数据量（tcp_notsent_lowat），单个 TCP 类 socket 可使用的缓冲区容量（发送缓冲区的最大容量 tcp_wmem、接收缓冲区的最大容量 tcp_rmem），TCP 流中允许重排序的最大报文数量（tcp_reordering），整个 TCP 协议可消耗的内存总量（tcp_mem），TCP 协议允许的半连接队列的长度（tcp_max_syn_backlog）等。

Linux 内核将 TCP 协议的管理策略都记录在独立的变量中，并在/proc/sys/net/ipv4/目录中为 TCP 协议管理策略的每个变量都创建了一个接口文件。

(10) UDP 协议管理策略，用于限定 UDP 协议可消耗的内存资源量，主要包括：UDP 协议可消耗的内存总量（udp_mem），单个 UDP 类 socket 可使用的发送与接收缓冲区的内存容量下限（udp_wmem_min、udp_rmem_min）等。

Linux 内核将 UDP 协议的管理策略都记录在独立的变量中,并在/proc/sys/net/ipv4/目录中为 UDP 协议管理策略的每个变量都创建了一个接口文件。

另外,目录 ipv6 中含有 4 个子目录和 100 多个接口文件,用于描述 IPv6 协议簇的管理参数,涵盖 IPv6 协议簇的方方面面,文件的内容与意义与 IPv4 协议簇的相似。特别地,目录 ipv6/neigh/与 ipv4/neigh/中的内容完全一样。

目录 unix 中只有一个文件 max_dgram_qlen,用于限定 Unix 协议簇的接收队列长度。

可以按普通文件方式直接打开目录/proc/sys/net/中的接口文件,而后对其实施读写操作。为了便于接口文件的维护,Linux 还提供了一个专门的命令 sysctl,其格式如下:

sysctl [options] [variable[= value]] [...]

命令中的 variable 是接口文件的路径名。不带[= value]的 sysctl 命令用于查询变量 variable 的当前值,带[= value]的 sysctl 命令用于将变量 variable 的值改为 value。

9.3　协议栈管理命令

通过 proc 文件系统中的接口文件可以查询、设置协议栈的管理策略,但并不能对协议栈本身的管理结构实施管理。事实上,网络协议栈也需要管理,包括增加、删除、查询、修改协议栈中的网络设备、网络地址、路由、路由规则、网上邻居、IPSec 规则、防火墙规则等。由于协议栈涉及的内容十分广泛,很难用一组接口函数管理整个协议栈,因此 Linux 发展出了多种管理接口,如设备管理中的 ioctl()接口、socket 管理中的 setsockopt()接口等,目前较好的管理接口建立在 Netlink 通信之上。

(1) 函数 ioctl()的原意是管理底层设备的参数。如果协议栈中的实体有对应的设备特殊文件(如/dev/net/tun),则可以先打开该设备文件,获得其描述符;如果协议簇中的某个协议上实现了 ioctl 操作,则也可以先建立该协议簇的一个 socket,获得其描述符。在获得描述符之后,通过 ioctl()函数可对协议或设备实施特定的管理。函数 ioctl()的定义如下:

int ioctl(int fd,unsigned long request,... /* argp */);

参数 request 是请求的设备管理操作。显然不同的设备会定义不同的管理操作,不同的管理操作需要不同的附加参数 argp。

函数 ioctl()可用于管理网络设备,包括网桥、VLAN 等,很少用于管理协议栈的高层。INET 和 INET6 协议簇上的 IP 隧道(iptunnel)采用该种管理方法。

(2) 函数 getsockopt()和 setsockopt()的原意是管理 socket 接口的属性[95],扩

充之后可用于管理栈中其他层次的对象,如 TCP、IP 等。函数 getsockopt( )和 setsockopt( )的定义如下:

　　int getsockopt(int sockfd,int level,int optname,void ∗ optval,socklen_t ∗ optlen);

　　int setsockopt(int sockfd,int level,int optname,const void ∗ optval,socklen_t optlen);

　　参数 sockfd 是 socket 的描述符,level 是被管理对象在协议栈中的层次,opt-name 是管理命令,optval 是用于保存管理数据的缓冲区,optlen 是缓冲区的长度。函数 getsockopt( )和 setsockopt( )管理的是 sockfd 所标识的网络协议栈的一个特殊实例,对其参数的修改仅影响该实例的运行,不影响协议栈的其他实例。

　　Socket 层的管理是标准的,其 level 为 SOL_SOCKET,可管理 socket(包括 sock)本身的属性,如查询和设置发送或接收缓冲区的大小(optname 为 SO_SNDBUF 或 SO_RCVBUF)。其余层次的管理都是扩展的,需要相应协议的支持。值为 SOL_TCP 的 level 用于管理 TCP 协议的参数,如管理命令 TCP_MAXSEG 用于查询或设置 TCP 协议的最大段长、TCP_CONGESTION 用于查询或设置 TCP 协议的拥塞控制算法等。值为 SOL_IP 的 level 用于管理 IP 协议的参数,如管理命令 IP_ADD_MEMBERSHIP 用于申请加入一个多播组、IP_DROP_MEMBERSHIP 用于申请离开一个多播组、IP_TOS 用于查询或设置服务类型、IP_TTL 用于查询或设置包的存活时间等。

　　通过函数 getsockopt( )和 setsockopt( )也可对一些非标准的网络协议或网络模块实施管理,但需要这些协议或模块实现并注册一个操作集,如 Netfilter 框架的实现模块注册的操作集是 nf_sockopt_ops,其中的 get 操作用于实现 getsockopt( ),set 操作用于实现 setsockopt( )。

　　防火墙管理工具 iptables 建立在函数 getsockopt( )和 setsockopt( )之上。

　　(3) 绝大多数协议栈的管理操作都建立在 socket 通信之上,采用 Linux 专用的 Netlink 协议簇(AF_NETLINK)。

　　Netlink 协议簇用于在内核和用户空间传送数据,是内核与用户进程之间的一种双向数据通道。Netlink 通信的一端是用户进程,另一端是内核中的服务模块,双方采用标准的 Socket 接口实施通信。通过 Netlink 协议簇的 socket,内核可将打包后的数据发送给用户进程,也可请求用户进程提供服务(如内核中的 IPSec 模块通过 Netlink 请求用户空间的 IKE 进程协商 SA 等);用户空间的进程可将打包后的数据发送到内核(如配置协议栈中的参数),也可请求内核提供服务(如查询协议栈参数、加密解密数据等)。Netlink 是一种面向数据报的协议簇,所支持的 socket 类型只有 SOCK_RAW 和 SOCK_DGRAM 两种。

　　当需要查询或设置网络协议栈中的参数时,用户先创建一个 socket 并在其上绑定一个 Netlink 地址,而后通过该 socket 发送请求报文、接收并处理应答报文,最后关闭 socket。基于 Netlink 协议簇的协议栈管理流程如下:

```
fd = socket(AF_NETLINK,SOCK_RAW | SOCK_CLOEXEC,protocol);    //创建 socket
setsockopt(fd,SOL_SOCKET,SO_SNDBUF,&sndbuf,sizeof(sndbuf));    //设发送缓冲区长度
setsockopt(fd,SOL_SOCKET,SO_RCVBUF,&rcvbuf,sizeof(rcvbuf));    //设接收缓冲区长度
local. nl_family = AF_NETLINK;
local. nl_groups = 0;
bind(fd,(struct sockaddr * )&local,sizeof(local));            //绑定 Netlink 地址
getsockname(fd,(struct sockaddr * )&local,&addr_len);         //获得 Netlink 地址
//组装消息 msg
sendmsg(fd,&msg,0);                                           //发送请求
recvmsg(fd,&msg,0);                                           //接收应答
//分析应答 msg,处理应答
close(fd);                                                    //关闭 socket
```

Netlink 协议簇采用的地址格式如下:

```
struct sockaddr_nl {
    __kernel_sa_family_t   nl_family;    //AF_NETLINK
    unsigned short   nl_pad;             //填充为 0
    __u32   nl_pid;                      //单播地址,如进程 PID,0 表示内核模块
    __u32   nl_groups;                   //多播组位图
};
```

Netlink 协议簇所建立的 socket 由端口号 nl_pid 标识。用户进程所建 socket 的端口号通常就是其 PID。如果一个用户进程建立多个 Netlink 协议簇的 socket,则只有一个 socket 的端口号可设成其 PID。用户进程可在 bind 操作中指定 socket 的端口号(nl_pid 非 0),也可让内核为其分配端口号(nl_pid 为 0)。

Netlink 采用常规报文通信,报文头由结构 msghdr 描述,负载头由结构 nlmsghdr 描述,nlmsghdr 的定义如下:

```
struct nlmsghdr {
    __u32       nlmsg_len;      //消息长度,包括消息头
    __u16       nlmsg_type;     //消息内容,即请求的操作
    __u16       nlmsg_flags;    //附加标志,如 NLM_F_CREATE | NLM_F_EXCL
    __u32       nlmsg_seq;      //序列号
    __u32       nlmsg_pid;      //发送者进程的 PID
};
```

利用 Netlink 协议簇,Linux 实现了 iproute2 工具集,其中包括多组网络协议栈的管理命令,如 ip link、ip address 等。在 iproute2 出现之前,用于管理网络协议栈的工具称为 net-tools,其中包括 ifconfig、arp、route、netstat 等命令。net-tools 工具通过 proc 文件系统和 ioctl 系统调用查询和设置网络参数,显得有些混乱。iproute2 工具集是 net-tools 的替代品,用一个统一的 ip 命令管理整个网络协议栈。ip 命令

的通用格式如下：

ip［OPTIONS］OBJECT｛COMMAND | help｝

OPTIONS 是命令选项，以"-"开头，用于限定或修饰整个命令的行为，如 -f＜FAMILY＞或-family ＜FAMILY＞用于限定命令所针对的协议簇。

OBJECT 是对象类型，即命令将要管理的协议栈对象，如表 9.1 所列。

表 9.1   ip 命令中的主要对象名及其含义

对象名	含　　义
link	网络设备，包括物理的和虚拟的网络设备
address	设备上的协议或网络地址，如 IP 地址、IPv6 地址
maddress	多播地址
neighbour	网上邻居，如各网络地址与物理地址的对应关系
route	路由表
rule	路由策略库中的规则
xfrm	IPSec 规则
…	…

COMMAND 是管理动作，即在协议栈对象上将要实施的管理操作，如 add、delete、show 等。显然，COMMAND 依赖于 OBJECT，在不同的协议栈对象上可实施的管理操作是不同的。help 是一个特殊的管理动作，用于列出在特定协议栈对象上可实施的管理操作及其参数。空 COMMAND 表示默认管理动作，如 show 或 list。

下面是 iproute2 工具集提供的几类常用的管理命令[96]。

（1）网络设备管理，用于维护系统中的网络设备，包括增加设备、删除设备、修改设备属性、查看设备属性等。

① 增加网络设备的命令如下：

ip link add［link DEVICE］［name］NAME［ATTR］type TYPE［ARGS］

该命令用于增加一个类型为 TYPE、名称为 NAME 的网络设备。网络设备的类型可以是 bridge、bond、dummy、ifb、veth、vlan、vxlan、ipip、gre、ip6gre、ipvlan 等中的一个。不同类型的网络设备需要不同的 ARGS，如 veth 类型的 ARGS 是 peer＜options＞，用于声明虚拟网络设备对中的另一个。DEVICE 用于声明与虚拟设备对应的物理设备。

在增加设备的同时可以通过 ATTR 声明设备的属性，如发送队列长度、接收队列长度、mtu、物理地址、广播地址等。

② 删除网络设备的命令如下：

ip link delete｛DEVICE | group GROUP｝type TYPE［ARGS］

该命令用于删除类型为 TYPE、名称为 DEVICE 的单个网络设备或名为 GROUP 的网络设备组（包括其中的所有设备）。Group 0 是默认的网络设备组，不允许删除。

③ 修改网络设备属性的命令如下：

ip link set ｛DEVICE｜group GROUP｝｛up｜down｜ATTR｛ARGS｝｝

该命令用于修改名为 DEVICE 的单个网络设备的属性或名为 GROUP 的网络设备组中所有设备的属性。同时声明 DEVICE 和 GROUP 表示将名为 DEVICE 的网络设备移到 GROUP 组中。网络设备的属性很多，如状态（up 或 down）、arp（on 或 off）、多播（on 或 off）、混杂模式（on 或 off）、发送队列长度、mtu、设备名、物理地址、广播地址等。

④ 查看网络设备属性的命令如下：

ip link show［DEVICE｜group GROUP｜up｜master DEVICE｜type TYPE］

该命令用于显示名为 DEVICE 的单个网络设备的属性或名为 GROUP 的网络设备组中所有设备的属性。其他几个参数用于限制要显示的网络设备的范围，如 up 表示只显示处于运行状态的网络设备、type 表示只显示类型为 TYPE 的网络设备等。

下面的实例用于创建一对 veth 类型的虚拟网络设备并将其移到设备组 1 中，显示其属性，而后将组 1 删除。

```
~ sudo ip link add veth0 type veth peer name veth1    //增加 veth 类型的虚拟网络设备
~ sudo ip link set veth0 group 1                      //将设备 veth0 移到 group 1 组中
~ sudo ip link set veth1 group 1                      //将设备 veth1 移到 group 1 组中
~ ip -o link show                                     //显示系统中所有的网络设备
1：lo：< LOOPBACK, UP, LOWER_UP > mtu 65536 qdisc noqueue state UNKNOWN mode
DEFAULT group default qlen 1\ link/loopback 00：00：00：00：00：00 brd 00：00：00：00：00：00
2：veth1 @ veth0：< BROADCAST, MULTICAST, M-DOWN > mtu 1500 qdisc noop state
DOWN mode DEFAULT group 1 qlen 1000\ link/ether aa：24：9c：49：fc：11 brd ff：ff：ff：ff：ff：ff
3：veth0 @ veth1：< BROADCAST, MULTICAST, M-DOWN > mtu 1500 qdisc noop state
DOWN mode DEFAULT group 1 qlen 1000\ link/ether aa：24：9c：49：fc：77 brd ff：ff：ff：ff：ff：ff
~ sudo ip link del group 1                            //删除 group 1 组中的所有网络设备
```

（2）协议或网络地址管理，用于维护各网络设备所关联的协议地址，如 IPv4/IPv6 地址，包括增加地址、删除地址、查看地址等。每个网络设备至少需关联一个协议地址，一个网络设备可以关联多个不同的协议地址。协议地址是网络设备的一个属性。

① 增加或修改协议地址的命令如下：

ip address ｛add｜change｜replace｝IFADDR dev IFNAME［LIFETIME］［CONF］

该命令为网络设备 IFNAME 增加一个新的协议地址 IFADDR 或修改一个老协议地址 IFADDR 的属性。协议地址的格式为 local ADDRESS 或 ADDRESS，其后可以紧跟着广播地址（格式为 broadcast ADDRESS）。在增加协议地址的同时，可以限定其可见范围（格式为 scope SCOPE_VALUE），协议地址的可见范围可以是

global（全局可见）、site（站点可见）、link（设备可见）、host（主机可见）等。在增加协议地址时可以声明其属性，如生命周期 LIFETIME（一个时长或 forever）、CONF（如 home、mngtmpaddr、noprefixroute）等。

命令 change 用于修改与网络设备 IFNAME 关联的协议地址的属性，replace 用于为网络设备 IFNAME 增加一个协议地址 IFADDR 或修改地址 IFADDR 的属性。

② 删除协议地址的命令如下：

ip address del IFADDR dev IFNAME ［mngtmpaddr］

该命令用于删除与网络设备 IFNAME 关联的协议地址 IFADDR。

③ 查看协议地址的命令如下：

ip address ｛show ｜ save ｜ flush｝［dev IFNAME］［scope SCOPE-ID］［to PREFIX］［FLAG-LIST］［label PATTERN］［up］

该命令用于查看协议地址信息。如果没有参数，那么将查看系统中所有协议地址的信息；否则，将查看符合参数要求的协议地址的信息，如仅查看与网络设备 IFNAME 关联的协议地址的信息、仅查看与 PREFIX 匹配的协议地址的信息、仅查看与活动网络设备关联的协议地址的信息等。命令 flush 用于清洗满足条件的协议地址，save 用于转存满足条件的协议地址。

下面的实例为设备 veth0 增加一个 IP 地址，而后查看 veth0 上的 IP 地址信息。

```
~ sudo ip link add veth0 type veth peer name veth1    //增加设备但无 IP 地址
~ ip -o addr                                          //显示所有设备的 IP 地址
1:lo    inet 127.0.0.1/8 scope host lo\    valid_lft forever preferred_lft
forever
~ sudo ip addr add 192.168.1.106/24 dev veth0    //给设备增加 IP 地址
~ ip -o addr                                          //显示所有设备的 IP 地址
1:lo    inet 127.0.0.1/8 scope host lo\    valid_lft forever preferred_lft
forever
2:veth0 inet 192.168.1.106/24 scope global veth0\    valid_lft forever preferred_lft forever
~ sudo ip addr flush dev veth0                        //清理设备上的 IP 地址
~ ip -o addr                                          //显示所有设备的 IP 地址
1:lo    inet 127.0.0.1/8 scope host lo\    valid_lft forever preferred_lft forever
```

（3）多播地址管理，用于维护网络设备的静态链路层多播地址，包括增加多播地址、删除多播地址、查看多播地址等。链路层地址是网络设备的物理地址，增加一个链路层多播地址可将网络设备加入到一个链路层的多播组，删除一个链路层多播地址可让网络设备离开一个链路层的多播组。不同类型的网络设备有不同类型的物理地址和多播地址，以太设备的多播地址是最高字节的低位为 1 的地址，如在 01:00:5e:00:00:00（以 0x33 开头的地址表示 IPv6 的第二层多播地址）。

① 增加多播地址的命令如下：

ip maddress add MULTIADDR dev NAME

该命令为网络设备 NAME 增加一个静态的链路层多播地址 MULTIADDR。命令中的参数 MULTIADDR 可以是一个链路层地址，也可以是一个协议地址，但增加到设备上的多播地址都是链路层地址。

② 删除多播地址的命令如下：

ip address del MULTIADDR dev NAME

该命令删除与网络设备 NAME 关联的静态多播地址 MULTIADDR。其他类型的多播地址不允许删除。

③ 查看多播地址的命令如下：

ip maddress show［dev NAME］

该命令查看多播地址信息。如果未带设备参数，则该命令将查看系统中所有多播地址的信息。

（4）邻居管理，用于维护邻居表（IPv4 称为 ARP 表）。邻居表是一个邻居项（neighbour 结构）的 Hash 表，其中的一个邻居项描述一个协议地址所对应的物理地址。邻居管理操作包括增加邻居项、删除邻居项、查看邻居项等。

① 增加或修改邻居项的命令如下：

ip neigh｛add｜change｜replace｝｛ADDR［lladdr LLADDR］［nud｛permanent｜noarp｜stale｜reachable｝］｜proxy PRADDR｝｛dev DEV｝

该命令用于在邻居表中增加一个新的邻居项或修改一个老的邻居项。邻居项的协议地址为 ADDR、与之对应的物理地址为 LLADDR 且可带一个属性 nud，包括永久存在 permanent、无需 ARP 证实 noarp、需要证实 stale、到期前有效 reachable 等。命令中的协议地址 ADDR 和代理地址 PRADDR 只能出现一个，并可以声明连接到该邻居的本机网络设备 DEV。

命令 change 用于修改一个邻居项，包括其物理地址及属性，replace 用于增加一个新的邻居项或修改一个老邻居项的属性。

② 删除邻居项的命令如下：

ip neigh del｛ADDR［lladdr LLADDR］｜proxy PRADDR｝｛dev DEV｝

该命令用于删除邻居表中的一个邻居项，邻居项的标识是其协议地址和关联的网络设备。协议地址 ADDR 和代理地址 PRADDR 只能出现一个。

③ 查看邻居表的命令如下：

ip neigh｛show｜flush｝［proxy］［to PREFIX］［dev DEV］［nud STATE］

该命令用于查看邻居表的内容。如果未指定参数，则该命令显示邻居表中的所有邻居项（不含代理项）。命令 flush 用于清洗邻居表中符合条件的邻居项。

下面的实例用于验证邻居项增加、查看、删除等操作的效果。

```
~ sudo ip neigh add 10.0.0.1 lladdr 94:65:9c:14:6f:99 nud reachable dev veth0
                                                    //增加邻居项
~ sudo ip neigh change 10.0.0.1 nud permanent dev veth0
                                                    //改变邻居项属性
~ sudo ip neigh replace lladdr 94:65:9c:14:6f:88 nud permanent proxy 10.0.0.9 dev veth0
~ ip neigh show dev veth0                           //显示设备 veth0 上的邻居项
    10.0.0.1 lladdr 94:65:9c:14:6f:99 PERMANENT     //proxy 项未显示
~ sudo ip neigh show proxy 10.0.0.9                 //显示 proxy 项
    10.0.0.9 dev veth0 proxy
~ sudo ip neigh del proxy 10.0.0.9 dev veth0        //删除邻居项
~ ip neigh show proxy                               //显示邻居项
                                                    //删除后 proxy 项已不存在
```

（5）路由管理，用于维护系统中的路由表（Forwarding Information Base，FIB）。路由表用于记录协议地址的路由信息，由按某种方式组织起来的路由项构成，路由项的内容包括路由类型、目的地址、源地址、网关地址、输出设备、服务类型、可见范围等。目前的 Linux 支持多路由表，各路由表由 ID 号（tb_id）标识。文件/etc/iproute2/rt_tables 定义了系统使用的路由表，如 local、main、default 等，修改该文件可以增加新的路由表。ip route 命令默认的路由表是 main，其他路由表（如 local）需要用 table 参数声明。路由管理操作用于维护路由表中的路由项，包括增加、删除、查看、查询路由项等。

① 增加或修改路由项的命令如下：

ip route ｛add | change | append | replace｝ ROUTE

该命令用于在路由表中增加一个新的路由项 ROUTE 或修改一个老的路由项 ROUTE。路由项 ROUTE 的格式如下：

ROUTE ：= ［to］［TYPE］PREFIX［tos TOS］［table TABLE_ID］［proto RTPROTO］［scope SCOPE］［metric METRIC］［preference NUM］dev | oif DEV［［via［FAMILY］ADDR］［src ADDR］［weight NUM］NHFLAGS OPTIONS］

其中类型 TYPE 可以是 unicast、local、broadcast、multicast、throw、unreachable、prohibit、blackhole 或 nat。

地址前缀 PREFIX 是目的地的网络地址，是路由项的键值与索引，0/0 代表 default。

所属路由表由 TABLE_ID 标识，可以是 local、main、default、all 或一个编号 NUM。如果 TABLE_ID 所标识的路由表不存在，则系统会先创建一个标识为 TABLE_ID 的路由表。

路由协议 RTPROTO 可以是 kernel、boot、static 或编号 NUM。

可见范围 SCOPE 可以是 host、link、global 或编号 NUM。

协议簇 FAMILY 可以是 inet、inet6、ipx、dnet、mpls、bridge 或 link。

下一跳的协议地址由[via [FAMILY] ADDR]指定。

标志 NHFLAGS 可以是 onlink 或 pervasive。

选项 OPTIONS 可以是 mtu NUM、advmss NUM、as [to] ADDR、rtt TIME、rttvar TIME、reordering NUM、window NUM、cwnd NUM、ssthresh REALM、realms REALM、rto_min TIME、initcwnd NUM、initrwnd NUM、features FEAT、quickack BOOL、congctl NAME、pref PREF 或 expires TIME,其中 NUM 是一个编号。

除了地址前缀和网络设备之外,其余都是可选的。

命令 change 用于修改一个路由项的属性,命令 replace 用于增加一个新的路由项或修改一个老路由项的属性。

② 删除路由项的命令如下:

ip route del ROUTE

该命令用于删除路由表中的一个路由,路由选择的依据是(to, tos, preference, table),最少的依据是目的地址 to,即地址前缀 PREFIX。

③ 查看路由表的命令如下:

ip route {show | flush} SELECTOR

该命令用于列出路由表中符合条件 SELECTOR 的路由项。SELECTOR 由目的地址、路由表、协议、路由类型、可见范围等构成,格式如下:

SELECTOR := [root PREFIX] [match PREFIX] [exact PREFIX] [table TABLE_ID] [vrf NAME] [proto RTPROTO] [type TYPE] [scope SCOPE] [from SRC] [dev NAME] [via [FAMILY] PREFIX] [src PREFIX] [realm REALMID]

路由选择的主要依据是目的地址,root PREFIX 表示选择路由表中地址前缀不比 PREFIX 短的路由项,match PREFIX 表示选择路由表中地址前缀不比 PREFIX 长的路由项,exact PREFIX 表示选择路由表中地址前缀精确为 PREFIX 的路由项。

SELECTOR 中的其余参数作为路由选择的参考。

命令 flush 用于清洗路由表中符合条件 SELECTOR 的路由项。

④ 查询路由的命令如下:

ip route get ADDR [from SRC iif DEV] [oif DEV] [tos TOS] [vrf NAME]

该命令用于查询并列出符合条件的单个路由项,等价于解析到目的地址 ADDR 的路由。如果路由表中有符合条件的路由,那么该命令只是简单地将其列出;否则,该命令会创建一个路由并将其列出。新建的路由不保存在路由表中。如果无 iif,则 get 命令查询从本机到目的地址 ADDR 的输出路由;如果有 iif,则 get 命令查询从远程地址 SRC 到达本机 ADDR 的输入路由。

⑤ 转存与恢复路由的命令如下:

ip route save SELECTOR > file

ip route restore < file

命令 save 可将符合条件 SELECTOR 的路由转存到文件 file 中,命令 restore 可将文件 file 中的路由恢复到路由表中。

下面的实例用于验证路由表增加、查询、查看、删除等操作的效果。

```
~ sudo ip route add 192.0.0.0/8 dev wlp4s0        //增加一个到 192.0.0.0/8 的路由
~ ip route show root 192/8                        //查看路由
192.0.0.0/8 dev wlp4s0 scope link
192.168.1.0/24 dev wlp4s0 proto kernel scope link src 192.168.1.104 metric 600
~ sudo ip route get 192.168.1.104 from 192.168.2.2 iif wlp4s0
                                                  //查询到本机的路由
192.168.1.104 from 192.168.2.2 dev wlp4s0
    cache  < redirect >  iif wlp4s0
~ sudo ip route del 192.0.0.0/8 dev wlp4s0        //删除路由
~ sudo ip route show root 192/8                   //查看路由
192.168.1.0/24 dev wlp4s0 proto kernel scope link src 192.168.1.104 metric 600
~ sudo ip route add 0/0 via 192.168.1.1 table 1   //在路由表 1 中增加一个默认路由
```

(6) 路由规则管理,用于维护系统中的路由策略数据库(Routing Policy DataBase,RPDB)。路由策略库由路由规则(rule)组成,路由规则的主要作用是确定寻径所用的路由表。在为报文确定路由时,系统先查询路由策略库,确定所用的路由表,再搜索路由表确定报文的转发路径。路由策略库与多路由表结合可以实现策略性路由。Linux 预先定义了三条规则,分别用于选择 local、main 和 default 路由表。路由规则有优先级,值越小优先级越高。路由规则管理包括增加路由规则、删除路由规则、查询路由规则等。

① 增加路由规则的命令如下:

ip rule add [type] SELECTOR ACTION

该命令用于在路由策略库中增加一条新的路由规则,新规则由条件 SELECTOR 和动作 ACTION 组成。一条路由规则就是一个谓词(predicate),其条件部分包括源地址、目的地址、服务类型、输入设备、输出设备、优先级等,格式如下:

SELECTOR : = [not] [from PREFIX] [to PREFIX] [tos TOS] [iif DEV] [oif DEV] [fwmark FWMARK[/MASK]] [pref NUM] [l3mdev]

路由规则的动作部分包括应查阅的路由表、应进行的网络地址翻译或伪装 NAT 等,格式如下:

ACTION : = [table TABLE_ID] [nat ADDR] [realms [SRCREALM/] DSTREALM] [goto NUM] SUPPRESSOR

每条路由规则都有一个类型 type,Linux 支持的规则类型有 unicast(从路由表中获取路由)、blackhole(悄悄丢弃报文)、unreachable(生成一条目的不可达错误)、prohibit(生成一条"被管理员禁止"的错误)、nat(翻译报文的源地址)等。

fwmark 是防火墙标志,由防火墙规则设置,由路由规则表、流量控制器等使用,用于路由选择、报文分类等。此处的 fwmark 是选择条件的一部分。

pref 是路由规则的优先级(32 位无符号整数),常用的优先级在 0 ~ 32767。每条规则都必须有一个唯一的优先级,因而优先级又常作为路由规则的标识号。

动作 goto 表示跳转到优先级为 NUM 的规则。

SUPPRESSOR 是抑制路由判定,包括网络地址长度和所属的网络设备组。

② 删除路由规则的命令如下:

ip rule del SELECTOR ACTION

该命令用于删除路由策略库中的一条路由规则,选择的依据是(ACTION,table,pref,iif,oif,fwmark,from,to,tos)。

③ 查看路由规则的命令如下:

ip rule [list [SELECTOR]]

该命令用于列出路由策略库中符合条件 SELECTOR 的路由规则。无条件 SELECTOR表示路由策略库中的所有规则。

④ 清洗、保存、恢复路由规则的命令如下:

ip rule {flush | save | restore}

该命令用于清洗、保存、恢复路由策略库中的路由规则,其中 flush 用于清洗策略库中的路由规则,save 可将策略库中的路由规则转存到文件中,restore 可将文件中的路由规则恢复到路由策略库中。

下面的实例用于验证路由规则的增加、删除、查询等操作的效果。

```
~ sudo ip rule add from 0/0 table 1 pref 32700     //增加一条规则,针对所有包,选择路由表 1
~ sudo ip rule add from 192.168.3.112/32 [tos 0x10] table 2 pref 1500 prohibit
                                                   //增加一条禁止规则
 ~ ip rule
0:        from all lookup local                    //选择表 local 的规则
1500:     from 192.168.3.112 tos 0x10 lookup 2 prohibit   //新增的禁止规则
32700:    from all lookup 1                         //新增的选择表 1 的规则
32766:    from all lookup main                      //选择表 main 的规则
32767:    from all lookup default                   //选择表 default 的规则
~ sudo ip rule del pref 32700                       //删除一条规则
```

(7) IPSec 管理,用于维护系统中的安全策略库 SPD 和安全关联库 SAD,并通过库中的安全规则(安全策略)与安全关联管理 IPSec 的运行。IPSec 管理包括安全关联与安全规则的增加、更新、删除、获取、查看、清洗等操作。

① 增加与更新安全关联的命令如下:

ip xfrm state {add | update} ID [ALGO-LIST] [mode MODE] [mark MARK [mask MASK]] [reqid REQID] [seq SEQ] [replay-window SIZE] [replay-seq SEQ] [replay-oseq

SEQ] [replay-seq-hi SEQ] [replay-oseq-hi SEQ] [flag FLAG-LIST] [sel SELECTOR] [LIMIT-LIST] [encap ENCAP] [coa ADDR[/PLEN]] [ctx CTX] [extra-flag EXTRA-FLAG]

在安全关联库 SAD 中,命令 add 增加一条新的安全关联,命令 update 修改一条已有的安全关联。安全关联 ID 由源地址 src、目的地址 dst、变换协议 proto(包括 esp、ah、comp、route2、hao 等)和安全参数索引号 spi 标识。变换算法列表 ALGO-LIST 包括所用变换算法的名称、密钥等信息。操作模式 MODE 包括 transport、tunnel、beet、ro、in_trigger 等。标志 FLAG-LIST 包括 noecn、decap-dscp、nopmtudisc、wildrecv、icmp、af-unspec、align4、esn 等,EXTRA-FLAG-LIST 包括 dont-encap-dscp 等。限制列表 LIMIT-LIST 用于限制安全关联的存活周期,包括秒数、字节数和报文数等。

② 删除与获取安全关联的命令如下:

ip xfrm state {delete | get} ID [mark MARK [mask MASK]]

在安全关联库 SAD 中,命令 delete 删除的一条安全关联,命令 get 获取一条安全关联。

③ 查看与全删安全关联的命令如下:

ip xfrm state {deleteall | list} [ID] [mode MODE] [reqid REQID] [flag FLIST]

在安全关联库 SAD 中,命令 list 列出符合条件的所有安全关联,命令 deleteall 删除符合条件的所有安全关联。选择条件包括安全关联的 ID(源地址、目的地址、变换协议、spi)、操作模式、请求 ID 号、标志等。无选择条件表示 SAD 中的所有安全关联。

④ 增加与更新安全规则的命令如下:

ip xfrm policy {add | update} SELECTOR dir DIR [ctx CTX] [mark MARK [mask MASK]] [index INDEX] [ptype PTYPE] [action ACTION] [priority PRIORITY] [flag FLAG-LIST] [LIMIT-LIST] [TMPL-LIST]

在安全策略库 SPD 中,命令 add 增加一条安全规则,命令 update 更新一条安全规则。选择子 SELECTOR 声明规则的适用范围或由规则控制的通信,包括源地址、目的地址、网络设备、通信协议等。DIR 是规则所适用的通信方向,包括 in、out、fwd 等。PTYPE 包括 main 和 sub,ACTION 包括 allow 和 block,FLAG-LIST 包括 localok 和 icmp。模板 TMPL-LIST 由 ID、操作模式请求 ID 等组成。CTX 是安全上下文。

⑤ 删除与获取安全规则的命令如下:

ip xfrm policy {delete | get} {SELECTOR | index INDEX} dir DIR [ctx CTX] [mark MARK [mask MASK]] [ptype PTYPE]

在安全策略库 SPD 中,命令 delete 删除符合条件的安全规则,命令 get 获取符合条件的安全规则。

⑥ 查看与全删安全规则的命令如下:

ip xfrm policy｛deleteall｜list｝［SELECTOR］［dir DIR］［index INDEX］［ptype PTYPE］［action ACTION］［priority PRIORITY］［flag FLAG-LIST］

在安全策略库 SPD 中,命令 list 列出符合条件的所有安全规则,命令 deleteall 删除符合条件的所有安全规则。无选择条件表示 SPD 中的所有安全规则。

（8）IP 隧道管理,用于维护系统中的 IP 隧道,包括创建隧道、删除隧道、修改隧道属性、查看隧道属性等。隧道管理的命令如下:

ip［OPTIONS］tunnel｛add｜change｜del｜show｝［NAME］［mode MODE］［remote AD-DR］［local ADDR］［ttl｜hoplimit TTL］［tos TOS］［［no］pmtudisc］［dev PHYS_DEV］

其中 MODE 可以是 ipip、gre、sit、isatap、vti、ip6ip6、ipip6、ip6gre、vti6、any 中的一种,TTL 在 1～255 之间。命令中的 local 是隧道的本地地址,remote 是隧道的远端地址,dev 是与隧道绑定的网络设备。

9.4　防火墙管理命令

利用配置好的协议栈可以收发报文,因而进程可以主动与外界联系,当然也可能被外界打扰。为了减少不必要的打扰,提高网络通信的安全性,Linux 引入了 Netfilter 框架并允许在其中插入实现模块。利用 Netfilter 框架提供的报文导向功能,在实现模块中可以设计出各种类型的钩子函数。钩子函数可以对流经钩子点的报文进行任意的检查和修改,如对报文进行过滤（filter）、加工（mangle）、地址转换（NAT）、连接跟踪（connect track）等。当然,每类实现模块都需要独立的管理结构和与之对应的管理工具。

在目前的 Linux 中,最常用的一类 Netfilter 实现模块为 iptables。iptables 定义并注册了一组钩子函数,这类钩子函数利用一套由用户维护的规则（rule）实现报文的过滤、加工、地址转换和连接跟踪等功能。iptables 还提供了一套用户空间的管理命令,允许用户配置、维护自己的报文管理规则。通过仔细地配置 iptables 的管理规则,可以将 Netfilter/iptables 模块转换成常规意义上的网络防火墙。

iptables 的报文管理规则由两部分组成,match 部分规定了规则的适用条件,target 部分规定了规则的预设动作。配置到同一协议簇、同一钩子点上的多条管理规则被组织成规则链（chain）。同一协议簇的多条规则链被组织成规则表（table）。每个协议簇都可以定义多个规则表,每个规则表都可以定义多条规则链,报文管理规则就组织在各规则链中。规则链中的规则可用序号标识,链中第一条规则的序号是 1。当报文经过内核的某个钩子点时,注册到其上的 iptables 钩子函数会用报文去匹配特定规则表、特定规则链中的管理规则,找到与之匹配的规则并执行规则中的预设动作。

iptables 主要针对 IPv4、IPv6 协议簇,与之对应的钩子点有如下五个:

（1）LOCAL_IN,路过该点的报文是要上交到本机的。

（2）FORWARD，路过该点的报文是要由本机转发的。

（3）LOCAL_OUT，路过该点的报文是由本机生成并请求发出的。

（4）PRE_ROUTING，路过该点的报文是刚刚进入本机的。

（5）POST_ROUTING，路过该点的报文是即将离开本机的。

iptables 预建了如下五个规则表，每个规则表都内含若干条规则链：

（1）filter 表用于组织报文过滤规则，内建 3 条规则链，分别是 INPUT、FOR-WARD 和 OUTPUT，对应 IPv4、IPv6 协议簇中的 LOCAL_IN、FORWARD 和 LOCAL_OUT 钩子点。

（2）nat 表用于组织报文的地址转换规则，内建 4 条规则链，分别是 PREROUTING、INPUT、OUTPUT 和 POSTROUTING，对应 IPv4、IPv6 协议簇中的 PRE_ROUTING、LOCAL_IN、LOCAL_OUT 和 POST_ROUTING 钩子点。

（3）mangle 表用于组织报文的加工规则，内建 5 条规则链，分别是 PREROUTING、INPUT、FORWARD、OUTPUT 和 POSTROUTING，对应 IPv4、IPv6 协议簇中的所有 5 个钩子点。

（4）raw 表用于组织裸报文的处理规则，内建 2 条规则链，分别是 PREROUTING 和 OUTPUT，对应 IPv4、IPv6 协议簇中的 PRE_ROUTING 和 LOCAL_OUT 钩子点。

（5）security 表用于组织报文的强制访问控制（MAC）规则，内建 3 条规则链，分别是 INPUT、FORWARD 和 OUTPUT，对应 IPv4、IPv6 协议簇中的 LOCAL_IN、FORWARD 和 LOCAL_OUT 钩子点。

用于维护规则表、规则链、管理规则的命令为 iptables 和 ip6tables，定义如下[97]：

```
iptables [-t table] {-A|-C|-D} chain rule-specification

ip6tables [-t table] {-A|-C|-D} chain rule-specification

iptables [-t table] -I chain [rulenum] rule-specification

iptables [-t table] -R chain rulenum rule-specification

iptables [-t table] -D chain rulenum

iptables [-t table] -S [chain [rulenum]]

iptables [-t table] {-F|-L|-Z} [chain [rulenum]] [options...]

iptables [-t table] -N chain

iptables [-t table] -X [chain]

iptables [-t table] -P chain target

iptables [-t table] -E old-chain-name new-chain-name
```

其中的管理规则 rule-specification 由一组 match 和一个 target 组成，格式如下：

```
rule-specification : = [matches...] [target]

match : = -m matchname [per-match-options]

target : = -j targetname [per-target-options]
```

iptables 命令中需要指出规则表和规则链。规则表由-t 选项指出，包括 filter、

nat、mangle、raw、security 等,默认的规则表是 filter。规则链由选项 chain 指出。命令的意义由大写字母表示,如-A 表示追加规则。iptables 各命令的含义如表 9.2 所列。

表 9.2　iptables 各命令的含义

选项名	含　　义
-A	在指定规则链的尾部追加一到多条规则
-C	检查指定规则链中是否有匹配的规则
-D	删除指定规则链中的一到多条规则
-I	在指定规则链中插入一到多条规则
-R	替换指定规则链中的一条规则
-L	列出指定规则链中的所有规则。空的规则链表示所有的规则链
-S	打印出指定规则链中的指定规则。空的规则链表示所有的规则链,空的规则号表示所有的规则
-F	刷新指定规则链中的指定规则(等价于删除规则)
-Z	清除指定规则上的报文计数
-N	创建一条新的规则链
-X	删除用户自建的一条空规则链
-P	修改指定规则链的动作。规则链必须是内建的,新动作为 target
-E	修改用户自建规则链的名称

在声明规则时,可以使用标准的选项,如-p(适用的协议)、-s(源地址)、-d(目的地址)、-i(输入设备)、-o(输出设备)等,也可以使用扩展的选项,如 addrtype(地址类型)、--syn(TCP 协议的 SYN 包)、--sport port[:port](TCP 或 UDP 协议的源端口)、DNAT(修改报文的目的地址)等。

除 iptables 模块之外,Linux 还实现了 arptables 模块和 ebtables 模块。arptables 模块用于过滤 ARP 协议的报文,其实现机制与 iptables 相似。arptables 模块在 ARP 报文的流动路径上设置了三个钩子点,分别是 IN、OUT 和 FORWARD,并在其上分别注册了钩子函数。arptables 模块只建立了一个名为 filter 的规则表,其中有三条内建的规则链,用户可通过 arptables 命令维护其中的过滤规则,如追加、删除、插入、替换、查询、清洗规则等,并允许新建、删除规则链。arptables 命令的格式与 iptables 相似。

ebtables 模块用于管理链路层的以太报文,其实现机制与 iptables 相似。ebtables 模块在报文流经的数据链路层路径上设置了六个钩子点,分别是 PRE_ROUTING、LOCAL _ IN、FORWARD、LOCAL _ OUT、POST _ ROUTING 和 BROUTING,并在其上注册了钩子函数。ebtables 模块预建了三个规则表:用于报文过滤的filter表中有三条内建的规则链(INPUT、OUTPUT、FORWARD),用于 MAC

地址转换的 nat 表中有三条内建的规则链（OUTPUT、PREROUTING、POSTROUT-ING），用于报文桥接的 broute 表中仅有一条内建的规则链（BROUTING）。用户可通过 ebtables 命令维护规则表中的管理规则，如追加、删除、插入、查询、清洗规则等，并允许新建、删除规则链。ebtables 命令的格式与 iptables 相似。

以 iptables 为代表的 ip6tables、arptables 和 ebtables 等模块和工具统称为 iptables，其核心是一组规则表。用户用管理工具设置规则表，内核模块在 Netfilter 的支持下使用规则表，规则表是内核模块与管理工具共享的数据结构。iptables 视其规则表为一个整体（blob），当需要修改规则表时，如向其中追加一条规则，用户态的管理工具先将整个规则表从内核读出，修改之后再将其整个写入，修改的成本过大且使内核模块无从感知规则的变化。iptables 的一条规则由一组 match 和一个 target 组成，每个 target 只能做一件事，无形中增加了规则的数量。在内核中，每收到一个报文，钩子函数都需要遍历规则链中的每一条规则的每一个 match，对网络性能有较大的影响。另外，iptables 的内核模块需要知道协议的实现细节，造成了代码冗余，增加了扩展难度。

为解决 iptables 的上述问题，Linux 又引入了 nftables[98]。nftables 是 Netfilter 的另一种实现模块，也由内核模块和用户态管理工具组成。与 iptables 相似，nftables 也用规则表、规则链组织其报文管理规则，但经过了重新设计。在 nftables 中，规则表是规则链的容器，规则链是规则的容器。规则表的主体是一个规则链的链表，规则链的主体是一个规则的链表。nftables 的每一条规则都独立表示、独立维护，不再将规则表视为一个整体，因而内核模块可以感知每条规则的变化，并可将这种变化通知给预定的用户。与 iptables 不同，nftables 没有预建的规则表和规则链，其中的所有规则表和规则链都是可配置的。初始的 nftables 中没有任何的表和链，新建的规则表和规则链都是空的。nftables 支持六种类型的规则表，对应六类协议簇，因而规则表由协议簇（ip、ip6、inet、arp、bridge、netdev）和名称标识。其中 INET 协议簇是 IPv4 和 IPv6 的混合，在 inet 表中注册的链和规则可以同时在 ip 和 ip6 表中看到。nftables 的默认协议簇是 IPv4，因而默认的规则表是 ip。一个规则表中可以包含多条规则链，每一条规则链都必须有一个唯一的名称，规则链由规则表和链名标识。一条规则链中可以包含多条规则，每条规则都有一个与之关联的句柄 handle。句柄 handle 是 nftables 系统自动生成的，规则表 + 规则链 + 句柄可以唯一地标识一条规则。

nftables 将其规则链分为两类：基本链用于报文的处理；正则链用于规则的组织与编程。与钩子点关联且有优先级的规则链是基本链，其余的规则链是正则链。nftables 在创建基本链时为其注册钩子函数，基本链与哪个钩子点关联，与之对应的钩子函数就注册在哪个钩子点上，未与基本链关联的钩子函数不会被注册。正则链没有关联的钩子点，也不会注册钩子函数。当收到 Netfilter 转来的报文时，nftables 的钩子函数利用与之关联的基本链中的规则对其进行预定的过滤、加工、地址转换、连接跟踪等。基本链中的规则语句还可以将报文转交给正则链中的规则，以便对其做进一步处理。nftables 的规则链有三种类型(type)，分别是 filter、nat和 route(类似于 mangle)。

与 iptables 不同，nftables 不再区分规则中的 match 和 target，而是将一条规则抽象成一组表达式(谓词)。规则表达式由若干个预定的操作，如 payload、cmp、lookup、counter、immediate 等组合而成，其中的操作 payload 根据起始位置、偏移量、长度等信息访问报文中的域，如读取网络头中的第 9 字节(上层协议)等。用户态管理工具 nft 负责将管理规则编译成表达式并将其存储在规则表中。内置在 Net-filter 钩子点上的虚拟机按序解释、执行规则中的各表达式，完成报文的过滤、加工、地址转换、连接跟踪等工作。下面是用于表示规则"tcp dport {22,23} counter drop"的几个表达式：

```
[ payload load 1b @ network header + 9 = > reg 1 ]
                              //将网络协议头的第 9 字节取到 reg 1 中
[ cmp eq reg 1 0x00000006 ]   //比较 reg 1 的内容是否为 6(TCP 协议)
[ payload load 2b @ transport header + 2 = > reg 1 ]
                              //将传输协议头的第 2、3 字节取到 reg 1 中
[ lookup reg 1 set set% d ]   //看 reg 1 中的目的端口号是否在集合 set% d 中
[ counter pkts 0 bytes 0 ]    //累计报文的数量和长度
[ immediate reg 0 drop ]      //丢弃报文
```

因而 nftables 的表达式可以做到与协议无关，更加灵活，也更容易扩充。

nftables 用 nft 命令实现了 iptables 中 iptables、ip6tables、arptables、ebtables 等命令的管理功能，可同时支持 IPv4、IPv6、INET、ARP、BRIDGE、NETDEV 等协议簇。利用命令 nft 可以实现规则表、规则链、规则等的管理，或者说可实现管理规则的编程。与 iptables 命令不同，命令 nft 建立在 Netlink 基础之上，其语法更加直观、简洁。

规则表管理命令用于规则表的创建、删除、查询、清洗(保留规则链但删除各链中的规则)等，其格式如下：

nft [option] {add | delete | list | flush} **table** [family] {table}

规则链管理命令用于规则链的创建、删除、查询、清洗(删除链中所有的规则)、换名等。由于基本链需要关联钩子点并需要声明优先级，因而其创建命令要比正则链复杂。基本链创建命令的格式如下：

nft [option] add **chain** [family] {table} {chain} {type {type} hook {hook} priority {value} ;}

基本链上可以带一个默认的策略，如 accept 或 drop，格式为"policy {policy}"。与钩子点 ingress 关联的基本链必须声明网络设备，格式为"device {device}"。

正则链创建命令的格式如下：

nft [option] {add | create} **chain** [family] {table} {chain}

规则链(包括基本链和正则链)删除、查询、清洗命令的格式如下:

nft [option] {delete | list | flush} **chain** [family] {table} {chain}

规则链换名命令的格式如下:

nft [option] {rename} **chain** [family] {table} {chain} {newname}

nftables 的规则由匹配条件和语句组成,匹配条件用于描述使用规则的前提,语句描述应完成的动作,如规则"tcp dport ssh counter"由匹配条件"tcp dport ssh"和语句"counter"组成,意义是统计目的端口为 ssh 的 TCP 报文的数量;规则"ip daddr 8.8.8.8 counter drop"由匹配条件"ip daddr 8.8.8.8"和语句"counter"与"drop"组成,意义是统计并丢弃到目的地址 8.8.8.8 的 IP 报文;规则"jump mychain"只有语句,意义是用正则链 mychain 中的规则继续评估报文。

命令 nft 支持多种类型的匹配条件。大多数匹配条件检查报文中某些协议数据的内容,如 ip 协议的源地址、目的地址,tcp 协议的源端口、目的端口等,常用的协议还有 ipv6、udp、sctp、dccp、ah、esp、icmp、arp、ether 等。另一些匹配条件检查路由信息和连接状态,如 rt、ct 等。meta 类的匹配条件检查更基础的数据,如输入设备、输出设备、报文长度、socket 的 UID 和 GID 等。命令 nft 支持多种类型的语句,如裁决语句、Log 语句、拒绝语句、计数语句、限制语句、NAT 语句、排队语句等,并允许在一条规则中使用多个语句。命令 nft 负责将规则中的匹配条件和语句编译成表达式。规则管理命令用于规则的增加、插入和删除等,其格式如下:

nft [option] [add | insert] **rule** [family] {table} {chain} [position position] {matches} {statement}...

nft [option] {delete} **rule** [family] {table} {chain} {handle handle}

下面是 nftables 的一个配置文件,名为 filter.conf。命令 nft -f filter.conf 根据该配置文件创建一个名为 filter 的规则表,在表中创建一个与钩子点 LOCAL_IN 关联的基本规则链 input,并在链中插入三条规则,从而完成 nftables 防火墙的设置。

```
table ip filter {
    chain input {
        type filter hook input priority 0;        #规则链 input 与钩子点 input 关联
        ct state established,related accept        #允许已开始的通信继续
        iif lo accept                             #允许来自回环设备的报文通过
        counter drop                              #计数并丢弃其余的报文
    }
}
```

9.5　NET 名字空间结构

在 Linux 操作系统中,进程每打开一个 socket 套接字,系统就会为其创建一个

网络协议栈的实例。协议栈实例以网络设备为基础,是网络层、传输层等协议的一种组合。所以在套接字的创建函数 socket( )中需要分别指出协议簇 socket_family、套接字类型 socket_type 和协议 protocol,其意义是用协议簇 socket_family 中的协议 protocol 构建一个类型为 socket_type 的协议栈实例。参数中的 protocol 应该是协议簇中的一种协议组合方式,如某种传输层协议 + 某种网络层协议等,但由于同一协议簇中的协议组合方式十分有限,类型 socket_type 足以标识协议的组合方式,如 AF_INET 协议簇中的类型 SOCK_STREAM 标识的是 TCP + IP,SOCK_DGRAM 标识的是 UDP + IP 等,因而常常可以忽略参数 protocol。

协议栈实例运作所需要的管理结构,如网络设备、网络地址、路由表、路由规则表、邻居表、IPSec 策略库、防火墙规则表等,都是全局的。所有协议栈实例共用同样的全局管理结构,对全局管理结构(如路由表)的修改会影响所有协议栈实例的运行。

协议栈实例运作所需的管理参数是局部的(在 sock 结构中),但受全局协议栈管理参数(目录/proc/sys/net/中各接口文件所对应的管理参数)的制约。局部管理参数的初值来源于全局管理参数,设置的新值受全局管理参数的限制,如新设置的接收缓冲区的容量不能超过文件/proc/sys/net/core/rmem_max 的规定。全局管理参数影响协议栈实例的决策方式。

全局的管理结构与管理参数简化了协议栈程序的设计,也带来了安全问题。系统中的所有进程都可以通过 proc 文件系统查询管理参数的当前值,都可以通过 ip、iptables 等命令查询协议栈的当前配置,从而掌握所有协议栈实例的运作方式。更为严重的是,特权用户的进程可以通过 proc 文件系统修改协议栈的管理参数,通过 ip、iptables 等命令修改协议栈的管理结构,如路由表等,从而修改协议栈的当前配置,影响所有协议栈实例的运行,可介入、窃听、干扰甚至破坏其他进程的网络通信。

为了解决全局协议栈管理结构与管理参数带来的安全问题,新版 Linux 引入了 NET 名字空间机制,试图将全局的协议栈管理结构与管理参数局部化。基本思路是创建全局协议栈的副本,让每个 NET 名字空间使用网络协议栈的一个副本。如此一来,每个 NET 名字空间都拥有独立的协议栈管理结构与管理参数,包括网络设备、协议地址、路由表等。系统中的每个进程和每个网络设备都位于一个 NET 名字空间内部。进程创建的每个 socket 都是与所在名字空间对应的协议栈副本的一个实例。进程看到、用到、修改到的协议栈管理参数(目录/proc/sys/net/)与管理结构都是系统为 NET 名字空间创建的副本,修改的结果只影响同一 NET 名字空间中的协议栈实例,不会被其他 NET 名字空间中的进程及其协议栈实例感知。

Linux 用结构 net 描述其 NET 名字空间。在 Linux 的所有名字空间结构中,net 是最复杂的一个,除常规内容之外,其中还包含多个队列及子名字空间[99,100]。

（1）网络设备队列 dev_base_head，用于组织属于特定 NET 名字空间的所有网络设备。系统中的每个网络设备都属于且仅属于一个 NET 名字空间，拥有一个在 NET 名字空间内部唯一的名字和索引号 ifindex，其中索引号是在设备创建时动态分配的。为了加快查找速度，Linux 为每个 NET 名字空间都准备了两个 Hash 表 dev_name_head 和 dev_index_head，分别用于按名字和索引号组织其中的网络设备。进程只能看到自己所在 NET 名字空间中的网络设备，所创建的协议栈实例也只能使用自己所在 NET 名字空间中的网络设备。从网络设备上收到的报文只会被设备所属 NET 名字空间中的协议栈实例处理（只会挂在名字空间内某 sock 结构的接收队列上），也就是说只会被设备所属 NET 名字空间中的进程接收。

初始情况下，新 NET 名字空间中仅有一个 loopback 设备（记录在 loopback_dev 中），名字空间中的其余设备都是手工添加的。

（2）通用协议栈子名字空间 netns_core，用于管理出现在目录/proc/sys/net/core/中的协议栈通用管理参数。通用管理参数分为两类，不需要局部化的参数记录在全局变量中，需要局部化的参数记录在 NET 名字空间中。在目前的系统中，大部分的通用管理参数都是全局的，只有 somaxconn 和 IPSec 的管理参数被包装在 NET 名字空间中。

（3）IPv4 协议栈子名字空间 netns_ipv4，用于管理 IPv4 协议栈中需要局部化的管理结构（包括路由规则表、路由表、对等体、片段缓存、iptables 规则表等）和管理参数。

路由规则队列 rules_ops，用于管理 NET 名字空间专有的路由规则表。只有支持多路由表的系统才需要路由规则表。一个路由规则表中包含一个路由规则队列和一个操作集。NET 名字空间允许为每个协议簇注册一个路由规则表。用户只能维护、使用自己名字空间中的路由规则，包括增加、删除、查找路由规则等。默认情况下，IPv4 协议簇的规则表中已加入了三条默认的规则，分别用于引用路由表 local、main 和 default。

路由表的 Hash 表 fib_table_hash，用于管理 NET 名字空间专有的路由表及各表中的路由。如果系统支持多路由表，则 NET 名字空间中的路由表数不受限制，用户按需创建的路由表（由 ID 号标识）被组织在 Hash 表 fib_table_hash 中；如果系统不支持多路由表，则系统仅为 NET 名字空间预建两个默认的路由表，即 main 和 local 表。各 NET 名字空间都拥有自己的路由规则表和路由表，用户只能使用、维护自己名字空间中的路由表。

多播路由表队列 mr_tables，主要用于管理多播路由器中的多播路由表 mr_table 和多播路由规则。多播路由表描述多播报文的转发出口（应向哪些出口转发）与转发方法（多播转发、隧道转发等）。以隧道方式转发的多播路由中包含隧道相关的信息，如隧道的本地和远端地址、入口和出口设备、TTL 等。各 NET 名字空间都拥有自己的多播路由规则和多播路由表。多播路由表由专门的守护进程维护。进程只能使用自己名字空间中的多播路由表。

对等体结构树 inet_peer_base，用于管理 NET 名字空间中的对等体结构 inet_peer。对等体 peer 是 IP 通信的远端，主要用于计算 IP 头中的标识域。NET 名字空间中的对等体结构是在协议栈运行过程中自动创建、回收的。协议栈实例创建的对等体结构都被组织在自己名字空间的一棵平衡二叉查找树中。

片段缓存管理策略 netns_frags，用于限定 NET 名字空间的片段缓存在各处理器上可消耗的内存量、各 IP 片段在缓存中可驻留的最长时间等。每一个需要重组的报文都需要一个缓存队列来暂存已经到达的片段。Linux 为 IPv4、IPv6 等协议栈分别定义了用于组织片段缓存队列的 Hash 表，并允许动态创建、销毁片段缓存队列及收集、重组、销毁各队列中的 IP 片段。片段缓存可以是全局的，但对片段缓存的限定策略应该是局部于 NET 名字空间的。

iptables 规则表 xt_table，用于组织 iptables 模块使用的报文处理规则。初始情况下，IPv4 协议簇在初始 NET 名字空间（init_net）中注册了六个规则表，分别是filter、mangle、raw、nat、security 和 arp，其他 NET 名字空间中的规则表是空的。当NET 名字空间中的用户第一次查询其规则表时，系统会仿照初始 NET 名字空间为其创建一份全新的规则表。各 NET 名字空间都拥有自己的 iptables 规则表，用户只能使用、维护自己名字空间中的规则表。

IPv4 协议栈的管理参数。IPv4 协议栈特定的管理参数都出现在目录/proc/sys/net/ipv4/中，其中的有些参数未局部化，如 tcp_rmem、tcp_wmem 等，但大部分参数都已做局部化处理。已局部化的参数记录在子名字空间 netns_ipv4 中，包括IP、ICMP、IGMP、TCP 协议的管理参数、片段缓存的管理参数、网络设备的管理参数、路由表管理参数、IPSec 管理参数等。在新 NET 名字空间初始化时，IPv4 协议栈的各模块会初始化与之相关的管理参数，特别地，网络设备的管理参数记录在结构 ipv4_devconf 中，系统会为新名字空间中的每个设备（包括 all 和 default）各复制一份。因而每个 NET 名字空间中都有管理参数的一个副本，名字空间内部的用户进程只能看到、用到、修改到自己名字空间中的管理参数。

（4）IPv6 协议栈子名字空间 netns_ipv6，用于管理 IPv6 协议栈中需要局部化的管理结构和管理参数。IPv6 协议栈子名字空间 netns_ipv6 与 IPv4 子名字空间netns_ipv4 的结构与内容都十分相似，其中包括路由表、路由规则、多播路由表、对等体、片段缓存、iptables 规则表、协议栈管理参数等。IPv6 协议栈的网络设备管理参数记录在结构 ipv6_devconf 中，系统会为新名字空间中的每个设备（包括 all 和default）各复制一份。

（5）Unix 协议栈子名字空间 netns_unix，用于局部化 Unix 协议栈的管理参数。Unix 协议栈属于 Unix 协议簇（AF_UNIX），用于实现同一系统内部多个进程之间的通信，类似于 IPC 机制中的消息队列，但采用 socket 接口。在 Unix 协议栈中，用于标识通信实体的是在 bind()操作中临时创建的 socket 类型的文件，发送操作直接将报文挂在接收者的接收队列中。子名字空间 netns_unix 中只有一个管理参数,即接收队列的最大长度 max_dgram_qlen。

(6) Packet 协议栈子名字空间 netns_packet,其主要内容是一个 sock 结构队列,用于记录 NET 名字空间中属于 Packet 协议栈的所有 socket。Packet 协议栈直接建立在网络设备之上。当用户通过 bind()操作将 socket 与 NET 名字空间中的某设备绑定时,系统向设备注册一个接收处理函数,此后设备会将收到的报文直接挂在 sock 结构的接收队列中。发送操作直接将报文交给网络设备发出。当 NET 名字空间中的网络设备发生状态变化时,系统会遍历 netns_packet 中的 sock 结构队列,将设备状态的变化通知到名字空间中的所有 socket。

(7) Netfilter 子名字空间 netns_nf,用于管理 NET 名字空间中钩子函数的注册、注销,日志函数的注册、注销和 Netlink 队列机制等。Netfilter 在二维数组 hooks[ ][ ] 中为每个协议簇的每个钩子点准备了一个钩子函数队列,用于管理各 Netfilter 模块在 NET 名字空间中注册的钩子函数。当有报文流经钩子点时,钩子调用 NF_HOOK()等会根据报文所属 NET 名字空间、协议簇、钩子点等从数组 hooks[ ][ ] 中找到已注册的钩子函数并顺序执行它们。Netfilter 还在 netns_nf 中定义了数组 nf_loggers[ ],用于记录名字空间中各协议簇注册的日志处理函数。如果在文件 /proc/sys/net/netfilter/nf_log/x 中写入某日志处理函数的名称,则该日志处理函数会被注册到名字空间的数组 nf_loggers[ ]中,Netfilter 即会为其记录日志。

(8) iptables 子名字空间 netns_xt,用于管理 iptables 在 NET 名字空间中注册的规则表 xt_table。iptables 为各协议簇注册的规则表都记录在自己名字空间的数组 tables[ ]中。初始 NET 名字空间中的 tables[ ]中包含比较完整的规则表,其他 NET 名字空间中的规则表大都是仿照初始 NET 名字空间新建的(没有规则)。

(9) nftables 子名字空间 netns_nftables,用于管理 nftables 为各协议簇(ip、ip6、inet、arp、bridge、netdev)注册的规则表。子名字空间 netns_nftables 为每个协议簇准备了一个结构 nft_af_info,用于组织 nftables 为各协议簇、各钩子点预定义的钩子函数和用户注册的规则表等。在新 NET 名字空间创建时,nftables 会在其中为各协议簇创建自己的 nft_af_info 结构。用户创建的规则表注册在自己名字空间的 nft_af_info结构中,规则链注册在规则表中,规则注册在规则链中。钩子函数是在用户创建基本链时注册的,基本链与哪个钩子点关联,与之对应的钩子函数就注册在哪个钩子点上。

(10) 连接追踪子名字空间 netns_ct,用于管理基于 Netfilter 的连接追踪系统的运行,主要内容是连接追踪所需要的各协议的管理参数。

(11) IPVS 子名字空间 netns_ipvs,用于管理 Linux 虚拟服务器(Linux Virtual Server)的运行。IPVS 是一种建立在内核中的基于 Netfilter 的负载均衡器。

(12) 账务统计队列 nfnl_acct_list,用于记录用户注册的账务统计结构nf_acct。账务统计基于 iptables 实现,用于统计经过钩子点的、特定类型的报文数量及长度等信息。

（13）IPSec 子名字空间 netns_xfrm，用于管理 IPSec 协议的安全规则和安全关联。为了便于查找，结构 netns_xfrm 中定义了多个 Hash 表，可以按源地址、目的地址、SPI 等组织安全关联，按索引号、方向、目的地址与方向等组织安全规则。同一个安全规则或安全关联会同时出现在多个 Hash 表中，相当于建立了多个索引。结构 netns_xfrm 中还包含若干管理参数，如 xfrm_aevent_etime 等。在新 NET 名字空间创建时，IPSec 会为其初始化管理参数及 Hash 表。当用户创建新的安全规则、安全关联时，IPSec 会将其插入到所在 NET 名字空间的相应 Hash 表中。进出 NET 名字空间的报文都会被 IPSec 按安全规则、安全关联处理。

（14）SNMP 协议子名字空间 netns_mib，用于统计 SNMP 协议收集的各类统计数据，包括 TCP、UDP、ICMP、IPSec 等协议的统计信息及系统级的统计信息计 200 余种。

（15）SCTP 协议子名字空间 netns_sctp，用于局部化 SCTP 协议所需要的管理参数，如 RTO. Initial、RTO. Min、RTO. Max、RTO. Alpha、RTO. Beta、Max. Burst 等。

（16）DCCP 协议子名字空间 netns_dccp，用于管理 DCCP 协议的运行。

由此可见，NET 名字空间的管理结构 net 十分复杂。考虑到不同应用的实际需求，Linux 将其 net 结构分成了两部分，必选部分包含所有 NET 名字空间都必须的内容，可选部分可根据用户的需要取舍。必选部分的定义如下：

```
struct net {
    atomic_t            passive;            //释放标志(0 时销毁)
    atomic_t            count;              //引用计数(0 是清理)
    spinlock_t          rules_mod_lock;     //保护路由规则队列的自旋锁
    atomic64_t          cookie_gen;         //cookie 序号
    struct list_head    list;               //用于加入全体 NET 名字空间队列
    struct list_head    cleanup_list;       //用于加入待清理 NET 名字空间队列
    struct list_head    exit_list;          //用于加入待销毁 NET 名字空间队列
    struct user_namespace   * user_ns;      //创建者的 USER 名字空间
    struct ucounts      * ucounts;          //用户创建的各类名字空间的实际数量
    spinlock_t          nsid_lock;          //保护 netns_ids 的自旋锁
    struct idr          netns_ids;          //被赋予 ID 号的各 NET 名字空间
    struct ns_common    ns;                 //名字空间超类
    struct proc_dir_entry   * proc_net;     //目录/proc/net
    struct proc_dir_entry   * proc_net_stat; //目录/proc/net/stat
    struct ctl_table_set    sysctls;        //目录/proc/sys/net
    struct sock         * rtnl;             //用于执行 ip 命令的 Netlink socket
    struct sock         * genl_sock;        //用于执行其他命令的 Generic
                                            Netlink socket
```

```
    struct list_head        dev_base_head;         //网络设备队列
    struct hlist_head       * dev_name_head;       //网络设备 Hash 表(按名字)
    struct hlist_head       * dev_index_head;      //网络设备 Hash 表(按索引)
    unsigned int            dev_base_seq;          //网络设备序列号
    int                     ifindex;               //下一个可用的网络设备索引号
    unsigned int            dev_unreg_count;       //待注销的网络设备数
    struct list_head        rules_ops;             //路由规则队列
    struct net_device       * loopback_dev;        //loopback 设备
    struct netns_core       core;                  //通用协议栈子子名字空间
    struct netns_mib        mib;                   //SNMP 子名字空间
    struct netns_packet     packet;                //Packet 协议栈子名字空间
    struct netns_unix       unx;                   //Unix 协议栈子名字空间
    struct netns_ipv4       ipv4;                  //IPv4 协议栈子名字空间
    ...
    struct net_generic      __rcu * gen;           //网络通用结构,包含一组通用指针
    struct sock             * diag_nlsk;           //用于 socket 监控的 Netlink socket
    atomic_t                fnhe_genid;            //fib_nh_exception 用到的 ID 号
};
```

NET 名字空间中的可选部分包含在条件编译语句#if..#endif 中,是在编译内核时根据需要选择的,包含如下内容:

```
#if IS_ENABLED(CONFIG_IPV6)
    struct netns_ipv6   ipv6;               //IPv6 协议栈子名字空间
#endif
#if defined(CONFIG_IP_SCTP) || defined(CONFIG_IP_SCTP_MODULE)
    struct netns_sctp   sctp;               //SCTP 协议子名字空间
#endif
#if defined(CONFIG_IP_DCCP) || defined(CONFIG_IP_DCCP_MODULE)
    struct netns_dccp dccp;                 //DCCP 协议子名字空间
#endif
#ifdef CONFIG_NETFILTER
    struct netns_nf     nf;                 //Netfilter 子名字空间
    struct netns_xt     xt;                 //iptables 子名字空间
#if defined(CONFIG_NF_CONNTRACK) || defined(CONFIG_NF_CONNTRACK_MODULE)
    struct netns_ct     ct;                 //连接追踪子名字空间
#endif
#if defined(CONFIG_NF_TABLES) || defined(CONFIG_NF_TABLES_MODULE)
```

```
    struct netns_nftables    nft;                    //nftables 子名字空间
#endif
#if IS_ENABLED(CONFIG_NF_DEFRAG_IPV6)
    struct netns_nf_frag    nf_frag;                 //片段缓存子名字空间(用于 IPv6 的连接追
                                                     踪)
#endif
    struct sock            * nfnl;                   //用于执行 nftables 命令的 Netlink socket
    struct sock            * nfnl_stash;            //nfnl 的备份,用于释放
#if IS_ENABLED(CONFIG_NETFILTER_NETLINK_ACCT)
    struct list_head        nfnl_acct_list;          //基于 iptables 的账务统计
#endif
#if IS_ENABLED(CONFIG_NF_CT_NETLINK_TIMEOUT)
    struct list_head        nfct_timeout_list;       //连接追踪的定时信息
#endif
#endif
#ifdef CONFIG_XFRM
    struct netns_xfrm       xfrm;                    //IPSec 协议子名字空间
#endif
#if IS_ENABLED(CONFIG_IP_VS)
    struct netns_ipvs      * ipvs;                   //IP 虚拟服务器子名字空间
#endif
#if IS_ENABLED(CONFIG_MPLS)
    struct netns_mpls       mpls;                    //多协议标签子名字空间(路由表即管理参
                                                     数)
#endif
```

　　系统中初始的 NET 名字空间称为 init_net,其管理结构是静态定义的,其余的 NET 名字空间都是动态创建的。队列 net_namespace_list 中记录着系统中所有的 NET 名字空间。由于 NET 名字空间涉及网络协议栈的方方面面,且其中包含很多可选的内容,因而其管理结构 net 的创建与撤销操作不容易做得完整。为了不至于遗漏工作,Linux 要求网络协议栈的各组成部分都注册一个 pernet_operations 结构,其中包含一个 init 和一个 exit 操作。已注册的所有 pernet_operations 结构被组织在队列 pernet_list 中。当新 NET 名字空间创建时,系统顺序执行各 pernet_operations结构中的 init 操作,由它们完成新 NET 名字空间的初始化;在老 NET 名字空间销毁前,系统顺序执行各 pernet_operations 结构中的 exit 操作,由它们完成老 NET 名字空间的清理。当新 pernet_operations 结构注册时,系统用其 init 操作对所有 NET 名字空间(在队列 net_namespace_list 中)的相应部分进行初始化;当老 pernet_operations 结构注销时,系统用其 exit 操作对所有 NET 名字空间进行清理。

新 NET 名字空间的内容是全新的,其创建工作由两步组成:

（1）创建 net 结构并将其插入到队列 net_namespace_list 中。

（2）执行各 pernet_operations 结构中的 init 操作,完成 net 结构各部分的初始化。初始化之后,新 NET 名字空间中仅有一个 loopback 设备,未继承也未增加其他的网络设备。新 NET 名字空间中有一个路由规则表,其中包含三条默认的路由规则。新 NET 名字空间中没有路由表、防火墙规则等,路由表是在使用时动态创建的。

NET 名字空间的销毁工作由三步组成:

（1）将 net 结构从队列 net_namespace_list 中摘下,完成自清理工作。

（2）执行各 pernet_operations 结构中的 exit 操作,完成 net 结构各组成部分的清理工作,如 IPv4 的 exit 操作会释放所有的路由表及路由规则,网络设备的 exit 操作会将名字空间中能够移动的网络设备(不是为名字空间新增的设备)都移到 init_net 之中并将其余的网络设备(包括 loopback)都关闭、注销、停机、销毁。

（3）销毁 net 结构。

系统中最初的进程运行在 init_net 之中。

函数 fork( )和 vfork( )创建子进程但不创建 NET 名字空间,子进程运行在父进程的 NET 名字空间之中。如果参数中不带 CLONE_NEWNET 标志,则函数 clone( )创建的新进程与创建者进程运行在同一个 NET 名字空间之中;如果参数中带有 CLONE_NEWNET 标志,则函数 clone( )为新进程创建新的 NET 名字空间,并让新进程运行在新的 NET 名字空间之中。

进程可以通过函数 unshare( )为自己换一个全新的 NET 名字空间。如果参数中带有 CLONE_NEWNET 标志,则 unshare( )函数会为调用者进程创建一个新的 NET 名字空间,并将其记录在代理结构 nsproxy 的 net_ns 域中。修改之后,调用者进程将运行在新的 NET 名字空间之中。

进程也可通过函数 setns( )进入其他进程的 NET 名字空间,即将自己的 net_ns 换成参数指定的目标 NET 名字空间。更换之后,进程将运行在目标 NET 名字空间之中。调用者进程在目的 NET 名字空间的创建者 USER 名字空间中需拥有 CAP_SYS_ADMIN 权能、在自己的 USER 名字空间中也需拥有 CAP_SYS_ADMIN 权能。

值得注意的是,新建的 NET 名字空间(包括 init_net)都是空的,初始化工作是由网络协议栈的各组成部分独立完成的,与老 NET 名字空间无关。NET 名字空间之间不存在父子兄弟关系,新 NET 名字空间也未从老 NET 名字空间中继承任何内容。除一个 lookback 设备之外,新 NET 名字空间中没有其他网络设备,没有路由、IPSec 规则、防火墙规则等,实际上还不具备网络通信能力。在创建协议栈实例之前,必须先用协议栈管理命令、防火墙管理命令等对 NET 名字空间进行适当的配置。

在新 NET 名字空间中预建的 lookback 设备上没有配置协议地址,其状态为 DOWN。有趣的是,各 NET 名字空间中的 loopback 是完全隔离的,通过 lookback 只能与同一 NET 名字空间中的其他进程通信,其能力类似于同一 IPC 名字空间中的进程间通信。

系统枚举出的物理网络设备都注册在初始的 NET 名字空间中。

通过 ip link 新建的网络设备都位于创建者当前所在的 NET 名字空间中。如果需要,则用户可以将自己名字空间中的网络设备移到其他 NET 名字空间中,移到者在目的 NET 名字空间中需要拥有 CAP_NET_ADMIN 权限。

用户在目录/sys/devices/.../net/和/sys/class/net/中只能看到自己 NET 名字空间中的网络设备,而看不到其他名字空间中的网络设备。

用户只能创建、删除、修改、查询自己所在 NET 名字空间中的路由规则、路由、网上邻居、IPSec 安全规则与安全关联、过滤规则等,无法查看、修改其他 NET 名字空间中的管理结构,除非能够通过函数 setns( )进入其的 NET 名字空间。

9.6 NET 名字空间管理命令

与其他几类名字空间不同,新建的 NET 名字空间必须配置,包括为其增加网络设备、为网络设备配置协议地址、为网络层协议设置路由表、路由规则、防火墙规则、IPSec 规则等。为完成 NET 名字空间的配置,需要在其中执行管理命令,如 ip、iptables、nftables 等。为便于 NET 名字空间的配置,Linux 扩展了 iproute2 工具集,提供了 NET 名字空间管理命令,包括 NET 名字空间的创建、删除、设置、查看等,并可以在指定的 NET 名字空间中执行管理命令。

(1) NET 名字空间新建命令:

ip netns add NETNSNAME

该命令用函数 unshare( )新建一个 NET 名字空间,而后在目录/var/run/netns/中创建一个名为 NETNSNAME 的只读文件,并将新建的 NET 名字空间(由文件/proc/self/ns/net 标识)绑定安装到该文件上,从而给新建的 NET 名字空间一个永久性名字,以使其持续存在。因而命令"ip netns add"所建立的 NET 名字空间是有名的、永久的。

如果文件/var/run/netns/NETNSNAME 已经存在,说明其上已绑定了一个 NET 名字空间。虽然可以在一个文件上再次绑定文件,但 ip 命令判定此类操作为失败。

值得注意的是,目录/var/run/netns/是共享类型的,会将其中的安装与卸载结果传播给同组的其他共享子树,也会接受同组其他共享子树的安装与卸载结果。

(2) NET 名字空间删除命令:

ip netns delete NETNSNAME

该命令卸载绑定安装在文件/var/run/netns/NETNSNAME 上的 NET 名字空间,并试图删除文件/var/run/netns/NETNSNAME。卸载之后,NET 名字空间的名字和用户数都少了一个。如果 NET 名字空间已没有其他用户,则系统会将其销毁。在销毁之前,系统会释放 NET 名字空间中的所有资源。

下面的命令用于删除目录/var/run/netns/中的所有 NET 名字空间:

ip -all netns del

(3) NET 名字空间设置命令:

ip netns set NETNSNAME NETNSID

该命令在当前的 NET 名字空间中为名为 NETNSNAME 的另一个 NET 名字空间设一个 ID 号,即 NETNSID。设置之后,在当前的 NET 名字空间中,可用该 NETNSID标识名为 NETNSNAME 的 NET 名字空间。

在 NET 名字空间的 IDR 树 netns_ids 中,记录着被其设置 ID 号的所有 NET 名字空间。查 IDR 树可以方便地找到与各 ID 号对应的 NET 名字空间。在 NET 名字空间被销毁之时,其 IDR 树也要被销毁。

(4) 在 NET 名字空间中执行管理命令的命令:

ip [-all] netns exec [NETNSNAME] cmd ...

执行该命令的进程首先通过 setns() 进入名为 NETNSNAME 的 NET 名字空间(需要拥有 setns() 所需的权限),而后创建并进入新的 MNT 名字空间、重新安装 sysfs 文件系统并将目录/etc/netns/NETNSNAME/中的配置文件绑定安装到目录/etc/中的同名文件上,从而为命令的执行准备好环境,最后自己加载程序 cmd 或创建新进程并让新进程加载程序 cmd。因而该命令的作用实际是在名为 NETNSNAME的 NET 名字空间中执行程序 cmd。

通过目录/etc/netns/NETNSNAME/中的配置文件,该命令还为 cmd 的执行营造了一个独特的运行环境,且不会影响其他程序的正常执行。

选项-all 表示在所有的 NET 名字空间中同步执行程序 cmd。

该命令对 cmd 没有限制,可以执行任意一种 Linux 命令,如 bash、ip 等。

(5) NET 名字空间查看命令:

ip netns list,用于列出所有的命名 NET 名字空间(目录/var/run/netns/中的 NET 名字空间)。

ip netns pids NAME,用于列出名为 NAME 的 NET 名字空间中的所有进程。

ip netns list-id,用于列出在当前 NET 名字空间中拥有 ID 号的所有 NET 名字空间。

ip netns identify [PID],用于列出进程 PID 所处的 NET 名字空间。

(6) 移动网络设备到另一 NET 名字空间的命令:

ip link set {DEVICE | group GROUP} netns NETNSNAME | PID

每个网络设备都属于且只属于一个 NET 名字空间。该命令更换网络设备

DEVICE 或网络设备组 GROUP 中所有网络设备所属的 NET 名字空间,即将其从当前的 NET 名字空间移到名为 NETNSNAME 的 NET 名字空间中,或移到进程 PID 所在的 NET 名字空间中。该命令只能移出不能移进网络设备。

移动之后的网络设备处于 DOWN 状态,并失去了所有的协议地址。

有些网络设备不允许更换 NET 名字空间,如 loopback、bridge、ppp、wireless 设备等。

下面的实例创建两个新的 NET 名字空间 testns1 和 testns2,并创建两对虚拟以太设备 veth1/veth2 和 veth3/veth4,而后将 veth1 和 veth3 分别移到名字空间 testns1 和 testns2 中。在默认 NET 名字空间中创建一个网桥 br0,将 veth2 和 veth4 加入到网桥中,从而将三个 NET 名字空间按图 9.3 所示的方式连接起来。

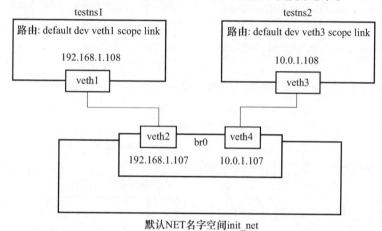

图 9.3　NET 名字空间之间通过 veth 设备和 bridge 实现联通

在 NET 名字空间 testns1 和 testns2 中,分别启动网络设备 veth1 和 veth3,为它们配置协议地址 192.168.1.108 和 10.0.1.108,各增加一条默认路由,如 default dev veth1 scope link 和 default dev veth3 scope link,从而将 testns1 中的所有输出报文都导向设备 veth1,将 testns2 中的所有输出报文都导向设备 veth3。

在默认 NET 名字空间中,由于网桥的存在,须将本应配置在网络设备上的协议地址配置在网桥 br0 上,因而为 br0 增加两个协议地址 192.168.1.107 和 10.0.1.107,启动设备 veth2、veth4 和 br0。

配置命令如下所示:

ip netns add testns1	//创建一个名为 testns1 的 NET 名字空间
ip netns add testns2	//创建一个名为 testns2 的 NET 名字空间
ip link add veth1 type veth peer name veth2	//创建两对网络设备
ip link add veth3 type veth peer name veth4	

```
ip link set veth1 netns testns1              //把一个网络设备移到 testns1 中
ip link set veth3 netns testns2              //把一个网络设备移到 testns2 中
brctl addbr br0                              //创建一个 bridge
brctl addif br0 veth2                        //把两对网络设备中的另一端加入 bridge
brctl addif br0 veth4
ip addr add 192.168.1.107 dev br0           //给 bridge 增加两个地址
ip addr add 10.0.1.107 dev br0
ip link set veth2 up                         //启动默认 NET 名字空间中的网络设备
ip link set veth4 up
ip link set br0 up                           //启动 bridge
ip netns exec testns1 ip link set veth1 up   //启动 testns1 中的 veth1 设备
ip netns exec testns2 ip link set veth3 up   //启动 testns2 中的 veth3 设备
ip netns exec testns1 ip addr add 192.168.1.108/32 dev veth1
                                             //为 veth1 配置地址
ip netns exec testns2 ip addr add 10.0.1.108/32 dev veth3
                                             //为 veth3 配置地址
ip netns exec testns1 ip route add default dev veth1
                                             //为 testns1 配置路由
ip netns exec testns2 ip route add default dev veth3
                                             //为 testns2 配置路由
```

　　经过上述配置之后,两个 NET 名字空间 testns1 和 testns2 已经联通,其中的进程已可进行网络通信。如在默认 NET 名字空间的网桥 br0 中增加物理的网络设备或打开其中的 ip_forward 开关,testns1 和 testns2 中的进程即可与外部世界联通。

　　不用网桥设备也可以实现两个 NET 名字空间之间的通信。做法是在一个 NET 名字空间中建立一对 veth 设备,将其中之一移到另一 NET 名字空间中,而后在两个名字空间中分别启动网络设备、配置协议地址、增加默认路由,完成之后,双方即可进行网络通信。

　　由此可见,要想让 NET 名字空间中的进程与外界通信,必须预先为其增加网络设备、配置协议地址和路由等。要想完成 NET 名字空间的配置工作,进程(用户)至少需要在两个 NET 名字空间中拥有特权,并至少要能够访问两个名字空间的协议栈。因而在通常情况下,NET 名字空间中的进程无法独立完成网络的配置工作,或者说 NET 名字空间中的进程无法自己创造出与外界联通的条件。

　　初始的 NET 名字空间 init_net 是默认的,但没有名字,无法直接用 ip netns 命令访问,除非将其绑定安装到目录/var/run/netns/中的某个文件上。要绑定安装初始的 NET 名字空间,需要管理员权限,并需要能够访问文件/proc/[pid]/ns/net,且必须保证该文件所标识的一定是初始的 NET 名字空间。一旦绑定安装成功,其他 NET 名字空间中的用户(进程)就可以通过 ip netns exec 命令进入初始的 NET 名字空间,修改其中的网络协议栈配置,但需要管理员权限。

由于物理网络设备都在初始的 NET 名字空间 init_net 中,因而其余 NET 名字空间中的进程无法直接访问到物理的网络设备,除非采用下列某种方法:

(1)将初始 NET 名字空间 init_net 中的物理网络设备移到本 NET 名字空间中。

(2)在本 NET 名字空间和初始 NET 名字空间中都增加虚拟网络设备(如 veth 设备),并打开初始 NET 名字空间中的转发开关 ip_forward,通过虚拟网络设备和初始名字空间的路由转发功能,将本 NET 名字空间连接到外部世界。

(3)在初始 NET 名字空间 init_net 中启一个类似网关的守护进程,用于转发来自其他 NET 名字空间的网络报文。NET 名字空间中的进程通过某种 IPC 机制(如管道、消息队列、Unix socket 等)将数据转发给守护进程,由守护进程将其转换成网络报文后通过物理网络设备发出,将从网络设备收到的报文转换成 IPC 数据转交给 NET 名字空间中的进程。

由于 Unix 协议簇的存在,即使没有网络设备,一个 NET 名字空间中的进程也可以与其他名字空间中的进程进行网络通信。当然,通过对 Unix 协议簇的简单改造,可以将该协议簇的通信各方限定在同一 NET 名字空间内部。

9.7　NET 名字空间接口文件

除了/proc/sys/net/目录中的网络协议栈管理参数之外,Linux 还在 proc 文件系统中为每个进程准备了一个名为/proc/[pid]/net/的子目录。

在初始化时,proc 文件系统注册了自己的 pernet_operations 结构 proc_net_ns_ops,其中的 init 操作由函数 proc_net_ns_init()实现。因而每个 NET 名字空间初始化时都会执行一次函数 proc_net_ns_init()。函数 proc_net_ns_init()创建一个名为"net"的 proc 目录,并在其下创建一个名为"stat"的子 proc 目录,将两目录的 uid、gid 设为 NET 名字空间创建者的 UID 和 GID,访问权限设为可读、可执行,而后将两个子 proc 目录分别记录在 NET 名字空间结构 net 的 proc_net 和 proc_net_stat 中。当用户访问目录/proc/[pid]/net/中的文件时,proc 文件系统找到 PID 号为[pid]的进程,找到该进程所在的 NET 名字空间结构 net,而后在目录 proc_net 或 proc_net_stat 中查找接口文件。因而目录/proc/[pid]/net/中的接口文件描述的是 PID 号为[pid]的进程所在 NET 名字空间的当前状态,或者说 PID 号为[pid]的进程所看到的网络协议栈实例的当前状态。命令 netstat 查询的内容主要来源于这些接口文件。

与/proc/sys/net/目录中的文件不同,目录/proc/[pid]/net/中的接口文件都是只读的。在不同版本的 Linux 中,甚至在不同的运行时刻,目录/proc/[pid]/

net/中的接口文件的数量和内容都会有所变化。下面是几个较为常用的接口文件。

（1）arp，邻居表的当前内容，包括静态配置的邻居表项和动态发现的邻居表项。邻居表项的内容包括 IP 地址、硬件类型、标志、链路层地址、网络设备名等。

（2）dev，NET 名字空间中各网络设备的统计信息，包括各网络设备上收到的报文数及字节数、发出的报文数及字节数、错误数、冲突数、丢弃数、压缩数、多播数等，其内容来源于网络设备的 net_device 结构。

（3）ptype，NET 名字空间中已注册在各网络设备上的报文接收处理操作，包括协议类型、网络设备名及已注册的接收处理函数等。

（4）dev_mcast，NET 名字空间中各网络设备当前所监听的多播组列表，包括网络设备索引号、网络设备名、引用计数、链路层多播组地址等。

（5）igmp 和 igmp6，NET 名字空间中 IGMP 协议的统计信息，包括协议版本号、网络层多播地址、用户数、定时器间隔等。

（6）raw 和 raw6，NET 名字空间中 RAW 类型的 socket 列表，包括各 socket 在 RAW 协议 Hash 表中的索引、本地地址和端口号、远端地址和端口号、socket 状态、发送队列长度、接收队列长度、UID、socket 的 inode 号、引用计数、丢包数等。

（7）tcp 和 tcp6，NET 名字空间中 TCP 类型的 socket 列表，包括各 socket 在 TCP 协议 Hash 表中的索引、本地地址和端口号、远端地址和端口号、socket 状态、发送队列长度、接收队列长度、定时器、UID、socket 的 inode 号、引用计数等。

（8）udp 和 udp6，NET 名字空间中 UDP 类型的 socket 列表，包括各 socket 在 UDP 协议 Hash 表中的索引、本地地址和端口号、远端地址和端口号、socket 状态、发送队列长度、接收队列长度、UID、socket 的 inode 号、引用计数、丢包数等。

（9）icmp 和 icmp6，NET 名字空间中 ICMP 类型的 socket 列表，包括各 socket 在 ICMP 协议 Hash 表中的索引、本地地址和端口号、远端地址和端口号、socket 状态、发送队列长度、接收队列长度、UID、socket 的 inode 号、引用计数、丢包数等。

（10）unix，NET 名字空间中 Unix 协议簇所建的 socket 列表，包括 socket 在 Hash 表中的索引号、引用计数、协议、标志、类型、状态、socket 的 inode 号、与之绑定的 socket 类文件的路径名（以@开头的是抽象路径名，即第一个字符为 0 的路径名）。

（11）packet，NET 名字空间中 Packet 协议簇所建的 socket 列表，包括 sock 结构指针、引用计数、socket 类型、监听的以太协议、与之绑定的网络设备、运行状态、已分配的接收缓存、UID、socket 的 inode 号等。

（12）netlink，NET 名字空间中 Netlink 协议簇所建的 socket 列表，包括 sock 结构指针、协议、端口号（PGID）、多播组号、已分配的接收缓冲区大小、已分配的发送缓冲区大小、callback 状态、引用计数、丢包数、socket 的 inode 号等。

（13）bnep、hci、sco 和 l2cap，NET 名字空间中 Bluetooth 协议簇所建的 socket

列表,包括 sock 结构指针、引用计数、已分配的接收缓冲区大小、已分配的发送缓冲区大小、UID、socket 的 inode 号、父 socket 的 inode 号等。

（14）fib_trie,NET 名字空间当前使用的路由表。在目前的 Linux 中,每个路由表都是一棵 Trie 树。因而 NET 名字空间中有几个路由表,文件 fib_trie 中就包含几棵 Trie 树。

（15）fib_triestat,NET 名字空间当前使用的路由表的统计信息,如树的深度、节点数、叶子数、查询次数、查中次数、回溯次数等。

（16）route,NET 名字空间当前使用的路由表,按常规方式组织,包括网络设备名、目的地址、网关地址、标志、引用计数、优先级、掩码、MTU、窗口大小、IRTT 等。

（17）mcfilter 和 mcfilter6,NET 名字空间中各网络设备使用的多播源地址过滤列表,包括网络设备索引号、网络设备名、多播地址、源地址、过滤模式（包含与排除）等。

（18）snmp 和 snmp6,NET 名字空间中 SNMP 协议收集的协议统计信息,包括 IP、ICMP、TCP、UDP 等协议的多种统计信息。

（19）netstat,NET 名字空间中 SNMP 协议收集的网络统计信息,其内容来源于 SNMP 数据库 MIB,但不同于文件 snmp,主要包括 TCP 协议和 IP 协议的扩展信息等。

（20）xfrm_stat,NET 名字空间中 SNMP 协议收集的 IPSec 统计信息,其内容来源于 SNMP 数据库 MIB,如各类错误数量的统计等。

（21）sockstat 和 sockstat6,NET 名字空间中 socket 方面的统计信息,包括已创建的 socket 数、TCP 类 socket 数、UDP 类 socket 数、RAW 类 socket 数、片段缓存情况等。

（22）protocols,NET 名字空间中已注册的各类协议的统计信息,包括协议名称、sock 对象尺寸、所建 socket 数、所分配内存量、内存压力状况、最大协议头长度、所用 Slab、模块名、各操作的实现情况（是否提供某操作）等。

（23）ip_mr_vif 和 ip6_mr_vif,NET 名字空间中当前建立的多播虚设备（用于描述多播隧道的 vif）列表,包括虚设备的索引号、输入字节数、输入报文数、输出字节数、输出报文数、本地 IP 地址、远端 IP 地址等。

（24）ip_mr_cache 和 ip6_mr_cache,NET 名字空间中当前建立的多播路由列表,包括多播组地址、源地址、输入多播虚设备、输出多播虚设备、经该路由转发的报文数及累计报文长度、丢弃的报文数等。

（25）if_inet6,NET 名字空间中各网络设备的 IPv6 地址,包括地址、设备索引号、地址前缀位数、可见范围、标志、设备名等。

（26）ipv6_route,NET 名字空间中的 IPv6 路由表,包括目的地址及其前缀长度、源地址及其前缀长度、网关地址、优先级、引用计数、输出网络设备名等。

（27）rt6_stats,NET 名字空间中 IPv6 路由的统计信息,包括节点数（未用）、路

261

由表中的节点数、永久的路由项数(未用)、路由项总数、路由缓存数、在各 CPU 上的路由项数、删除的路由项数等。

由于上述接口文件描述的是进程所在 NET 名字空间的当前状态,因而同一 NET 名字空间中的所有进程看到的内容都是一样的,与具体的进程关系不大。

第10章

CGROUP名字空间

以前述各名字空间为基础,可以构建出各种类型的容器,实现标识层面的资源隔离,使容器内的进程仅能看到自己所处名字空间中的用户、进程、网络设备、路由表、IPC 对象、文件系统等,难以感知、标识、访问其他名字空间中的同类对象。因而可将名字空间机制看成一种轻量级的虚拟化手段,将基于名字空间的容器看成虚拟机。但名字空间机制没有提供系统层面的资源隔离,各容器中的进程运行在同一计算系统之上,由同一个操作系统内核管理,共用同样的系统资源,如 CPU、内存、外存、网络等,任一进程对系统资源的消耗都会直接或间接地影响其他进程的运行,不管它们是否位于同一容器之中。因而容器的隔离性不如虚拟机,容器中的恶意进程可通过耗尽某类系统资源的方式影响其他进程的正常运行。为了提升容器机制的安全性和可靠性,有必要对系统中的进程进行分组、对资源进行分类,并对各进程组可消耗的系统资源进行追踪与限制。

Linux 提供了一些资源限定机制,如用 rlimit[ ] 数组可限定单个进程(或用户)可消耗的系统资源量(如 CPU 时间、内存容量等),但粒度过小,不便于管理。新版 Linux 引入了控制群(control group)机制,用于追踪、控制一组进程对各类系统资源的使用方式,并引入了 cgroup 文件系统,便于用户查询、配置、管理系统中的 cgroup 及与之绑定的资源子系统。为了限定控制群的可见范围,新版 Linux 还引入了 CGROUP 名字空间。

10.1　进程与资源

进程运行需要资源,如 CPU、内存、外存、网络、外设等,Linux 内核会统计各进程消耗的资源量。通过库函数 getrusage( )可查询进程消耗的系统资源总量,定义如下[101]:

int getrusage(int who, struct rusage ∗ usage) ;

参数 who 是要统计的对象,可以是下列三者之一:

(1) RUSAGE_SELF,调用者进程及其所在线程组中的所有线程。

（2）RUSAGE_CHILDREN，调用者进程已终止或正被等待的子进程及其后代。

（3）RUSAGE_THREAD，调用者线程自己。

函数 getrusage( )查询的内容由结构 rusage 描述，定义如下：

```
struct rusage {
    struct timeval ru_utime;        //用户态时间
    struct timeval ru_stime;        //系统态时间
    long    ru_maxrss;              //驻留 RAM 的最大内容量(KB)
    long    ru_ixrss;               //共享内存总量(未提供)
    long    ru_idrss;               //非共享数据所用内存量(未提供)
    long    ru_isrss;               //非共享堆栈所用内存量(未提供)
    long    ru_minflt;              //软页故障(无 I/O 操作)数量
    long    ru_majflt;              //硬页故障(有 I/O 操作)数量
    long    ru_nswap;               //页面置换次数(未提供)
    long    ru_inblock;             //块设备输入操作数
    long    ru_oublock;             //块设备输出操作数
    long    ru_msgsnd;              //IPC 消息发送次数(未提供)
    long    ru_msgrcv;              //IPC 消息接收次数(未提供)
    long    ru_nsignals;            //接收到的信号数(未提供)
    long    ru_nvcsw;               //自愿上下文切换次数
    long    ru_nivcsw;              //非自愿(抢占)上下文切换次数
};
```

除统计资源消耗量之外，Linux 还可对进程消耗的各类资源进行限定，限定信息记录在结构 signal_struct 的资源限定数组 rlim[ ] 中，每个进程（线程组）一个。rlim[ ] 是类型为 rlimit 的结构数组，结构 rlimit 中包含两个 64 位的无符号整数，分别用于描述一类资源的软界限和硬界限。结构 rlimit 的定义如下：

```
struct rlimit {
    __kernel_ulong_t    rlim_cur;       //软界限
    __kernel_ulong_t    rlim_max;       //硬界限
};
```

Linux 内核主要用软界限 rlim_cur 限制进程对资源的使用，偶尔也会检查其硬界限。

新进程的数组 rlim[ ] 是从创建者进程中复制的，内容完全一样。加载类操作（execve）不改变进程的资源限定界限。

在运行过程中，进程可以查询或修改自己的资源限定界限。拥有特定权限的进程也可查询或设置其他进程的资源限定界限。非特权进程仅能修改软界限，且新的软界限不得超过硬界限；拥有 CAP_SYS_RESOURCE 权能的进程可以修改软界限，也可以修改硬界限，且可以将其改为任意值。

通过设置操作可以降低进程的软界限,新的软界限甚至可以低于进程实际消耗的资源量。降低软界限会限制进程进一步消耗资源。

资源限定数组 rlim[ ]中包含 16 类资源,其类型及界限的含义如表 10.1 所列。

表 10.1   进程的资源限定类型

资源类型	含 义
RLIMIT_CPU	CPU 时间(秒),超软界限后每秒接收一个 SIGXCPU 信号直到硬界限后被杀掉
RLIMIT_FSIZE	新建文件的最大允许尺寸,超过后会收到 SIGXFSZ 信号
RLIMIT_DATA	数据空间(包括数据和堆)的最大容量(字节),影响 brk 和 sbrk
RLIMIT_STACK	堆栈空间的最大容量(字节),超过后会收到 SIGSEGV 信号
RLIMIT_CORE	Core 文件的最大尺寸(超过部分被截断),0 表示不创建 Core 文件
RLIMIT_RSS	可驻留在 RAM 中的最大内存量(已废弃)
RLIMIT_NPROC	进程所属用户可创建的最大进程(线程)数,影响 fork、vfork、clone
RLIMIT_NOFILE	可同时打开的文件数(文件描述符的最大值)
RLIMIT_MEMLOCK	可锁定在 RAM 中的内存量(字节),影响 mlock、mlockall、mmap 和 shmctl
RLIMIT_AS	虚拟内存的最大容量(字节),影响 brk、mmap、mremap 和堆栈自扩展
RLIMIT_LOCKS	可持有的文件锁和租约(lease)数,影响 flock 和 fcntl
RLIMIT_SIGPENDING	进程所属用户可挂起的信号数
RLIMIT_MSGQUEUE	进程所属用户可创建的 POSIX 消息队列的最大总容量
RLIMIT_NICE	最大 nice 值(1~40),影响 setpriority 和 nice
RLIMIT_RTPRIO	最大实时优先级,影响 sched_setscheduler 和 sched_setparam
RLIMIT_RTTIME	实时进程可消耗的 CPU 时间(毫秒),超软界限后每秒接收一个 SIGXCPU 信号直到硬界限后被杀掉。阻塞操作可将消耗时间清 0

Linux 提供了库函数 getrlimit( )、setrlimit( )和 prlimit( ),分别用于查询和设置进程的资源限定数组,其定义如下[102-104]:

int getrlimit(int resource,struct rlimit * rlim);

int setrlimit(int resource,const struct rlimit * rlim);

int prlimit(pid_t pid,int resource,const struct rlimit * new_limit,struct rlimit * old_limit);

函数 getrlimit( )用于查询调用者进程当前的资源限定界限,资源类型由参数 resource 指定(在 0~15 之间),查询结果在参数 rlim 中。界限值 RLIM_INFINITY(~0UL)表示资源的使用不受限制。

函数 setrlimit( )用于设置调用者进程的资源限定界限,资源类型由参数 resource(在 0~15 之间)指定,新的限定界限在参数 rlim 中。

函数 prlimit( )可以查询也可以设置任一进程的资源限定界限,资源类型由参数 resource 指定(在 0~15 之间),新界限由参数 new_limit 提供,老界限将保存在参数 old_limit 中。空的 new_limit 表示不改变界限值,空的 old_limit 表示不查询界限值。要查询或设置的目标进程由参数 pid 标识,0 表示调用者进程自己。若目标进程不是调用者进程,则系统要进行特殊的权限检查:

(1) 目标进程的 uid、euid 和 suid 等于调用者进程的 uid 且目标进程的 gid、egid 和 sgid 等于调用者进程的 gid。

(2) 调用者进程在目标进程的 USER 名字空间中拥有 CAP_SYS_RESOURCE 权能。

在目前的 Linux 中,上述三个库函数都由系统调用 prlimit64 实现。

2.6.24 版之后的 Linux 在 proc 文件系统中增加了一个名为 limits 的接口文件,其内容是进程的资源限定数组。用户可通过文件/proc/[pid]/limits 查询进程的资源限定界限。

接口文件/proc/[pid]/stat 中包含着进程消耗资源的统计信息,如 minflt、cminflt、majflt、cmajflt、utime、stime、cutime、cstime、vsize、rss、rsslim 等。接口文件/proc/[pid]/statm 和/proc/[pid]/status 中也包含一些进程消耗的资源统计信息。另外,目录/proc/[pid]/net/中的接口文件内包含着一些网络资源的统计信息,但未分割到不同的进程中。

10.2　控制群树与限定树

用 rlimit[]数组可以对进程消耗的资源实施限定,但存在一些问题:如限定粒度过小,所限定的对象只能是单个进程(线程组)而不是一组进程;限定内容难调,rlim[]数组的大小和类型是预先定义好的,不允许动态调整,难以在其中增加新的限定类型,如网络、设备、磁盘等,因而基于 rlimit[]数组的资源限定难以满足容器环境的需求。

容器环境需要的资源限定机制应该是动态可调的,用户应该能够根据自己的需要增加新的资源限定类型、启动或停止对某类资源的限定并能动态调整需要限定的对象。比较理想的资源限定对象应该是进程组而不是单个进程。

在演变过程中,Linux 已定义了几种类型的进程组,如会话、进程组、线程组等。会话的主要作用是管理终端,其中的所有进程共用一个控制终端。进程组的主要作用是管理作业,其中的进程相互合作,共同完成用户提交的一个作业。线程组的主要作用是管理线程,其中的所有线程共享领头进程的系统资源。Linux 的会话由进程组构成,进程组由进程构成,一个进程中可能包含多个线程。会话、进程组、进程、线程构成一种多级组织关系,但所有的组都有明确的定义和作用,不便于将其改造成资源限定对象。

为提供更加灵活、多样的资源限定服务,2006 年,Google 公司的工程师 Paul Menage 和 Rohit Seth 设计了一个专门的框架,最初命名为进程容器(process containers)。2007 年,在合并进 Linux 2.6.24 内核之时,其名称被改为控制群 cgroup,称为

cgroup v1。2013 年,cgroup 的维护者 Tejun Heo 重新设计并实现了 cgroup 机制,将其命名为 cgroup v2。2016 年,cgroup v2 被合并进 Linux 4.5 中。由于 cgroup v2 所支持的功能还很有限,因而目前的发布中主要使用的仍然是 cgroup v1[105,106]。

在 cgroup v1 中,实施资源限定的单位是进程集合。专门用于资源限定的进程集合称为控制群,即 cgroup。进程由用户分群,系统中的每个进程都位于且仅位于一个控制群中。每个控制群上都可关联一到多个限定结构,限定结构中包含资源子系统特定的限定参数。资源子系统根据限定参数管理控制群中各进程对系统资源的使用。

为便于管理,通常将一类控制群组织成一棵树,称为控制群树。每棵控制群树上都可关联一到多各资源子系统,每个资源子系统都必须关联在一棵控制群树上。资源子系统为与之关联的每个控制群都创建一个限定结构,属于一个资源子系统的限定结构组成一棵限定树,限定树与控制群树是同构的。Linux 已定义了多个资源子系统,如 cpuset、memory、blkio 等,因而系统中会同时存在多棵控制群树和限定树。为便于用户查询、维护位于内核中的控制群树与限定树,Linux 又定义了 cgroup 文件系统,用于将控制群树映射成目录树,将控制群与限定结构中的管理参数映射成接口文件。如此一来,用户即可通过安装后的 cgroup 目录树方便地查询、维护其控制群树了。Cgroup 文件系统的物理表示称为 kernfs。

因而,控制群框架由三大部分组成,处于核心位置是由结构 cgroup 构成的控制群树和与之关联的资源子系统限定树;位于接口位置的是由结构 kernfs_node 构成的 kernfs 节点树[107,108]。图 10.1 是三棵树的组成及其关联关系,其中左下方是 kernfs 节点树,中间是控制群树,最右侧虚框中的是资源子系统的限定树。

一棵 cgroup v1 的控制群树由一个 cgroup_root 结构描述,其中包括控制群树的名称 name、ID 号 hiararchy_id、与之关联的资源子系统位图 subsys_mask、为 cgroup 生成 ID 号的 IDR 树 cgroup_idr、所含 cgroup 结构的数量 nr_cgrps、与之绑定的 kernfs 节点树的根 kf_root 等。系统中所有的 cgroup_root 结构被其 root_list 域连接到队列 cgroup_roots 中。

结构 cgroup_root 中嵌有一个 cgroup 结构 cgrp,用于描述控制群树的根节点。事实上,控制群树中的所有节点都由结构 cgroup 描述,一个 cgroup 结构描述一个控制群,对应 kernfs 文件系统中的一个目录。结构 cgroup 中包括控制群的 ID 号 id、状态 flags、在树中的层次 level、与之关联的各资源子系统的限定结构 subsys[ ]、与之绑定的 kernfs 节点 kn 等。在同一棵控制群树中,各 cgroup 结构中的 root 都指向其 cgroup_root 结构。

结构 cgroup 中嵌有一个子系统状态结构 cgroup_subsys_state self,用于将节点组织成树。结构 cgroup_subsys_state(简称 css)中包括指向父节点的指针 parent、子节点队列的队头 children、用于串联兄弟节点的 sibling、所属的资源子系统 ss(可为空)、引用计数 refcnt、ID 号 id、状态 flags 等。

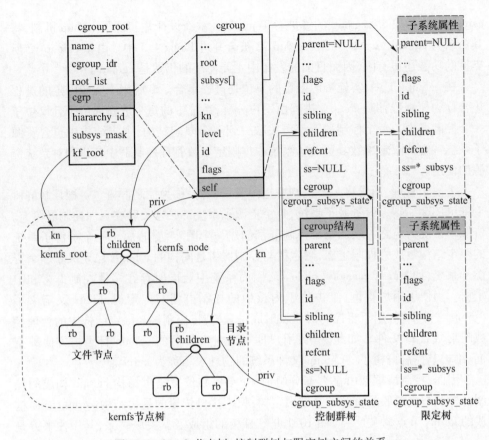

图 10.1　kernfs 节点树、控制群树与限定树之间的关系

　　嵌入在 cgroup 中的 cgroup_subsys_state 结构将各 cgroup 组织成控制群树,但不与任何资源子系统关联,其 ss 为空。嵌入在资源子系统限定结构中的 css 将各限定结构组织成限定树,其 ss 指向资源子系统的描述结构 cgroup_subsys。

　　资源子系统又称为资源控制器,用于管理自身的限定结构(如限定结构的创建、释放等),并对控制群中的进程实施资源限定。资源子系统由结构 cgroup_subsys描述,其中包括子系统的名称 name 和 legacy_name、ID 号 id、与之关联的控制群树 root、为限定结构生成 ID 号的 IDR 树 css_idr、各专用接口文件的定义(cfts、dfl_cftypes 和 legacy_cftypes)等,并包含一组限定结构的管理方法(如 css_alloc、css_online、css_offline、css_released、css_free、css_reset 等)和资源限定方法(如 can_attach、cancel_attach、attach、post_attach、can_fork、fork、cancel_fork、exit、free、bind)等。Linux 实现了 10 余个资源子系统,它们的 cgroup_subsys 结构被组织在向量表 cgroup_subsys[ ]中。每个资源子系统都有一个唯一的 ID 号。

　　一个资源子系统只能与一棵控制群树关联,但一棵控制群树可以关联多个资源子系统。资源子系统为控制群树上的每个 cgroup 节点创建一个专用的限定结构,限定结构中嵌有 css 结构,其中的 cgroup 指针都指向与之关联的 cgroup 结构,

cgroup 结构的 subsys[ ] 数组中记录着与之关联的各子系统的专用限定结构。因而控制群树中的每个 cgroup 结构都关联着多个 css 结构，除自身的 css 结构之外，还有各子系统的专用限定结构。cgroup 自身的 css 构成一棵控制群树，与之关联的各资源子系统的专用限定结构分别构成自身的限定树。在图 10.1 中，控制群树由两个 cgroup 结构组成，子 css 结构的 sibling 被串在父 css 结构的 children 队列中，形成控制群树。该控制群树关联着一个资源子系统，该资源子系统为每个 cgroup 结构都创建了一个限定结构，各限定结构内嵌的 css 结构形成一棵限定树。

除限定树之外，每棵控制群树还绑定着 kernfs 文件系统的一棵节点树。节点树由结构 kernfs_root 描述，其中包括树的状态 flags、用于生成节点 inode 号的 IDR 树 ino_ida、操作集 syscall_ops（包含着 remount_fs、show_options、mkdir、rmdir、rename、show_path 等操作）、指向根节点的指针 kn 等。节点由结构 kernfs_node 描述。

事实上，kernfs 是一种仅存在于内存的虚文件系统，其目录、文件和符号连接等都由节点描述。节点描述结构 kernfs_node 中包括名字 name、ID 号 ino、模式 mode（类型与权限）、类型 flags、属性 iattr（UID、GID、大小、时间等）、指向父节点的指针 parent、红黑树节点 rb 等。目录节点的 kernfs_node 结构中包含一棵红黑树的根 children，目录中的文件、符号连接、子目录等都由其 kernfs_node 结构中的红黑树节点 rb 连接到红黑树 children 中，因而一个 kernfs 文件系统由多棵红黑树组成，其中的每个目录节点都有自己独立的红黑树。文件节点的 kernfs_node 结构中不含自己的红黑树。根目录节点的 kernfs_node 结构记录在 kernfs_root 结构的 kn 中。从根目录节点开始，搜索各目录节点的红黑树，可以找到其中的文件、符号连接、子目录节点等。

kernfs 的每个目录节点都绑定着一个控制群节点。在目录节点的 kernfs_node 结构中，priv 指向与之绑定的 cgroup 结构；在控制群节点的 cgroup 结构中，kn 指向与之绑定的 kernfs_node 结构。文件节点的 priv 指向一个 cftype 结构，符号连接节点的 priv 为空。

控制群树中的每个 cgroup 节点都会在与之绑定的 kernfs 目录中创建一些通用接口文件，如 cgroup.clone_children、cgroup.procs、notify_on_release、tasks 等，与控制群树关联的各资源子系统会在 kernfs 目录中创建一些专用文件，如 cpu 子系统会创建 cpu.cfs_period_us、cpu.cfs_quota_us、cpu.shares、cpu.stat 等文件。接口文件由结构 cftype 定义，其中包括文件的名称 name、标志 flags、最大可写长度 max_write_len、所属资源子系统 ss、操作集 kf_ops（包括打开、关闭、读、写等操作）等。各资源子系统都定义了自己的 cftype 结构数组。

在图 10.1 中，左下方的 kernfs 节点树与中间的控制群树及右侧的限定树是相互绑定的，控制群树中的一个 cgroup 对应节点树中的一个目录，控制群树中的 cgroup 在与之绑定的 kernfs 目录中创建通用文件，与 cgroup 关联的资源子系统在

kernfs 目录中创建专用文件,属于一个 kernfs 目录的文件与子目录都被组织在目录节点(kernfs_node 结构)的红黑树中。

在 cgroup v1 中,节点树、控制群树、限定树等都是在安装与使用过程中逐步建立的。要启用一个资源子系统就必须为其建立限定树;要建立限定树就必须建立与之关联的控制群树;要建立控制群树就必须建立与之绑定的 kernfs 节点树;要建立 kernfs 节点树就必须安装关联着资源子系统的 cgroup 文件系统。每个资源子系统都必须安装,且仅能安装一次。安装操作创建 kernfs 的节点树、与之绑定的控制群树及与控制群树关联的资源子系统限定树,并将 kernfs 的根节点嫁接在 VFS 的某个安装点上,使其中的目录与文件可被用户访问。

通常情况下,应为每个资源子系统都建立一个独立的安装点,做一次独立的 cgroup 文件系统安装,并在安装操作中指定与之关联的资源子系统。安装之后,在安装点目录中可以看到 cgroup v1 的通用文件,也可以看到资源子系统的专用文件。当然也可以在 cgroup 文件系统的一次安装中关联多个资源子系统,从而将多棵资源子系统的限定树关联在一棵控制群树上。同时安装之后,在安装点目录中可以看到的接口文件包括 cgroup v1 的通用文件和各资源子系统的专用文件。

下面的命令将 cgroup 文件系统安装在目录/sys/fs/cgroup/cpu 上,其上关联着一个资源子系统,即 cpu 子系统。

```
mount −t cgroup −o cpu none /sys/fs/cgroup/cpu
```

下面的命令将 cgroup 文件系统安装在目录/sys/fs/cgroup/cpu,cpuacct 上,其上关联着两个资源子系统,即 cpu 和 cpuacct 子系统。

```
mount −t cgroup −o cpu,cpuacct none /sys/fs/cgroup/cpu,cpuacct
```

Cgroup v1 文件系统的安装操作完成如下工作[109,110]:

(1)创建并初始化一棵控制群树,包括描述结构 cgroup_root、嵌入在描述结构中的根控制群结构 cgroup 及嵌入在根控制群中的 css。新建 cgroup_root 结构中的 nr_cgrps 为 1。

(2)创建并初始化 kernfs 文件系统的一棵节点树,包括节点树的描述结构 kernfs_root 和根节点的描述结构 kernfs_node。节点树描述结构 kernfs_root 中的操作集 syscall_ops 为 cgroup1_kf_syscall_ops。树的根节点是一个目录,与控制群树的根 cgroup 相互绑定。

(3)在 kernfs 的根目录节点中,为 cgroup v1 的各通用接口文件分别创建文件节点结构 kernfs_node 并将其插入到根目录节点的红黑树中。根目录中的通用接口文件包括 cgroup.procs、cgroup.clone_children、notify_on_release、tasks、cgroup.sane_behavior 和 release_agent。

(4)将控制群树的描述结构 cgroup_root 插入到队列 cgroup_roots 中。

(5)对同时安装的每个资源子系统:

① 创建并初始化一个限定结构,将其 css 与控制群树的根 cgroup 关联起来,即让该 css 结构的 cgroup 指针指向根 cgroup 并将其插入到根 cgroup 的 subsys[ ]数组中。新限定结构是资源子系统限定树的根。

② 将资源子系统与控制群树关联起来,即让结构 cgroup_subsys 中的 root 指向控制群树的描述结构 cgroup_root,并将资源子系统在位图 subsys_mask(位于结构 cgroup_root 中)中的对应位置 1。因而,一个资源子系统仅能关联一棵控制群树。

③ 在 kernfs 的根目录节点中,为资源子系统的各专用接口文件分别创建文件节点结构 kernfs_node,并将其插入到根节点的红黑树中。

(6) 为新建的 kernfs 节点树创建超级块 super_block 结构、为树的根节点创建 inode 和 dentry 结构,为节点树的安装创建 mount 结构等,从而将新建的 kernfs 节点树嫁接在安装点目录上。Cgroup 文件系统建立在 kernfs 之上,实现的各类操作集如表 10.2 所列。

表 10.2　cgroup 文件系统的操作集

超级块操作集		kernfs_sops
inode 操作集	目录	kernfs_dir_iops
	文件	kernfs_iops
	符号连接	kernfs_symlink_iops
文件操作集	目录	kernfs_dir_fops
	文件	kernfs_file_fops
	符号连接	NULL
地址空间操作集		kernfs_aops

新安装的 cgroup 文件系统中只有一个根目录,该根目录对应着 kernfs 文件系统的根节点,该根节点绑定着控制群树的根 cgroup,该根 cgroup 关联着资源子系统的根限定结构。根目录中包含多个接口文件,它们分别来源于控制群树的根(通用文件)和与之关联的各资源子系统的限定树的根(专用文件)。图 10.2 是关联着两个资源子系统的根目录,其中的接口文件分别来源于控制群树和两棵限定树的根。

Linux 系统的初始化程序,如 systemd,已自动为各资源子系统创建了安装点,并已将关联着资源子系统的 cgroup v1 文件系统安装在各自的安装点上。Systemd 创建的安装点都在目录/sys/fs/cgroup/中,如 cpu,cpuacct、cpuset、net_cls、net_prio、systemd 等,其中目录 systemd 上的安装未关联任何资源子系统,目录 cpu,cpuacct 和 net_cls,net_prio 上的安装分别关联着两个资源子系统,其余目录上的安装仅关联一个资源子系统。

Proc 文件系统的接口文件/proc/cgroups 中包含着各资源子系统的安装信息,每个子系统一行。接口文件/proc/[pid]/mounts、/proc/[pid]/mountinfo、/proc/

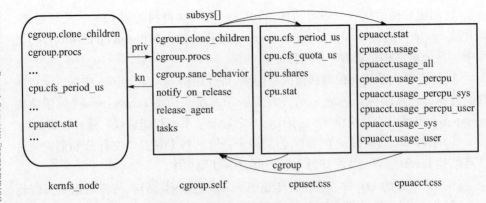

图 10.2　根节点及各接口文件的来源

[pid]/mountstats 中包含着进程可见的各 cgroup 文件系统的安装信息。

　　安装之后,各控制群树中都只有一个根节点,根控制群 cgroup 中包含着所有的进程,或者说所有的进程都在同一个控制群中,它们拥有同样的资源限定参数或资源限定规则,资源子系统按同样的方式限定各进程的资源,实际上等价于无资源限定,因而单节点的控制群结构过于粗放。为了更精细地控制进程对各类资源的使用,应该对关联着资源子系统的控制群进行细化,即允许用户按需创建自己的控制群,方法是在各控制群树的根目录下再建立子目录。在 Linux 中,创建子目录的命令是 mkdir,函数是 mkdir()。函数 mkdir() 的定义如下:

　　　　int mkdir(const char * pathname,mode_t mode);

　　在 cgroup v1 中,目录创建操作所完成的主要工作如下:

　　(1) 解析路径名 pathname,找到父目录的 kernfs_node 结构,进而找到与之关联的父 cgroup 结构和整棵控制群树的描述结构 cgroup_root。

　　(2) 为新子目录创建一个 cgroup 结构,包括嵌入在其中的 cgroup_subsys_state 结构,并对其进行初始化。新 cgroup_subsys_state 结构的 parent 指向父 cgroup 结构的 self 并被加入到 self 的 children 队列中。子目录在控制群树中的层数 level 比父目录大 1。结构 cgroup_root 中的 nr_cgrps 记录着控制群中的 cgroup 数,应加 1。

　　(3) 在 kernfs 节点树中,为新子目录创建一个目录节点结构 kernfs_node,将其与控制群树中新建的 cgroup 结构绑定起来,并将其插入到父目录的红黑树中。

　　(4) 为 cgroup v1 的各通用接口文件分别创建文件节点结构 kernfs_node,并将其插入到新目录节点结构 kernfs_node 的红黑树中。通用的接口文件包括 cgroup.clone_children、cgroup. procs、notify_on_release、tasks 等,会出现在每个子目录中。

　　(5) 让与该控制群树关联的每个资源子系统都为新子目录创建一个限定结构,包括嵌入在其中的 cgroup_subsys_state 结构,并对其进行初始化。新限定结构被插入在资源子系统自身的限定树中,其 parent 指向与父 cgroup 关联的限定结构,其 sibling 被加入到父限定结构的 children 队列中。新限定结构的 cgroup 指针指向新建的 cgroup 结构,新限定结构被插入到新 cgroup 结构的 subsys[ ]数组中,从而在新限定结构与新子目录的 cgroup 结构间建立关联。

(6)让与该控制群树关联的每个资源子系统都为新子目录创建自己专用的接口文件,并将各文件的 kernfs_node 结构插入到新目录节点结构 kernfs_node 的红黑树中。

由此可见,目录创建操作实际上在多棵树中新建了节点,并在 kernfs 的新目录节点中新建了多个接口文件,如图 10.2 所示。子目录与根目录中的接口文件基本相同,但少了两个通用文件 cgroup. sane_behavior 和 release_agent。

子目录可被删除。删除命令是 rmdir,删除函数是 rmdir( )。函数 rmdir( )的定义如下:

    int rmdir(const char ∗ pathname) ;

在 cgroup v1 中,被删除的目录必须没有子目录,与之绑定的 cgroup 中必须没有进程。目录删除操作所做的工作与创建操作相反,包括删除各资源子系统创建的接口文件、删除各子系统创建的限定结构、删除目录节点中的通用接口文件、释放目录节点结构 kernfs_node、释放 cgroup 结构等。在释放的过程中,可能需要向外发送一些通知。

在 cgroup v1 中,一个干净的安装(除根目录外没有新建的子目录)可以被卸载,也可以被重装。重装 cgroup 文件系统可以改变其配置参数,如与之关联的资源子系统等。

cgroup 文件系统实现的 inode 操作集(包括目录、文件和符号连接)中没有 create、link、symlink、mknod 等操作,即未向用户提供文件创建接口,因而用户无法在 cgroup 文件系统中创建新的文件。另外,cgroup 文件系统实现的 inode 操作集中也没有 unlink 操作,因而用户也无法删除其中的文件。事实上,cgroup 文件系统中的文件都是固定的,不允许单独创建和删除(根目录中的文件是在安装时创建的,其余目录中的文件是随目录一起创建的)。

cgroup 文件系统实现的 inode 操作集中包含了 setattr、getattr、permission 操作,因而允许用户查询、修改文件与目录的属性、核查文件与目录的访问权限。允许修改的属性包括 UID、GID、时间(ATIME、MTIME、CTIME)、模式 mode 等。

cgroup 文件系统实现的文件操作集中包含多个文件操作,如 open、release、read、write、llseek、poll、mmap 等,因而用户可按常规方式读、写其中的文件。由于 cgroup 文件系统中的文件仅是访问控制群和资源子系统中相应参数的接口,因而文件的读操作实际上等价于参数的查询操作,写操作等价于参数的修改操作。显然,不同的参数有不同的查询与修改方法,因而不同的文件也有不同的读写方法。cgroup v1 实现了各通用接口文件的读写方法,各资源子系统实现了专用接口文件的读写方法。接口文件及其读写方法定义在 cftype 结构中,每个接口文件一个。

cgroup v2 采用的管理结构与 cgroup v1 相似,但认为 cgroup v1 中的多控制群树过于复杂,且没有必要,因而将其简化成一棵控制群树,称为 cgrp_dfl_root。在初始化时,Linux 为每个资源子系统都创建了一棵限定树,并已将它们全部关联在 cgrp_dfl_root 树上,如图 10.3 所示。与控制群树 cgrp_dfl_root 绑定的 kernfs 节点树也已创建,节点树描述结构 kernfs_root 中的操作集 syscall_ops 为 cgroup_kf_syscall_ops,节点树根目录中包含 cgroup v2 的通用文件(cgroup. procs、cgroup. controllers、cgroup. subtree_control 和 cgroup. events 等)及各资源子系统的专用文件。

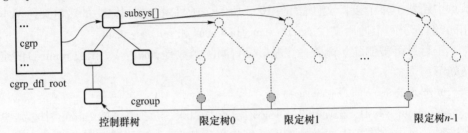

图 10.3　cgroup v2 的控制群树与限定树

由于仅有一棵 kernfs 节点树,因而 cgroup v2 只需要安装一次即可。cgroup v2 注册的文件系统类型为 cgroup2_fs_type,其安装操作中不需再关联资源子系统,不需再创建控制群和限定结构,仅需将 kernfs 的根节点嫁接在安装点上即可。

有趣的是,一个资源子系统仅能与一棵控制群树关联,因而当用户安装 cgroup v1 的文件系统时,与之关联的资源子系统及其限定树会与 cgroup v2 的控制群树 cgrp_dfl_root 断联,并被重新关联到新建的控制群树上,安装一个转移一个。默认情况下,Linux 的初始化程序(如 systemd)会安装 cgroup v1 而不是 v2 的文件系统,且会在安装操作中逐个关联所有的资源子系统,因而与控制群树 cgrp_dfl_root 关联的所有限定树最终都会被转移,包括它们创建的专用接口文件。然而,如果已在 cgroup v2 的根中建立了子目录,限定树上就不止一个根节点,则不能再将其重新关联到 cgroup v1 的控制群树上,cgroup v1 的安装会失败。

在 cgroup v2 中,子目录的创建操作也是 mkdir,所完成的工作与 cgroup v1 相似,包括在控制群树 cgrp_dfl_root 中为新子目录创建一个 cgroup 结构,在与 cgrp_dfl_root 绑定的节点树中为新子目录创建一个目录节点结构并在其红黑树中插入 cgroup v2 的通用接口文件,让与控制群树 cgrp_dfl_root 关联的各资源子系统为新子目录创建限定结构和专用的接口文件,并将各接口文件插入到新目录节点的红黑树中等。

Cgroup v2 的超级块操作集、inode 操作集、文件操作集等都与 cgroup v1 相同。

10.3　进程与控制群

利用安装后的 cgroup 文件系统,用户可以创建、删除控制群,按不同的方式组织控制群,查询、修改各控制群和与之关联的资源子系统中的限定参数等,只要将进程加入到控制群中,即可对其实施资源限定。事实上,要想限定进程对某类系统资源的使用,就必须将其绑定到该资源子系统的某个限定结构上,或将其加入到与该资源子系统关联的某个控制群中。由于一个进程会使用到多类系统资源,因而通常应将其绑定到多个限定结构上或将其加入到多个控制群中。当然,一个控制群中可以包含多个进程。为了管理进程与限定结构之间的绑定(多对多的映射)关系,需要建立一种专门的描述结构,cgroup 定义的这种描述结构称为 css_set,即子系统状态集合。

结构 css_set 的主要内容是一个指针数组 subsys[ ],其中的一个指针指向一个资源子系统的限定结构(内嵌一个 css 结构)。各限定结构中的参数或规则控制着进程对各类系统资源的使用。每个进程都有自己的 css_set 结构,task_struct 结构中的 cgroups 指针指向进程当前使用的 css_set 结构。当然多个进程的 cgroups 可以指向同一个 css_set 结构。共用同一 css_set 结构的进程在同样的控制群中,共享同样的资源限定参数或规则,按同样的方式使用各类系统资源。为便于管理,Linux 将共用同一 css_set 结构的进程组织在 css_set 结构的 tasks 队列中,task_struct 结构中的 cg_list 用于将进程加入到该 tasks 队列中。进程与各资源子系统之间的绑定关系如图 10.4 所示,右边的圆角矩形为控制群结构 cgroup,虚线小圆为与之关联的资源限定结构。图中的两个进程共用同一个 css_set 结构,其数组 subsys[ ]中的指针指向各资源子系统的限定结构。

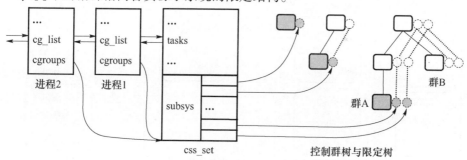

图 10.4 进程与控制群之间的绑定关系

为便于查找,Linux 建立了 Hash 表 css_set_table[ ],系统中所有的子系统状态集 css_set 都被插入到该 Hash 表中,Hash 值由其中的数组 subsys[ ]算出。

在子系统状态集 css_set 中,虽然 subsys[ ]中的指针指向的是资源子系统的限定结构,但由于每个限定结构都关联着一个控制群结构 cgroup,因而可认为 subsys[ ]中的每个指针都指着一个 cgroup 结构,或者说一个子系统状态集绑定着一组控制群结构。如果进程 A 的子系统状态集绑定着控制群结构 G,则称进程 A 在控制群 G 中。如果进程 A 在控制群 G 中,则进程 A 的子系统状态集就绑定着与 G 关联的各资源子系统的限定结构。

由于每个 css_set 结构都绑定着一组控制群结构,因而每个进程都会同时位于多个控制群中。共用同一 css_set 结构的进程被组织在其 tasks 队列中,同一 tasks 队列中的所有进程显然都位于同样的控制群中。顺序搜索所有的 css_set 结构,可以统计出各控制群中的进程,但很不方便。原因是每个子系统状态集上都绑定着多个控制群,每个控制群都被多个子系统状态集绑定,结构 css_set 和 cgroup 之间是一种间接的多对多映射关系。

为便于管理各控制群中进程,需要在 cgroup 和 css_set 结构之间建一种直接的映射关系,Linux 将其称为 cgrp_cset_link 结构,定义如下[111]:

```
struct cgrp_cset_link {
    struct cgroup      * cgrp;        //控制群
    struct css_set     * cset;        //子系统状态集
    struct list_head   cset_link;     //css_set 队列节点
    struct list_head   cgrp_link;     //cgroup 队列节点
};
```

一个 cgrp_cset_link 结构描述的是控制群 cgrp 和子系统状态集 cset 之间的一种直接的映射关系。如果将系统中所有的 cgroup 和 css_set 结构排成一个晶格(lattice),那么每个 cgrp_cset_link 结构描述的就是晶格中的一个交叉点,如图 10.5 所示。在图 10.5 中,同一行中各 cgrp_cset_link 结构的 cset 都指向左端的 css_set 结构,同一列中各 cgrp_cset_link 结构的 cgrp 都指向下端的 cgroup 结构。

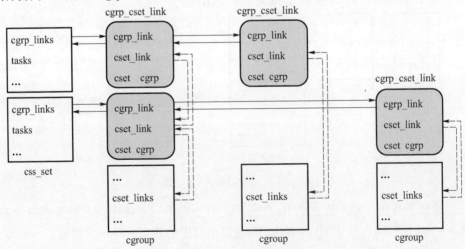

图 10.5　cgroup 与 css_set 之间的关系

cset 相同的所有 cgrp_cset_link 结构被其 cgrp_link 域连接到 css_set 结构的 cgrp_links 队列中。搜索 cgrp_links 队列,可以找到被一个 css_set 绑定的所有 cgroup 结构。cgroup 文件系统安装完后,与各资源子系统关联的控制群树的数量被确定,各 css_set 结构所绑定的控制群的数量也随之确定,因而各 css_set 结构中的 cgrp_links 队列的长度都是一样的。

cgrp 相同的所有 cgrp_cset_link 结构被其 cset_link 域连接到 cgroup 结构的 cset_links 队列中。搜索 cset_links 队列,可以找到绑定到一个控制群的所有 css_set 结构,进而可找到位于该控制群中的所有进程。由于绑定到同一控制群的 css_set 结构的数量是不定的,因而各 cgroup 结构中的 cset_links 队列的长度可能是不同的。

Linux 的第 0 号进程 init_task 的 cgroups 指向 init_css_set,表示第 0 号进程使用的是初始的子系统状态集 init_css_set。结构 init_css_set 是静态定义的,其上仅绑定着一个控制群,即 cgroup v2 的默认控制群树 cgrp_dfl_root 的根 cgroup,其 subsys[] 指着各资源子系统的限定树的根。在初始的子系统状态集 init_css_set 中,队列 tasks 为空。第 0 号进程所用的资源不需要限定,所以其 task_struct 结构不在 tasks 队列中。

在安装 cgroup v1 的文件系统时,Linux 会创建新的控制群树。如果新安装关联有资源子系统,则 Linux 会将其限定树关联到新建的控制群树上(断开与 cgrp_dfl_root 的关联)。由于各限定树的根依然被初始的 init_css_set 绑定,因而为新安装所创建的控制群结构 cgroup 也自然地被 init_css_set 绑定。在 cgroup v1 文件系统(关联着各资源子系统)安装完成之后,新建的控制群自然地被全部绑定在 init_css_set 上,搜索 init_css_set 的 cgrp_links 队列,可以找到各控制群树的根,包括 cgroup v1 和 cgroup v2 的控制群树。

创建子目录时也会新建控制群结构 cgroup,但这些 cgroup 结构未被任何 css_set 绑定,没有与之关联的 cgrp_cset_link 结构。

通过函数 fork( )、vfork( )、clone( ) 创建的新进程,不管是创建者的子进程、兄弟进程、还是线程,都与创建者进程使用同样的 css_set 结构,新进程的 task_struct 结构被加入到创建者进程的 css_set 结构的 tasks 队列中。因而在默认情况下,所有进程(包括线程)使用的子系统状态集都是初始的 init_css_set,所有的进程都在 init_css_set 的 tasks 队列中,都绑定着同样的资源限定结构,受着同样形式的资源限定。

当然可以对进程使用的系统资源实施其他形式的限定,方法如下:

(1)在与资源子系统关联的控制群树中增加一个新的控制群,包括新的限定结构。

(2)修改新限定结构中的参数,设置新的资源限定形式。

(3)创建一个新的 css_set 结构,让其 subsys[] 中的指针指向新的限定结构。

(4)将进程的 task_struct 移到新 css_set 结构的 tasks 队列中,并让进程的 cgroups 指针指向新的 css_set 结构,从而将进程移到新的控制群中。

如此一来,该进程及其子孙(包括新建的线程)都会使用新的 css_set 结构,系统会按新的限定参数对它们所使用的系统资源进行新形式的限定。

创建新限定结构的方法是创建新的控制群,而创建新控制群的方法是在cgroup 文件系统中创建新的子目录。新子目录的创建请求会导致系统创建新的控制群,包括与之关联的资源子系统的限定结构。新建的控制群和限定结构会在新子目录中生成接口文件,包含通用接口文件和专用接口文件。修改资源子系统的专用接口文件,即可修改新限定结构中的参数。

在新子目录的接口文件中,有两个特殊的通用文件,分别为 cgroup. procs 和tasks。文件 cgroup. procs 的内容是绑定在控制群上的所有进程的 TGID,文件 tasks的内容是绑定在控制群上的所有进程(包括线程)的 PID。这里说的控制群是与子目录绑定的 cgroup 结构,其上关联着特定的资源子系统。新控制群上未绑定任何进程和线程,因而文件 cgroup. procs 和 tasks 的内容都是空的。只要将进程的 PID号写入文件 cgroup. procs 或 tasks,即可将其加入控制群,并将进程绑定到控制群所关联的限定结构上。

下面的命令将 PID 号为 3310 的进程加入到与目录/sys/fs/cgroup/cpu/test 绑定的控制群中,该控制群上关联的资源子系统是 cpu。

```
sudo sh － c " echo 3310 > /sys/fs/cgroup/cpu/test/cgroup. procs"
```

向文件 cgroup. procs 写入的 PID 号应该已在其他控制群中,写入操作大致完成如下工作:

(1) 确定文件 cgroup. procs 所在的目录及与目录绑定的控制群 newcgrp。

(2) 在请求者进程所在的 PID 名字空间中,找到 PID 号所标识的线程及线程组的领头进程,获得领头进程的 task_struct 结构 tsk 和进程当前使用的子系统状态集 oldcset。

(3) 检查写入权限,如请求者进程的 euid 是否等于 tsk 的 uid,文件是否允许写等。

(4) 为进程 tsk 找一个新的子系统状态集 newcset,将 tsk 及其线程组中所有线程的 cgroups 指针都换成 newcset。新子系统状态集 newcset 可能是新建的,也可能已在 Hash 表 css_set_table 中。新建 newcset 中的 subsys[ ]是从 oldcset 中复制的,只是将某些限定结构换成了与 newcgrp 关联的新结构。新建 newcset 中的 cgrp_links 队列也是从 oldcset 中复制的,包括所有的 cgrp_cset_link 结构,但将其中一个cgrp_cset_link 的控制群换成了 newcgrp。

(5) 如果控制群 newcgrp 所关联的资源子系统定义了 can_attach 操作,则执行该操作,由资源子系统检查写入操作的合法性。

(6) 将进程 tsk 及其线程组中所有线程的 task_struct 结构逐个从 oldcset 的tasks 队列中摘下,插入 newcset 的 tasks 队列中,从而将它们全部移到新控制群newcgrp 中。

(7) 如果老的子系统状态集 oldcset 已没有用户,则将其释放。

（8）如果控制群 newcgrp 所关联的资源子系统定义了 attach 操作,则执行该操作,由资源子系统完成善后处理。

由此可见,向文件 cgroup. procs 写入 PID 号的操作实际上是一种进程迁移操作,即将进程及其线程组中的所有线程从当前的控制群迁移到新的控制群,这里说的新控制群是生成接口文件 cgroup. procs 的控制群。迁移之后,进程及其线程组中所有线程的 css_set 结构都被换成了新的,它们所绑定的限定结构也被换成了与新控制群关联的新的限定结构,因而迁移的结果是为它们启用了新的限定参数或限定规则。

向文件 tasks 写入 PID 号也会引起进程迁移,但仅会迁移 PID 号所标识的单个线程,不会影响其他线程。图 10.6 是将图 10.4 中的进程 2 由群 A 迁移到群 B 的操作结果。迁移之后,进程 2 使用一个新的 css_set 结构,其中数组 subsys[ ] 中的两个指针分别指向了群 B 所关联的两个限定结构,进程 2 的 task_struct 结构也被移到了新 css_set 结构的 tasks 队列中。系统中的其余进程,如进程 1,保持不变,仍然使用老的 css_set 结构。

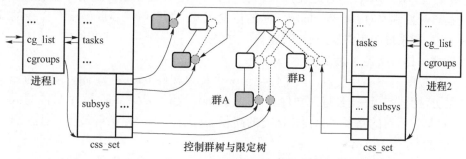

图 10.6　控制群迁移操作

不管是否迁移,每个进程(包括线程)都只能位于一个控制群中(同一棵控制群树),只会与一个子系统状态集 css_set 绑定,其 task_struct 结构也仅会被加入到一个 css_set 结构的 tasks 队列中。

当要读取文件 cgroup. procs 的数据时,系统首先确定文件 cgroup. procs 所在的目录及与目录绑定的控制群,而后顺序搜索控制群的 cset_links 队列(图 10.5),找到绑定到其上的各 css_set 结构,再顺序搜索 css_set 结构的 tasks 队列,找到控制群中的所有进程。文件 cgroup. procs 的内容是群中各进程的 TGID 号,文件 tasks 的内容是各进程的 PID 号。

当进程终止时,它的 task_struct 结构会离开 css_set 结构的 tasks 队列。因而终止的进程会自动从控制群中退出。

下面的程序片段在资源子系统 cpuset 的根目录中创建一个新的子目录 test,而后将自己的 PID 号写入其中的接口文件 cgroup. procs,从而将进程自身加入到 test 控制群中。此后,该进程及其所有的子孙都会被自动加入到该控制群中,直到终止或被转移到其他控制群。

```
void main( ) {
    int fd,ret;
    char buf[100];

    mkdir("/sys/fs/cgroup/cpuset/test",0755);              //创建子目录
    ret = sprintf(buf,"%d",getpid( ));                     //进程自己的 PID 号
    fd = open("/sys/fs/cgroup/cpuset/test/cgroup. procs",O_RDWR);
                                                           //打开文件
    write(fd,buf,ret);                                     //将 PID 号写入文件
    close(fd);                                             //关闭文件
}
```

控制群结构 cgroup 中有一个 populated_cnt 域,记录着绑定到群上的不空的 css_set 结构(队列 tasks 中有进程)的数量,用于标识群中是否还有进程。在最后一个进程离开控制群时,域 populated_cnt 的值变成 0。如果该控制群已没有在线的子控制群,则系统向用户发送通知,通知的方法是执行一个用户注册的应用程序(以控制群的相对路径名为参数)。

各控制群树都在其根目录中创建了一个接口文件 release_agent。注册通知程序的方法是将其路径名写入文件 release_agent。文件 release_agent 中只能写入一个路径名,后写的路径名会覆盖已有的路径名,因而,每个控制群最多只能注册一个通知程序。

如果不想收到通知,则可将文件 release_agent 清空或将文件 notify_on_release 的内容改为 0。接口文件 notify_on_release 也是由控制群创建的,每个目录中都有,默认的内容为 0。

10.4　资源子系统

在 cgroup 框架中,负责实施资源限定的是资源子系统。一个资源子系统是内核中的一个模块,被关联到一棵控制群树之后,会在树中的所有控制群上发挥作用,如在群中各进程之间协调资源的分配或限定群中各进程对资源的使用等,因而资源子系统又称资源控制器(resource controller),以下简称子系统。然而 cgroup 框架并未对子系统的功能做任何限定,因而可设计出任意类型的子系统。利用 cgroup 框架和专门设计的子系统,可对群中的进程实施任意类型的监督、限定、管理、控制等。

Linux 已为 cgroup 框架设计出了多个子系统,如 blkio、cpu、cpuacct、cpuset、devices、freezer、hugetlb、memory、net_cls、net_prio、perf_event、pids、systemd 等,每个

子系统都有自己独特的工作机理和接口文件,可对群中的进程实施独特的管控。

(1) cpuset子系统。

在Linux所管理的计算机系统中,NUMA类的系统由多个节点组成,其中的每个节点中都配置有独立的处理器和物理内存。所有节点中的处理器统一编号,所有节点中的物理内存统一编址。系统中的处理器,不管位于哪个节点,都可访问到所有的物理内存,但访问速度略有区别。只有一个节点的NUMA称为UMA(Uniform Memory Access)。UMA是最常见的一类计算机系统(如PC),是NUMA的特例,其中的多个处理器可按同样的方式、以同样的速度共享物理内存。

如果不增加额外的控制,进程可能被调度到任意一个处理器上,所得到的内存也可能位于任意一个节点之中。随机的处理器和内存分配策略会增加进程间的竞争,增加进程切换的成本,影响进程运行的整体性能,因而有必要对进程可使用的处理器和内存资源进行某种形式的划分和限定。

cpuset子系统用于限定进程可用的处理器和内存资源[112],基本的实现思路是将系统中的处理器和内存资源分割成区(soft partition),将有特殊需求的进程(如属于同一个作业的进程)组织成群,将一个进程群绑定在一个软分区上。如此一来,群中的进程仅会使用软分区中的处理器和内存资源,一个软分区中的资源也仅会被一个群中的进程共享,可有效减少进程对资源的竞争,提升进程的运行速度。当然,软分区应该是可动态调整的,用户应可根据需要随时增减其中的资源量。

cpuset子系统定义的资源限定结构称为cpuset,其中包括子系统状态css、标志flags、用户配置的处理器和内存节点位图cpus_allowed和mems_allowed、实际有效的处理器和内存节点位图effective_cpus和effective_mems、内存压力度量fmeter等。

在系统初始化时,Linux为cpuset创建了限定树,其中根cpuset结构的位图cpus_allowed和effective_cpus中包含所有活动的处理器、位图mems_allowed和effective_mems中包含所有活动的内存节点。当用户在cpuset限定树(控制群树)中增加新节点(创建子目录)时,系统为其创建新的cpuset结构,其中的位图要么从父cpuset复制,要么为空。

在cpuset之前,Linux已提供了处理器和内存资源的限定机制,如定义在task_struct结构中的处理器位图cpus_allowed、内存节点位图mems_allowed、内存分配策略mempolicy等,分别用于记录进程可用的处理器集、内存节点集及内存分配策略等,并提供了系统调用sched_setaffinity(设置进程的cpus_allowed)、mbind(将进程虚拟内存的一个区间绑定在指定的内存节点上)、set_mempolicy(设置进程的内存分配策略,包括可用的内存节点集)、migrate_pages(将进程内存由老内存节点集全部迁移到新内存节点集上)等,用于维护单个进程的资源限定参数和分配策略。

在启用cpuset子系统之后,task_struct结构中的位图和策略仍然起作用,用户仍然可用上述的系统调用设置进程的位图和分配策略,但新设置的处理器和内存节点必须在 cpuset 的限定范围之内。当然，cpuset 中的限定参数会影响其中的所有进程。当 cpuset 中的限定参数改变时，其中各进程的 cpus_allowed 和 mems_allowed 都会随之改变，进程也可能被迁移，包括内存迁移和处理器迁移；当在 cpuset 之间迁移进程时，它的两个位图也会随之改变，有可能需要迁移进程的内存并将其调度到新的处理器集上。

cpuset 子系统在 cgroup 文件系统的目录中创建了一组接口文件，用户可通过这组文件查询限定参数的当前值或为其设置新值。cpuset 子系统创建的接口文件包括如下几个[113]：

① cpuset. cpus，cpuset 中的处理器集合 cpus_allowed，由一组处理器 ID 号组成，每个 ID 号一行。子 cpuset 中的 cpus 必须是父 cpuset 中的 cpus 的子集。

② cpuset. mems，cpuset 中的内存节点集合 mems_allowed，由一组内存节点的 ID 号组织，每个 ID 号一行。子 cpuset 中的 mems 必须是父 cpuset 中的 mems 的子集。在 UMA 系统中，内存节点的 ID 号为 0。

③ cpuset. effective_cpus，cpuset 中当前有效的处理器集合 effective_cpus，进程的新 cpus_allowed 必须是 cpuset. effective_cpus 的子集。新 cpuset 中的 effective_cpus 是自己的 cpus_allowed 与父 cpuset 中的 effective_cpus 的交集。

④ cpuset. effective_mems，cpuset 中当前有效的内存节点集合 effective_mems，进程的新 mems_allowed 必须是 cpuset. effective_mems 的子集。新 cpuset 中的 effective_mems 是自己的 mems_allowed 与父 cpuset 中的 effective_mems 的交集。进程只能将自己的页面迁移到 cpuset. effective_mems 所允许的内存节点上。

⑤ cpuset. cpu_exclusive，cpuset 中的处理器标志，1 表示其处理器集与各兄弟（包括堂兄弟）cpuset 的处理器集之间不允许有交集。在新建的 cpuset 中，该文件的初值为 0。子 cpuset 中的 cpuset. cpu_exclusive 不能大于父 cpuset 中的 cpuset. cpu_exclusive。

⑥ cpuset. mem_exclusive，cpuset 中的内存节点标志，1 表示其内存节点集与各兄弟（包括堂兄弟）cpuset 的内存节点集之间不允许有交集。在新建的 cpuset 中，该文件的初值为 0。子 cpuset 中的 cpuset. mem_exclusive 不能大于父 cpuset 中的 cpuset. mem_exclusive。

⑦ cpuset. mem_hardwall，cpuset 中的内存节点标志，1 表示仅能在允许的内存节点中为进程分配内存，包括进程在内核中使用的页、缓冲区等。在新建的 cpuset 中，该文件的初值为 0。

⑧ cpuset. memory_migrate，cpuset 中的内存节点标志，1 表示允许内存迁移。当 cpuset 发生变化时，该标志决定是否把进程使用的内存迁移到 cpuset 允许的内存节点上。

⑨ cpuset. memory_pressure，只读文件，cpuset 内部各进程所引起的内存压力。

⑩ cpuset. memory_pressure_enabled，cpuset 中的内存节点标志，1 表示启动

cpuset 的压力度量机制。默认值为 0。

⑪ cpuset. memory_spread_page，cpuset 中的内存节点标志，1 表示均匀分布，即均匀地从 cpuset 所允许的各内存节点上为进程分配文件页。默认值为 0。

⑫ cpuset. memory_spread_slab，cpuset 中的内存节点标志，1 表示均匀分布，即均匀地从 cpuset 所允许的各内存节点上为进程分配 Slab 对象。默认值为 0。

⑬ cpuset. sched_load_balance，cpuset 中的处理器标志，1 表示允许在 cpuset 的处理器之间实施负载均衡，0 表示禁止负载均衡。默认值为 1。

⑭ cpuset. sched_relax_domain_level，整数值，用于指示调度器如何进行负载均衡（在处理器空闲和进程就绪时进行的负载均衡），值越大，均衡的范围越广，如 0 表示禁止均衡，1 表示在同一核的超线程间均衡，2 表示在同一封装的核间均衡，3 表示在同一节点的处理器间均衡等。

⑮ cgroup. clone_children，仅对 cpuset 起作用的通用接口文件，对应 cgroup 结构中的一个标志，用于指示新 cpuset 中的位图来源。1 表示新 cpuset 的 cpus_allowed 和 effective_cpus 复制自父 cpuset 中的 cpus_allowed、mems_allowed 和 effective_mems 复制自父 cpuset 中的 mems_allowed。

（2）cpu 子系统。

cpuset 子系统对系统中的处理器和内存资源进行了粗略地划分，允许将一个控制群绑定在一个软分区上。如此一来，一个软分区内的处理器就仅能被群内的进程共享。但 cpuset 并未限定处理器的使用方式，常规的调度器会尽力为群内进程提供公平的处理器时间。

由于系统中的进程可能属于不同的用户、不同的作业，因而进程层面的公平往往会造成用户或作业层面的不公平。为了提供更高层面的公平性，Linux 改进了其调度器，引入了组调度或群调度（group schedule），其思路是：将进程组织成任务群，让就绪进程在群内的调度队列上排队；为每个任务群提供一个调度实体，让该实体代表群内的就绪进程在上层任务群的调度队列中排队；将任务群组成树，最上层的任务群为根，根任务群的调度实体作为整棵树的代表加入系统的就绪进程队列；由用户为各任务群的调度实体指定权重。在分配处理器时，调度器按正常方式从系统的就绪进程队列中选择一个调度实体，如果该实体代表的是进程，则将处理器分配给它，如果该实体代表的是任务群，则在任务群内部的调度队列中再选择调度实体，如此递归下去，直到选中进程为止。因而群调度器会先保证任务群的公平性，再保证群内进程的公平性。通过调整任务群的权重，可以调整各群可获得的处理器时间。

cpu 子系统负责任务群的管理，核心工作是划分处理器时间，限定结构是 task_group[114]，其中内嵌着子系统状态 css、CFS 调度实体 se 和群内的 CFS 调度队列 cfs_rq、实时调度实体 rt_se 和群内的实时调度队列 rt_rq、调度参数（如 shares、rt_period、rt_runtime）等。在多处理器环境中，每个 task_group 结构中都会包含多个调度实体和调度队列,如会为每个处理器定义两个调度实体(se 和 rt_se)和两个调度队列(cfs_rq 和 rt_rq)。

系统中的第 0 号进程 init_task 位于初始的任务群 root_task_group 中。新进程与创建者进程位于同一个任务群中,其 task_struct 结构被插入到所属任务群的调度队列中。如果未创建新的任务群,所有的进程全都位于初始的任务群 root_task_group 中,系统的进程就绪队列中只有初始任务群的调度实体,群调度器从任务群树的根开始逐层向下选择就绪进程。

任务群 root_task_group 对应 cpu 子系统的根目录,其中的 cgroup. procs 中包含群中所有的进程。用户创建的子目录对应子任务群,子任务群的调度实体代表其中的所有进程与父任务群中的进程及其中的子任务群共同竞争处理器资源。

cpu 子系统创建一组接口文件,用户可通过这组文件查询或设置 task_group 结构中的调度参数。cpu 子系统创建的接口文件包括如下几个[115]:

① cpu. shares,任务群可用的处理器时间的相对量,其值在 2 ~ 262144 之间,默认值是 1024。系统用 shares 计算任务群的各调度实体的权重。

② cpu. cfs_period_us,CFS 调度的周期长度(微秒),在 1ms ~ 1s 之间,默认值为 100ms。

③ cpu. cfs_quota_us,在一个 CFS 调度周期内,任务群内的普通进程可消耗的处理器时间的上限,在 1ms ~ 1s 之间,-1 表示不受限。在多处理器环境中,cfs_quota_us 可以大于 cfs_period_us。

④ cpu. rt_period_us,实时调度的周期长度(μs)。

⑤ cpu. rt_runtime_us,在一个实时调度周期内,任务群内的实时进程可消耗的处理器时间的上限。

⑥ cpu. stat,统计信息,包括 nr_periods(已过去多少个周期)、nr_throttled(被抑制的次数)、throttled_time(被抑制的时长,单位为 ns)。

利用 cpu 子系统可以限定任务群可获得的处理器份额。但文件 cpu. shares 仅影响任务群的权重,而权重仅影响控制群可能获得处理器的概率,并不是获得的处理器份额,因而基于 shares 的调控过于灵活,难以精准。另外,文件 cpu. cfs_period_us 和 cpu. cfs_quota_us 限定了任务群的 CFS 带宽,文件 cpu. rt_period_us 和 cpu. rt_runtime_us 限定了任务群的实时带宽。在一个调度周期之内,当进程消耗的处理器时间达到上限时,系统会抑制整个控制群的运行,即使有空闲的处理器,群内进程也无法使用,直到下一个调度周期到来。因而带宽限定过于严酷,无法充分发挥处理器的作用,也会影响进程运行的速度。

(3) cpuacct 子系统。

除了限定之外,还可以用子系统实现统计。cpuacct 是专为统计设计的一个子系统,所统计的内容是控制群内各进程所消耗的处理器时间。群内各进程的处理器消耗量统计在群中,子控制群的处理器消耗量统计在父控制群中。利用 cgroup

框架的控制群树,可以实现不同层次、不同粒度的统计,从而弥补单进程统计的不足。

cpuacct 子系统定义的限定结构是 cpuacct,其中包括子系统状态 css 和两个二维数组 cpuusage 和 cpustat。数组 cpuusage 记录群内各进程在各处理器上消耗的用户态时间和系统态时间,数组 cpustat 中记录群内各进程在各处理器上的更详细的统计信息,除用户态时间和系统态时间之外,还包括硬中断时间、软中断时间、空闲时间、I/O 时间等。

默认情况下,所有进程使用的都是根 cpuacct 结构 root_cpuacct。用户可以通过创建子目录的方式请求建立新的 cpuacct 结构。cpuacct 子系统创建的接口文件包括如下几个[116]:

① cpuacct. usage_percpu_sys,群内各进程在各处理器上消耗的系统态时间(ns)。

② cpuacct. usage_percpu_user,群内各进程在各处理器上消耗的用户态时间(ns)。

③ cpuacct. usage_all,群内各进程在各处理器上消耗的用户态时间和系统态时间(ns)。

④ cpuacct. usage_sys,群内各进程消耗的系统态时间总量(ns)。

⑤ cpuacct. usage_user,群内各进程消耗的用户态时间总量(ns)。

⑥ cpuacct. usage_percpu,群内各进程在各处理器上消耗的时间总量(ns)。

⑦ cpuacct. usage,群内各进程消耗的处理器时间总量(ns)。

⑧ cpuacct. stat,群内各进程消耗的用户态时间和系统态时间(以 10ms 为单位)。

在上述文件中,cpuacct. stat 的内容来源于数组 cpustat,其余各文件的内容都来源于数组 cpuusage。

(4) memory 子系统。

cpuset 子系统限定了控制群内各进程可使用的内存资源的位置,即内存节点,但未限定群内进程可消耗的内存资源的容量。为了提供容量限定服务,Linux 实现了 memory 子系统。

memory 子系统的核心工作是限定群内进程可同时使用或消耗的内存资源的容量。为了实现容量限定,需要对已有的内存管理器进行改造,如区分各内存页所属的控制群、记录群内进程正在使用的各类内存页、统计群内进程所消耗的各类内存资源的容量、实施以控制群为单位的内存回收等。需要记录、管理、统计的内存包括映射到进程虚拟地址空间中的内存页(如匿名页、文件页、交换页、共享页等)和进程在内核中使用的内存页(如系统堆栈页、Slab 页、TCP 缓冲区等)。memory 子系统定义了专门的限定结构 mem_cgroup,其中包括子系统状态 css、ID 号、群内进程正在使用的各类内存的容量及可使用的容量限额(包括虚拟内存、交换内存、内核内存、TCP 缓冲区等）、内存压力水平、内存溢出控制、各类 LRU 队列等。

Linux 在页面描述结构 page 中增加了一个指向 mem_cgroup 的指针，用以区分页面所属的控制群；在 mm_struct 结构中增加一个指向 task_struct 结构的指针 owner，用于记录虚拟内存的拥有者进程。群内进程正在使用的内存页都被挂在 mem_cgroup 结构的 LRU 队列中，包括非活动的匿名页、活动的匿名页、非活动的文件页、活动的文件页和不可淘汰页等。如果 memory 子系统被启用，则在申请内存页时，系统会检查进程所属控制群的内存限额、累计控制群的内存使用量、修改所得内存页的 page 结构（让其 mem_cgroup 指针指向所属 memory 子系统的限定结构）并将其插入到所属控制群（mem_cgroup 结构）的 LRU 队列中。在释放内存页时，系统会递减所属控制群的内存使用量。当群内进程当前使用的内存量超限时，内存回收程序会搜索与控制群关联的 mem_cgroup 结构的 LRU 队列，试图从中回收物理内存。如果回收失败，OOM 杀手会尝试杀死群内的部分进程。

memory 子系统的根限定结构是 root_mem_cgroup，并可在其下创建子限定结构。在新的 mem_cgroup 结构中，正在使用的各类内存量都是 0，可使用的容量限额都是最大，LRU 队列都是空的。在启动 memory 子系统之后，默认情况下，所有的进程都在根控制群中，除非将其移到其他的控制群。通过 memory 子系统的接口文件可以查询、修改其限定结构中的管理信息。memory 子系统创建的接口文件包括如下几个[117]：

① memory. usage_in_bytes，内存使用量的当前值。

② memory. limit_in_bytes，内存使用量限额的硬上界。–1 表示无限制。

③ memory. soft_limit_in_bytes，内存使用量限额的软上界。系统尽力将群内进程使用的内存量限制在软上界之内，但软上界允许超越。

④ memory. failcnt，内存使用量超过限额（分配失败）的次数。

⑤ memory. max_usage_in_bytes，内存使用量的历史最大记录。

⑥ memory. stat，内存使用量的各类统计信息，包括 cache、rss、rss_huge、mapped_file、dirty、writeback、pgpgin、pgpgout、pgfault、pgmajfault、inactive_anon、active_anon、inactive_file、active_file、unevictable、hierarchical_memory_limit 等。

⑦ memory. use_hierarchy，是否使能层级式限定，1 表示使能。如果使能层级式限定，则子群的内存使用量会累计到父群中，父群超限时会回收所有子群中的内存。默认值为 0。如果父群已使能层级式限定，则子群不能将其禁用。

⑧ memory. force_empty，只写文件，向其中写入数据会启动内存回收程序，使其尽力回收控制群中的内存资源。

⑨ memory. pressure_level，内存压力通知。用户可以创建一个事件对象，而后打开该文件，将它们的描述符写入到文件 cgroup. event_control 中，从而接收内存压力通知。

⑩ memory. swappiness，内存交换（换出/换入）的强度，值越大换出/换入的力

度越大。0 表示不向外换出内存页。默认值是 60。

⑪ memory. move_charge_at_immigrate,控制内存账务的迁移,0 表示禁用(默认)。当使能时,进程迁移操作会将进程及其使用的内存量一起迁移到新控制群中。

⑫ memory. oom_control,内存溢出管理,包括 OOM 杀手禁用标志(1 表示禁用)和 OOM 状态标志(1 表示在 OOM 状态中)。

⑬ memory. numa_stat,在各 NUMA 节点上的内存使用量(页),包括总页数、匿名页数、文件页数、不可淘汰页数等。

⑭ memory. kmem. usage_in_bytes,内核内存使用量的当前值。

⑮ memory. kmem. limit_in_bytes,内核内存使用量限额的上界。

⑯ memory. kmem. failcnt,内核内存使用量超过限额(分配失败)的次数。

⑰ memory. kmem. max_usage_in_bytes,内核内存使用量的历史最大记录。

⑱ memory. kmem. tcp. usage_in_bytes,TCP 缓冲区使用内存量的当前值。

⑲ memory. kmem. tcp. limit_in_bytes,TCP 缓冲区使用的内存量限额的上界。

⑳ memory. kmem. tcp. failcnt,TCP 缓冲区使用量超过限额(分配失败)的次数。

㉑ memory. kmem. tcp. max_usage_in_bytes,TCP 缓冲区使用内存量的历史最大记录。

㉒ memory. kmem. slabinfo,群内进程使用的各 Slab cache 的统计信息,包括 cache 内存、对象大小、对象数、单 slab 中的对象数、slab 所用内存页数、当前活动的 slab 数等。

㉓ memory. memsw. usage_in_bytes,内存使用量(含交换)的当前值。

㉔ memory. memsw. limit_in_bytes,内存使用量限额(含交换)的上界。 -1 表示无限制。

㉕ memory. memsw. failcnt,内存使用量(含交换)超过限额(分配失败)的次数。

㉖ memory. memsw. max_usage_in_bytes,内存使用量(含交换)的历史最大记录。

memory 子系统为 cgroup v2 定义的接口文件要少一些,名称也有区别,如 current、low、high、max、events、stat 等。

(5) hugetlb 子系统。

memory 子系统以页(page)为单位实施内存容量的限定。事实上,页是 Linux 实施内存管理的基础。伙伴内存管理器以页块为单位管理系统中的物理内存,其分配与回收的最小单位是页。虚拟内存管理器为每个进程建立一套页表,并通过页表实现进程虚拟地址到物理地址的转换和进程虚拟地址空间的动态调整。在 Intel 处理器上,页的默认尺寸为 4KB。

随着内存容量的不断增大,4KB 的页尺寸已显得过小。过小的页尺寸需要过多的页表项,过多的页表项会增大页表的尺寸和 TLB 失效的概率,会增加页故障异常的次数,影响进程运行的速度。为了解决这一日益严峻的问题,Intel 处理器提供了巨页支持,允许使用 2MB(512 个 4KB 页)和 1GB(262144 个 4KB 页)尺寸的页,Linux 实现了巨页管理,包括巨页的分配、回收及限定等。

用户可以通过文件/proc/meminfo 查询巨页管理器的当前信息,如巨页的尺寸、巨页池的容量、空闲页数等,通过文件/proc/sys/vm/nr_hugepages 可调整巨页池的大小(向池中增加巨页或释放池中的巨页),通过带 MAP_HUGETLB 标志的 mmap( )或带 SHM_HUGETLB 标志的 shmget( )可使用巨页池中的巨页。

hugetlb 子系统用于限定群内进程可使用的巨页容量,限定结构为 hugetlb_cgroup,其中包括子系统状态 css、群内进程正在使用的各类巨页的容量及可使用的容量限额等,根限定结构是 root_h_cgroup。默认情况下,所有的进程都在根控制群中,除非用户将其移到某个子控制群中。在申请巨页时,hugetlb 子系统会检查进程所属控制群的巨页限额、累计控制群的巨页使用量等。在释放巨页时,hugetlb子系统会递减进程所属控制群的巨页限额。

通过 hugetlb 子系统的接口文件可以查询、修改其限定结构中的管理信息。hugetlb 子系统创建的接口文件与 memory 子系统类似,包括如下几个[118]:

① hugetlb.1GB.usage_in_bytes,1GB 巨页使用量的当前值。

② hugetlb.1GB.limit_in_bytes,1GB 巨页使用量限额的上界。

③ hugetlb.1GB.max_usage_in_bytes,1GB 巨页使用量的历史最大记录。

④ hugetlb.1GB.failcnt,1GB 巨页使用量超过限额(分配失败)的次数。

⑤ hugetlb.2MB.usage_in_bytes,2MB 巨页使用量的当前值。

⑥ hugetlb.2MB.limit_in_bytes,2MB 巨页使用量限额的上界。

⑦ hugetlb.2MB.max_usage_in_bytes,2MB 巨页使用量的历史最大记录。

⑧ hugetlb.2MB.failcnt,2MB 巨页使用量超过限额(分配失败)的次数。

(6) devices 子系统。

除了处理器和内存之外,外部设备也需要限定。在计算机系统中,外部设备种类繁多,Linux 将其分为字符设备(char)、块设备(block)和网络设备(net)三大类。每类设备都有一个主设备号,每个设备都有一个主设备号和一个次设备号。Linux 为系统中的字符设备和块设备建立了设备特殊文件,每个设备一个,但未为网络设备建立特殊文件,因而在目录/dev/中只能看到字符设备和块设备。

最基本的设备限定应该是访问控制,最常用的访问控制手段是白名单或黑名单。白名单列出用户或进程可以访问的设备,黑名单列出用户或进程不能访问的设备。devices 子系统用于限定设备的访问权限,采用的手段可以是白名单也可以是黑名单。为了记录黑/白名单,devices 子系统定义了限定结构 dev_cgroup,其中包括子系统状态 css、行为模式 behavior、异常列表 exceptions 等。关键的异常列表由结构 dev_exception_item 构建,其中包括设备类型(字符设备或块设备)、主设备号和次设备号(~0 表示所有设备)、访问方式(读、写、创建设备特殊文件)等。

结构 dev_cgroup 中的行为模式包含 allow 和 deny,异常列表中列出的是与行为模式不符的设备清单。因而模式为 deny 的限定结构使用的是白名单,异常列表中列出的是允许访问的设备清单;模式为 allow 的限定结构使用的是黑名单,异常列表中列出的是不允许访问的设备清单。在访问设备之前,系统都会请求 devices 子系统检查进程的访问权限。

devices 子系统保证子控制群的设备访问权限永远不会超过父控制群。因而,当一个控制群的设备访问权限收缩(如禁用某设备)时,它的所有子控制群的设备访问权限也会同步收缩。当一个控制群的设备访问权限扩张时,子控制群不受影响。

通过 devices 子系统的接口文件可以查询、修改其限定结构中的设备列表。为了统一起见,接口文件全部采用白名单。devices 子系统创建的接口文件包括如下几个[119]:

① devices. list,白名单,即允许访问的设备列表,包括设备类型、主次设备号、访问方式等。其中类型中的 c 表示字符设备、b 表示块设备、a 表示所有类型的设备,主次设备号中的 * 表示所有设备,访问方式中的 r 表示读、w 表示写、m 表示创建设备特殊文件。

② devices. allow,只写文件,向其中写入一项表示在白名单中增加一项。

③ devices. deny,只写文件,向其中写入一项表示在白名单中删除一项。

默认情况下,Linux 为 devices 子系统建立了多个子控制群,如 init. scope(1 号进程)、system. slice(系统进程)、user. slice(用户进程)等。在控制群 system. slice 中,Linux 又为需要设备的特定系统服务,如 acpid. service、cups. service、dbus. service、bluetooth. service、NetworkManager. service、ModemManager. service 等,建立了子控制群。在各控制群中,文件 devices. list 的默认内容都是"a * : * rwm",即允许按任何方式使用所有设备。

(7) blkio 子系统。

在所有的外部设备中,块设备是特殊的一类。系统运行过程中需要频繁地访问块设备,如加载其中的程序、读写其中的数据、换入/换出虚拟页等,因而块设备是系统中竞争最激烈的场所之一,其操作速度会严重影响系统的性能,有必要对其进行适当的限定。

除访问权限之外,对块设备的限定还应包括容量、频率、带宽等。其中容量限定由文件系统负责,带宽或频率限定由 blkio 子系统负责。

blkio 子系统限定控制群的块设备访问带宽,限定方法大致有两种:一是设定一个块设备访问频率的上限,从而限定群内进程读写块设备的速度;二是设定一个权重,从而限定群内进程获得块设备服务的概率(比例)。与 cpu 子系统类似,限定权重仅会影响群内进程可能获得块设备服务的概率而不是获得块设备服务的份额,难以精准控制;限定带宽能精准控制速度,但过于严酷,当群内进程访问块设备的频率达到上限时,块设备会暂时挂起群内进程提出的访问,因而无法充分利用块设备的带宽,也会影响进程的性能。

blkio 子系统定义的限定结构是 blkcg,其中包括子系统状态 css、请求队列、权重、带宽、各类统计信息等。通过 blkio 子系统的接口文件可以查询、修改其限定结构中的参数。blkio 子系统创建的接口文件包括如下几个[120]:

① blkio. time,群内各进程花费在各块设备上的 I/O 时间(ms),文件格式为" < major > : < minor > < time > "。

② blkio. sectors,群内进程在各块设备上读写的扇区总数。

③ blkio. io_service_bytes,群内进程在各块设备上读写的字节数,被进一步分为读字节数、写字节数、同步字节数、异步字节数及合计的总字节数等。

④ blkio. io_serviced,群内进程向各块设备提出的 I/O 请求数,被进一步分为读请求数、写请求数、同步请求数、异步请求数及合计的总请求数等。

⑤ blkio. io_service_time,群内进程在各块设备得到的服务时间(从请求发出到完成的时间间隔),被进一步分为读服务时间、写服务时间、同步服务时间、异步服务时间及合计的总服务时间等,单位为 ns。

⑥ blkio. io_wait_time,群内进程花费在各块设备上的排队等待时间,被进一步分为读等待时间、写等待时间、同步等待时间、异步等待时间及合计的总等待时间等,单位为 ns。

⑦ blkio. io_merged,群内进程所发 I/O 请求被合并的次数,被进一步分为读请求合并次数、写请求合并次数、同步请求合并次数、异步合并次数及合计的总合并次数等。

⑧ blkio. io_queued,当前时刻群内进程发出的、正在排队的 I/O 请求数,被进一步分为读请求数、写请求数、同步请求数、异步请求数及合计的总请求数等。

⑨ blkio. * _recursive,上述各文件的递归版本,其内容是当前群及其各子控制群的同类信息之和。

⑩ blkio. weight_device,控制群在单个块设备上的权重。块设备由其主、次设备号标识,文件的格式为" < major > : < minor > < weight > "。blkio 所限定的是独立的块设备而不是其中的分区,因而主、次设备号所标识的必须是独立的块设备。可写。

⑪ blkio. weight,控制群的默认权重,即控制群在未单独声明权重的块设备上所拥有的权重,在 10 ~ 1000 之间。可写。

父控制群按权重所暗示的比例将其获得的块设备使用权分配给各子控制群。

⑫ blkio. leaf_weight_device,群内进程在单个块设备上的权重。可写。

⑬ blkio. leaf_weight,群内进程的默认权重,即群内进程在未单独声明权重的块设备上所拥有的权重。可写。

如控制群同时拥有子控制群和进程,则群内进程必须拥有一个权重以便与其他子控制群竞争块设备的使用权。权重 leaf_weight 和 leaf_weight_device 即是群内进程的权重。

⑭ blkio. throttle. io_serviced，群内进程向各块设备发出的 I/O 请求数，被进一步分为读请求数、写请求数、同步请求数、异步请求数及合计的总请求数等。

⑮ blkio. throttle. io_service_bytes，群内进程在各块设备上读写的字节数，被进一步分为读字节数、写字节数、同步字节数、异步字节数及合计的总字节数等。

⑯ blkio. throttle. read_bps_device，设备为群内进程提供的最大读速率，单位为字节/秒，设备由其主、次设备号标识。可写。

⑰ blkio. throttle. write_bps_device，设备为群内进程提供的最大写速率，单位为字节/秒，设备由其主、次设备号标识。可写。

⑱ blkio. throttle. read_iops_device，设备为群内进程提供的最大读速率，单位为 IO 操作数/秒，设备由其主、次设备号标识。可写。优于 read_bps_device。

⑲ blkio. throttle. write_iops_device，设备为群内进程提供的最大写速率，单位为 IO 操作数/秒，设备由其主、次设备号标识。可写。优于 write_bps_device。

⑳ blkio. reset_stats，只写，向其中写入一个整数将重置整个控制群的状态，这里的状态指统计信息，不包括权重等控制信息。

默认情况下，所有的进程都在根控制群中，其权重 weight 和 leaf_weight 都是1000，weight_device 和 leaf_weight_device 都是 0，read_bps_device、write_bps_device 等都未设定，因而进程可以用任意的频率和带宽使用系统中的所有块设备。当然，用户可以通过创建子控制群的方式限定某些进程对某些块设备的使用带宽。

（8）net_cls 子系统。

除块设备之外，网络设备是最需要限定的一类外部设备。对网络设备的限定主要集中在带宽或速度上，即限定进程可用的网络带宽或发包速度或网络流量。为了管理网络流量，Linux 实现了一个称为流量控制（Traffic Control，TC）的框架和一组内核模块，并提供了一个配置命令 tc。利用 TC 提供的功能，可以实现流量限速、流量整形、策略应用等。

与 Netfilter 不同，TC 框架建立在网络设备之上，利用网络设备上的报文队列来管理网络流量。报文队列的管理方法称为报文队列规程（Queueing Discipline，Qdisc），Linux 为 TC 框架实现了多种队列规程，可将其大致分为无类和有类两种。使用无类规程的队列不区分报文类别，所有到来的报文均按统一的方式排队。使用有类规程的队列区分报文的类别，不同类别的报文被送入不同的队列中排队，且大的报文类别又可以进一步区分成小的类别，每个类都有自己的队列规程，因而有类队列实际上由多个队列构成，这些队列按类别关系被组织成一棵队列树，过滤器负责报文的分类。不同的队列规程有不同的队列管理方法，包括入队、出队操作等，并可以对报文进行不同种类的排序、限速、丢弃等处理。默认的队列规程是无类的 pfifo_fast（带波段的先进先出）。

报文分类的依据有很多,如源地址、目的地址、源端口号、目的端口号、协议类型、服务类型、防火墙标志、路由等,但都不是针对进程或进程组的。为了对进程组实施流量限定,Linux 实现了 net_cls 子系统。与前述的其他子系统不同,net_cls 并不做实质性的流量限定工作,它仅仅为群内进程设置一个类别标志(classid),以标识这些进程所发报文的类别,具体的流量限定工作由 TC 实施。TC 根据发送者进程的 classid,直接将报文导入预先建立的有类规程队列中排队。

net_cls 子系统定义的限定结构是 cgroup_cls_state,其中包括子系统状态 css 和一个 32 位的 classid。用户可以通过 net_cls 子系统的接口文件查询、设置其 classid。net_cls 子系统创建的接口文件只有一个,即 net_cls.classid[121],其中的 ID 号是 TC 创建的某有类规程的报文队列的名称,分为两部分,高 16 位为主标识号,用于标识队列规程,低 16 位为次标识号,用于标识队列规程中的有类队列。

下列命令希望将群 A 中进程所发的报文导入到 ID 号为 10:1 的队列中,将群 B 中进程所发的报文导入到 ID 号为 10:2 的队列中。

```
# cd /sys/fs/cgroup/net_cls
# echo 0x1001 > A/net_cls.classid        //有类队列的 ID 号为 10:1
# echo 0x1002 > B/net_cls.classid        //有类队列的 ID 号为 10:2
```

下面的 TC 命令用于创建有类队列及其过滤器。

```
# tc qdisc add dev eth0 root handle 10: htb      //根队列规程
# tc class add dev eth0 parent 10: classid 10:1 htb rate 40mbit
                                //队列 10:1 被限速到 40Mbit/s
# tc class add dev eth0 parent 10: classid 10:2 htb rate 30mbit
                                //队列 10:2 被限速到 30Mbit/s
# tc filter add dev eth0 parent 10: protocol ip prio 1 handle 1: cgroup
                                //基于 net_cls 的过滤器
```

net_cls 子系统建立的 classid 也可用于防火墙规则的设置,iptables 实现了基于此类规则的报文过滤,如下列的 iptables 规则会丢弃 classid 不是 10:1 的进程所发送的 TCP 报文。

```
iptables - A OUTPUT - p tcp --sport 80 - m cgroup ! --cgroup 10:1 - j DROP
```

(9) net_prio 子系统。

除报文分类之外,另一种常见的网络流量限定手段是优先级。一般情况下,优先级高的报文会比优先级低的报文先发出,即使它们在同一个队列中。因而可以通过设定优先级来调整报文的发送速度。

利用 Linux 提供的系统调用 setsockopt() 可以设置报文的优先级。在获得 socket 套接字之后,可以通过函数 setsockopt()(带参数 SO_PRIORITY)请求内核为其设置一个优先级。设置之后,经该 socket 发送的报文都拥有同一个优先级。但该种管理手段必须在程序中完成,不便于调整,而且优先级与 socket 绑定在一起,也显得过细。

为了提供灵活的优先级管理,Linux 实现了 net_prio 子系统。net_prio 子系统未定义专门的限定结构,直接采用了结构 cgroup_subsys_state,限定所需的优先级位图记录在 net_device 结构中。net_prio 子系统提供了两个接口文件[122],利用这两个文件,用户可以查询控制群的 ID 号、正在使用的优先级等,并可修改控制群在某特定网络设备上的优先级。

① net_prio. prioidx,只读文件,内容是控制群的 ID 号。

② net_prio. ifpriomap,可读写文件,其内容是控制群中进程在各网络设备上所发报文的优先级,每个网络设备一行,格式为 < ifname priority > 。

根控制群在各设备上的优先级都是 0。子控制群继承父控制群的优先级。

(10) pids 子系统。

除硬资源限定之外,还可以用子系统实现软资源的限定,如限制可创建的进程或线程数等。默认情况下,Linux 中的进程可以创建任意多个子进程或线程,直至把系统资源耗尽。进程管理结构中的 rlim[ ] 数组提供了一种机制,可以限定单个用户可创建的进程数量,但仍然比较粗糙。pids 子系统提供了另一种机制,可以限定一个控制群内的进程及线程数量。

pids 子系统定义的限定结构称为 pids_cgroup,其中包括子系统状态 css、群内进程或线程的当前数量 counter、群内进程或线程的最大允许数量 limit、因为超限而致创建操作失败的次数 events_limit 等。pids 子系统的限定结构都在限定树中,子控制群中的进程数量会累计到父控制群中。在创建新线程时,系统会累加当前控制群及所有祖先控制群中的进程或线程数量 counter,并检查各控制群中的 counter 是否已超过 limit。如超过,则回退累加操作并使创建操作失败。由于新建的进程或线程都在创建者所在的控制群或其子群中,因而 pids 子系统可以限定群内进程或线程的数量,进而可以限定控制群可创建的进程或线程数量。

pids 子系统实施的限定是十分严格的,进程创建操作不能使当前控制群的进程或线程数超限,也不能使任何一个祖先控制群的进程或线程数超限。

进程或线程的终止操作会递减当前控制群及所有祖先控制群内进程或线程的当前数量 counter。进程或线程的移出操作也会递减当前控制群及所有祖先控制群内进程或线程的当前数量 counter。进程或线程的移入操作会增加当前控制群及所有祖先控制群内进程或线程的当前数量 counter,但并不与 limit 比对,因而控制群中的 counter 有可能超过 limit。

通过 pids 子系统的接口文件可以查询群内进程或线程的当前数量,并可修改为其设置的上限。pids 子系统创建的接口文件有以下几个[123]:

① pids. current,群内进程或线程的当前数量。

② pids. max,群内进程或线程的最大允许数量,默认值为 max,表示无限制。

③ pids. events,因为超限而使进程或线程创建操作失败的次数。

上述接口文件都未出现在 pids 子系统的根目录中。系统初始化程序已为 pids 子系统创建了三个子控制群,分别是 init. scope(初始进程)、system. slice(系统线程)和 user. slice(用户线程),系统中的进程或线程都在子群中。

(11) freezer 子系统。

除资源限定之外,还可以用子系统实现进程管理,如挂起(冻结)、恢复(解冻)一组进程等。利用 Linux 的 SIGSTOP 和 SIGCONT 信号可以管理单个进程的挂起与恢复,但不够可靠。freezer 子系统提供了一种更为方便的进程管理机制,可以将整个控制群内的进程一起冻结并在随后的适当时机再将其一起解冻。

freezer 子系统定义的限定结构称为 freezer,其中包括一个子系统状态 css 和一个冻结状态 state。freezer 子系统提供了三种冻结状态,分别是 THAWED、FREEZING 和 FROZEN。其中:FROZEN 是冻结态,表示群(包括其后代)内的进程已被全部挂起;THAWED 是解冻态,表示群(包括其后代)内的进程已被全部唤醒;FREEZING 是一种中间状态,表示控制群及其后代群内有正在进入冻结态的进程。

通过 freezer 子系统的接口文件可以查询、设置控制群的冻结状态,进而控制群内进程的行为。freezer 子系统提供的接口文件有如下几个[124]:

① freezer. self_freezing,只读文件,其内容是控制群自己的冻结状态,0 表示 THAWED 态、1 表示正在进入 FROZEN 态(文件 freezer. state 的最近一次写入值是 FROZEN)。

② freezer. parent_freezing,只读文件,其内容是祖先控制群的冻结状态,0 表示没有祖先在 FROZEN 态、1 表示有祖先在 FROZEN 态。

③ freezer. state,读写文件,从中读出的内容是控制群的当前冻结状态,写入其中的是用户请求的新冻结状态(THAWED 或 FROZEN)。只要控制群或其任一祖先群的状态不是 THAWED,读出的状态就不会是 THAWED 态。

上述三个接口文件都不会出现在 freezer 子系统的根目录中。

当用户向文件 freezer. state 写入 FROZEN 时,系统会冻结控制群,方法是向群(包括其后代群)内的所有进程发送一个伪信号(仅设置进程的 TIF_SIGPENDING 标志)。当这些进程下一次从内核返回用户态时,信号处理程序即会将其冻结。当用户向文件 freezer. state 写入 THAWED 时,系统会解冻控制群,方法是唤醒群(包括其后代群)内的所有进程。

10.5　CGROUP 名字空间结构

cgroup 框架及其中的各类子系统为用户提供了一种方便的资源限定手段,是容器管理的基础之一。毫无疑问,cgroup 框架中最重要的实体是控制群。控制群是各限定结构的关联对象,是用户与各资源子系统之间的接口,因而每个控制群都需要一个用于标识自己的名字。然而控制群结构 cgroup 中只有一个供内部使用的 ID 号,并没有供用户使用的名称,必须借助其他机制为控制群提供标识名。

由 cgroup 框架的组织结构可知,资源子系统的限定树关联着控制群树,控制群树绑定着 kernfs 节点树,安装之后,kernfs 节点树转化成了 cgroup 文件系统的目录树,目录树中的每个目录都绑定着一个控制群,或者说每个控制群都绑定着 cgroup 文件系统的一个目录。cgroup 文件系统中的每个目录都有一个全局唯一的路径名,可用以标识与之绑定的控制群,因而控制群的名称就是与之绑定的 cgroup 文件系统中一个目录的路径名。

通过 proc 文件系统的接口文件/proc/[pid]/cgroup,可以查到进程(PID 号为[pid])当前所在的各控制群的名称。文件/proc/[pid]/cgroup 的内容由多行组成,每棵控制群树一行,格式为 <控制群树的 ID 号> : <子系统名> : <控制群名>,其中的控制群名就是 cgroup 文件系统中一个目录的路径名。如一个控制群上关联着多个资源子系统,与之对应的行中会包含多个子系统名。当进程所在的控制群发生变化时,它的 cgroup 文件也会随之改变。

显然,各控制群的名称都是全局的。全局的控制群名在带来方便的同时也带来了安全风险,如任一用户都可以遍历所有的 cgroup 文件系统从而了解各控制群树的组织结构,可以从 proc 文件系统的接口文件中获得各资源子系统的安装信息、各进程所处的控制群及与控制群关联的资源子系统,可以从资源子系统的接口文件中获知进程所受的资源限定情况,并可通过修改资源子系统的限定参数影响进程的运行行为。

为了解决全局控制群名所带来的安全问题,新版本的 Linux 引入了 CGROUP 名字空间机制,试图将全局的控制群名称局部化。基本的思路是为每个 CGROUP 名字空间提供一个控制群树的局部视图,让 CGROUP 名字空间中的进程仅看到各控制群树中的一棵子树而非全貌。CGROUP 名字空间中的进程仍然用路径名标识控制群,仍然用路径名访问群中的接口文件,但所用的路径名已不再是全局控制群树中的绝对路径名,而是控制群子树中的局部路径名(相对于子树根目录)。在一个 CGROUP 名字空间内部,一个控制群有一个唯一的名称。在不同的 CGROUP 名字空间之中,同一个控制群可能有不同的名称。控制群的名称会随使用者所在 CGROUP 名字空间的变化而变化。

CGROUP 名字空间机制不改变系统中的全局控制群树、限定树或 kernfs 节点树,也不创建新的控制群树或限定树,所提供的仅仅是全局控制群树或限定树的局部视图。为了定义局部视图,需要在 CGROUP 名字空间中记录各控制群子树的根,因而需要在 CGROUP 名字空间的管理结构中定义一组指针,使其中的一个指针指向一棵控制群树中的一个控制群结构(关联着一个限定结构)。Linux 借用子系统状态集结构 css_set 来描述 CGROUP 名字空间中的控制群子树。CGROUP 名

字空间定义的管理结构为 cgroup_namespace,如下[125]:

```
struct cgroup_namespace {
    refcount_t              count;       //引用计数
    struct ns_common        ns;          //名字空间超类
    struct user_namespace   * user_ns;   //创建者的 USER 名字空间
    struct ucounts          * ucounts;   //用户创建的各类名字空间的实际数量
    struct css_set          * root_cset; //名字空间所见的各限定子树的根
};
```

在 cgroup_namespace 结构中,root_cset 是一个子系统状态集,其中的一个指针指向一个资源子系统的限定结构,对应限定树上的一个节点。由于每个限定结构都关联着一个控制群结构,因而 root_cset 描述的也是一组控制群节点,这组控制群节点就是 CGROUP 名字空间所见的各控制群子树的根,如图 10.7 所示(灰色部分是名字空间内部可见的子树)。

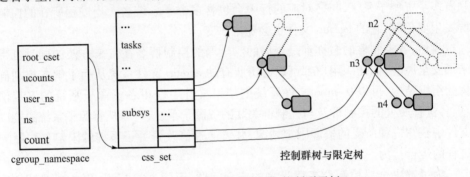

图 10.7　CGROUP 名字空间与控制群子树

系统中的每个进程都位于一个 CGROUP 名字空间之中,初始进程 init_task 位于初始的 CGROUP 名字空间 init_cgroup_ns 中。初始名字空间 init_cgroup_ns 中的 root_cset 指向初始的子系统状态集 init_css_set,其中的指针指向各控制群树的全局根。

按照 Linux 的约定,子进程将运行在父进程的名字空间中,因而在默认情况下,系统中的所有进程都运行在初始的 CGROUP 名字空间中。运行中的进程可能被迁移到其他控制群中,所用的子系统状态集可能不同于 init_css_set,但不会自动改变 CGROUP 名字空间。

当然,进程可以通过函数 unshare()创建并进入一个全新的 CGROUP 名字空间,也可通过函数 clone()创建子进程并让子进程运行在一个全新的 CGROUP 名字空间中。CGROUP 名字空间的创建标志为 CLONE_NEWCGROUP。新 CGROUP 名字空间是从创建者进程当前的 CGROUP 名字空间复制的,但其中的 root_cset 被换成了进程当前使用的子系统状态集,因而创建者进程当前所在的控制群变成了新 CGROUP 名字空间所见的各控制群子树的根。

进程也可通过函数 setns() 进入某个目的 CGROUP 名字空间（其他进程已建）。调用者进程在目的 CGROUP 名字空间的创建者 USER 名字空间中需拥有 CAP_SYS_ADMIN 权能、在自己的 USER 名字空间中也需拥有 CAP_SYS_ADMIN 权能。函数 setns() 仅仅将调用者进程的 CGROUP 名字空间换成了目的 CGROUP 名字空间。

在 proc 文件系统的接口文件 /proc/[pid]/cgroup 中可以观察到进程所在的控制群，并可观察到 CGROUP 名字空间对控制群名称的影响。

在 freezer 子系统中，假如进程 A 位于控制群"n2/n3"中，则从文件 /proc/A/cgroup 中读出的内容包括下列一行：

```
7:freezer:/n2/n3
```

从中可见，控制群的名称为"/n2/n3"。如通过命令 unshare 为进程 A 创建新的 CGROUP 名字空间，并在新名字空间中再次读文件 /proc/A/cgroup，则会看到下列一行：

```
7:freezer:/
```

虽然进程 A 所在的控制群并未改变，但控制群在新 CGROUP 名字空间中的名称变成了"/"。显然"/"是控制群的一个局部名，仅在新 CGROUP 名字空间中有效。

当然，在其他 CGROUP 名字空间中仍然可以读取进程 A 的 cgroup 文件，但得到的内容会随读者的位置而变化。当进程 R 读取进程 A 的 cgroup 文件时，读出的名称是在进程 R 的 CGROUP 名字空间 CG 中所看到的进程 A 的各控制群的路径名。如果进程 A 的控制群在 CG 的控制群子树上，则所得路径名是从子树的根到 A 所在控制群的目录序列；如果进程 A 的控制群不在 CG 的控制群子树上，则所得路径名是从它们的公共祖先到 A 所在控制群的目录序列，但带有一串由"/.."组成的前缀，前缀的长度等于公共祖先到 CG 的根控制群的深度。由于初始 CGROUP 名字空间 init_cgroup_ns 看到的是完整的控制群树，因而 init_cgroup_ns 中的进程所看到的控制群名都是全局的。

如果进程 A 在控制群 n1/n2/n3/n4/n5 中，进程 B 在控制群 n1/n2/m1/m2 中，进程 A 所在 CGROUP 名字空间的根是 n1/n2/n3，进程 B 所在 CGROUP 名字空间的根是 n1/n2/m1/m2，则进程 A 在文件 /proc/self/cgroup 中读出的控制群名是"/n4/n5"，在文件 /proc/B/cgroup 中读出的控制群名是"/../m1/m2"，进程 B 在文件 /proc/self/cgroup 中读出的控制群名是"/"，在文件 /proc/A/cgroup 中读出的控制群名是"/../../n3/n4/n5"。

如果进程 B 在控制群 n1/n2/n3 中，所在 CGROUP 名字空间的根是 n1/n2，进程 A 所在控制群及 CGROUP 名字空间不变，则进程 B 在文件 /proc/self/cgroup 中读出的控制群名是"/n3",在文件/proc/A/cgroup 中读出的控制群名是"/n3/n4/n5",进程 A 在文件/proc/self/cgroup 中读出的控制群名是"/n4/n5",在文件/proc/B/cgroup 中读出的控制群名是"/"。

由此可见,进程所在的控制群拥有多个名称,如"/n4/n5""/n3/n4/n5""/../../n3/n4/n5"等,每个名称都是局部的,名称的有效范围为读者进程所在的 CGROUP 名字空间。

CGROUP 名字空间将控制群名由全局的转化成了局部的,但对进程的限制仍然较弱,原因是 CGROUP 名字空间的创建操作并未复制文件系统的安装树,因而位于同一 MNT 名字空间中的进程,不管位于哪个 CGROUP 名字空间中,使用的 VFS 目录树都是相同的,可以访问到的控制群树也是相同的。搜索各资源子系统的目录树,仍可访问到所有的控制群树及与之关联的限定树。要想将 CGROUP 名字空间的可见范围限制在控制群子树之上,就必须借助 MNT 名字空间的支持,方法如下:

(1) 在创建新 CGROUP 名字空间的同时创建新的 MNT 名字空间。

(2) 将新 MNT 名字空间中各目录树的传播类型设为从属的,禁止向外传播自己的安装与卸载结果。

(3) 卸载关联着资源子系统的 cgroup 文件系统。

(4) 安装关联着资源子系统的 cgroup 文件系统。

重新安装之后,在资源子系统的安装点目录上嫁接的已不再是控制群树的全局根,而是新 CGROUP 名字空间可见的控制群子树的根,因而新 CGROUP 名字空间中的进程仅能访问子树中的控制群,子树之外的控制群已不再可见,当然也就不再允许访问。

在 freezer 子系统中,假如进程 A 位于控制群"n2/n3"中,下面的命令序列同时创建新的 CGROUP 和 MNT 名字空间,并重装关联着 freezer 子系统的 cgroup 文件系统:

```
sudo unshare – Cm bash              //进入新的 CGROUP 和 MNT 名字空间
cd /sys/fs/cgroup                   //退到安装点目录/sys/fs/cgroup/freezer 之外
mount --make – rslave /             //将传播类型设为从属的
umount /sys/fs/cgroup/freezer       //卸载 cgroup 文件系统
mount – t cgroup – o freezer freezer /sys/fs/cgroup/freezer
                                    //安装 cgroup 文件系统
cd freezer
```

上述命令序列执行完之后,在安装点目录/sys/fs/cgroup/freezer 上嫁接的是以"n2/n3"为根的控制群子树,不再是完整的控制群树,因而在新的 CGROUP 名字空间中只能看到以"n2/n3"为根的控制群子树,目录 n2 已不再可见,更无法访问,如图 10.7 所示。

接口文件/proc/［pid］/mountinfo 中包含着各文件系统的安装信息,包括关联着资源子系统的 cgroup 文件系统的安装信息。在 cgroup 文件系统的信息行中,root 部分(第四项)是各根控制群(控制群树的根)的名称。由于根控制群在不同CGROUP 名字空间中有着不同的名称,因而文件/proc/［pid］/mountinfo 所显示的内容会随读者的不同而变化。

在 freezer 子系统中,如果进程 A 所在的控制群为"n2/n3/n4",所在 CGROUP名字空间的根为"n2/n3",则该进程从文件/proc/self/mountinfo 中读出的内容如下(其余行忽略):

```
303 263 0:32 /../.. /sys/fs/cgroup/freezer rw,nosuid,nodev,noexec,relatime-cgroup cgroup
rw,freezer
```

其中的 root 部分为"/../..",是进程 A 所看到的控制群树的全局根的名称,仍然泄露了部分位置信息。

如果卸载、再安装与 freezer 关联的 cgroup 文件系统,则进程 A 从文件/proc/self/mountinfo 中读出的内容如下:

```
303 263 0:32 / /sys/fs/cgroup/freezer rw,relatime-cgroup freezer rw,freezer
```

其中的 root 部分已变成"/",是进程 A 所看到的控制群树的局部根的名称,屏蔽掉了前缀部分,减少了信息泄露。

初始 CGROUP 名字空间的进程从文件/proc/A/mountinfo 中读出的内容如下:

```
303 263 0:32 /n2 /n3 /sys/fs/cgroup/freezer rw,relatime-cgroup freezer rw,freezer
```

其中的 root 部分为"/n2/n3",是控制群子树中根控制群的全局名,不再是"/"。

因此,CGROUP 与 MNT 名字空间一起使用可以限制 CGROUP 名字空间内部进程的可见范围,可以有效提升 cgroup 系统的安全性。

第*11*章
基于名字空间的程序示例

Linux 提供了名字空间机制，以此为基础，可以构建出各种类型的容器。然而在默认情况下，Linux 中的所有进程都关联着同一个名字空间代理 init_nsproxy，也就是说所有进程都位于同一个容器之中。同一容器内的进程之间有正常的竞争与协作，也有恶意的干扰与破坏，其效果等价于没有容器。为了提高系统的安全性、可靠性，应该充分利用 Linux 的名字空间机制，如将进程封装在容器中从而限制其可见范围、可用资源等，将其权力关在笼子里，以降低恶意进程的破坏性；通过容器为进程营造出虚拟的运行环境从而提升进程的适应能力；将进程及其子孙全部封装在容器之中以便在必要时将其全部撤销，从而彻底清除进程的影响等。实践证明，充分利用 Linux 的名字空间机制，可以设计出安全性、可靠性更高的程序。

11.1　名字空间的安全特性

名字空间并非专为安全设计的机制，却具有许多安全的特性，如较强的封装性、隔离性等，并具有较好的灵活性，且其实现代价较低。利用名字空间的安全特性，可以设计出更加安全的服务程序，构造出更加安全的进程运行环境。

自从引入名字空间之后，Linux 系统中的所有进程全都运行在名字空间之中。利用目前 Linux 提供的 7 类名字空间机制，可为进程营造出一个虚拟的、相对封闭的运行环境，包括硬件平台与操作系统版本、文件系统结构、网络设备与网络协议栈、用户与用户组、进程、IPC 实体与对象、控制群与可资源等，统称为容器。

容器是进程的一种封装方式，或者说是封装在一起的一组进程，可以将其看作是加强版的进程组、进程群或进程集合。与进程组类似，容器随进程的创建而创建，随进程的终止而消亡，一个容器中至少应有一个进程，不能创建无任何进程的空容器。然而容器比进程组更加完善，也更加复杂，除用于组织进程之外，还提供了更好的封装特性。

容器中的进程可以创建子进程，子进程可以再创建孙进程，默认情况下，进程及其子孙都位于同一个容器之中。容器中的所有进程自然地形成了一棵家族树，其中的第一个进程是家族树的根。在容器的生命周期中,不管其中的进程如何变化,都无法逃离容器内部的家族树。当根进程终止时,容器内部的所有进程会一起消亡,无一进程能够幸免。

一个容器内的进程无法利用常规的 IPC 手段与其他容器内的进程通信。

除非已为 NET 名字空间添加了网络设备、配置了网络协议栈,否则容器内的进程无法与外界建立网络连接。即使能够与外界进行网络通信,其通信内容也会受到特定的保护,如受容器内部特定防火墙规则的过滤、受容器内部特定 IPSec 规则的加密、认证等。

经过特别的安装与嫁接之后,容器内部的进程只能看到为其准备的文件系统,只能访问到为其预备的文件,如共享库等,无法感知其他文件的存在。借助于 Overlay 等文件系统的帮助,可将容器内进程的修改行为限定在文件副本之上,从而保证底层文件系统的完整性。

容器内部的进程可以有超级用户的 UID,可以拥有所有的权能,但其 UID 和权能仅在容器内部有效。不管容器内部的进程如何改变自己的 UID、GID 及权能,在 Linux 内核中,进程所代理的用户不会改变,进程的权能也不会改变,因而进程访问全局、系统资源的能力不会改变。

总之,名字空间或基于名字空间的容器机制,提供了更好的封装特性,能够对进程的能力做更好的界定,使容器内的进程只能看到、用到容器为其准备的资源,基本感知不到其他容器的存在,也无法摆脱容器的限定。

Linux 并未规定 7 类名字空间之间的关系,各名字空间模块独立管理其实例的创建、运作、终止等,并不要求其他类名字空间的配合。各名字空间的实例数量动态变化,各实例中的进程数动态变化,实例之间的组合关系也可动态变化,从而可构造出各种形状、各种尺寸、各种寿命的容器。事实上,在 Linux 操作系统中,容器仅是一个虚的概念,并不存在称为容器的实体,7 类不同的名字空间实例合在一起就是一个容器,或者说一个容器就是位于 7 类特定名字空间中的一组进程。各类名字空间创建的实例都没有名字,由名字空间实例构成的容器也没有名字。名字空间实例随进程的创建而创建,随进程的终止而消亡,因而容器也随进程的创建而创建,随进程的终止而消亡。

Linux 中的每个进程都必须声明与自己关联的各类名字空间实例,或者说必须声明自己所在的容器。新进程所在的容器由创建者进程指定。在运行过程中,进程可以创建新名字空间实例,可以离开当前所在的名字空间,可以进入新建的名字空间或已存在的老名字空间。进程可以更换部分名字空间,也可以更换全部名字空间。进程可以更换一次名字空间,也可以更换多次名字空间。进程所在名字空间的每次变化都会将其转到新的容器之中,都有可能创建新的容器。容器之间还可能有交叉、重叠的名字空间实例。

因而容器是一种极为灵活的机制,可以通过调整与进程关联的名字空间实例创建出新的容器,可以通过名字空间实例的随意组合构造出任意类型的容器,从而满足各种类型的需求。

当然,虚拟机也是一种封装机制,且可提供更好的封装性与隔离性。然而与容器相比,虚拟机是有形的实体,需要预先创建、安装,需要在使用时启动、调度等,实现机制更加复杂,需要消耗更多的外存和内存空间,对性能的影响也更多。与虚拟机相比,容器就是内核中的一组名字空间实例,由一组数据结构表示,不需要消耗外存空间,消耗的内存空间也十分有限。容器中的进程按正常方式运行,基本不增加额外的工作量,不会对系统的性能造成太大的影响。因而与虚拟机相比,容器是一种轻量级的封装机制。

总之,基于名字空间的容器机制提供了更好的封装性、隔离性,且代价比虚拟机更低。利用名字空间机制可以构造出各种各样的容器,可以将进程包装在特定的容器之中,限制其可见范围,降低恶意进程的破坏能力,进而提升系统的整体安全性。

下面的程序片段新建三类名字空间实例,并为其准备好 UID、GID、proc 文件系统等,从而将执行命令的进程包装在新容器之中,以便在进程退出时能将其全部销毁。

```
int main( int argc, char ∗ argv[ ]) {
    int pid, i, uid, gid;
    uid = getuid( );                      //进程的全局 UID
    gid = getgid( );                      //进程的全局 GID
    for( i = 0; i < argc − 1; i + + )     //调整参数
        argv[ i ] = argv[ i + 1];
    argv[ i ] = NULL;
    unshare( CLONE_NEWUSER | CLONE_NEWPID | CLONE_NEWNS);
    if( pid = fork( )) = = 0) {           //子进程
        mount( "proc", "/proc", "proc", 0, NULL);       //重装 proc 文件系统
        set_uid_map( uid);                //使用户的 uid 生效
        set_gid_map( gid);                //使用户的 gid 生效
        execvp( argv[0], argv);           //加载并执行程序
    } else        //主进程,等待子进程终止并将其回收
        waitpid( pid, NULL, 0);
}
```

假如程序名为 nsdo,那么下面的命令将用于执行用户程序 command,类似于 sudo。

```
nsdo command args
```

当 command 程序终止之时,它所在的 PID 名字空间被销毁,其中的所有进程会一起终止。即使命令 command 会创建守护进程,这些守护进程也不可能在

command终止之后继续存活。通过将命令包装在容器之中,程序 nsdo 有效地提升了系统的安全性。

11.2 基于名字空间的动态服务程序框架

与简单的客户端命令相比,服务器程序的安全处境更为严峻,需要为其提供更为安全的运行环境。由于管理着重要的信息,服务器程序通常更有攻击价值;由于长期挂在网上且生命周期较长,服务器程序中的漏洞更容易被探测和利用,因而也更容易受到攻击。长期以来,人们已为服务器系统开发了多种安全防护机制,如传统的身份认证、访问控制、防火墙、入侵检测、加密存储、加密通信、可信计算等,但大都属于被动式防御范畴。

除了被动防御之外,近年来发展出了主动防御思想,如美国的移动目标防御(Moving Targets Defense,MTD)。MTD 通过增加系统的动态性、随机性、多样性来主动应对外部攻击。其目的是:

(1)使攻击方对目标系统的研究积累与知识储备不能长期有效;

(2)增加漏洞探测与利用的难度,提高攻击成本,迟滞或扰乱攻击行为。

主动防御的实现方法有很多种,其中的一种方法是在保证服务连续的情况下不断重启服务器进程,试图通过缩短生命周期的方式来增加服务器进程的动态性、随机性,增加其漏洞被探测和利用的难度,是一种轻量级的主动防御方式。

以进程为单位的快速重启比较容易实现,但有可能留下后患,原因是受到攻击的服务器进程可能会创建守护进程,在常规环境中,服务器进程的终止并不能清除恶意的守护进程。或者说进程机制的封装性不够完备,虽可杀死受攻击的服务器进程,却难以彻底肃清其流毒。与进程机制相比,容器具有更好的封装性、隔离性,可用于实现服务器进程的主动防御。

与其他类型的安全防御技术相比,基于容器的动态安全防御,或者说基于名字空间的动态安全防御:不是为了防止外敌入侵,而是为了防止服务器进程自己出轨;不是为了使服务器进程屹立不倒,而是为了使其能全身而退;不是为了使服务器进程长期存活,而是为了使其能更快速地消失;不是为了长久,而是为了短暂;不是为了生,而是为了死,不是为了功垂万代,而是为了不留痕迹。

图 11.1 是基于名字空间的动态服务程序的一种实现框架。

图 11.1 中的动态服务程序框架由三层容器组成,外层容器更换了初始容器中的 USER、IPC、MNT、PID 和 CGROUP 名字空间,保留了 NET 和 UTS 名字空间。中层容器更换了初始容器中的 USER、IPC、MNT、PID、CGROUP 和 NET 名字空间,保留了 UTS 名字空间。内层容器更换了全部 7 个名字空间。外层容器中运行着网关进程,中层容器中运行着管理进程,内层容器中运行着控制进程和服务器进程。

外层容器中的网关进程是整个框架的对外接口,位于初始的 NET 名字空间中。

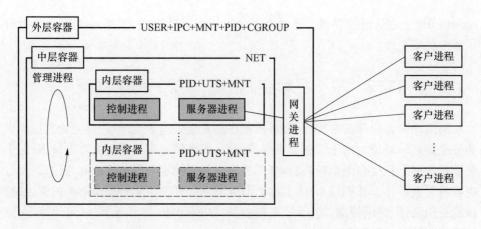

图 11.1　基于名字空间的动态服务程序框架

初始 NET 名字空间拥有全部的网络设备和配置完备的协议栈,可与外界进行网络通信。事实上,网关进程是整个框架中唯一一个可与外界实施网络通信的进程。

中层容器中的管理进程主要负责两项工作:一是配置中层及内层容器的运行环境,包括文件系统结构、控制群及资源限定参数、网络设备及网络协议栈、共享内存、消息队列等;二是管理内层容器中服务器进程的运行,包括创建并启动新 PID 名字空间中的服务器进程、终止老 PID 名字空间中的老服务器进程等。

内层容器中的控制进程由管理进程创建,是内层 PID 名字空间中的第 1 号进程。控制进程是中层容器中的普通进程,在中层容器中也拥有 PID 号。控制进程的主要工作有四个:一是为服务器进程配置运行环境,如调整 UTS 名字空间中的系统名称等;二是为服务器进程选择可加载的服务器程序;三是创建服务器进程并让其加载、运行服务器程序;四是等待管理进程的信号,并在收到信号后杀死服务器进程和控制进程自身,从而终止整个内层容器。

内层容器中的服务器进程是框架中的主角,负责为客户端提供网络服务。服务器进程又是整个框架的保护对象,被封装在内层容器之中。服务器进程不直接面对客户端,客户端的请求经网关进程转交给服务器进程,服务器进程的处理结果也要经网关进程转交给客户端。

实现框架的启动过程如下:

(1) 主进程更换自己的 USER、IPC、MNT、CGROUP 和 PID 名字空间,配置 USER 名字空间的 uid_map、gid_map 位图,使用户的 EUID、EGID 在新 USER 名字空间中生效,建立控制群并设置资源限定参数等,而后在新 PID 名字空间中创建管理进程(第 1 号进程)。

(2) 管理进程在新 MNT 名字空间中安装 proc 文件系统,并按 overlay 形式重装系统的/bin、/sbin、/lib、/lib64、/usr、/sys、/proc 等目录,而后在新 IPC 名字空间中创建共享内存、消息队列、信号量集等,为服务器进程的运行准备好工作环境。

（3）管理进程创建并启动网关进程（第 2 号进程）。

（4）管理进程更换自己的 NET 名字空间，完成新 NET 名字空间的配置，设置好信号处理程序等。

（5）管理进程进入主循环，按预定的规则和时序，不断创建新的控制进程和服务器进程、销毁老的控制进程和服务器进程，从而实现服务器进程的动态化。

网关进程在新 IPC 名字空间中创建消息队列、socket 套接字等，并在 socket 套接字上绑定本地 IP 地址，而后进入连接监听状态，以便接受来自客户端的网络连接请求。当客户端的连接请求到来后，网关进程创建一个消息队列和一个子进程，子进程中包含两个线程，一个线程等待接收来自客户端的网络报文，将收到的网络报文转换成消息后通过消息队列发送给服务器进程；另一个线程等待接收来自服务器进程的消息，将消息转换成网络报文后通过 socket 发送给客户端。网关进程为每一个客户端连接都创建一个消息队列和一对线程。

管理进程的管理对象主要是两组控制进程，分别称为 new 和 old，old 的初值为空。管理进程的主循环流程如下：

（1）在新的 PID、MNT 和 UTS 名字空间中创建新控制进程 new，让 new 创建新服务器进程。

（2）等待控制进程 new 的就绪信号。

（3）在收到就绪信号后：向 old 进程发送 SIGTERM 信号，终止 old 进程的运行；向 new 进程发送启动信号，让 new 接管 old 的工作，继续为客户提供服务；让 old 指向 new，完成新老进程的切换。

（4）选择一个睡眠时间，进入睡眠状态。

（5）睡眠醒来之后，回收终止的子进程。

（6）如果未收到终止信号，则转（1）。

如果睡醒后的管理进程发现已收到终止信号，则立刻进入善后处理流程，完成善后处理工作，包括向控制进程和网关进程发送 SIGTERM 信号，让它们终止运行，销毁共享内存、消息队列、信号量集等，等待回收已终止的子进程，最后销毁整个动态服务框架。

控制进程是内层 PID 名字空间中的第 1 号进程，同时又是中层 PID 名字空间中的普通进程。控制进程的工作流程如下：

（1）设置信号 SIGTERM 的处理程序，以便能够接收、处理来自管理进程的终止信号。

（2）在内层 MNT 名字空间中重装 proc 文件系统。

（3）按预定的规则设置内层 UTS 名字空间中的主机名、系统名等。

（4）设置进程的权能位图，放弃部分不必要的权能。

（5）按预定的规则，从备选的多个服务程序变体中选择一个程序，创建服务器进程，让服务器进程加载并执行该服务程序。

（6）进入等待状态,等待来自管理进程的 SIGTERM 信号。在收到 SIGTERM 信号后,杀死服务器进程、释放共享内存后终止运行。

服务器进程加载新的服务程序,设好信号处理程序,从共享内存中取出来自上一个服务器进程的状态信息和共用数据,向管理进程报告自己已准备就绪,而后进入自己的主循环:接收消息、处理消息、应答消息,直到收到控制进程的终止信号。收到终止信号后服务器进程不再接收消息队列中的消息,处理完已收到的消息后终止运行。

管理进程的睡眠时间是根据预定的规则计算出来的,且允许用户调整。睡眠时间可短可长,睡眠时间越短,服务器进程存活的时间越短,切换的频率越高,被客户端攻陷的概率越小,但性能损失也会越大。

各 PID 名字空间中进程之间的关系如图 11.2 所示。

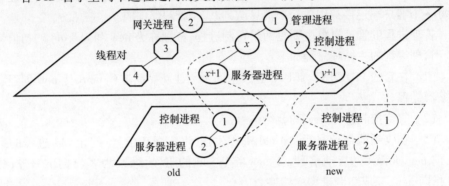

图 11.2　各 PID 名字空间中进程之间的关系

基于名字空间的动态服务程序实现框架能带来如下好处:

（1）服务器进程的外观会随机变化。服务进程被包装在 UTS、MNT 等名字空间中,每次启动都运行在不同的环境中,有不同的名称、版本号等,可增加漏洞探测的难度。

（2）服务器进程的内涵会随机变化。可以为同一服务器程序设计多个版本,可以为同一版本的服务器程序生成多种可执行文件,从而构成功能一致但格式各异的服务器程序变体。控制进程每次为服务器进程选择一种程序变体。即使只能提供一个服务器程序,由于操作系统随机化的作用,服务器进程每次启动后的地址空间也会有所变化。程序变体、随机选择、操作系统随机化等技术合起来增加了服务器进程的随机性,可增加漏洞探测的难度。

（3）服务器进程的存活时间短。理论上,服务器进程中的漏洞还能够被探测和利用,其中的陷门还能够被激活。但由于服务器进程的存活时间极短,探测、利用、激活它们的难度大大增加。即使能够利用其中的漏洞和陷门,在极短的有效工作时间内,能够造成的破坏也十分有限。

（4）服务器进程恶意工作的能力被限制。服务器进程被包装在名字空间中,没有网络设备,不能向外发送网络数据包。服务器进程发送的消息只能被同一IPC名字空间的进程收到,无法与其他容器中的进程建立IPC通信。服务器进程创建、修改的文件被复制到特定的目录中,可保证重要文件的完整性,且容易发现恶意的文件篡改操作。通过管道可与名字空间外部的进程交互,但需要外部进程的配合,实施难度增大。

（5）服务器进程的恶意工作容易被清洗。服务器进程不能在内层容器之外创建子进程。内层PID名字空间撤销时,其中的服务器进程及其创建的各类子进程都会随之一起消失,不会留下恶意的守护进程。服务器进程对文件系统的修改都被隔离在特定的目录中,容易被检测、清洗。

（6）设计简单,部署简单。所有的安全防御工作都在框架中实现,服务器程序不需要关心框架的存在,只需要提供正常的服务即可。服务器进程的切换对客户端透明,客户程序不需要做任何改变。不增加额外的硬件成本,性能降低较少。

（7）容易扩充。在网关进程上可以增加包过滤、入侵检测、加解密等功能。可以增加容器的数量,实现服务器进程的动态、异构、冗余,并可通过多服务器输出结果的比对、仲裁等机制进一步提升服务器系统的安全性。

11.3　程序示例

下面是基于名字空间的动态服务程序框架的原型代码。

原型中的服务器程序极为简单,其主要工作是将客户端发来的字符串转换成大写,加上主机名、累计收到的请求数和服务器名后发回客户端。服务器程序有三个版本,分别名为 work0、work1 和 work2。三个服务器程序轮转运行,为客户端提供连续的服务。

客户端程序接收用户的输入,将其发向服务器,并将收到的应答打印出来。下面是客户端的一种运行结果,从中可以看出服务器程序在不断切换,服务器进程看到的主机名等也在不断变化,但累计收到的请求数保持连续增长。

```
→  ./nsclient
and  people                                          //输入
   CentOS 1 0:::      work1:   AND    PEOPLE          //输出
might                                                 //输入
   Ubuntu 2 1:::          work2:  MIGHT               //输出
want to                                               //输入
   Ubuntu 2 2:::          work2:  WANT TO             //输出
actually                                              //输入
   CentOS 3 3:::   work0:  ACTUALLY                   //输出
spend                                                 //输入
```

CentOS 3 4：：：	*work0*：	*SPEND*	//输出
more			//输入
Ubuntu 4 5：：：	*work1*：	*MORE*	//输出
time in			//输入
Ubuntu 4 6：：：	*work1*：	*TIME IN*	//输出
aaaaaaaaaaaa			//输入
CentOS 5 7：：：		*work2*： *AAAAAAAAAAAA*	//输出

原型主程序的实现代码如下：

```
#define _GNU_SOURCE          //主进程、管理进程、控制进程代码
#include < sys/wait. h >
#include < stdio. h >
#include < stdlib. h >
#include < sched. h >
#include < unistd. h >
#include < sys/types. h >
#include < sys/ipc. h >
#include < sys/sem. h >
#include < sys/shm. h >
#include < sys/msg. h >
#include < signal. h >
#include < sys/stat. h >
#include < string. h >
#include < limits. h >
#include < fcntl. h >
#include < errno. h >
#include < pwd. h >
#include < sys/capability. h >
#include < sys/utsname. h >
#include < sys/mount. h >
#include " gate. h"
#define KEY 56
#define KEYW 58
#define GATE " ./gate"

struct sharemem{            //管理进程使用,用于记录新、老控制进程的 PID 号
    int pid1 , pid2 ;        //pid1 为老控制进程的 PID, pid2 是新控制进程的 PID
    int num ;
```

```
} * p;
struct smem {              //服务器进程之间的公共数据区,可以根据需要任意定义
    int k;                 //服务器进程间传递的状态
    int smsgid,semid,semnum;        //消息队列和信号量集的 ID 号
} * q;

void handler4( ) {         //终止信号处理程序
    printf( "receive ctrl C\n" );
    quit = 1;
}

void handler1( int sig) {        //终止信号处理程序
    needend = 1;
}
```

```
int quit = 0,needend = 0;
struct passwd  * pw;

void set_uid_map( int pid) {    //设置 USER 名字空间中的 uid_map 文件,使 UID 生效
    int len,fd;
    const int MAP_BUF_SIZE = 200;
    char map_buf[ MAP_BUF_SIZE ],map_path[ MAP_BUF_SIZE ];
    snprintf( map_path,MAP_BUF_SIZE,"/proc/% d/uid_map",pid);
    len = snprintf( map_buf,MAP_BUF_SIZE,"0 % ld 1",( long) pw - > pw_uid);
    fd = open( map_path,O_RDWR);
    write( fd,map_buf,len);
    close( fd);
}

void set_gid_map( int pid) {    //设置 USER 名字空间中的 gid_map 文件,使 GID 生效
    int len,fd;
    const int MAP_BUF_SIZE = 200;
    char map_buf[ MAP_BUF_SIZE ],map_path[ MAP_BUF_SIZE ];
    snprintf( map_path,MAP_BUF_SIZE,"/proc/% d/setgroups",pid);
    fd = open( map_path,O_RDWR);
    write( fd,"deny",4);
    close( fd);
    snprintf( map_path,MAP_BUF_SIZE,"/proc/% d/gid_map",pid);
    len = snprintf( map_buf,MAP_BUF_SIZE,"0 % ld 1",( long) pw - > pw_gid);
    fd = open( map_path,O_RDWR);
```

```
    write( fd,map_buf,len);
    close( fd);
}

void P( int semid,int semnum) {        //P 操作
    struct sembuf buf = {. sem_flg = 0,. sem_num = semnum,. sem_op = -1};
    semop( semid,&buf,1);
}
void V( int semid,int semnum) {        //V 操作
    struct sembuf buf = {. sem_flg = 0,. sem_num = semnum,. sem_op = 1};
    semop( semid,&buf,1);
}

void prepareenv( int n) {        //重装 MNT 名字空间中的文件系统,更换主目录的当前工
                                 作目录
    mount( "overlay","root/bin","overlay",0,"lowerdir = /bin,upperdir = upper/bin,work-
dir = work/bin");
    mount( "overlay","root/sbin","overlay",0,"lowerdir = /sbin,upperdir = upper/sbin,
workdir = work/sbin");
    mount( "overlay","root/usr","overlay",0,"lowerdir = /usr,upperdir = upper/usr,work-
dir = work/usr");
    mount( "overlay","root/lib","overlay",0,"lowerdir = /lib,upperdir = upper/lib,workdir
= work/lib");

    mount( "overlay","root/lib64","overlay",0,"lowerdir = /lib64,upperdir = upper/lib64,
workdir = work/lib64");
    mount( "overlay","root/sys","overlay",0,"lowerdir = /sys,upperdir = upper/sys,work-
dir = work/sys");
    mount( "overlay","root/zen","overlay",0,"lowerdir = . ,upperdir = upper/zen,workdir
= work/zen");
    chroot( "root");
    chdir( "/zen");
    mount( "proc","/proc","proc",0,NULL);
    //其他准备工作,如 cgroup 设置等
}

void preparens( int n) {        //设置 UTS 名字空间中的主机名和域名
    char name[100], * host[2] = {"Ubuntu","CentOS"}, * dom[2] = {"DBServer",
"ServDB"};
```

```
    int num,k = n% 2;
    num = snprintf(name,100,"%s % d",host[k],n);        //生成主机名
    sethostname(name,num);                              //设置主机名
    num = snprintf(name,100,"%s % d",dom[k],n);         //生成域名
    setdomainname(name,num);                            //设置域名
}


void to_normal_user( ){                                 //清除进程的权能,将其设为普通用户进程
    cap_t caps;
    caps = cap_get_proc( );
    cap_clear(caps);
    ret = cap_set_proc(caps);
    cap_free(caps);
}


void select_server(char * path,int num){                //选择服务器程序,可以改为任一算法
    int nn = num% 3;
    snprintf(path,100,"./works% d",nn);
}


void controlproc(int semid,char * shmaddrw){            //新 PID 名字空间中的控制进程
    struct sigaction sa;
    int pid,ret;
    char path[100];
    memset(&sa,0,sizeof(struct sigaction));             //注册信号 SIGTERM 的处理程序
    sa. sa_handler = handler1;
    sigaction(SIGTERM,&sa,NULL);

    p - >num = p - >num + 1;
    unshare(CLONE_NEWNS);
    if((pid = fork( )) = =0){
        preparens(p - >num);                            //修改新 UTS 名字空间中的主机名、域名
        to_normal_user( );                              //降权
        select_server(path,p - >num);                   //选择服务器程序
        execl(path,path,NULL);                          //加载程序,启动服务
        return;
    }
    pause( );                                           //等待管理进程的终止信号
    kill(pid,SIGTERM);                                  //杀死服务器进程
```

311

```
    waitpid( pid,NULL,0) ;                    //回收服务器进程
    shmdt( shmaddrw) ;                        //断开共享内存
    V( semid,1) ;                             //唤醒下一个服务器进程
    return ;
}


void main( ) {
    int pid = 1 ,pid1 ,pid2 ,gpid ,ret ,i ;
    int shmidw ,shmidm ,semid ,left ,smsgid ;
    char * shmaddrm , * shmaddrw , * me ;
    struct sigaction sa ;

    me = getenv( "LOGNAME" ) ;
    pw = getpwnam( me) ;              //获得当前注册用户的信息
    unshare( CLONE _ NEWUSER  |  CLONE _ NEWIPC  |  CLONE _ NEWNS  |  CLONE _
CGROUP) ;
    set_uid_map( getpid( )) ;         //设置新 USER 名字空间中的 UID
    set_gid_map( getpid( )) ;         //设置新 USER 名字空间中的 GID

    unshare( CLONE_NEWPID) ;         //更换 PID 名字空间
    if(( pid = fork( )) !  = 0) {
        pause( ) ;                    //主进程,等待用户的终止信号,即 Ctrl-C
        kill( pid,SIGINT) ;           //杀死管理进程
        exit(0) ;
    }
    prepareenv(0) ;                                  //准备运行环境
    semid = semget( KEY,2 ,IPC_CREAT | 0666) ;       //准备信号量集
    semctl( semid,2 ,SETVAL,1) ;
    shmidm = shmget( KEY,1024 ,0666 |IPC_CREAT) ;    //准备共享数据
    shmaddrm = ( char * ) shmat( shmidm,0,0) ;
    p = ( struct sharemem * ) shmaddrm ;
    p - > num = 0 ;
    p - > pid1 = - 9999 ;
    shmidw = shmget( KEYW,1024 ,0666 | IPC_CREAT) ;
    shmaddrw = ( char * ) shmat( shmidw,0,0) ;
    q = ( struct smem * ) shmaddrw ;
    q - > k = 0 ;
    smsgid = msgget( SERVER_KEY,0666 | IPC_CREAT) ;
    q - > smsgid = smsgid ;
```

312

```
        q - > semid = semid ;
        q - > semnum = 2 ;

        if( ( gpid = vfork( ) ) = = 0){              //创建网关进程
            execl( GATE , GATE , NULL ) ;            //加载网关程序
            exit( 0 ) ;
        }
        unshare( CLONE_NEWNET ) ;                    //改变 NET 名字空间
        memset( &sa , 0 , sizeof( struct sigaction ) ) ;
        sa. sa_handler = handler4 ;
        sigaction( SIGINT , &sa , NULL ) ;           //设置信号处理程序
        do{                                          //管理进程主循环
            if( ( pid = fork( ) ) = = 0){            //准备创建控制进程
                ret = unshare( CLONE_NEWPID | CLONE_NEWUTS ) ;
                if( ( pid1 = fork( ) ) = = 0){       //控制进程
                    controlproc( semid , shmaddrw ) ;
                    return ;
                } else {
                    p - > pid2 = pid1 ;
                    return ;
                }
            } else {
                P( semid , 0 ) ;                     //等待控制进程就绪
                if ( p - > pid1 ! = - 9999 )         //杀死老控制进程
                    kill( p - > pid1 , SIGTERM ) ;
                V( semid , 1 ) ;                     //唤醒新控制进程
                p - > pid1 = p - > pid2 ;            //完成新老切换
                left = sleep( 10 ) ;                 //睡眠
                while( ( pid = waitpid( - 1 , NULL , WNOHANG ) ) > 0) ; //回收控制进程
            }
        } while( quit = = 0) ;                       //如收到 Ctrl-C,则退出主循环
        kill( p - > pid1 , SIGTERM ) ;               //善后处理
        kill( p - > pid2 , SIGTERM ) ;
        kill( gpid , SIGTERM ) ;
        shmdt( shmaddrm ) ;
        shmctl( shmidm , IPC_RMID , NULL ) ;
        semctl( semid , 0 , IPC_RMID , 1 ) ;
        shmctl( shmidw , IPC_RMID , NULL ) ;
        msgctl( smsgid , IPC_RMID , NULL ) ;
        while( ( pid = waitpid( - 1 , NULL , 0 ) ) > 0) ;
}
```

　　网关进程名为 gate，负责数据的转发。网关进程有一个头文件。主程序和网关程序都用到了该头文件中的宏定义。网关程序的代码如下：

```
//gate. h
#define SERVER_KEY 55              //消息队列的 KEY
#define MSG_SIZE 8192              //消息最大长度
#define SERV_PORT 5000             //绑定的服务器端口号
#define C_BASE_KEY 5000
#define BACKLOG 5
#define STACK_SIZE (1024 * 1024)

struct msgtype{
    long mtype;
    char buffer[MSG_SIZE];
};

//gate. c
#define _GNU_SOURCE               //网关进程代码
#include  < sys/wait. h >
#include  < stdio. h >
#include  < stdlib. h >
#include  < sched. h >
#include  < unistd. h >
#include  < sys/types. h >
#include  < sys/prctl. h >
#include  < sys/ipc. h >
#include  < sys/msg. h >
#include  < signal. h >
#include  < sys/stat. h >
#include  < sys/socket. h >
#include  < netinet/in. h >
#include  < netinet/ip. h >
#include  < string. h >
#include  < limits. h >
#include  < fcntl. h >
#include  < errno. h >
#include  "gate. h"

struct msgtype cmsg,smsg;
int smsgid,cmsgid,sfd,cfd,endflag = 0;
```

```
static void grimReaper( int sig) {                      //SIGCHLD 信号处理程序
    int savedErrno = errno;
    while ( waitpid( -1,NULL,WNOHANG) > 0);
    errno = savedErrno;
}
```

```
static void termhandler( int sig) {                     //SIGTERM 信号处理程序
    exit(0);
}


static int smsgrcvfunc( ) {                             //消息接收线程
    int rlen,wlen;
    while( endflag = =0) {
        rlen = msgrcv( cmsgid,&smsg,sizeof( struct msgtype),0,0);
                                                        //消息接收
        if( rlen > 0)
            wlen = write( cfd,smsg. buffer,rlen);       //网络转发
        if( rlen < 0 || wlen < rlen) {
            endflag = 1;                                //出现问题,关闭网络连接
            close( cfd);
        }
    }
    kill( getppid( ),SIGKILL);
    exit(0);
}


void main( ) {                                          //网关进程
    struct sockaddr_in addr;
    int pid = 1,i,on = 1;
    struct sigaction sa;

    sigemptyset( &sa. sa_mask);                         //SIGCHLD 信号处理程序
    sa. sa_flags = SA_RESTART;
    sa. sa_handler = grimReaper;
    if ( sigaction( SIGCHLD,&sa,NULL) = = -1) {
        printf( " \t\tsigaction error\n");
        exit(0);
    }
```

```
    sa. sa_flags = SA_RESTART;                    //SIGTERM 信号处理程序
    sa. sa_handler = termhandler;
    if ( sigaction( SIGTERM, &sa, NULL) = = -1) {
        printf( " \t\tsigaction error\n" );
        exit(0);
    }


    prctl( PR_SET_CHILD_SUBREAPER, &pid, NULL, NULL, NULL);    //孤儿回收进程
    smsgid = msgget( SERVER_KEY, 0666 I IPC_CREAT);           //消息队列
    sfd = socket( AF_INET, SOCK_STREAM, 0);                    //建立网络连接
    if ( sfd = = -1) {
        printf( " \t\tsocket error\n" );


        exit(0);
    }
    setsockopt( sfd, SOL_SOCKET, SO_REUSEADDR, &on, sizeof( on));
    memset( &addr, 0, sizeof( struct sockaddr_in));
    addr. sin_family = AF_INET;
    addr. sin_addr. s_addr = INADDR_ANY;
    addr. sin_port = htons( SERV_PORT);
    if ( bind( sfd, (struct sockaddr * ) &addr, sizeof( addr)) = = -1) {   //绑定网络地址
        printf( " \t\tbind error\n" );
        exit(0);
    }
    if ( listen( sfd, BACKLOG) = = -1) {                       //进入监听状态
        printf( " \t\tlisten error\n" );
        exit(0);
    }


    while(1) {                                                //主循环
        cfd = accept( sfd, NULL, NULL);                       //等待客户端的连接请求
        if ( cfd > 0) {
            if( fork( ) = =0) {
                char * stack, * stackTop;                     //线程堆栈
                int numRead, numWrite;
                int flags = CLONE_THREAD I CLONE_SIGHAND I CLONE_VM I SIGCHLD;
                close( sfd);                                  //关闭监听端口
                cmsgid = msgget( IPC_PRIVATE, S_IRUSR I S_IWUSR I S_IWGRP);
```

```
                cmsg. mtype = cmsgid;
                stack = malloc(STACK_SIZE);
                if (stack = = NULL){
                    printf(" \t\tstack malloc error\n");
                    exit(0);
                }
                stackTop = stack + STACK_SIZE;                    //栈底
                pid = clone(smsgrcvfunc, stackTop, flags, NULL);  //创建线程
                if(pid = = -1){
                    printf(" \t\tclone smsgrcv thread error\n");
                    exit(0);
                }
                while(endflag = = 0){
                    numRead = read(cfd, cmsg. buffer, MSG_SIZE);
                    if(numRead > 0){
                        cmsg. buffer[numRead] = 0;
                        numWrite = msgsnd(smsgid, &cmsg, numRead, 0);
                    } else if(numRead = = 0){
                        printf("client has closed socket\n");

                        endflag = 1;
                        close(cfd);
                    }
                }
                kill(pid, SIGKILL);
                msgctl(cmsgid, IPC_RMID, NULL);
                exit(0);
            }
        }
    }
}
```

　　服务器程序将客户端的字符串转换成大写,加上自己的标志后返回,代码
如下:

```
#define _GNU_SOURCE                //服务器进程代码
#include < sys/wait. h >
#include < stdio. h >
#include < stdlib. h >
#include < sched. h >
```

```
#include  < unistd. h >
#include  < sys/types. h >
#include  < sys/ipc. h >
#include  < sys/sem. h >
#include  < sys/shm. h >
#include  < sys/msg. h >
#include  < signal. h >
#include  < errno. h >
#include  < string. h >
#include  < sys/stat. h >


#define KEY 56
#define KEYW 58
#define STACK_SIZE (1024 ∗ 1024)
#define MSG_SIZE 8192


struct smem{                          //来自管理进程的共享数据
    int k;
    int smsgid,semid,semnum;
} ∗ q;


int needend = 0;


void handler1(int sig){               //SIGTERM 信号处理程序
    needend = 1;
}
```

```
struct msgtype{                       //消息类型
    long mtype;
    char buffer[MSG_SIZE];
};

void P(int semid,int semnum){          //P 操作
    struct sembuf buf = {.sem_flg = 0,.sem_num = semnum,.sem_op = −1};
    semop(semid,&buf,1);
}


void V(int semid,int semnum){
    struct sembuf buf = {.sem_flg = 0,.sem_num = semnum,.sem_op = 1};
```

```
            semop( semid,&buf,1);
}


int shmid,semid,semnum,smsgid,cmsgid;
char * shmaddr;


void work_begin( ){   //服务器进程的前期准备工作
        struct sigaction sa;
        memset( &sa,0,sizeof( struct sigaction) );
        sa. sa_handler = handler1;
        sigaction( SIGTERM,&sa,NULL);


        shmid = shmget( KEYW,1024,0666 | IPC_CREAT);
        shmaddr = ( char * )shmat( shmid,0,0);
        q = ( struct smem * )shmaddr;
        smsgid = q - > smsgid;
        semid = q - > semid;
        semnum = q - > semnum;
        V( semid,0);    //报告自己已就绪
        P( semid,1);    //等待老服务器进程唤醒
}


void work_end( ){    //服务器进程的善后处理工作
        shmdt( shmaddr);
        exit(0);
}


void main( ){          //服务器进程 works0. c 的主程序,works1. c 和 works2. c 仿此
        int len,i,cfd,numRead;
        char name[ ] = " \twork0:\t",hostname[100];
        struct msgtype smsg,cmsg;


        len = strlen( name);
        gethostname( hostname,100);


        work_begin( );


        while ( needend = =0){
                numRead = msgrcv( smsgid,&smsg,sizeof( struct msgtype),0,0);
```

```
        if( numRead  >  0) {
            cmsgid = smsg. mtype;
            cmsg. mtype = cmsgid;
            len = snprintf( cmsg. buffer, MSG_SIZE, " \t %s % d::: %s", hostname, q - >
k , name);
            for( i = 0; i  <  numRead; i + + )
                cmsg. buffer[ i + len ] = toupper( ( unsigned char) smsg. buffer[ i ]);
            msgsnd( cmsgid, &cmsg, numRead + len, 0);
            q - > k + + ;
        }
    }
    work_end( );
}
```

　　客户端进程将用户的输入发给服务器,并将服务器的发挥结果打印出来,代码
如下:

```
#define _GNU_SOURCE                        //客户端进程
#include  < stdio. h >
#include  < errno. h >
#include  < string. h >
#include  < netinet/in. h >
#include  < netinet/ip. h >
#include  < signal. h >
#include  < fcntl. h >
#include  < unistd. h >

#define BUF_SIZE 100
#define BACKLOG 5

struct sockaddr_in addr;
int port = 5000;
int cfd;

int main( ) {
    int ret, run = 1;
    int numRead, numWrite;
    char buf[ BUF_SIZE ];
```

```
cfd = socket( AF_INET,SOCK_STREAM,0) ;          //打开 socket
memset( &addr,0,sizeof( struct sockaddr_in) ) ;
addr. sin_family = AF_INET;
addr. sin_addr. s_addr = INADDR_ANY;
addr. sin_port = htons( port) ;

if ( connect( cfd,( struct sockaddr * ) &addr,sizeof( addr) ) = = - 1)
                                                //建立连接
    printf( "connect error\n") ;

while ( run) {
    numRead = read( STDIN_FILENO,buf,BUF_SIZE) ;
                                                //从标准输入读入一行数据
    if( strncmp( buf,"exit",4) = =0)
        break;
    numWrite = write( cfd,buf,numRead) ;        //发给服务器
    numRead = read( cfd,buf,BUF_SIZE) ;         //接收服务器的应答
    if( numRead > 0) {
        buf[ numRead] =0;
        printf( "%s",buf) ;                     //显示应答
    }
}
close( cfd) ;
}
```

321

参考文献

［1］Abraham Silberschatz. 等［M］. 北京:高等教育出版社,2002.

［2］郭玉东,等. Linux 原理与结构［M］. 西安:西安电子科技大学出版社,2012.

［3］Linux man-pages project. Linux man pages online［EB/OL］. http://man7. org/linux/man-pages/index. html.

［4］Andrew G. Morgan Thorsten Kukuk. The Linux-PAM System Administrators' Guide［S/OL］. http://www. linux-pam. org/Linux-PAM-html/Linux-PAM_SAG. html. 2010.

［5］Andrew G. Morgan Thorsten Kukuk. The Linux-PAM Application Developers' Guide［S/OL］. http://www. linux-pam. org/Linux-PAM-html/Linux-PAM_ADG. html. 2010.

［6］Linux man-pages project. pam. conf［EB/OL］. http://man7. org/linux/man-pages/man5/pam. conf. 5. html.

［7］Linux man-pages project. acl［EB/OL］. http://man7. org/linux/man-pages/man5/acl. 5. html.

［8］Linux Kernel Sourcecode. security. c［CP/OL］. https://cdn. kernel. org/pub/linux/kernel/v4. x/linux-4. 13. 12. tar. xz/security/security. c.

［9］Linux Kernel Sourcecode. commoncap. c［CP/OL］. https://cdn. kernel. org/pub/linux/kernel/v4. x/linux-4. 13. 12. tar. xz/security/commomcap. c.

［10］Linux Kernel Sourcecode. yama_lsm. c［CP/OL］. https://cdn. kernel. org/pub/linux/kernel/v4. x/linux-4. 13. 12. tar. xz/security/yama/yama_lsm. c.

［11］Linux Kernel Sourcecode. smack_lsm. c［CP/OL］. https://cdn. kernel. org/pub/linux/kernel/v4. x/linux-4. 13. 12. tar. xz/security/smack/smack_lsm. c.

［12］Linux Kernel Sourcecode. lsm. c［CP/OL］. https://cdn. kernel. org/pub/linux/kernel/v4. x/linux-4. 13. 12. tar. xz/security/apparmor/lsm. c.

［13］Linux Kernel Sourcecode. tomoyo. c［CP/OL］. https://cdn. kernel. org/pub/linux/kernel/v4. x/linux-4. 13. 12. tar. xz/security/tomoyo/tomoyo. c.

［14］Linux Kernel Sourcecode. core. c［CP/OL］. https://cdn. kernel. org/pub/linux/kernel/v4. x/linux-4. 13. 12. tar. xz/net/netfilter/core. c.

［15］Linux Kernel Sourcecode. api. c［CP/OL］. https://cdn. kernel. org/pub/linux/kernel/v4. x/linux-4. 13. 12. tar. xz/crypto/api. c.

［16］Linux Kernel Sourcecode. af_alg. c［CP/OL］. https://cdn. kernel. org/pub/linux/kernel/v4. x/linux-4. 13. 12. tar. xz/crypto/af_alg. c.

［17］Linux Kernel Sourcecode. xfrm. h［CP/OL］. https://cdn. kernel. org/pub/linux/kernel/v4. x/linux-4. 13. 12. tar. xz/include/net/xfrm. h.

［18］S. Kent. RFC 4301: Security Architecture for the Internet Protocol［S/OL］. https://www. rfc-editor. org/rfc/pdfrfc/rfc4301. txt. pdf. 2005.

［19］ Linux Kernel Sourcecode. ecryptfs_kernel. h［CP/OL］. https://cdn. kernel. org/pub/linux/kernel/v4. x/ linux-4. 13. 12. tar. xz/fs/ecryptfs/ecryptfs_kernel. h.

［20］ Linux Kernel Sourcecode. dm-crypt. c［CP/OL］. https://cdn. kernel. org/pub/linux/kernel/v4. x/linux-4. 13. 12. tar. xz/drivers/md/dm-crypt. c.

［21］ 任永杰 单海涛. KVM 虚拟化技术:实战与原理解析［M］. 北京:机械工业出版社,2013.

［22］ The Xen Project wiki. Xen Project Beginners Guide［OL］. https://wiki. xenproject. org/wiki/Xen_Project_ Beginners_Guide.［2017-11-13］.

［23］ Qubes OS. Qubes Architecture Overview［OL］. https://www. qubes-os. org/doc/architecture.［2017-11-12］.

［24］ Linux Kernel Sourcecode. nsproxy. h［CP/OL］. https://cdn. kernel. org/pub/linux/kernel/v4. x/linux-4. 13. 12. tar. xz/include/linux/nsproxy. h.

［25］ Linux Kernel Sourcecode. ns_common. h［CP/OL］. https://cdn. kernel. org/pub/linux/kernel/v4. x/linux-4. 13. 12. tar. xz/include/linux/ns_common. h.

［26］ Linux Kernel Sourcecode. proc_ns. h［CP/OL］. https://cdn. kernel. org/pub/linux/kernel/v4. x/linux-4. 13. 12. tar. xz/include/linux/proc_ns. h.

［27］ Linux Kernel Sourcecode. namespaces. c［CP/OL］. https://cdn. kernel. org/pub/linux/kernel/v4. x/linux-4. 13. 12. tar. xz/fs/proc/namespaces. c.

［28］ Linux man-pages project. unshare［EB/OL］. http://man7. org/linux/man-pages/man1/unshare. 1. html.

［29］ Linux man-pages project. nsenter［EB/OL］. http://man7. org/linux/man-pages/man1/nsenter. 1. html.

［30］ Linux man-pages project. clone［EB/OL］. http://man7. org/linux/man-pages/man2/clone. 2. html.

［31］ Linux man-pages project. unshare［EB/OL］. http://man7. org/linux/man-pages/man2/unshare. 2. html.

［32］ Linux man-pages project. setns［EB/OL］. http://man7. org/linux/man-pages/man2/setns. 2. html.

［33］ Linux man-pages project. getpwnam［EB/OL］. http://man7. org/linux/man-pages/man3/getpwnam. 3. html.

［34］ Linux man-pages project. getgrnam［EB/OL］. http://man7. org/linux/man-pages/man3/getgrnam. 3. html.

［35］ Linux man-pages project. setuid［EB/OL］. http://man7. org/linux/man-pages/man2/setuid. 2. html.

［36］ Linux man-pages project. setgid［EB/OL］. http://man7. org/linux/man-pages/man2/setgid. 2. html.

［37］ Linux man-pages project. capabilites［EB/OL］. http://man7. org/linux/man-pages/man7/capabilities. 7. html.

［38］ Linux man-pages project. libcap［EB/OL］. http://man7. org/linux/man-pages/man3/libcap. 3. html.

［39］ Linux Kernel Sourcecode. user_namespace. h［CP/OL］. https://cdn. kernel. org/pub/linux/kernel/v4. x/ linux-4. 13. 12. tar. xz/include/linux/user_namespace. h.

［40］ Linux Kernel Sourcecode. user. c［CP/OL］. https://cdn. kernel. org/pub/linux/kernel/v4. x/linux-4. 13. 12. tar. xz/kernel/user. c.

［41］ Linux Kernel Sourcecode. cred. h［CP/OL］. https://cdn. kernel. org/pub/linux/kernel/v4. x/linux-4. 13. 12. tar. xz/include/linux/cred. h.

［42］ Linux Kernel Sourcecode. cred. c［CP/OL］. https://cdn. kernel. org/pub/linux/kernel/v4. x/linux-4. 13. 12. tar. xz/kernel/cred. c.

［43］ Linux Kernel Sourcecode. capability. c［CP/OL］. https://cdn. kernel. org/pub/linux/kernel/v4. x/linux-4. 13. 12. tar. xz/kernel/capability. c.

［44］ Linux man-pages project. user_namespaces［EB/OL］. http://man7. org/linux/man-pages/man7/user_ namespaces. 7. html.

［45］ Linux man-pages project. uname［EB/OL］. http://man7. org/linux/man-pages/man2/uname. 2. html.

［46］ Linux Kernel Sourcecode. utsname. h［CP/OL］. https://cdn. kernel. org/pub/linux/kernel/v4. x/linux-4. 13. 12. tar. xz/include/uapi/linux/utsname. h.

［47］ Linux Kernel Sourcecode. utsname. h［CP/OL］. https://cdn. kernel. org/pub/linux/kernel/v4. x/linux-4.

13. 12. tar. xz/include/linux/utsname. h.

[48] Linux Kernel Sourcecode. version. c[CP/OL]. https://cdn. kernel. org/pub/linux/kernel/v4. x/linux-4. 13.
12. tar. xz/init/version. c.

[49] Linux man-pages project. mount[EB/OL]. http://man7. org/linux/man-pages/man2/mount. 2. html.

[50] Linux man-pages project. umount[EB/OL]. http://man7. org/linux/man-pages/man2/umount. 2. html.

[51] Linux Kernel Sourcecode. dcache. h[CP/OL]. https://cdn. kernel. org/pub/linux/kernel/v4. x/linux-4. 13.
12. tar. xz/include/linux/dcache. h.

[52] Linux Kernel Sourcecode. mount. h[CP/OL]. https://cdn. kernel. org/pub/linux/kernel/v4. x/linux-4. 13.
12. tar. xz/fs/mount. h.

[53] Linux Kernel Sourcecode. namespace. c[CP/OL]. https://cdn. kernel. org/pub/linux/kernel/v4. x/linux-4.
13. 12. tar. xz/fs/namespace. c.

[54] Linux man-pages project. chroot[EB/OL]. http://man7. org/linux/man-pages/man2/chroot. 2. html.

[55] Linux man-pages project. chdir[EB/OL]. http://man7. org/linux/man-pages/man2/chdir. 2. html.

[56] Linux Kernel Sourcecode. overlayfs. txt[CP/OL]. https://cdn. kernel. org/pub/linux/kernel/v4. x/linux-4.
13. 12. tar. xz/Documentation/filesystems/overlayfs. txt.

[57] Linux man-pages project. getpid[EB/OL]. http://man7. org/linux/man-pages/man2/getpid. 2. html.

[58] Linux man-pages project. getppid[EB/OL]. http://man7. org/linux/man-pages/man2/getppid. 2. html.

[59] Linux man-pages project. gettid[EB/OL]. http://man7. org/linux/man-pages/man2/gettid. 2. html.

[60] Linux man-pages project. getpgid[EB/OL]. http://man7. org/linux/man-pages/man2/getpgid. 2. html.

[61] Linux man-pages project. getsid[EB/OL]. http://man7. org/linux/man-pages/man2/getsid. 2. html.

[62] Linux man-pages project. setpgid[EB/OL]. http://man7. org/linux/man-pages/man2/setpgid. 2. html.

[63] Linux man-pages project. setsid[EB/OL]. http://man7. org/linux/man-pages/man2/setsid. 2. html.

[64] Linux man-pages project. kill[EB/OL]. http://man7. org/linux/man-pages/man2/kill. 2. html.

[65] Linux man-pages project. killpg[EB/OL]. http://man7. org/linux/man-pages/man2/killpg. 2. html.

[66] Linux man-pages project. tgkill[EB/OL]. http://man7. org/linux/man-pages/man2/tgkill. 2. html.

[67] Linux Kernel Sourcecode. pid_namespace. h [CP/OL]. https://cdn. kernel. org/pub/linux/kernel/v4. x/
linux-4. 13. 12. tar. xz/include/linux/pid_namespace. h.

[68] Linux Kernel Sourcecode. pid. c[CP/OL]. https://cdn. kernel. org/pub/linux/kernel/v4. x/linux-4. 13. 12.
tar. xz/kernel/pid. c.

[69] Linux Kernel Sourcecode. pid_namespace. c [CP/OL]. https://cdn. kernel. org/pub/linux/kernel/v4. x/
linux-4. 13. 12. tar. xz/kernel/pid_namespace. c.

[70] Linux Kernel Sourcecode. pid. h[CP/OL]. https://cdn. kernel. org/pub/linux/kernel/v4. x/linux-4. 13. 12.
tar. xz/include/linux/pid. h.

[71] Linux man-pages project. proc[EB/OL]. http://man7. org/linux/man-pages/man5/proc. 5. html.

[72] Linux Kernel Sourcecode. ipc. h[CP/OL]. https://cdn. kernel. org/pub/linux/kernel/v4. x/linux-4. 13. 12.
tar. xz/include/linux/ipc. h.

[73] Linux man-pages project. semget[EB/OL]. http://man7. org/linux/man-pages/man2/semget. 2. html.

[74] Linux man-pages project. semctl[EB/OL]. http://man7. org/linux/man-pages/man2/semctl. 2. html.

[75] Linux man-pages project. semop[EB/OL]. http://man7. org/linux/man-pages/man2/semop. 2. html.

[76] Linux man-pages project. msgget[EB/OL]. http://man7. org/linux/man-pages/man2/msgget. 2. html.

[77] Linux man-pages project. msgctl[EB/OL]. http://man7. org/linux/man-pages/man2/msgctl. 2. html.

[78] Linux man-pages project. msgsnd[EB/OL]. http://man7. org/linux/man-pages/man2/msgsnd. 2. html.

[79] Linux man-pages project. msgrcv[EB/OL]. http://man7. org/linux/man-pages/man2/msgrcv. 2. html.

［80］ Linux man-pages project. shmget［EB/OL］. http://man7. org/linux/man-pages/man2/shmget. 2. html.

［81］ Linux man-pages project. shmctl［EB/OL］. http://man7. org/linux/man-pages/man2/shmctl. 2. html.

［82］ Linux man-pages project. shmat［EB/OL］. http://man7. org/linux/man-pages/man2/shmat. 2. html.

［83］ Linux man-pages project. shmdt［EB/OL］. http://man7. org/linux/man-pages/man2/shmdt. 2. html.

［84］ Michael KerrisK. The Linux Programming interface：A Linux and UNIX System Programming Handbook［M］. San Francisco,CA：No Starch Press,Inc. 2010.

［85］ Linux Kernel Sourcecode. ipc_namespace. h［CP/OL］. https://cdn. kernel. org/pub/linux/kernel/v4. x/ linux-4. 13. 12. tar. xz/include/linux/ipc_namespace. h.

［86］ Linux Kernel Sourcecode. namespace. c［CP/OL］. https://cdn. kernel. org/pub/linux/kernel/v4. x/linux-4. 13. 12. tar. xz/ipc/namespace. c.

［87］ Linux Kernel Sourcecode. net_device. h［CP/OL］. https://cdn. kernel. org/pub/linux/kernel/v4. x/linux-4. 13. 12. tar. xz/include/linux/net_device. h.

［88］ Linux Kernel Sourcecode. neighbour. h［CP/OL］. https://cdn. kernel. org/pub/linux/kernel/v4. x/linux-4. 13. 12. tar. xz/include/net/neighbour. h.

［89］ Linux Kernel Sourcecode. ip_fib. h［CP/OL］. https://cdn. kernel. org/pub/linux/kernel/v4. x/linux-4. 13. 12. tar. xz/include/net/ip_fib. h.

［90］ Linux Kernel Sourcecode. x_tables. h［CP/OL］. https://cdn. kernel. org/pub/linux/kernel/v4. x/linux-4. 13. 12. tar. xz/include/net/netfilter/x_tables. h.

［91］ Linux Kernel Sourcecode. nf_tables. h［CP/OL］. https://cdn. kernel. org/pub/linux/kernel/v4. x/linux-4. 13. 12. tar. xz/include/net/netfilter/nf_tables. h.

［92］ Linux Kernel Sourcecode. sock. h［CP/OL］. https://cdn. kernel. org/pub/linux/kernel/v4. x/linux-4. 13. 12. tar. xz/include/net/sock. h.

［93］ Linux Kernel Sourcecode. net. txt［CP/OL］. https://cdn. kernel. org/pub/linux/kernel/v4. x/linux-4. 13. 12. tar. xz/Documentation/sysctl/net. txt.

［94］ Linux Kernel Sourcecode. ip-sysctl. txt［CP/OL］. https://cdn. kernel. org/pub/linux/kernel/v4. x/linux-4. 13. 12. tar. xz/Documentation/networking/ip-sysctl. txt.

［95］ Linux man-pages project. getsockopt［EB/OL］. http://man7. org/linux/man-pages/man2/getsockopt. 2. html.

［96］ Linux man-pages project. getsockopt［EB/OL］. https://www. kernel. org/pub/linux/utils/net/iproute2/ iproute2-4. 11. 0. tar. xz/man/man8/*. 8.

［97］ Linux man-pages project. iptables［EB/OL］. http://ipset. netfilter. org/iptables. man. html.

［98］ Linux man-pages project. Nftables quick howto［EB/OL］. https://home. regit. org/netfilter-en/nftables-quick-howto/Nftables quick howto.

［99］ Linux Kernel Sourcecode. net_namespace. h［CP/OL］. https://cdn. kernel. org/pub/linux/kernel/v4. x/ linux-4. 13. 12. tar. xz/include/net/net_namespace. h.

［100］ Linux Kernel Sourcecode. net_namespace. c［CP/OL］. https://cdn. kernel. org/pub/linux/kernel/v4. x/ linux-4. 13. 12. tar. xz/net/core/net_namespace. c.

［101］ Linux man-pages project. getrusage［EB/OL］. http://man7. org/linux/man-pages/man2/getrusage. 2. html.

［102］ Linux man-pages project. getrlimit［EB/OL］. http://man7. org/linux/man-pages/man2/getrlimit. 2. html.

［103］ Linux man-pages project. setrlimit［EB/OL］. http://man7. org/linux/man-pages/man2/setrlimit. 2. html.

［104］ Linux man-pages project. prlimit［EB/OL］. http://man7. org/linux/man-pages/man2/prlimit. 2. html.

［105］ Wikipedia. cgroups［S/OL］. https://en. wikipedia. org/wiki/Cgroups.

［106］ Linux Kernel Sourcecode. cgroups. txt［CP/OL］. https://cdn. kernel. org/pub/linux/kernel/v4. x/linux-4. 13. 12. tar. xz/Documentation/cgroup-v1/cgroups. txt.

[107] Linux Kernel Sourcecode. cgroup-defs. h[CP/OL]. https://cdn. kernel. org/pub/linux/kernel/v4. x/linux-4. 13. 12. tar. xz/include/linux/cgroup-defs. h.

[108] Linux Kernel Sourcecode. kernfs. h[CP/OL]. https://cdn. kernel. org/pub/linux/kernel/v4. x/linux-4. 13. 12. tar. xz/include/linux/kernfs. h.

[109] Linux Kernel Sourcecode. cgroup. c[CP/OL]. https://cdn. kernel. org/pub/linux/kernel/v4. x/linux-4. 13. 12. tar. xz/kernel/cgroup/cgroup. c.

[110] Linux Kernel Sourcecode. cgroup-v1. c[CP/OL]. https://cdn. kernel. org/pub/linux/kernel/v4. x/linux-4. 13. 12. tar. xz/kernel/cgroup/cgroup-v1. c.

[111] Linux Kernel Sourcecode. cgroup-internal. h[CP/OL]. https://cdn. kernel. org/pub/linux/kernel/v4. x/linux-4. 13. 12. tar. xz/kernel/cgroup/cgroup-internal. h.

[112] Linux Kernel Sourcecode. cpusets. txt[CP/OL]. https://cdn. kernel. org/pub/linux/kernel/v4. x/linux-4. 13. 12. tar. xz/Documentation/cgroup-v1/cpusets. txt.

[113] Linux Kernel Sourcecode. cpuset. c[CP/OL]. https://cdn. kernel. org/pub/linux/kernel/v4. x/linux-4. 13. 12. tar. xz/kernel/cgroup/cpuset. c.

[114] Linux Kernel Sourcecode. sched. h[CP/OL]. https://cdn. kernel. org/pub/linux/kernel/v4. x/linux-4. 13. 12. tar. xz/kernel/sched/sched. h.

[115] Linux Kernel Sourcecode. core. c[CP/OL]. https://cdn. kernel. org/pub/linux/kernel/v4. x/linux-4. 13. 12. tar. xz/kernel/sched/core. c.

[116] Linux Kernel Sourcecode. cpuacct. c[CP/OL]. https://cdn. kernel. org/pub/linux/kernel/v4. x/linux-4. 13. 12. tar. xz/kernel/sched/cpuacct. c.

[117] Linux Kernel Sourcecode. memcontrol. c[CP/OL]. https://cdn. kernel. org/pub/linux/kernel/v4. x/linux-4. 13. 12. tar. xz/mm/memcontrol. c.

[118] Linux Kernel Sourcecode. hugetlb_cgroup. c[CP/OL]. https://cdn. kernel. org/pub/linux/kernel/v4. x/linux-4. 13. 12. tar. xz/mm/hugetlb_cgroup. c.

[119] Linux Kernel Sourcecode. device_cgroup. c[CP/OL]. https://cdn. kernel. org/pub/linux/kernel/v4. x/linux-4. 13. 12. tar. xz/security/device_cgroup. c.

[120] Linux Kernel Sourcecode. cfq_iosched. c[CP/OL]. https://cdn. kernel. org/pub/linux/kernel/v4. x/linux-4. 13. 12. tar. xz/block/cfq_iosched. c.

[121] Linux Kernel Sourcecode. netclassid_cgroup. c[CP/OL]. https://cdn. kernel. org/pub/linux/kernel/v4. x/linux-4. 13. 12. tar. xz/net/core/netclassid_cgroup. c.

[122] Linux Kernel Sourcecode. netprio_cgroup. c[CP/OL]. https://cdn. kernel. org/pub/linux/kernel/v4. x/linux-4. 13. 12. tar. xz/net/core/netprio_cgroup. c.

[123] Linux Kernel Sourcecode. pids. c[CP/OL]. https://cdn. kernel. org/pub/linux/kernel/v4. x/linux-4. 13. 12. tar. xz/kernel/cgroup/pids. c.

[124] Linux Kernel Sourcecode. freezer. c[CP/OL]. https://cdn. kernel. org/pub/linux/kernel/v4. x/linux-4. 13. 12. tar. xz/kernel/cgroup/freezer. c.

[125] Linux Kernel Sourcecode. cgroup. h[CP/OL]. https://cdn. kernel. org/pub/linux/kernel/v4. x/linux-4. 13. 12. tar. xz/include/linux/cgroup. h.

内 容 简 介

　　本书综述 Linux 操作系统的组成结构,概略分析 Linux 中的经典安全机制,如身份认证、访问控制、防火墙、数据变换、加密通信、加密存储、随机化、虚拟化等,以此为基础,全面、深入地分析 Linux 中的各类名字空间机制,包括 USER、UTS、MNT、PID、IPC、NET、CGROUP 等名字空间,探讨各名字空间机制的组成结构和工作机理,讨论利用名字空间机制构建安全运行环境、设计安全应用程序的方法,并给出若干程序实例。本书内容取材于 Linux 内核源代码,是对作者多年来相关教学与科研工作的总结,是对名字空间和基于名字空间的容器技术的全面探讨。

　　本书可作为高年级本科生和研究生的教材或教学参考书,也可供容器开发与维护人员、安全程序设计人员等参考使用。